Prognostik zur Resilienzsteigerung im Werkzeugbau

Prognostics for Increased Resilience in Tool Shops

Von der Fakultät für Maschinenwesen
der Rheinisch-Westfälischen Technischen Hochschule Aachen
zur Erlangung des akademischen Grades eines
Doktors der Ingenieurwissenschaften
genehmigte Dissertation

vorgelegt von

Tim Peter Ochel

Berichter/in:

Univ.-Prof. Dr.-Ing. Dipl.-Wirt. Ing. Günther Schuh
apl. Prof. Dr.-Ing. Wolfgang Boos

Tag der mündlichen Prüfung: 12. April 2023

ERGEBNISSE AUS DER PRODUKTIONSTECHNIK

Tim Ochel

Prognostik zur Resilienzsteigerung im Werkzeugbau

Herausgeber:
Prof. Dr.-Ing. T. Bergs
Prof. Dr.-Ing. Dipl.-Wirt. Ing. G. Schuh
Prof. Dr.-Ing. C. Brecher
Prof. Dr.-Ing. R. H. Schmitt

Band 19/2023

WZL | RWTH AACHEN UNIVERSITY

Fraunhofer IPT

Bibliografische Information der Deutschen Nationalbibliothek
Die Deutsche Nationalbibliothek verzeichnet diese Publikation in der Deutschen Nationalbibliografie; detaillierte bibliografische Daten sind im Internet über https://portal.dnb.de abrufbar.

Tim Ochel:

Prognostik zur Resilienzsteigerung im Werkzeugbau

1. Auflage, 2023

Gedruckt auf holz- und säurefreiem Papier, 100% chlorfrei gebleicht.

Wissenschaftsverlag des Instituts für Industriekommunikation und Fachmedien
an der RWTH Aachen
Steinbachstr. 25, 52074 Aachen
Internet: www.apprimus-verlag.de, E-Mail: info@apprimus-verlag.de

Druck: CPI Druckdienstleistungen GmbH, Ferdinand-Jühlke-Straße 7 I 99095 Erfurt

ISBN 978-3-98555-161-3

D 82 (Diss. RWTH Aachen University, 2023)

Vorwort

Ich fühle mich geehrt, diese Dissertation vorlegen zu können und möchte allen, die mich auf meinem akademischen Weg begleitet haben, meinen aufrichtigen Dank aussprechen. Ich bin unendlich dankbar für die unschätzbare Anleitung, Unterstützung und Ermutigung, die ich auf meinem Weg erhalten habe.

Zunächst möchte ich mich bei meinen geschätzten Doktorvater Herrn Professor Günther Schuh, Inhaber des Lehrstuhls für Produktionssystematik am WZL bedanken, der mit seinem Fachwissen und seiner Unterstützung meine akademische Laufbahn und meine Forschungsarbeit maßgeblich geprägt hat. Sein unermüdliches Engagement, aufschlussreiches Feedback und konstruktive Kritik waren für die Entwicklung meines kritischen Denkens und meiner Forschungsfähigkeiten von entscheidender Bedeutung. Ich bin ihm sehr dankbar für seine kontinuierliche Unterstützung und Ermutigung auf meinem akademischen Weg.

Bedanken möchte ich mich zudem bei der WBA Aachener Werkzeugbau Akademie GmbH, in Person bei Prof. Wolfgang Boos, der mir in vielen Beratungsprojekten die Möglichkeit gegeben hat, an den praktischen Aspekten meiner Forschung zu arbeiten. Die Unterstützung des Unternehmens und die Zusammenarbeit waren entscheidend dafür, dass ich mein akademisches Wissen auf reale Herausforderungen anwenden konnte. Ich bin dankbar für das Vertrauen, das mir entgegengebracht wurde. Zudem möchte ich Jan Wiese für die Bereitstellung der Ressourcen und Daten sowie der Validierung meiner Forschungsarbeit danken.

Außerdem möchte ich mich bei meinen Kollegen bedanken, die ein wesentlicher Bestandteil meiner Laufbahn waren. Unvergesslich bleiben für mich zahlreiche nationale sowie internationale Dienstreisen, insbesondere mit Dr. David Goertz, Dr. Felix Stracke, Dr. Julian Boshof, Dr. Thilo Schultes, Julian Schweins, Christoph Frey, Julian Trisjono und Thomas Eberius. Die stets aufrichtige Kameradschaft haben die Reisen angenehmer und erfüllender gemacht. Herzlich bedanken möchte ich mich auch bei Niklas Kessler, Dr. Max Busch, Dr. Tim Graberg, Christoph Ebbecke und Dr. Johan de Lange für viele inspirierende Diskussionen zu meiner Dissertation sowie Dr. Christoph Kelzenberg und Gerret Lukas für ihren unermüdlichen Einsatz als Vorgesetzte. Die neuen Perspektiven haben meine Forschung bereichert und das Vertrauen mir die Gruppenleitung zu übertragen hat meine persönliche Entwicklung in außergewöhnlichem Ausmaß geprägt.

Schließlich möchte ich meiner Familie von ganzem Herzen für ihre unerschütterliche Fürsorge und Unterstützung in all meinen Lebensphasen danken. Ohne euch wäre meine akademische Laufbahn undenkbar gewesen. Mein ebenso großer Dank gilt meiner Freundin Laura. Ihre Geduld und ihr Verständnis, ihre Ermutigung und Opferbereitschaft waren die treibende Kraft hinter meinem Erfolg. Ihre unerschütterliche Unterstützung war eine Quelle der Kraft und Motivation.

Meiner Familie und Laura widme ich diese Dissertation.

Aachen, im April 2021 Tim Ochel

Kurzzusammenfassung

Der deutsche Werkzeugbau steht seit Jahren vielfältigen Herausforderungen gegenüber. Der durch Globalisierung bedingte Wettbewerbsdruck manifestiert sich in rückläufigen Produktmargen sowie einer Erhöhung der Produktreifegrade. In den letzten Jahrzehnten war die maßgebende Maxime der Branche daher die Spezialisierung von Produkten sowie die Fokussierung auf wenige Prozesse und Ressourcen zur Reduzierung von Kosten. Diese Strategie stellt nicht zuletzt in den Krisenjahren 2020 - 2022 jedoch eine eigene Herausforderung dar. Fokussierung und Effizienz stehen der unternehmerischen Flexibilität und Resilienz gegenüber. Diese Faktoren sind insbesondere in Zeiten globaler Unternehmenskrisen zur Sicherstellung globaler Wettbewerbsfähigkeit jedoch notwendiger denn je. Vor dem Hintergrund, dass Unternehmenskrisen keine Ausnahmesituation mehr darstellen, sondern sich zu Normalsituationen entwickeln haben, die das alltägliche Wirtschaften kontinuierlich bedingen, wird dieser Herausforderung ein steigendes Schadenspotenzial beigemessen.

Ein besonderes Potenzial zur Steigerung der Krisenfestigkeit von Unternehmen wird dem Resilienzmanagement beigemessen. Dieses beginnt bei der strategischen Frühaufklärung und identifiziert wesentliche ausschlaggebende Entwicklungs- und Steuerungsrichtungen. Das Resilienzmanagement beinhaltet zudem die Erneuerung, Transformation und Steigerung der dynamischen Kreativität aus dem Unternehmen heraus. Hierdurch ist es nicht selten die entscheidende Erfolgsvoraussetzung für die zukünftige Prosperität des Unternehmens.

Bezugnehmend auf die beschriebene Problemstellung ist die übergeordnete Zielsetzung der vorliegenden Arbeit einen Lösungsansatz zu entwickeln, der Betriebe der Branche Werkzeugbau darin unterstützt, ein prognosegestütztes Resilienzmanagement zu etablieren. Dieser Lösungsansatz befähigt Werkzeugbaubetriebe, die Abhängigkeiten von ihren Anspruchsgruppen zu verstehen, Störungen vorauszusehen und zu bewerten sowie proaktiv zu antizipieren. Um diesem Anspruch gerecht zu werden wird eine Methodik konzeptioniert, die basierend auf Einflussfaktoren auf die Branche Werkzeugbau, im ersten Schritt potenzielle Umfeldszenarien ableitet. Darauf aufbauend werden im zweiten Schritt Methoden entwickelt, die sowohl die Wahrscheinlichkeit des Eintritts, als auch das Schadenspotenzial prognostizieren. Diese Erkenntnisse werden im dritten Schritt genutzt, um eine aufwandsgerechte Krisenadaption und eine langfristig resiliente Unternehmensentwicklung durchzuführen.

Die Forschungsergebnisse werden mithilfe des Festool GmbH und der WBA Aachener Werkzeugbau Akademie GmbH in zwei Unternehmen validiert. Der wissenschaftliche Beitrag der vorliegenden Arbeit liegt in der Entwicklung einer Prognostik zur Resilienzsteigerung, die szenariobasierte Prognosen von Störungen und Krisen im strategischen Management produzierender Unternehmen ermöglichen soll. Die entwickelte Prognostik unterstützt Unternehmen mithin, eine konkrete Zuordnung von auftretenden Krisen zu definitiven Maßnahmen vorzunehmen, um eine aktive Gestaltung der Krisenbekämpfung umzusetzen.

Abstract

The German tool and die industry has been facing a variety of challenges in recent years. The competitive pressure caused by globalization manifests itself in declining product margins and an increase in product maturity. In the last decades, the decisive maxim of the industry was therefore the specialization of products as well as the focusing on a few processes and resources in order to reduce costs. However, this strategy presents its own challenges, not least in the crisis years 2020 - 2022. Focus and efficiency are pitted against entrepreneurial flexibility and resilience. These factors are more necessary than ever to ensure global competitiveness, especially in times of global corporate crises. Against the backdrop that corporate crises no longer represent exceptional situations, but have become normal situations that continuously condition everyday business, this challenge is seen as having an increasing potential for damage.

Resilience management is seen as having particular potential for increasing the resistance of companies. Resilience management incorporates the early strategic intelligence and identifies key development and management directions. Resilience management also includes the renewal, transformation and increase of dynamic creativity from within the company. In this way, it is often the decisive prerequisite for the future prosperity of the company.

With reference to the described problem, the overall objective of this thesis is to develop a solution approach that supports companies in the tool and die industry in establishing a forecast-based resilience management. This solution approach enables tool making companies to understand the dependencies of their stakeholder, to foresee and evaluate disturbances and to proactively anticipate them. In order to meet this requirement, a methodology is conceptualized that derives potential environment scenarios based on influencing factors on the tool and die industry. Based on this, methods are developed in the second step, which forecast the probability of occurrence as well as the damage potential. In the third step, these findings are used to carry out an effort-oriented crisis adaptation and a long-term resilient company development.

The research results are validated with the help of Festool GmbH and WBA Tooling Academy in two companies. The scientific contribution of the present work lies in the development of a prognostic for resilience enhancement, which should enable scenario-based forecasts of disruptions and crises in the strategic management of manufacturing companies. The developed prognostics supports companies in a concrete allocation of occurring crises to definite measures in order to implement an active design of crisis management.

I Inhaltsverzeichnis

II Inhaltsverzeichnis

III Formeln und Abkürzungen

Abkürzung	Einheit	Beschreibung
acatech		Deutsche Akademie der Technikwissenschaft e. V.
aktual.		aktualisierte
Aufl.		Auflage
B2B		Business-to-Business
B2C		Business-to-Customer
Bd.		Band
bearb.		bearbeitete
beispielsweise		beispielsweise
bzw.		beziehungsweise
ca.		circa
CNC		Computerized Numerical Control
CRISP-DM		Cross-Industry Standard Process for Data Mining
d. h.		das heißt
DIN		Deutsches Institut für Normung e. V.
et al.		et alii
etc.		et cetera
ETL		Extract-Transform-Load
EBITDA		Gewinn ohne Berücksichtigung von Zinsen, Steuern, Abschreibungen und sonstigen Finanzierungsaufwendungen
f.		folgende Seite
ff.		fortfolgende Seiten
GmbH		Gesellschaft mit beschränkter Haftung
Hrsg.		Herausgeber
i. A. a.		in Anlehnung an
IoT		Internet of Things
IoP		Internet of Production

i. w. S.	im weitesten Sinne
KDD	Knowledge Discovery in Databases
KG	Kommanditgesellschaft
KPI	Key Performance Indicator
Mio.	Millionen.
Mrd.	Milliarden
NC	Numerical Controlled
RPZ	Risiko-Prioritäts-Zahl
RWTH	Rheinisch-Westfälische Technische Hochschule
s.	siehe
S.	Seite
SME	Small and medium Enterprises (dt. KMU)
TCO	Total Cost of Ownership
u. a.	unter anderem
u. U.	unter Umständen
VDI	Verein Deutscher Ingenieure e. V.
VMDA	Verband Deutscher Maschinen- und Anlagenbau e. V.
vgl.	vergleiche
WBA	WBA Aachener Werkzeugbau Akademie
WM	Wissensmanagement
WZL	Werkzeugmaschinenlabor der RWTH Aachen
z. B.	zum Beispiel

IV Abbildungsverzeichnis

1 Einleitung und Zielsetzung

In den letzten Jahren ist der Begriff Krise im allgemeinen Sprachgebrauch ein wiederkehrender Baustein geworden und attestiert, dass sich kurzfristig eine Veränderung einstellt, sich der Verlauf der Dinge aber nicht grundsätzlich wandelt. Nach vielen erfolgreichen Geschäftsjahren ist insbesondere in der deutschen Industrie dieses Paradigma maßgebend geworden – Abwarten und Aussitzen gilt als erfolgsversprechende Krisenstrategie.

Diese Strategie lässt zwei grundsätzliche Aspekte einer effektiven Krisenvorbeuge vermissen. Zum einen bleibt ungeachtet, dass Krisen neben temporären Tiefpunkten auch Chancen beinhalten. Der chinesische Begriff für Krise „wei-ji" setzt sich aus zwei Schriftzeichen zusammen: Den Schriftzeichen für Gefahr und gute Gelegenheit. Beide Begriffsbestandteile beinhalten den Aspekt der Zuspitzung einer Entwicklung hin zu einem Wendepunkt, der eine drastische Veränderung und eine grundlegende Entscheidung notwendig macht, um den meist als plötzlich und existenziell wahrgenommenen Herausforderungen begegnen zu können. Das Kompositum aus den beiden Schriftzeichen fügt dem Begriff Krise noch eine weitere Bedeutung hinzu: Eine Krise ist immer mit Gefahren des Scheiterns, aber auch mit neuen Chancen verbunden.

Ein weiterer Aspekt, der der Krisenstrategie Abwarten und Aussitzen zugrundeliegt ist der allgemeine Glaube, dass Krisen nicht vorhersehbar sind. Krisenartige Situationen sind immer durch ein hohes Maß von Unsicherheit gekennzeichnet. Unsicherheit ist ein Zustand in der der Entscheidende keine eindeutigen Vorstellungen über die Wahrscheinlichkeiten möglicher Ereignisse hat. Wahrscheinlichkeit ist jedoch eine statistische Messgröße, deren Güte mit der Verfügbarkeit der vorliegenden Informationen skaliert. Das Zeitalter der Digitalisierung bietet entscheidende Möglichkeiten, viele kontextbezogene Informationen zu sammeln und Krisenzustände vorherzusehen. Daher muss die Devise sich vom Abwarten und Aussitzen hin zur Krisenvorhersage und -nutzung wandeln. Auf dieses Ziel soll die vorliegende Arbeit einzahlen.

1.1 Ausgangssituation

Seit Ende des zweiten Weltkrieges wird in Deutschland ein starker Anstieg des gesellschaftlichen Wohlstandes verzeichnet. Insbesondere der Industriesektor zahlt seit Jahrzehnten durch diverse Entwicklungssprünge signifikant in die Festigung dieses Wohlstandes ein. So können rund sieben Millionen sozialversicherungspflichtige Beschäftigte sowie rund 60 % der gesamten Forschungs- und Entwicklungsausgaben dem deutschen Industriesektor zugeschrieben werden.[1] Außerdem trägt das produzierende Gewerbe von 2005 bis 2020 rund 25 % zur deutschen Wertschöpfung bei.[2] Die deutsche Industrie kann sich im internationalen Wettbewerb einerseits über die Produktion hochwertiger Güter und andererseits durch hohe Effizienz in Geschäftsprozessen differenzieren.

---

[1] Vgl. BMWi (Industriestrategie 2030), 2019, S. 6.

[2] Vgl. Statistisches Bundesamt (Volkswirtschaftliche Gesamtrechnung), 2020, S. 61.

Innerhalb der Industriegüterbranche sind allerdings zunehmende und vielfältige Herausforderungen zu erkennen. Die Differenzierung der deutschen Industrie durch hochwertige Güter wird durch die Globalisierung und entsprechendem Wettbewerbsdruck zunehmend komplexer. Der Wettbewerbsdruck manifestiert sich in rückläufigen Produktmargen, einer Erhöhung der Produktreifegrade sowie einer zunehmenden Kommoditisierung von Produkten.[3] Auch die Differenzierung der deutschen Industrie durch hohe Effizienz in Geschäfts- und Wertschöpfungsprozessen stellt sich im globalen Kontext als herausfordernd heraus. Die Effizienz steht der unternehmerischen Flexibilität und Resilienz gegenüber. Diese Faktoren sind insbesondere in Zeiten globaler Unternehmenskrisen zur Sicherstellung globaler Wettbewerbsfähigkeit jedoch notwendiger denn je. Vor dem Hintergrund, dass Unternehmenskrisen keine Ausnahmesituation mehr darstellen, sondern sich zu Normalsituationen entwickeln haben, die das alltägliche Wirtschaften kontinuierlich bedingen, wird dieser Herausforderung ein steigendes Schadenspotenzial beigemessen.[4]

Der Russland-Ukraine Konflikt, die Halbleiterkrise, die Verbreitung des Corona-Virus, der EU-Green Deal, der Chinesisch-US Amerikanische-Handelsstreit, das „Brexit", der Dieselskandal und viele andere signifikante globale Ereignisse sind Beispiele für Störungen, die zu beispiellosen sozialen, politischen und wirtschaftlichen Einschnitten geführt haben. In vergleichsweise kurzer Zeit hat diese Mischung an Störungen eine ernstzunehmende Wirtschaftskrise verursacht, welche den gesamten Wirtschaftsstandort Deutschland vor große Herausforderungen stellt. Absatzzahlen sind gesunken, Lieferketten wurden unterbrochen und Produktionswerke wurden zumindest vorübergehend stillgelegt. Die Zusammensetzung dieser unterschiedlichen Krisen ist zweifellos für viele Unternehmen existenzgefährdend. Einer Umfrage von DELOITTE zufolge gehen 60 % der befragten Geschäftsführer davon aus, dass Störungen dieser Art mindestens gelegentlich wieder auftreten werden.[5,6] Dieser Verteilung liegt ein zyklisches Verständnis von Störungen und Krisen zugrunde, welches auch durch historische Daten bewiesen wird. So sind zwischen 1973 und 2020 mit Beginn der ersten Ölkrise nachweislich sieben Wirtschaftskrisen[7] erfolgt.[8]

---

[3] Vgl. Kolz (Datenbasierte Dienstleistungen), 2020, S. 1.

[4] Vgl. Deloitte (Global Resilience Report), 2021, S. 4.

[5] Vgl. Abbildung 1.

[6] Vgl. Deloitte (Global Resilience Report), 2021, S. 4.

[7] Erste Ölkrise 1973, zweite Ölkrise 1979, Asienkriege 1997, Dotcom-Blase 2000, Bankenkrise 2007, Eurokrise 2010.

[8] Vgl. Boos et al. (Wettbewerbsfaktor Resilienz), 2021, S. 5.

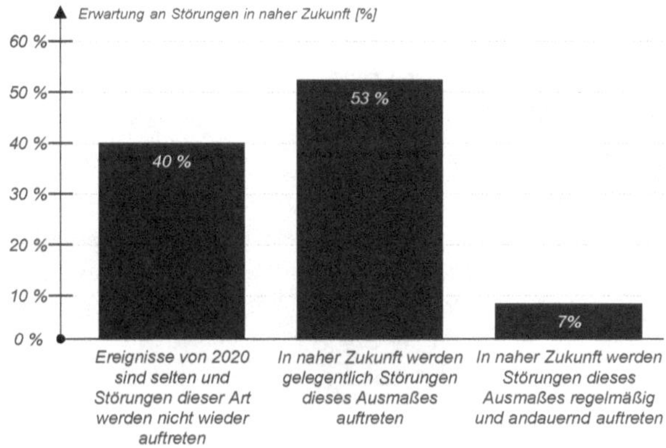

Abbildung 1: Erwartung an Störungen in naher Zukunft nach DELOITTE[9]

Ein besonderes Potenzial zur Steigerung der Krisenfestigkeit von Unternehmen wird dem Resilienzmanagement beigemessen. Dieses beginnt bei der strategischen Frühaufklärung und deckt damit wesentliche ausschlaggebende Entwicklungs- und Steuerungsrichtungen auf. Das Resilienzmanagement beinhaltet zudem die Erneuerung, Transformation und Steigerung der dynamischen Kreativität aus dem Unternehmen heraus.[10] Hierdurch ist es nicht selten die entscheidende Erfolgsvoraussetzung für die zukünftige Prosperität des Unternehmens.

Produzierende Unternehmen haben in den letzten Jahrzehnten ein differenziertes Risiko- und Krisenmanagementinstrumentarium geschaffen, welche sich unternehmerische Risiken passiv überwachen.[11] Das industrielle Risikomanagement beinhaltet nur selten Möglichkeiten, bekannte Risiken in Potenziale umzuwandeln. Außerdem hemmt die geringe Verfügbarkeit von Marktindikatoren und ein fehlendes Verständnis der Abhängigkeiten des Unternehmens am Markt den Aufbau einer strategischen Frühaufklärung für eintretende Risiken. Unter Berücksichtigung des zunehmend krisenbestimmten und volatilen Marktumfelds besteht in vielen Branchen der deutschen Industrie Handlungsbedarf zur Steigerung der Resilienz.

1.2 Problemstellung

Die aktuelle Ausgangssituation der deutschen Industrie trifft insbesondere auf die Branche Werkzeugbau zu. Diese ist im internationalen Wettbewerb vor allem durch die führende Rolle hinsichtlich der Qualität, der Komplexität und der Präzision der hergestellten Werkzeuge am Hochlohnstandort Deutschland charakterisiert.[12] Die dafür notwendige, über Jahre gestiegene Fokussierung auf wenige Prozesse und Ressourcen stellt in den Krisenjahren 2020 - 2022 eine Herausforderung dar. Auch die häufig starke Spezialisierung der Produkte und die

---

[9] I. A. a. Deloitte (Global Resilience Report), 2021, S. 4.

[10] Vgl. Lengnick-Hall et al. (Developing a capacity for organizational resilience), 2011, S. 244.

[11] Vgl. Hunziker; Meissner (Risikomanagement in 10 Schritten), 2017, S. 3.

[12] Vgl. Boos et al. (Tooling in Germany 2020), 2020, S. 4.

dadurch sehr starre Position in globalen Wertschöpfungsketten macht Betriebe der Branche besonders anfällig für sowohl Angebots- als auch Nachfrageschwankungen. Werkzeugbaubetriebe, z. B. in der Automobil-Zuliefererindustrie, könnten daher von Krisen tendenziell stärker betroffen als global agierende Konzerne.

Werkzeugbaubetriebe werden durch ihre Position in der industriellen Wertschöpfungskette unmittelbar von substanziellen Veränderungen ihrer Stakeholder beeinflusst. Diese substanziellen Veränderungen bedingen die Notwendigkeit einer Resilienzsteigerung, um ein nachhaltiges Wirtschaften sicherzustellen. Jedoch erhält der Werkzeugbau relevante Informationen zu substanziellen Veränderungen im Umfeld seiner Stakeholder verspätet sowie in geringem Detailgrad. Dadurch fehlt den Betrieben der Branche ein Verständnis über die Abhängigkeiten von ihren Anspruchsgruppen. Mithin weisen Werkzeugbaubetriebe eine geringe Resilienz auf.[13]

Zur Steigerung der Resilienz müssen Werkzeugbaubetriebe vermehrt Marktinformationen sammeln, analysieren und mit den internen Unternehmensdaten korrelieren. Weiterhin ist es entscheidend, die Flexibilisierung von Prozessen, Ressourcen und Produkten abzubilden, um auf sich verändernde Marktanforderungen reagieren zu können.[14] Dadurch lassen sich störungs- bzw. krisenbedingte Risiken in Erfolgspotenziale umwandeln und es kann ein nachhaltiges Wirtschaften sichergestellt werden. In der deutschen Branche Werkzeugbau besteht der Bedarf nach einer Vorgehensweise zur Umsetzung prognostischer Möglichkeiten zur signifikanten Erhöhung der Resilienz der Betriebe.[15]

1.3 Zielsetzung

Bezugnehmend auf die beschriebene Problemstellung ist die *übergeordnete Zielsetzung* der vorliegenden Arbeit, einen Lösungsansatz zu entwickeln, der Betriebe der Branche Werkzeugbau darin unterstützt, ein prognosegestütztes Resilienzmanagement zu etablieren. Dieser Lösungsansatz befähigt Werkzeugbaubetrieben potenziell, die Abhängigkeiten von ihren Anspruchsgruppen zu verstehen, Störungen vorauszusehen und zu bewerten sowie proaktiv zu antizipieren. Das Ergebnis soll insbesondere Werkzeugbaubetriebe an Hochlohnstandorten wie etwa Deutschland bereichern.

Bislang existiert kein Lösungsansatz, der das beschriebene Problem ausreichend adressiert. Ansätze sind von systematischen Defiziten geprägt. So existiert kein Ansatz, der die Einflüsse auf einen Werkzeugbaubetrieb systematisiert, bewertet und auf Wechselwirkungen untereinander überprüft. Ein weiteres systematisches Defizit ist die fehlende Proaktivität der Ansätze. Bisherige Lösungsansätze beschreiben aufgrund der Dynamik der Umweltfaktoren nur beschränkt Möglichkeiten, Veränderungen datenseitig zu erkennen und provozieren so eine zeitliche Verzögerung zwischen Problemen und Maßnahmen. Folglich adressieren die beschriebenen Resilienz fördernden Maßnahmen im Extremfall Probleme, die nicht mehr aktuell

[13] Vgl. Boos et al. (Wettbewerbsfaktor Resilienz), 2021, S. 14.

[14] Vgl. Boos et al. (Wettbewerbsfaktor Resilienz), 2021, S. 60.

[15] Vgl. Dönitz (Effiziente Szenariotechnik durch Konsistenzmatrizen), 2009, S. 6.

sind.[16]. Abschließend existiert kein Ansatz, der die bedarfsgerechte Adaption einer Störung bzw. Krise ausreichend beschreibt. Der Fokus der resilienten Unternehmensentwicklung basierend auf Lerneffekten bleibt gänzlich aus.[17]

Die *konkrete Zielstellung* ist folglich die Entwicklung einer Prognostik[18] zur Resilienzsteigerung im Werkzeugbau. Im Zuge dessen sollen die Rahmenbedingungen der Branche Werkzeugbau ganzheitlich Berücksichtigung finden, sodass eine operative Anwendbarkeit der Methodik von Werkzeugbaubetrieben gewährleistet ist.

Gemäß KUBICEK repräsentiert Forschung einen Lernprozess. Besonders wichtig in diesem Lernprozess ist die Formulierung einer grundlegenden Forschungsfrage, um den Betrachtungsbereich der Forschung einzugrenzen und den Forschungsprozess stringent durchführen zu können.[19] Zusammenfassend lautet die handlungsleitende Forschungsfrage wie folgt:[20]

Wie muss eine Prognostik zur Resilienzsteigerung im Werkzeugbau gestaltet sein?

1.4 Forschungsansatz der Arbeit

Der Forschungsansatz beruht auf dem allgemeinen Forschungsverständnis des Lehrstuhls für Produktionssystematik am Werkzeugmaschinenlabor WZL der RWTH Aachen University. Die wissenschaftlichen Grundlagen für den Forschungsansatz basieren auf den Ausarbeitungen von bereits verfassten Dissertationen.

Die wissenschaftliche Forschung kann gemäß BINDER UND KANTOWSKY als ein Prozess zur Erkenntnisgewinnung bezeichnet werden. Die hierbei gesammelten Erkenntnisse werden anschließend als eine neue Wirklichkeit der Forschungs- bzw. Wissenschaftsgemeinschaft zur Verfügung gestellt. Zur Veröffentlichung dieser neuen Erkenntnisse ist allerdings vorab das Forschungsparadigma bzw. die grundlegende Erkenntnisperspektive der Forscher zu erläutern, da Forschung nicht ohne wertende Entscheidungen durchführbar ist.[21]

Bei der grundlegenden Erkenntnisperspektive handelt es sich um ein sogenanntes belief system. Dieses System ist ein nicht weiter begründbares Vorverständnis für die Arbeit, welches nicht detaillierter nachgewiesen werden muss, sondern als grundlegende Überzeugung zu akzeptieren ist.[22] Die grundlegende Erkenntnisperspektive sowie das methodische Vorgehen der

[16] Vgl. Palzkill-Vorbeck (Business Model Resilience), 2012, S. 28.

[17] Vgl. Kapitel 3.4.

[18] Die Einordnung des Begriffs Prognostik sowie die Abgrenzung zur Methodik erfolgt in Kapitel 4.1.3.

[19] Vgl. Kubicek (Heuristische Bezugsrahmen), 1976, S. 24-30.

[20] Eine Konkretisierung dieser handlungsleitenden Forschungsfrage erfolgt im Rahmen von Kapitel 3.6 mittels weiterer untergeordneten Forschungsfragen.

[21] Vgl. Binder; Kantowsky (Technologiepotenziale), 1996, S. 3.

[22] Vgl. Guba; Lincoln (Qualitative Research), 1994, S. 107.

Forschung müssen jedoch offengelegt werden, um eine intersubjektive Begreifbarkeit der Erkenntnisse des Forschungsprozesses zu gewährleisten.[23]

Mit dem Forschungsansatz dieser Arbeit soll festgelegt werden, für welche Wissenschaften die Ergebnisse dieser Arbeit einen Lösungsansatz darstellen.[24] Zudem soll gezeigt werden, auf welche Art und Weise der Forschungsprozess zur Gewinnung dieser Ergebnisse gestaltet wird. Aufbauend auf der erforderlichen wissenstheoretischen Einordnung werden die Erkenntnisperspektive sowie die methodologische Vorgehensweise als Forschungsmethodologie beschrieben.

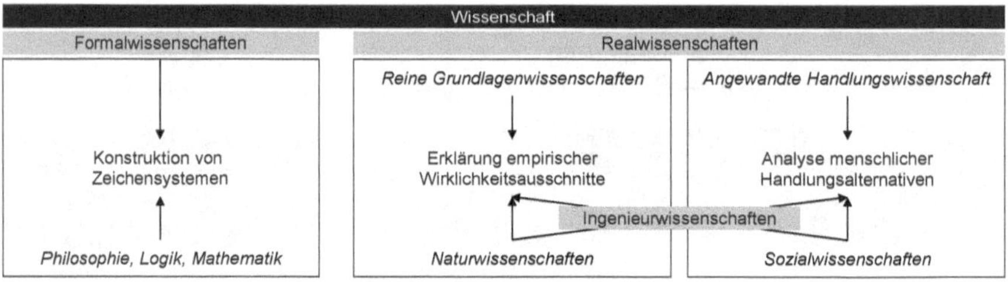

Abbildung 2: Wissenschaftssystematik nach ULRICH UND HILL[25]

Zielsetzung der *Formalwissenschaften* ist es, Zeichensysteme inklusive Regeln zu deren Verwendung zu konstruieren.[26] Die Aussagen der Formalwissenschaften sind rein theoretischer Natur, da sie analytisch sind und nicht in der Praxis beobachtet oder widerlegt werden können. Hieraus resultiert, dass Erkenntnisse nur auf Richtigkeit geprüft werden können, indem logische bzw. theoretische Widersprüche gesucht werden.[27] Zu den Formalwissenschaften können beispielsweise die Philosophie, die Logik und die Mathematik gezählt werden.[28]

Die Realwissenschaften nach ULRICH & HILL hingegen zielen darauf ab, real existierende und sinnlich wahrnehmbare Wirklichkeitsausschnitte empirisch zu beschreiben, zu erklären und zu gestalten.[29] Die Aussagen der Realwissenschaften sind im Gegensatz zu denen der Formalwissenschaften nicht analytischer, sondern rein synthetischer Natur und erfordern daher zu ihrer Überprüfung auf Richtigkeit eine zusätzliche Faktenanalyse.[30] Innerhalb der Realwissenschaften kann zwischen reinen Grundlagenwissenschaften und angewandten Handlungswissenschaften unterschieden werden. Die Grundlagenwissenschaften umfassen die Fachgebiete der Naturwissenschaften wie Chemie, Biologie oder Physik und tragen dazu bei, Diskre-

[23] Vgl. Binder; Kantowsky (Technologiepotenziale), 1996, S. 3.

[24] Vgl. Abbildung 2.

[25] I. A. a. Ulrich; Hill (Wissenschaftstheorie), 1976, S. 305.

[26] Vgl. Ulrich; Hill (Wissenschaftstheorie), 1976, S. 305.

[27] Vgl. Schanz (Wissenschaftstheoretische Grundfragen), 1987, S. 2039.

[28] Vgl. Ulrich; Hill (Wissenschaftstheorie), 1976, S. 305.

[29] Vgl. Ulrich; Hill (Wissenschaftstheorie), 1976, S. 305.

[30] Vgl. Schanz (Wissenschaftstheoretische Grundfragen), 1987, S. 2039.

panzen zwischen den beobachteten Ereignissen und der zugrundeliegenden Theorie zu erklären. Den Handlungswissenschaften werden hingegen die Sozialwissenschaften zugeordnet. Sie umfassen unter anderem die Soziologie und Ökonomie, wobei auch das Themenfeld der Betriebswirtschaftslehre mit eingeschlossen ist.[31]35 Die Sozialwissenschaften selbst umfassen die Erkenntnisse über das Verhalten von einzelnen menschlichen Individuen (Psychologie), von Menschen in Interaktion (Sozialpsychologie) oder von ganzen Gesellschaften (Soziologie).[32]

Die Ingenieurwissenschaften werden den Realwissenschaften zugeordnet. Vor diesem Hintergrund muss allerdings einschränkend erwähnt werden, dass die Ingenieurwissenschaften weder vollständig zu den angewandten Handlungswissenschaften noch zu den reinen Grundlagenwissenschaften zählen. Bei der vorliegenden Arbeit handelt es sich jedoch um eine ingenieurwissenschaftliche Arbeit, die eindeutig den Handlungswissenschaften zugeordnet werden kann. Diese Zuordnung liegt einerseits an der methodischen Bearbeitung eines Problems des menschlichen Handelns sowie andererseits an den Schnittmengen zur Betriebswirtschaftslehre.

Nachdem beschrieben wurde, dass die vorliegende Arbeit den angewandten Handlungswissenschaften zugeordnet wird, sind die Überzeugungen des Forschers anzugeben, damit die grundlegende Erkenntnisperspektive vollumfänglich erläutert werden kann. Als Teil des Vorverständnisses dieser Arbeit werden daher alle Überzeugungen des Forschers durch die Erläuterung der vorwissenschaftlichen und wertgebundenen Annahmen für diese Arbeit erläutert. Hierdurch gelingt es, das sogenannte Subjektivitätskriterium wissenschaftlicher Arbeiten zu umgehen.[33] Das Grundverständnis und die damit zusammenhängenden Überzeugungen des Forschers werden in der Wissenschaftstheorie auch als Paradigma bezeichnet. Innerhalb der Betriebswirtschaftslehre existieren mit dem faktortheoretischen Ansatz nach GUTENBERG, dem Systemansatz nach ULRICH sowie dem entscheidungstheoretischen Ansatz nach HEINEN insgesamt drei relevante Paradigmen.[34] In der vorliegenden Arbeit wird der Systemansatz von ULRICH als grundlegende Wissenschaftstheorie verwendet, da der Ansatz von ULRICH praxisnah, offen sowie integrativ ist und somit einen großen Bezug zu den Ingenieurwissenschaften aufweist.[35]

Ein weiterer wichtiger Bestandteil des Forschungsprozesses ist, neben der grundlegenden Erkenntnisperspektive, die Forschungsmethodologie, welche den Teil des Forschungsprozesses beschreibt, der sich mit der Gewinnung von Erkenntnissen auseinandersetzt. POPPER zufolge startet dieser Erkenntnisgewinn „nicht mit Wahrnehmungen, […] Beobachtungen, […] der

[31] Vgl. Ulrich; Hill (Wissenschaftstheorie), 1976, S. 305.

[32] Vgl. Schanz (Wissenschaftstheoretische Grundfragen), 1987, S. 2040.

[33] Vgl. Ulrich; Hill (Wissenschaftstheorie), 1976, S. 306.

[34] Vgl. Ulrich; Hill (Wissenschaftstheorie), 1976, S. 308-309.

[35] Vgl. Ulrich; Hill (Wissenschaftstheorie), 1976, S. 308-309.

Sammlung von Daten oder von Tatsachen, sondern [...] mit Problemen".[36] Mithilfe der angewandten Handlungswissenschaften soll die Lösung der Probleme erfolgen.

Die vorliegende Arbeit orientiert sich, gemäß ihrer Zuordnung zu den angewandten Handlungswissenschaften im Rahmen der Wissenschaftssystematik und der Wahl des systemtheoretischen Ansatzes nach ULRICH, an dem forschungsmethodischen Ansatz der explorativen Forschung. Es wird zudem der Forschungszyklus nach TOMCZAK zugrunde gelegt.[37,38]

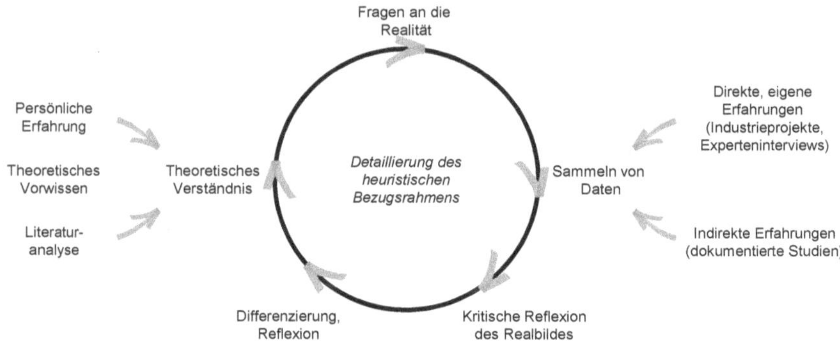

Abbildung 3: Forschungsmethodisches Vorgehen[39]

Wissenschaftliche Aussagen werden beim explorativen Forschungsvorgehen nach KUBICEK in einem iterativen Lernprozess entwickelt, der von theoretischen Absichten geführt wird. Diese Absichten fußen selbst auf einem systematischen Erfahrungswissen und werden in kreative wissenschaftliche Aussagen umgesetzt.[40] Demnach ist das Ziel der Zugewinn an Erfahrungswissen und dessen kreative Umwandlung in theoretische Axiome. Folglich ist hierbei die Zielsetzung zum einen Fragen an die Realität zu stellen und zum anderen durch die theoretische Verarbeitung der gewonnenen Erkenntnisse neue Fragen stellen zu können, um schließlich wieder zu neuen Erkenntnissen über die Realität vorzustoßen.[41]

Um die Systematik der explorativen Forschung anwenden zu können, ist ein heuristischer Bezugsrahmen erforderlich, welcher den Mittelpunkt des explorativen Forschungsprozesses darstellt. Der heuristische Bezugsrahmen repräsentiert das Vorverständnis des Autors und lenkt den Forschungsprozess durch die Richtungsvorgabe hin zur Lösung praxisrelevanter Probleme.[42] Laut Tomczak ist „ein theoretisches Problem bzw. ein generelles Phänomen [...], das nicht genügend verstanden bzw. unzureichend beherrscht wird", die initiale Ursache für die

[36] Vgl. Popper (Die Logik der Sozialwissenschaften), 1975, S. 104.

[37] Vgl. Abbildung 3.

[38] Vgl. Tomczak (Forschungsmethoden), 1992, S. 84.

[39] Vgl. Kubicek (Heuristische Bezugsrahmen), 1976, S. 14-15.

[40] Vgl. Kubicek (Heuristische Bezugsrahmen), 1976, S. 13.

[41] Vgl. Kubicek (Heuristische Bezugsrahmen), 1976, S. 14.

[42] Vgl. Tomczak (Forschungsmethoden), 1992, S. 84.

Entwicklung eines heuristischen Bezugsrahmens.[43] Bereits in Kapitel 1.2 wurde die Problemstellung der vorliegenden Arbeit erörtert, weshalb der heuristische Bezugsrahmen im Folgenden entwickelt werden kann. Dieser besteht aus sechs Teilen.[44]

Abbildung 4: Heuristischer Bezugsrahmen[45]

Das Themenfeld Globale Veränderungen besitzt eine zentrale Stellung innerhalb des heuristischen Bezugsrahmens. Globale Veränderungen können Störungen hervorrufen, die sich schlimmstenfalls in Krisenzuständen äußern können. Daran angeschlossen ist das Themenfeld Werkzeug- und Formenbau, welches den Betrachtungsbereich dieser Arbeit darstellt. Außerdem ist das Themenfeld Daten an das Themenfeld Globale Veränderungen angeschlossen, da eine Zielstellung der Arbeit die Abbildung globaler Veränderungen durch Kennzahlen ist. Die kombinierte Betrachtung von Werkzeug- und Formenbau sowie globalen Veränderungen ermöglicht die Erarbeitung des Themenfelds Resilienz, welches die Widerstandsfähigkeit der Werkzeugbaubetriebe gegenüber globalen Veränderungen beschreibt und ein Gestaltungsbereich dieser Arbeit ist. Die Kombination der Themenfelder globale Veränderungen sowie Daten wird durch Methoden von Data Analytics befähigt, welche die Abbildung von Marktveränderungen in Form von Kennzahlen ermöglicht. Die Themenfelder Resilienz und Data Analytics stellen schließlich den Kern der Prognostik zur Resilienzsteigerung im Werkzeugbau dar.

Neben dem theoretischen Verständnis bildet das praktische Erfahrungswissen des Autors eine maßgebliche Grundlage für die vorliegende Arbeit. Dieses Erfahrungswissen basiert auf der Tätigkeit als wissenschaftlicher Mitarbeiter am Werkzeugmaschinenlabor WZL der RWTH Aachen durch die Leitung zahlreicher Industrie- und Forschungsprojekte sowie Lehr und Weiterbildungsveranstaltungen erworben werden. Im Rahmen diverser Industrieprojekte konnte die Praxisrelevanz bestätigt und die Gestaltung der Wertschöpfung vertiefend diskutiert werden. Darüber hinaus wurde ein umfangreicher Erfahrungsaustausch betrieben, sodass weitere praxisrelevante Anforderungen in die Konkretisierung des Forschungsdefizits aufgenommen

[43] Vgl. Tomczak (Forschungsmethoden), 1992, S. 84.

[44] Vgl. Abbildung 4.

[45] Eigene Darstellung

wurden. Durch intensive Diskussionen im Zuge weiterer Arbeitskreise, Seminare und Netzwerkveranstaltungen konnten die Forschungsergebnisse kontinuierlich evaluiert und weiterentwickelt werden. Die abschließende Validierung der Ergebnisse anhand repräsentativer Betriebe der Branche ermöglicht die erfolgreiche Bestätigung dargestellter Forschungsergebnisse.

1.5 Aufbau der Arbeit

Die Einordnung der vorliegenden Arbeit in die explorative Forschung ist an die *Strategie zur angewandten Forschung* nach ULRICH angelehnt. Hierbei wird zunächst die Ableitung des Praxisbedarfs vorgenommen, aus dem analytische Regeln und Modelle abgeleitet werden, welche anschließend in der Praxis evaluiert werden. Die Gliederung dieser Arbeit wird in sieben Kapiteln vorgenommen.[46]

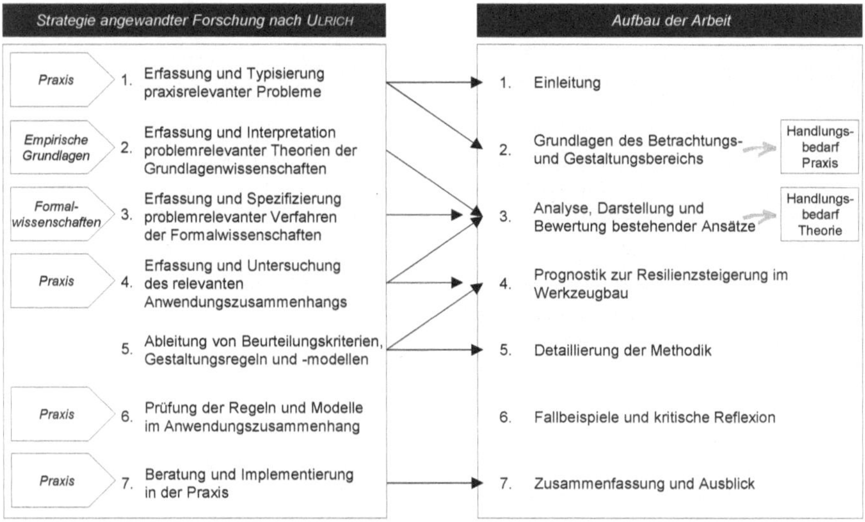

Abbildung 5: Aufbau der Arbeit gemäß der Phasen angewandter Forschung nach ULRICH

Im *ersten Kapitel* erfolgt die Beschreibung der Ausgangssituation und die Einführung in die Problemstellung. Daraus abgeleitet wird eine handlungsleitende Forschungsfrage detailliert an welche die Arbeit ausgerichtet werden soll. Zuletzt wird der Aufbau der Arbeit dargestellt.

Im *zweiten Kapitel* erfolgt eine Beschreibung der für diese Arbeit relevanten Grundlagen der Gestaltungsbereiche *Unternehmenskrisen*, *Ökonometrie und Data Analytics* sowie *Resilienz*. Außerdem erfolgt Beschreibung des Betrachtungsbereichs *Werkzeugbau*. Für alle Themenbereiche werden die relevanten Begrifflichkeiten erläutert und in einen Gesamtkontext eingeordnet. Neben den Begrifflichkeiten werden insbesondere die Voraussetzungen beschrieben,

[46] Vgl. Abbildung 5.

um eine Resilienzsteigerung im Werkzeugbau zu erreichen. Aus allen Erkenntnissen des zweiten Kapitels erfolgt schließlich die Ableitung des Handlungsbedarfs aus der Praxis.

Auf Basis des zweiten Kapitels werden im *dritte Kapitel* die Anforderungen an einen Ansatz zur Resilienzsteigerung Werkzeugbau definiert. Daraufhin werden Modelle aus der Literatur vorgestellt und als potenzielle Lösungsansätze hinsichtlich der definierten Anforderungen analysiert. Im Folgenden kann schließlich ein Handlungsbedarf aus der Theorie abgeleitet werden.

Das *vierte Kapitel* beinhaltet die Ableitung einer Konzeptionierung, welche der Beantwortung der Forschungsfrage dient. Zuerst werden die Grundlagen der Modellbildung erläutert und die Eignung einer Methodik für die Modellierung der Konzeption herausgestellt. Bei der Herleitung des Konzepts wird auf eine bestehende Modellierung zurückgegriffen welche der Ableitung grundlegender Merkmale der Methodik dient. Die Methodikschritte werden anhand des Handlungsbedarfs aus Praxis- und Theorie abgeleitet und schließlich zu einem Gestaltungskonzept synthetisiert.

Im Rahmen des *fünften Kapitels* werden die Methodikschritte inhaltlich detailliert. Die hier präsentierten Ergebnisse sollen als Handlungsempfehlungen für eine Prognostik zur Resilienzsteigerung dienen. Des Weiteren bilden die Ergebnisse eine Antwort auf die Forschungsfrage.

Das *sechste Kapitel* dient der Validierung der entwickelten Methodik. Hierfür werden zwei Fallbeispiele aus der Praxis verwendet. Zunächst wird die jeweilige Ausgangssituation der Unternehmen erläutert. Anschließend erfolgt eine Beschreibung der unternehmensspezifischen Anwendung der Methodik. Darauf aufbauend werden die Ergebnisse der Fallbeispiele anhand der gestellten Anforderungen kritisch reflektiert.

Das siebte Kapitel ist das letzte Kapitel der vorliegenden Arbeit. Es stellt abschließend die Ergebnisse der Dissertation in zusammengefasster Form dar. Darüber hinaus wird ein Ausblick für den Bedarf zukünftiger Forschungsaktivitäten im Anwendungskontext gegeben.

2 Grundlagen des Betrachtungs- und Gestaltungsbereichs

Ziel des zweiten Kapitels ist die Beschreibung und Erklärung relevanter Betrachtungs- und Gestaltungsbereiche, um ein grundlegendes Verständnis für die Ausgangslage dieser Arbeit zu erzeugen. Dazu werden zunächst relevante Grundlagen zum Thema Unternehmenskrisen vorgestellt. Anschließend erfolgt eine detaillierte Einführung unternehmerischer Resilienz, welche den Gestaltungsbereich dieser Arbeit darstellt. Ergänzend wird nachfolgend ein besonderer Fokus auf die Grundlagen von Data Analytics gelegt, welche den Gestaltungsbereich signifikant beeinflussen und befähigen. Abschließend wird die Branche Werkzeugbau detailliert vorgestellt, welche den Betrachtungsbereich dieser Arbeit bildet. Zum Abschluss dieses Kapitels wird der Handlungsbedarf aus der Praxis abgeleitet.

2.1 Unternehmenskrisen

Die Grundlagen von Unternehmenskrisen werden in drei Unterkapiteln beschrieben. Zunächst erfolgt die Abgrenzung des Krisenbegriffs zur Vereinheitlichung Begriffsverständnisses. Anschließend werden Prozessmodelle von Unternehmenskrisen vorgestellt. Es folgt eine Beschreibung strategischer und operativer Möglichkeiten zum Umgang mit Unternehmenskrisen.

2.1.1 Begriffsverständnis und Abgrenzung

Der Einfluss von Unternehmenskrisen ist für den Industriestandort Deutschland unbestritten. Die Wettbewerbsfähigkeit deutscher, produzierender Unternehmen wird in hohem Maße durch den Konjunkturzyklus und die eigene Unternehmensperformance bestimmt. Krisen haben das Potenzial, positive Konjunktur- und Unternehmensentwicklungen zu unterbrechen. Dennoch sind die Begriffe Krise und Unternehmenskrise weder in der Literatur noch in der Praxis einheitlich definiert bzw. abgegrenzt.[47] Für das Verständnis der vorliegenden Arbeit werden diese Begrifflichkeiten im Folgenden eingeführt, eingeordnet und definiert, um ein einheitliches Begriffsverständnis zu ermöglichen.

2.1.1.1 Betriebswirtschaftlicher Krisenbegriff

Der Begriff *Krise* kommt etymologisch von dem griechischen *krisis* und bedeutet Wendepunkt und Entscheidung. Der Krisenbegriff findet in einem breiten Feld Anwendung.[48] Im allgemeinen Sprachgebrauch wird der Begriff zur Beschreibung eines Bruchs einer bis dahin kontinuierlichen Entwicklung verwendet. Die häufige Verwendung des Begriffs im wissenschaftlichen Kontexts hat zu einem unklaren Verständnis des begrifflichen Inhalts geführt, weshalb die zugrundeliegende Bedeutung der Krise zwischen den Wissenschaften variiert.[49] Die kontextuelle Einordnung des Krisenbegriffs in diese Dissertation kann durch das systemtheoretische und das wirtschaftswissenschaftliche Verständnis erfolgen.

---

[47] Vgl. Krystek (Unternehmungskrisen), 1987, S. 3.

[48] Vgl. Cezanne (Krisenmanagement und Komplexität), 1999, S. 7.

[49] Vgl. Krystek (Unternehmungskrisen), 1987, S. 3.

Im *systemtheoretischen Verständnis* gefährdet oder zerstört die Krise das System oder Teile des Systems, wobei die durch eine Krise induzierte Gefährdung eines Subsystems nicht notwendigerweise die Gefährdung des Gesamtsystems induzieren muss.[50] Die Ursachen der Gefährdung können intra- oder extrasystemischer Natur sein.[51]

Im Rahmen der *Wirtschaftswissenschaften* ist der Krisenbegriff initial durch die Volkswirtschaftslehre definiert worden. In diesem Kontext steht die Krise in einem engen Zusammenhang mit konjunkturellen Phänomenen. Die Krise wird als Phase des konjunkturellen Abschwungs bzw. als Wendepunkt eines regelmäßig verlaufenden Konjunkturzyklus verstanden. SCHMÖLDERS bezeichnet Krisen in diesem Zusammenhang als markante Phasen moderner Wirtschaftskonjunkturen.[52]

2.1.1.2 Unternehmenskrise

Der Begriff „Unternehmenskrise" leitet sich aus dem Krisenbegriff ab. Zwar haben sich in der betriebswirtschaftlichen Literatur eine Vielzahl von Definitionsansätzen etabliert, dennoch können folgende Elemente als zentrale Charakteristika einer Unternehmenskrise spezifiziert werden:[53]

- Nachhaltige ungeplante und ungewollte Existenzgefährdung für das gesamte Unternehmen – der Existenzverlust ist die mögliche Maximalausprägung.
- Ambivalenz des Ausgangs – die Vernichtung des Unternehmens ist ebenso möglich wie eine erfolgreiche Krisenbewältigung.
- Gefährdung dominanter Ziele – hierdurch wird die Krise für das Unternehmen erst sichtbar.[54]
- Prozesscharakter – die Unternehmenskrise ist ein zeitlich begrenzter Prozess, dessen Beginn nur aus der subjektiven Sicht des betroffenen Unternehmens wahrnehmbar ist.
- Begrenzte Steuerbarkeit der Krise – die Beeinflussung des autonomen Krisenverlaufs ist in Grenzen zwar möglich, stellt jedoch einen hohen Anspruch an die unternehmerische Führungsqualität.

In der Literatur hat sich die Definition von KRYSTEK durchgesetzt, der Unternehmenskrisen unter Berücksichtigung der genannten Charakteristika wie folgt definiert:[55]

"Unternehmenskrisen sind ungeplante und ungewollte Prozesse von begrenzter Dauer und Beeinflussbarkeit sowie ambivalentem Ausgang. Sie sind in der Lage, den Fortbestand der gesamten Unternehmung substanziell und nachhaltig zu gefährden oder sogar unmöglich zu

---

[50] Vgl. Offe (Staatskapazität), 2019, S. 78.

[51] Vgl. Crozier Michel (La société bloquée), 1972, S. 282-283.

[52] Vgl. Schmölders (Konjunkturen und Krisen), 1950, S. 5.

[53] Vgl. Klein (Sanierungskonzepte), 2008, S. 13.

[54] Dominante Ziele beschreiben den Ausschluss der Insolvenzgründe, die mittel- bis langfristige Erzielung einer Mindestrendite bzw. –gewinn sowie die Fähigkeit des Erhalts und Aufbaus von Erfolgspotenzialen, vgl. Krystek (Unternehmungskrisen), 1987, S. 6 f.; Gälweiler, A. (Strategische Unternehmensführung) 1987, S. 26.

[55] Vgl. Krystek (Unternehmungskrisen), 1987, S. 6-7.

machen. Dies geschieht durch die Beeinträchtigung bestimmter Ziele (dominanter Ziele), deren Gefährdung oder gar Nichterreichung gleichbedeutend ist mit einer nachhaltigen Existenzgefährdung oder Existenzvernichtung der Unternehmung als selbstständig und aktiv am Wirtschaftsprozess teilnehmender Einheit mit ihren bis dahin gültigen Zweck- und Zielsetzungen."

Diese Definition soll im Verlauf der vorliegenden Dissertation das einheitliche Verständnis einer Unternehmenskrise darstellen. Das vorliegende Verständnis einer Unternehmenskrise ist abzugrenzen von Begriffen, die mit scheinbar ähnlichen Inhalten speziell in der betriebswirtschaftlichen Literatur und Praxis gehandhabt werden.

Konflikte entstehen dann, wenn zwischen zwei Parteien gleichzeitig eine sachliche Gegensätzlichkeit sowie eine Gegensätzlichkeit in ihrer Beziehung vorliegt.[56] Konflikte können sich im Extrem in offenen und besonders heftigen Auseinandersetzungen äußern.[57] Der Konflikt wird in modernen Organisationsformen als zeitlich unbegrenzt institutionalisiert, während die Krise als ein zeitlich begrenzten Prozess mit einer dysfunktionalen Wirkung zu verstehen ist.[58] Zwangsläufig besteht bei diesen Begriffen eine Schnittmenge, da eine Unternehmenskrise durch konfliktbedingte Handlungen und Entscheidungen hervorgerufen werden kann.

Störungen sind in der Produktionstechnik zeitlich befristete Zustände, in denen durch das Einwirken exogener und endogener Störgrößen auf die Produktionsfaktoren eine unmittelbare Abweichung vom festgelegten Ergebnis entsteht.[59] Im Gegensatz zur Krise muss eine Störung – wie auch der Konflikt – weder eine Gefährdung noch eine Unmöglichkeit der Erreichung überlebensrelevanter Ziele beinhalten. Störungen induzieren einen erheblichen Zeit- und Entscheidungsdruck, weisen jedoch im Rahmen des Unternehmensgeschehens ein geringeres Problembewältigungspotenzial auf als Krisen. Krisen können sich in einem frühen Stadium als Störungen darstellen und sich über einen zeitlichen Verlauf hochpotenzieren.[60]

Katastrophen und Krisen unterscheiden sich hauptsächlich in der Ambivalenz ihres möglichen Ausgangs. Im Gegensatz zur Krise wird die Katastrophe einseitig als eine entscheidende Wendung zum Negativen verstanden. Katastrophen stellen mithin negativ wirkende Ereignisfolgen dar, welche entweder nicht vorhersehbar oder nicht abwendbar sind und mit der Vernichtung von Unternehmen enden. Dabei schließen sie die Wiederherstellung der alten Strukturen, Ziel- und Zwecksetzungen aus.[61] Katastrophen können als äußerste Ausprägung von Unternehmenskrisen verstanden werden. Abbildung 6 stellt die begrifflichen Zusammenhänge zwischen Unternehmenskrisen, Konflikt, Störung und Katastrophe dar. Im Verlauf der vorliegenden Dissertation soll der Begriff Unternehmenskrise hauptsächlich zur Beschreibung kritischer Unter-

[56] Vgl. Proksch (Konfliktmanagement im Unternehmen), 2010, S. 4.

[57] Vgl. Krüger (Konfliktsteuerung), 1979, S. 17.

[58] Vgl. Krystek (Unternehmungskrisen), 1987, S. 8.

[59] Vgl. Ulrich (Umgang mit Störungen im Produktionsanlauf), 2016, S. 34.

[60] Vgl. Krystek (Unternehmungskrisen), 1987, S. 9.

[61] Vgl. Weber (Krisenmanagement), 1980, S. 19.

nehmenszustände verwendet werden. Die Anwendbarkeit der in den folgenden Kapiteln vorgestellten Konzepte und Methoden ist i. d. R. jedoch auch für Störungen, Katastrophen und Konflikte geeignet.

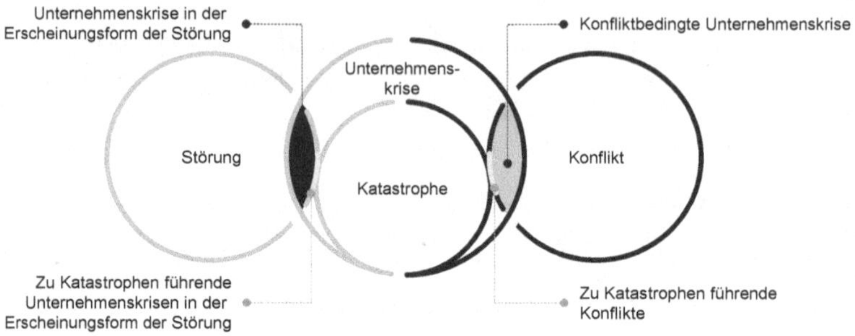

Abbildung 6: Zusammenhang Unternehmenskrise, Konflikt, Störung und Katastrophe[62]

2.1.2 Unternehmenskrisen als Prozess

Unternehmenskrisen wurden bereits als zeitlich begrenzte Prozesse beschrieben die endogen bzw. exogen generiert und teilweise gesteuert oder beeinflusst werden können. Zur Beschreibung der Unternehmenskrise als Prozess existieren im Rahmen betriebswirtschaftlicher Forschung und Krisenforschung verschiedene Ansätze.

Aufgrund des zeitlichen Verlaufs von Unternehmenskrisen werden diese klassischerweise als Verlaufs- bzw. Phasenmodelle dargestellt. Die Unterscheidung von verschiedenen Krisenphasen hilft bei der Ableitung von Anforderungen an den Umgang mit Unternehmenskrisen.[63] Am weitesten verbreitet sind die Modelle von MÜLLER und KRYSTEK, welche untereinander kompatibel sind. Die Kompatibilität begründet sich in der jeweiligen Einteilung der Krisen in Phasen. MÜLLER teilt die Krisenphasen über das Ausmaß der Bedrohung und die verfügbare Zeitspanne zur Krisenvermeidung und -bewältigung ein, während KRYSTEK die Aggregatzustände und mögliche Beeinflussbarkeit des Krisenprozesses zur Unterscheidung der Phasen nutzt.[64]

2.1.2.1 Vier-Phasen-Modell nach MÜLLER

Das *Vier-Phasen-Modell* nach MÜLLER unterscheidet Unternehmenskrisen in die Phasen Strategische Krise, Erfolgskrise, Liquiditätskrise und Insolvenz.[65,66]

Die *strategische Krise* ist dadurch gekennzeichnet, dass die langfristigen Erfolgspotenziale und Wettbewerbsvorteile gefährdet, bereits aufgebraucht oder keine neuen, langfristigen Erfolgspotenziale oder Wettbewerbsvorteile geschaffen werden können. Aus der strategischen Krise resultiert potenziell der Verlust der Wettbewerbsfähigkeit, der sich beispielsweise durch

---

[62] I. A. a. Krystek (Unternehmungskrisen), 1987, S. 10.

[63] Vgl. Blum (Früherkennung von Unternehmenskrisen), 2018, S. 165-166.

[64] Vgl. Klein (Sanierungskonzepte), 2008, S. 19.

[65] Vgl. Blum (Früherkennung von Unternehmenskrisen), 2018, S. 166.

[66] Vgl. Müller (Krisenmanagement in der Unternehmung), 1982, S. 54-59.

den Rückgang von Unternehmensgewinn oder Marktanteilen äußert. Gründe für eine strategischen Krise können inkorrekt antizipierte technologische Entwicklungen, Fehlentscheidungen in der Unternehmensplanung oder die mangelnde Wettbewerbsbetrachtung sein.[67] Die Erkennbarkeit einer strategischen Krise ist gering, da sie sich oftmals erst spät in signifikanten monetären Größen darstellt.[68]

Die *Erfolgskrise* wird durch die dauerhafte Verfehlung von Umsatz-, Gewinn- und Rentabilitätszielen beschrieben. Die Erfolgskrise belastet mithin durch dauerhafte Verluste das Eigenkapital und kann zur Unterbilanz bzw. zur Überschuldung führen.[69] Anders als bei der strategischen Krise sind insbesondere späte Erfolgskrisen für alle Stakeholder sichtbar. Die Erfolgskrise begründet sich oftmals in den fehlenden Erfolgspotenzialen der strategischen Krise, können aber auch durch Ineffizienzen im operativen Geschäftsbetrieb hervorgerufen werden.[70]

Die *Liquiditätskrise* zeichnet sich durch die Gefahr der Zahlungsunfähigkeit und/oder Überschuldung aus.[71,72] Der Handlungsspielraum des Unternehmens reduziert sich signifikant und in dieser Phase der Krise wird das Unternehmen hohen finanzwirksamen Belastungen ausgesetzt.[73]

Die letzte Phase des Modells ist die *Insolvenz*. Diese beschreibt die Illiquidität und/oder Überschuldung des Unternehmens.[74] Oftmals bedeutet dies die Vernichtung eines Unternehmens. Unter bestimmten Voraussetzungen besteht jedoch auch in dieser Krisenphase die Möglichkeit, das Unternehmen bzw. Teile des Unternehmens zu erhalten.[75]

Das Vier-Phasen-Modell nach Müller verdeutlicht den zeitlichen Verlauf einer Krise. Zudem beschreibt es, dass jede Phase der Krise verschiedene Ursachen besitzt und sich durch verschiedene Indikatoren unterschiedlich gut indizieren lässt.[76]

---

[67] Vgl. Blum (Früherkennung von Unternehmenskrisen), 2018, S. 166.

[68] Vgl. Krystek (Unternehmungskrisen), 1987, S. 26.

[69] Vgl. Klein (Sanierungskonzepte), 2008, S. 20.

[70] Vgl. Blum (Früherkennung von Unternehmenskrisen), 2018, S. 167.

[71] Vgl. Müller (Krisenmanagement in der Unternehmung), 1982, S. 54-55.

[72] Vgl. Krystek (Unternehmungskrisen), 1987, S. 26.

[73] Vgl. Blum (Früherkennung von Unternehmenskrisen), 2018, S. 167.

[74] Vgl. Müller (Krisenmanagement in der Unternehmung), 1982, S. 54-55.

[75] Vgl. Klein (Sanierungskonzepte), 2008, S. 20.

[76] Vgl. Abbildung 7.

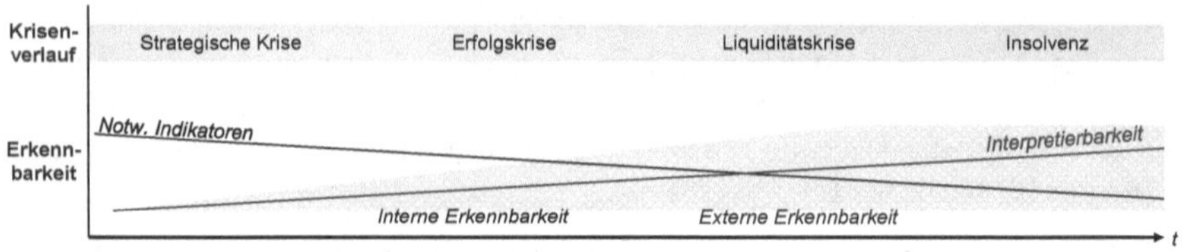

Abbildung 7: Vier-Phasen-Modell nach MÜLLER[77]

2.1.2.2 Phasen des Krisenprozesses nach KRYSTEK

KRYSTEK verwendet zur Darstellung des Krisenprozesses die Phasen potenzielle Unternehmenskrise, latente Unternehmenskrise, akut/beherrschbare Unternehmenskrise, akut/nicht beherrschbare Unternehmenskrise.[78]

Die Phase der *potenziellen Unternehmenskrise* kann, aufgrund nicht wahrnehmbarer Krisensymptome als Quasi-Normalzustand eines Unternehmens bezeichnet werden.[79] Unternehmenskrisen finden in dieser Phase ihren zeitlichen Ausgangspunkt, weshalb diese Phase bezüglich ihrer Steuerbarkeit eine besondere Bedeutung zukommt. In dieser Phase identifizierte Unternehmenskrisen und definierte Maßnahmen, können einen wesentlichen Beitrag zur Reduzierung der zeitlichen und sachlichen Anforderungen der Krisenbewältigung erzielen.[80]

Als zweite Phase des Modells wird die *latente Unternehmenskrise* beschrieben. Diese definiert eine verdeckte, bereits vorhandene oder mit hoher Wahrscheinlichkeit eintretende Unternehmenskrise, die für das Unternehmen noch nicht wahrnehmbar ist.[81] Unternehmenskrisen dieser Phase können durch geeignete Methoden der Früherkennung identifiziert und durch präventive Maßnahmen aktiv beeinflusst werden.[82] In dieser Phase liegen i. d. R. weder akute Entscheidungs- noch Handlungszwänge vor.

Die Phase der *akut/beherrschbaren Unternehmenskrise* beginnt dann, wenn das betroffene Unternehmen die destruktive Krisenwirkung wahrnimmt. Diese Wirkung nimmt mit zunehmender Zeit in ihrer Intensität zu und hat einen erhöhten Zeitdruck bzw. Entscheidungszwang zur Folge. Gleichzeitig erhöhen sich die qualitativen Anforderungen zur Entwicklung wirksamer Problemlösungen.[83] Trotzdem kann in dieser Phase davon ausgegangen werden, dass das Krisenbewältigungspotenzial zur Beherrschung der akuten Krise ausreicht.[84]

---

[77] I. A. a. Müller (Krisenmanagement in der Unternehmung), 1982, S. 54-55.

[78] Vgl. Krystek (Unternehmungskrisen), 1987, S. 29.

[79] Vgl. Klein (Sanierungskonzepte), 2008, S. 21.

[80] Vgl. Krystek (Unternehmungskrisen), 1987, S. 29.

[81] Vgl. Klein (Sanierungskonzepte), 2008, S. 30-31.

[82] Vgl. Klein (Sanierungskonzepte), 2008, S. 21.

[83] Vgl. Klein (Sanierungskonzepte), 2008, S. 22.

[84] Vgl. Krystek (Unternehmungskrisen), 1987, S. 31.

Gelingt es nicht, die akute Unternehmenskrise zu beherrschen, tritt eine *akut/nicht beherrschbare Unternehmenskrise* ein. Diese hat aus Sicht des betroffenen Unternehmens eine Katastrophe zur Folge, welche sich in der manifesten Nichterreichung überlebensrelevanter Ziele äußert.[85] Durch den fortwährenden Wegfall von Handlungsmöglichkeiten, den ansteigenden Handlungsdruck und zunehmend destruktivere Krisenwirkung wird die Steuerung des Krisenprozesses unmöglich.[86] Das Phasenmodell des Krisenprozesses ist in Abbildung 8 dargestellt.

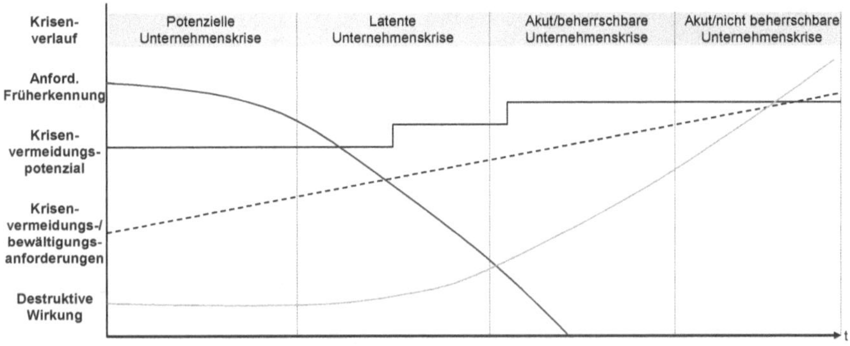

Abbildung 8: Phasenmodell des Krisenprozesses nach KRYSTEK[87]

Beide Modelle zur Beschreibung von Unternehmenskrisen sind als logische Abfolge von Ereignissen ohne zwingende Reihenfolge zu verstehen, weshalb der reale Krisenprozess nicht notwendigerweise alle Krisenphasen durchlaufen muss. Durch den allgemein zeitlichen Charakter und die ähnliche Trennung der eigentlichen Krisenphasen sind die Modelle kompatibel und sollen für die weiteren Ausführungen der vorliegenden Dissertation als Grundverständnis einer Unternehmenskrise gelten.[88]

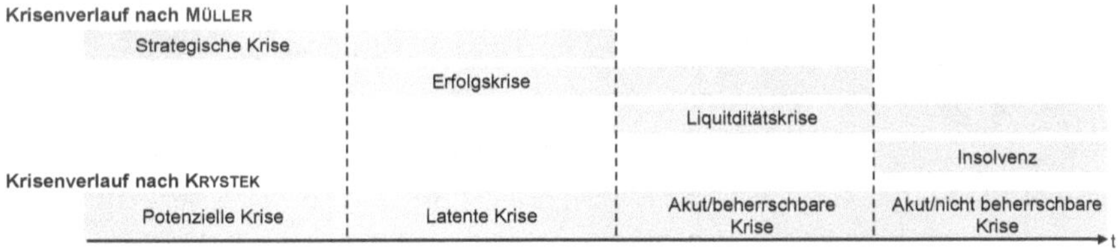

Abbildung 9: Kompatibilität der Phasenmodelle nach MÜLLER und KRYSTEK[89]

[85] Vgl. Krystek (Unternehmungskrisen), 1987, S. 31.

[86] Vgl. Klein (Sanierungskonzepte), 2008, S. 22.

[87] I. A. a. Krystek (Unternehmungskrisen), 1987, S. 30.

[88] Vgl. Abbildung 9.

[89] I. A. a. Klein (Sanierungskonzepte), 2008, S. 23.

2.1.3 Strategischer und operativer Umgang mit Unternehmenskrisen

Die Beantwortung einer Unternehmenskrise erfolgt in der Praxis durch die Kombination zweier wissenschaftlicher Disziplinen. Das Risikomanagement hat im klassischen Sinne die Aufgabe, Krisen präventiv zu detektieren und vorbeugend zu agieren. Das Krisenmanagement ist klassischerweise durch den reaktiven Umgang mit Unternehmenskrisen geprägt. Insbesondere durch die fortschreitende Digitalisierung und die einhergehende Verfügbarkeit von Indikatoren wandelt sich jedoch das Risikomanagement von einem rein vorbeugenden zu einem weitergreifenden Mittel der Krisenbekämpfung. Ebenso lassen sich strategische bzw. potenzielle Unternehmenskrisen durch datenbasierte Krisenprävention in Form von Frühwarnsystemen bereits vor Eintritt einer strukturellen bzw. latenten Krise mit Hilfe eines aktiven Krisenmanagements antizipieren und beantworten. Demnach sind sowohl das Risikomanagement, als auch das Krisenmanagement zwei wissenschaftlich relevante Disziplinen zum Umgang mit Unternehmenskrisen. Im Folgenden werden beide Begriffe eingeführt und abgegrenzt.

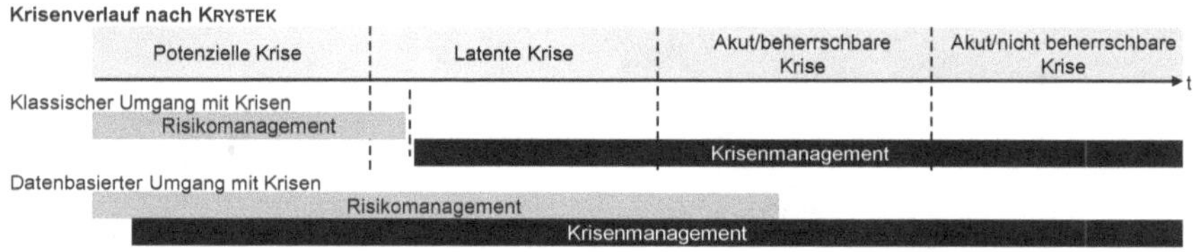

Abbildung 10: Klassischer und datenbasierter Umgang mit Unternehmenskrisen[90,91]

2.1.3.1 Krisenprävention durch Risikomanagement

Teil der Krisenprävention sind sämtliche Maßnahmen von Wirtschaftssubjekten, die der Prävention von Krisen oder sonstigen bedrohlichen Ereignissen dienen. Die Krisenprävention hat die Aufgabe, mögliche exogen oder endogen induzierte Krisen durch umfassende Strategien zu begegnen. Mithin ist die Krisenprävention eine Querschnittsaufgabe, die sich vom Betriebssicherheitsmanagement, welches die physische Betriebssicherheit behandelt, bis hin zum Risikomanagement in der Produktion etabliert hat.[92]

Ein Risiko kann als die Streuung um einen Erwartungs- oder Zielwert betrachtet werden. Unternehmer haben zur Aufgabe solche Risiken aus der Streumenge zu identifizieren, die den Fortbestand der Organisation gefährden.[93] Um dies zu erreichen hat sich das moderne Risikomanagement durch die ganzheitliche und antizipative Betrachtung sämtlicher Risiken in einem bereichsübergreifenden Prozess als effektive Methode der Krisenprävention herausgestellt.[94] Risikomanagement ist die systematische Analyse, Bewertung, Behandlung und Steuerung von Unternehmensrisiken. Die Zielstellung des Risikomanagements ist die frühzeitige

[90] Vgl. Romeike; Hager (Risiko-Management 4.0), 2020, S. 192.

[91] Vgl. Jekat (Digitales Krisenmanagement), 2019, S. 37.

[92] Vgl. Hoffmann (Krisenprävention), 2007, S. 164-170.

[93] Vgl. Romeike (Risikomanagement), 2018, S. 9.

[94] Vgl. Mahnke; Rohlfs (Betriebliches Risikomanagement und Industrieversicherung), 2020, S. 3.

Erkennung und Vermeidung kritischer Situationen im Rahmen der Unternehmenstätigkeiten. Dadurch ermöglicht es Unternehmen, die Planbarkeit und Steuerbarkeit kritischer Situationen aufrechtzuerhalten und unvorhersehbare Risiken zu bewältigen.[95] Ein funktionales Risikomanagement kann als ein Frühwarnsystem für die Unternehmensleitung funktionieren.

Die Gesamtheit der Maßnahmen zur Absicherung von Unternehmen kann in einem Risikomanagementsystem zusammengefasst werden, welches Unternehmen ermöglicht, eine wert- und risikoorientierte Steuerung umsetzen zu können.[96] Dieses Risikomanagementsystem besteht zumeist aus einem finanziellen Risikomanagement, welches die Absicherung der Bilanz und die Steuerung der Risikotragfähigkeit beinhaltet. Das technische Risikomanagement sichert die betriebliche Infrastruktur und die Arbeitsprozesse ab. Im Fokus stehen hierbei die Anlagensicherheit, Produktsicherung und -haftung sowie Arbeitnehmerschutz und die Aufrechterhaltung der Geschäftstätigkeit. Das organisatorische Risikomanagement dient der Absicherung der gesamten Geschäftsorganisation im Normalbetrieb und in Krisensituationen. Hierunter fallen sämtliche Maßnahmen im Rahmen der Organisationsstruktur, die sich auf die Ausgestaltung bzw. Sicherung von Aufbau- und Ablauforganisation beziehen.[97]

Ein Risikomanagementsystem kann in mehrere, voneinander abgegrenzte Gestaltungsfelder unterteilt werden. Um eine wirksame Risikobeurteilung sicherzustellen, müssen zunächst der Anwendungsbereich, der Kontext sowie grundlegende Risikokriterien definiert werden. Anschließend erfolgt die Risikobeurteilung, welche die Risikoidentifikation, Risikoanalyse und Risikobewertung umfasst. Abschließend wird die Risikobehandlung durchgeführt. Ergänzt wird der Risikomanagementprozess durch die Überwachung der Qualität und Wirksamkeit, der Risikokommunikation im Anwendungsbereich sowie der kontinuierlichen Aufzeichnung aller Risikomanagementaktivitäten. Die Zusammenhänge des Risikomanagements sind in Abbildung 11 dargestellt. Diese werden im Folgenden detailliert erläutert.[98,99]

---

[95] Vgl. Brauweiler (Risikomanagement in Unternehmen), 2019, S. 1.

[96] Vgl. Romeike (Risikomanagement), 2018, S. 9.

[97] Vgl. Mahnke; Rohlfs (Betriebliches Risikomanagement und Industrieversicherung), 2020, S. 6.

[98] Die Risikoidentifikation und Risikobewertung werden in der Literatur oftmals auch zusammengefasst als Risikoanalyse beschrieben, vgl. Mahnke, Rohlfs (Betriebliches Risikomanagement und Industrieversicherung), 2020, S. 8.

[99] Vgl. Mahnke; Rohlfs (Betriebliches Risikomanagement und Industrieversicherung), 2020, S. 10-13.

Abbildung 11: Risikomanagementprozess[100,101]

Voraussetzung eines effektiven Risikomanagements ist die Definition des *Anwendungsbereichs, des Kontexts und der Risikokriterien.* Dadurch werden unternehmensspezifische Rahmenbedingungen geschaffen, welche neben der zu erreichenden Ziele auch die Bestimmung der Bereitschaft und Fähigkeit eines Unternehmens, Risiken zu tragen, beschreiben. Darüber hinaus müssen Rollen und Verantwortlichkeiten bestimmt sowie die grundsätzlich zu verwendenden methodischen Prinzipien zur Identifikation, Analyse, Bewertung, Steuerung und Überwachung der Risiken festgelegt werden.[102,103]

Die *Risikobeurteilung* stellt darauf aufbauend einen systematischen und kollaborativen Prozess dar und lässt sich in die Einzelprozesse Risikoidentifizierung, Risikoanalyse und Risikobewertung unterteilen.

Bei der *Risikoidentifizierung* werden Risiken aus der Geschäftsstrategie und allen daraus abgeleiteten operativen Tätigkeiten aggregiert. Dazu werden alle Risikobereiche, Risikoursachen und Risikoobjekte erfasst. Die Risikoidentifizierung beinhaltet die Suche nach bestimmten Einzelrisiken sowie die Kategorisierung dieser Risiken in Risikogruppen.[104] Durch die Kategorisierung wird die Analyse der Risiken vereinfacht. Einerseits kann der Risikokapitalbedarf leichter bestimmt werden und andererseits bietet eine Kategorisierung Unternehmen die Möglichkeit, verschiedene Risikoarten mit entsprechend zugeschnittenen Maßnahmen und Instrumentarien zu Steuern.[105]

Nachdem die Risiken identifiziert wurden, wird in der Prozessphase der *Risikoanalyse* ein besseres Verständnis für die Risiken hergestellt werden. Dafür müssen sowohl die Ursachen und Quellen der Risiken sowie deren potenzielle positive und negative Auswirkungen betrachtet werden. Darüber hinaus umfasst die Risikoanalyse die Ermittlung der Eintrittswahrscheinlichkeiten der jeweiligen Risiken. Die gesammelten Analyseergebnisse, die entweder in quantitativer, semi-quantitativer oder qualitativer Form vorliegen können, dienen anschließend als Grundlage für die Risikobewertung und Entscheidung über die Strategie und Methode der Ri-

[100] I. A. a. Mahnke; Rohlfs (Betriebliches Risikomanagement und Industrieversicherung), 2020, S. 10.

[101] I. A. a. DIN Deutsches Institut für Normung e.V. (ISO 31000:2018, Risikomanagement), 2018.

[102] Vgl. Romeike (Risikomanagement), 2018, S. 36.

[103] Vgl. Mahnke; Rohlfs (Betriebliches Risikomanagement und Industrieversicherung), 2020, S. 9-11.

[104] Vgl. Mahnke; Rohlfs (Betriebliches Risikomanagement und Industrieversicherung), 2020, S. 10.

[105] Vgl. Sartor; Bourauel (Risikomanagement Kompakt), 2013, S. 10-12.

sikobewältigung. Die Risikoanalyse wird je nach Risiko, Zweck der Analyse und den verfügbaren Informationen und Ressourcen mit unterschiedlicher Untersuchungstiefe durchgeführt.[106,]

Die *Risikobewertung* verfolgt das Ziel, das Gefahrenpotenzial der Risiken transparent zu machen und deren Wirkung offen zu legen.[107] Die Risikobewertung dient einerseits als Grundlage zur Bestimmung der Maßnahmen in der Risikosteuerung und andererseits der Bestimmung des Gesamtrisikokapitalbedarfs. Eine Bewertung von Risiken erfolgt i. d. R. in zwei Schritten. Im ersten Schritt erfolgt eine übergeordnete Einschätzung, beispielsweise durch Scoring-Modelle, ABC/XYZ-Analysen oder Ratings. Dadurch können Risiken verdichtet und die Komplexität reduziert werden. Der zweite Schritt der Analyse untersucht die vorausgegangen, als relevant eingeschätzten Risiken in einem höheren Detailgrad. Dies geschieht durch den Einsatz quantitativer, statistischer Methoden, welche die Risiken messen und die Auswirkungen im Zusammenspiel mit anderen Risiken beurteilen. Hierzu werden i. d. R. Risikomatrizen und Szenariorechnungen verwendet.[108]

Unter der *Aufzeichnung und Berichterstattung* ist ein zusammenfassendes und zugleich steuerndes Element innerhalb des gesamten Risikomanagementprozesses zu verstehen. Dieses ist zur Beurteilung der Effizienz und der Wirksamkeit des Risikomanagements erforderlich. Basierend auf einer angemessenen Berichterstattung können so die beteiligten Parteien des Risikomanagementprozesses ihrer Überwachungs- und Entscheidungsfunktion nachkommen.[109]

Die *Kommunikation* und *Überwachung* des Risikomanagementprozesses im gesamten Unternehmen stellt einen weiteren zentralen und wichtigen Prozessbaustein dar. Zum einen zielt sie darauf ab die Fachkenntnisse aus verschieden Bereichen in jedem Schritt des Risikomanagementprozesses zu vereinen. Andererseits wird durch eine aktive Kommunikation das Risikobewusstsein und -verständnis im Unternehmen gefördert und bei allen Betroffenen das Gefühl des Eingebundenseins erzeugt. Des Weiteren ist es möglich Feedback und Informationen zur Unterstützung der Entscheidungsfindung zu erhalten.[110]

Da das Risikomanagement einen kritischen und elementaren Prozess darstellt, müssen sowohl dessen Qualität und Wirksamkeit sowie dessen Ergebnisse kontinuierlich überwacht werden. Die Überwachung und Überprüfung sollte in allen Phasen des Prozesses erfolgen und das Planen, Sammeln und Analysieren von Informationen, das Aufzeichnen von Ergebnissen sowie das Bereitstellen von Feedback umfassen. Darüber hinaus müssen die jeweiligen Verantwortlichen für die Überwachung festgelegt werden. Dies ermöglicht die Sicherstellung des

[106] Vgl. Vgl. Romeike (Risikomanagement), 2018, S. 36.

[107] Vgl. Altenähr et al. (Risikomanagement kompakt), 2009, S. 63.

[108] Vgl. Mahnke; Rohlfs (Betriebliches Risikomanagement und Industrieversicherung), 2020, S. 12.

[109] Vgl. Mahnke; Rohlfs (Betriebliches Risikomanagement und Industrieversicherung), 2020, S. 14.

[110] Vgl. DIN Deutsches Institut für Normung e.V. (ISO 31000:2018, Risikomanagement), 2018, S. 17.

dauerhaften Erfolgs und die Identifizierung von Verbesserungspotentialen im Risikomanagementprozess.[111]

2.1.3.2 Krisenprävention und -bewältigung durch Krisenmanagement

Jede Krisenbewältigung erfordert ein Krisenmanagement. Dies umfasst die bewusste Gestaltung, Führung und Steuerung eines Unternehmens, um die Krisensituation unter Berücksichtigung der Zeit möglichst vollständig und nachhaltig zu überwinden. Im Folgenden wird zunächst der generelle Prozess des Krisenmanagements in seinen Phasen Identifikation von Unternehmenskrisen, Planung im Rahmen des Krisenmanagements, Realisation im Rahmen des Krisenmanagements und Kontrolle im Rahmen des Krisenmanagements beschrieben. Anschließend werden die Arten des Krisenmanagements entsprechend der Krisenphase erläutert.

Krisenmanagement als Prozess

Der Krisenmanagementprozess ist in charakteristische Phasen unterteilbar. Abbildung 12 skizziert die Phasen und Inhalte des Krisenmanagementprozesses.

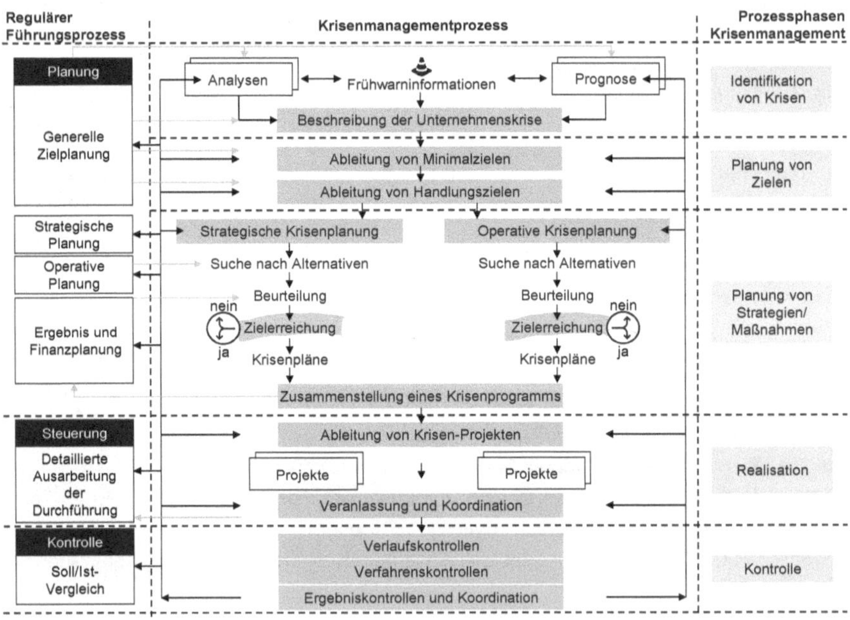

Abbildung 12: Genereller Prozess des Krisenmanagements[112]

Klassischerweise beginnt Krisenmanagement nicht zu dem Zeitpunkt, zu dem die Unternehmenskrise objektiv entsteht, sondern erst dann, wenn sie als solche wahrgenommen wird.

[111] Vgl. DIN Deutsches Institut für Normung e.V. (ISO 31000:2018, Risikomanagement), 2018, S. 23.
[112] I. A. a. Krystek (Krisenbewältigungs-Management), 1981, S. 98.

Mithin ist die erste Prozessphase im Krisenmanagement die *Identifikation von Krisen*. In dieser Prozessphase sind Analysen und Prognosen, basierend auf Frühwarninformationen über sich anbahnende latente Unternehmenskrisen, von entscheidender Bedeutung. Zudem ist eine weitere Aufgabe dieses Prozessschrittes die Beschreibung der Unternehmenskrise hinsichtlich der bedrohten Ziele des Unternehmens. Nur auf Basis einer eindeutigen Problembeschreibung ist eine passende Problemlösung anwendbar.[113]

Der Planung als Führungstätigkeit kommt auch im Krisenmanagement eine große Bedeutung zu.[114] Zuerst erfolgt im Krisenmanagement die *Planung von Zielen*, die mit der Krisenvermeidung oder Krisenbewältigung verfolgt werden sollen. In diesem Zusammenhang sind Minimalziele relevant, die sich in Wertziele (beispielsweise minimal erforderliche Liquidität), Sachziele (beispielsweise die Erhaltung von Produkten) und Human- bzw. Sozialziele (beispielsweise Verhaltensweisen gegenüber Dritten) aufteilen. Aus den Wert-, Sach- und Sozialzielen leiten sich spezifische Handlungsziele ab, die als Sollvorgabe für das Krisenmanagement zu verstehen sind.[115]

Nach der Planung von Zielen ist die *Planung von Strategien/Maßnahmen* ein essenzieller Teil des Krisenmanagementprozesses. Diese dient der Planung der Umsetzung angestrebter Ziele in Strategien und Maßnahmen und ergibt das Krisenprogramm, welches als eine auf die Sicherung überlebensrelevanter Ziele ausgerichtete Gesamtheit von Teilplänen bezeichnet wird. Daher wird diese Planung auch als Zielerreichungsplanung bezeichnet.[116] Bei der Zielerreichungsplanung ist zwischen strategischen und operativen Zielen zu unterscheiden. Die strategische Planung ist mittel- bis langfristig ausgelegt und umfasst als marktorientierte Planung zum einen die Geschäftsfeldstrategie- bzw. Geschäftsfeldplanung[117] und zum anderen die Planung der Aufbau- und Ablauforganisation sowie die Führungskräfteplanung.[118] Die operative Zielerreichungsplanung baut auf der strategischen Planung auf und hat kurz- bis mittelfristigen Charakter. Hauptaufgabe der operativen Planung ist die kurzfristige Programmplanung, sowie die Planung von Funktionsbereichen.[119]

Die *Realisation* beschreibt die Umsetzung des vorab definierten Krisenprogramms in Form von Projekten, welche als zeitlich begrenzte Aktionsfolgen mit hoher Komplexität und geringer Wiederholbarkeit charakterisiert werden.[120] Projekte sollten effizient und effektiv sein.[121] Zur

---

[113] Vgl. Krystek (Unternehmungskrisen), 1987, S. 91.

[114] Vgl. Gissler (Restrukturierungsmanagement), 2008, S. 134.

[115] Vgl. Krystek (Unternehmungskrisen), 1987, S. 93.

[116] Vgl. Krystek (Krisenbewältigungs-Management), 1981, S. 110.

[117] Diese Planung umfasst die Planung des Produktprogramms und die zugehörige Investitions- bzw. Desinvestitionsplanung vgl. Klein (Sanierungskonzepte), 2008, S. 71.

[118] Vgl. Klein (Sanierungskonzepte), 2008, S. 71.

[119] Vgl. Klein (Sanierungskonzepte), 2008, S. 71-72.

[120] Vgl. Krystek (Unternehmungskrisen), 1987, S. 95.

[121] Projekteffizienz beschreibt die Relation von aktuellem Output zu aktuellem Input und fokussiert die Wirtschaftlichkeit eines Projekts, während Projekteffektivität das Verhältnis von aktuellem zu erwünschtem Output und mithin die Eignung des Projekts für die Zielstellung beschreibt.

Sicherstellung der Effizienz der Umsetzung der gewählten strategischen und operativen Maßnahmen erfolgt der kontinuierliche Soll-Ist-Vergleich und ein Soll-Wird-Vergleich. Dadurch wird eine Planfortschrittskontrolle für bereits durchgeführte sowie noch durchzuführende Maßnahmen erzeugt. Zur Sicherstellung der Projekteffektivität sollte laufend die Frage gestellt werden, ob das Projekt in der aktuellen Phase grundsätzlich zur Erreichung der Gesamtzielstellung beiträgt.[122]

Schlussendlich erfolgt im Krisenmanagementprozess die *Kontrolle*, welche unter Zuhilfenahme von Soll-/Ist-Vergleichen und Abweichungsanalysen die Einhaltung der geplanten Verfahren der Realisation sowie deren Ergebnisse über den gesamten Managementprozess kontinuierlich überprüft und sicherstellt. Im Kontext des Krisenmanagements ist eine weitere Aufgabe der Kontrolle zudem die Affinität der Maßnahmen auf die übrigen Tätigkeiten des krisenbefallenen Unternehmens zu überprüfen, da oftmals Krisen-Projekte die regulären Kernfunktionen der Unternehmung wesentlich beeinträchtigen.[123]

Arten des Krisenmanagements

Die Art des Krisenmanagements richtet sich nach dem aktuellen Stand der Krise. Das Krisenmanagement beschreibt im klassischen Sinne den reaktiven Umgang mit Krisen. Krisen sind jedoch Teil einer Unternehmensevolution. Das bedeutet, man kann Szenarien entwerfen, aus denen antizipiert werden kann, welche Krisen für ein Unternehmen wahrscheinlich sind und welche Handlungsoptionen sich ergeben.[124] Insbesondere durch die zunehmende Digitalisierung sind datenbasierte Simulationen solcher Szenarien ein Baustein im Krisenmanagement, der stetig an Bedeutung zunimmt. Abbildung 13 zeigt die Arten des Krisenmanagements entsprechend der Krisenphase.

Abbildung 13: Arten des Krisenmanagements nach Krisenphase[125]

Prädiktives Krisenmanagement oder auch antizipatives Krisenmanagement beschreibt Systeme, die weit im Vorfeld einer manifesten Krise mögliche Bedrohungen abwenden. Dazu hat

[122] Vgl. Bea et al. (Projektmanagement), 2020, S. 32-33.

[123] Vgl. Krystek (Unternehmungskrisen), 1987, S. 97.

[124] Vgl. Thießen (Handbuch Krisenmanagement), 2014, S. 15.

[125] I. A. a. Appelt (Sensemaking und Sensegiving in der Sanierung), 2015, S. 21.

das prädiktive Krisenmanagement verschiedene Aufgaben.[126] Die Identifikation, Strukturierung und Priorisierung von potenzieller Bedrohungen bildet den Kern des prädiktiven Krisenmanagements. Die Entwicklung ausgewählter Bedrohungen wird anschließend beobachtet, dokumentiert und bewertet. Unabhängig der potenziellen Bedrohung wird im prädiktiven Krisenmanagement zudem die Beziehungen des Unternehmens zu seinen Stakeholdern analysiert und bewertet. Übergreifend dient das prädiktive Krisenmanagement der Schaffung organisationsinternen Voraussetzungen zur Bewältigung einer Krise. Konkret soll die Kompetenz und Alarmiertheit sichergestellt werden, ohne die die Bewältigung der ersten drei genannten Zielsetzungen weder im Vorfeld noch im Verlauf einer Krise funktionieren kann.[127] Methoden zur Anwendung eines prädiktiven Krisenmanagements sind vielfach Szenario basierte Analysen wie das Issues-Mapping oder die Szenario-Technik. Durch die Nutzung dieser Analysen werden bestehende Einflussfaktoren durch virtuelle Eskalationen vorkonzeptioniert und entstehende Erkenntnisse zur Vorbeugung vor Krisen in das Krisenmanagement zurückgeführt.[128]

Präventives Krisenmanagement dient der rechtzeitigen Erkennung einer spezifischen Krise und der Initiierung von geeigneten Gegenmaßnahmen zur Vermeidung des Krisenausbruchs.[129] Dazu ist ein tiefgründiges Verständnis des Unternehmens, des Unternehmensumfelds und der möglichen Handlungsoptionen notwendig. Eine konkrete Aufgabe des präventiven Krisenmanagements ist die Festlegung des Schwellenwerts der vorab definierten Issue- und Stakeholderentwicklungen. Das Unternehmen selbst muss festlegen, wann diese Entwicklungen aktive Prävention erfordert und welche Ressourcenaspekte für die Prävention notwendig sind.[130] Eine weitere Aufgabe des präventiven Krisenmanagements ist das Stakeholder- Management. Durch eine enge Stakeholder-Bindung und die Vernetzung mit neutralen dritten sind Unternehmen in der Lage, die eigene Widerstandsfähigkeit vor Kriseneintritt zu erhöhen.[131,132]

Das *repulsive Krisenmanagement* hat als zentrale Aufgabe die erfolgreiche Repulsion der bereits eingetretenen Unternehmenskrise durch Planung, Steuerung und Kontrolle von Sanierungsstrategien und -maßnahmen.[133] Das repulsiven Krisenmanagement beinhaltet nicht nur die Bewältigung der Krisen außerhalb der Insolvenz, sondern beschreibt auch die unternehmenserhaltende Krisenbewältigung im Rahmen gerichtlicher Verfahren.[134] Der Fokus des repulsiven Krisenmanagements liegt nicht mehr auf der Identifikation einer Krise, sondern auf ihrer unmittelbaren Beherrschung. Die Begriffe Sanierung und Turnaround-Management sind

---

[126] Vgl. Krystek; Moldenhauer (Krisen- und Restrukturierungsmanagement), 2007, S. 138.
[127] Vgl. Klewes; Popp (Strukturen und Prozesse der Krisenkommunikation), 2014, S. 385.
[128] Vgl. Nagel et al. (Metodenhandbuch der Betriebswirtschaft), 2020, S. 64.
[129] Vgl. Krystek; Moldenhauer (Krisen- und Restrukturierungsmanagement), 2007, S. 138.
[130] Vgl. Klewes; Popp (Strukturen und Prozesse der Krisenkommunikation), 2014, S. 391.
[131] Vgl. Krips (Stakeholdermanagement), 2017, S. 6-15.
[132] Vgl. Krystek; Moldenhauer (Krisen- und Restrukturierungsmanagement), 2007, S. 138.
[133] Vgl. Klein (Sanierungskonzepte), 2008, S. 54.
[134] Vgl. Krystek (Unternehmungskrisen), 1987, S. 107.

für diese Sonderform des Krisenmanagements vielfach gebräuchlicher und können als Synonym verwendet werden.[135] Die Sanierung i. w. S. beschreibt die Summe aller aus ganzheitlich strategischer Perspektive entstammender, führungsorientierter, organisatorischer finanz-, leistung- und sozialwirtschaftlicher Maßnahmen zur Rettung eines Krisenunternehmens.[136]

Das *liquidative Krisenmanagement* wird ebenfalls zur Begegnung von akuten Unternehmenskrisen angewendet. Im Gegensatz zum repulsiven Krisenmanagement wird dem betroffenen Unternehmen jedoch keine Überlebenschance eingeräumt. Daher ist die zentrale Aufgabe des liquidativen Krisenmanagements die freiwillige oder zwangsweise angeordnete Liquidation des Unternehmens zu planen und durchzuführen. Dies dient dem Schutz der Stakeholder, welche durch Auflösungsmaßnahmen vor weiteren Vermögensverlusten bewahrt werden sollen.[137]

2.2 Ökonometrie und Data Analytics

Die Begriffe *Ökonometrie* und *Data Analytics* nehmen in der vorliegenden Arbeit eine besondere Bedeutung ein. Vor diesem Hintergrund werden in diesem Kapitel die notwendigen Grundlagen in diesen Bereichen erarbeitet. Dies umfasst zum einen die Abgrenzung des Begriffs Ökonometrie. Die Ökonometrie führt mit mathematischen Methoden statistische Daten zusammen, wodurch es notwendig wird, eine Differenzierung von frequentistischer Statistik und Bayes Statistik vorzunehmen. Nachfolgend werden im Bereich der Data Analytics die Definition der relevanten Begrifflichkeiten sowie die Spezifizierung aktueller Reifegradmodelle vorgenommen. Im Anschluss daran erfolgt die Vorstellung des dazugehörigen Prozessmodells zur Anwendung von Data Analytics. Abschließend werden die Herausforderungen im Bereich Data Analytics vorgestellt.

2.2.1 Begriffsdefinition und -abgrenzung im Bereich Ökonometrie

Im Folgenden sollen relevante Begriffe definiert und abgegrenzt werden. Dazu werden zuerst Gegenstand und Arbeitsgebiete der Ökonometrie erläutert. In einem weiteren Schritt werden wissenschaftliche Sichten der Ökonometrie zugrundeliegenden Statistik vorgestellt. Diese nehmen für das Kapitel 5.2.1 eine entscheidende Rolle ein. Anschließend werden relevante ökonometrische Modelle und Methoden erläutert und abgegrenzt.

2.2.1.1 Gegenstand und Arbeitsgebiete der Ökonometrie

Der Begriff *Ökonometrie* setzt sich aus den beiden griechischen Wörtern „oikonomia“ (= Verwaltung, Wirtschaft) und „metron“ (= Maß, Messung) zusammen. Gemessen werden sollen jedoch nicht etwa ökonomische Größen wie z.B. das Bruttosozialprodukt, der Konsum, die Investitionen oder die Exporte, da diese Art von Messung in die Sphäre der Wirtschaftsstatistik

[135] Vgl. Klein (Sanierungskonzepte), 2008, S. 56.
[136] Vgl. Böckenförde (Unternehmenssanierung), 1996, S. 7.
[137] Vgl. Klein (Sanierungskonzepte), 2008, S. 55.

fällt. Das Interesse gilt vielmehr der Messung von Beziehungen zwischen ökonomischen Größen gegebenenfalls unter Einschluss nicht-ökonomischer Tatbestände.[138] Die wirtschaftstheoretischen Hypothesen brauchen dabei noch nicht in mathematischer Form vorzuliegen, sie müssen jedoch mathematisch formulierbar sein.[139,140] So wird z. B. in der Geldtheorie eine Geldnachfragefunktion entwickelt, in der als Argumente beispielsweise das Aktivitätsniveau, das Vermögen, Zinssätze und Renditen von Aktiva u. a. eingehen. Eine solche Geldnachfragefunktion lässt sich ökonometrisch schätzen, sodass der Einfluss und die Bedeutung der Determinanten auf die Geldnachfrage beurteilt werden können. Hieraus erhält man dann beispielsweise auch eine Einschätzung der Einkommens- und Zinselastizität der Geldnachfrage, womit wichtige Informationen für die Geldpolitik bereitgestellt werden. Von großer Bedeutung für die Geldpolitik ist außerdem die Frage nach der Stabilität der Geldnachfragefunktion, die ökonometrisch untersucht werden kann.[141]

Ökonometrische Methoden sind ein integrierter Bestandteil der empirischen Wirtschaftsforschung. In der Praxis kommt die Ökonometrie beispielsweise bei der empirischen Untersuchung des Nachfrageverhaltens nach Gütern und Dienstleistungen, des Geldangebotsprozesses einer Volkswirtschaft, der Investitionstätigkeit sowie einer Branchen- und Konjunkturanalyse zum Einsatz. In der empirischen Wirtschaftsforschung steht die Anwendung ökonometrischer Methoden bei ökonomischen Problemstellungen im Vordergrund.[142] Die Ökonometrie stellt ein Methodenspektrum zur Überprüfung und Anwendung mathematisch formulierbarer ökonomischer Theorien bereit, das auf die ökonomische Modellbildung abgestellt ist.[143] Ökonometrische Methoden werden in der empirischen Wirtschaftsforschung angewendet, um ökonomische Strukturzusammenhänge aufzudecken und ökonomische Hypothesen zu testen.[144]

2.2.1.2 Frequentistische Statistik und Bayes Statistik

Die Ökonometrie ist ein fester Bestandteil der empirischen Wirtschaftsforschung. Statistik erlaubt die Auswertung und Interpretation von empirischen Experimenten. Beschreibende Statistik beinhaltet die Kombination einer Reihe von Einzeldaten zu möglichst aussagekräftigen Kennwerten.[145] Sind nur geringfügig Daten eines statistischen Problems bekannt, liegt lediglich eine Stichprobe vor.[146] Die schließende Statistik stellt Methoden zur Verfügung, mit denen aus einer Stichprobe auf die Kennwerte der zugrundeliegenden Gesamtheit geschlossen werden kann.[147] Schließende Statistik ist durch den Verlass auf eine Stichprobe oftmals durch

[138] Vgl. Dreger (Ökonometrie), 2014, S. 2.

[139] Vgl. Kapitel 2.2.1.3.

[140] Vgl. Heil (Einführung in die Ökonometrie), 2000, S. 78.

[141] Vgl. Dreger (Ökonometrie), 2014, S. 2.

[142] Vgl. Dreger (Ökonometrie), 2014, S. 1.

[143] Vgl. Hackl (Einführung in die Ökonometrie), 2008, S. 22.

[144] Vgl. Dreger (Ökonometrie), 2014, S. 1.

[145] Vgl. Tschirk (Statistik: Klassisch oder Bayes), 2014, S. 1.

[146] Vgl. Genschel; Becker (Schließende Statistik), 2005, S. 9.

[147] Vgl. Tschirk (Statistik: Klassisch oder Bayes), 2014, S. 1.

hohe Unsicherheit geprägt. So kann beispielsweise die Stichprobe untypisch für die Gesamtheit der Daten sein. Vieles, das man bei Vorliegen aller Informationen durch einfaches Inspizieren der Daten erkennt, kann, wenn nur eine Stichprobe gegeben ist, nicht mit Sicherheit behauptet werden. Der Schluss von der Stichprobe auf die Gesamtheit ist mithin ein Wahrscheinlichkeitsschluss.[148] In der Praxis der Ökonometrie liegen oftmals geringe Stichprobengrößen und hohe Datenvarianzen vor, weshalb im Zuge der schließenden Statistik eine grundsätzliche Unterscheidung statistischer Philosophien diskutiert werden muss.

Die statistische Analyse basiert auf einem Grundverständnis über Wahrscheinlichkeit. Dem Grundverständnis liegen zwei Definitionen zugrunde, deren Unterscheidung in der vorliegenden Dissertation eine hohe Bedeutung einnimmt. In der *Bayes Statistik* geht man vorab mit einer bestimmten subjektiven Erwartung an statistische Auswertungen heran. Diese Erwartung nennt man A-priori-Wahrscheinlichkeit. Sie besteht also bereits bevor die Ergebnisse eines bestimmten Experiments existieren.[149] Die A-priori-Wahrscheinlichkeit ist als eine Überzeugung zu verstehen und kombiniert sich aus der bisherigen subjektiven Erfahrung und dem fortschreitenden Ergebnis des Experiments.

Neben der A-priori-Wahrscheinlichkeit existiert die A-posteriori-Wahrscheinlichkeit. Diese spiegelt die Wahrscheinlichkeit unter fortgeschrittenem Informationsstand wider.[150] Die Interpretation der A-posteriori-Wahrscheinlichkeit ist gemeinhin sehr intuitiv und gut verständlich. Das Ergebnis der Berechnungen nach dem Satz von Bayes liefert eine mathematische Annäherung an die absolute Wahrscheinlichkeit, mit der bestimmte Ereignisse eintreten. Zudem eignen sich Bayes Statistik-Methoden für den Einsatz von Regressionsanalysen und verschiedenen Methoden des Machine Learnings.[151]

Die klassische oder *frequentistische Statistik* orientiert sich an der frequentistischen Aufstellung von Wahrscheinlichkeitsverteilungen an beobachtbaren Ausgängen von wiederholbaren Zufallsexperimenten und nutzt die auftretenden Häufigkeiten. In diesem Verständnis kann eine Hypothese entweder gelten oder ungültig sein. Um dieses zu ergründen werden sogenannte Nullhypothesen formuliert. Diese Hypothesen untersucht die frequentistische Statistik mittels Hypothesentests.[152]

[148] Vgl. Tschirk (Statistik: Klassisch oder Bayes), 2014, S. 2.

[149] Vgl. Tschirk (Statistik: Klassisch oder Bayes), 2014, S. 18.

[150] Vgl. Nitzsch (Entscheidungslehre), 2007, S. 222.

[151] Vgl. Viertl (Einführung in die Stochastik), 2003, S. 178.

[152] Vgl. Büchter; Henn (Elementare Stochastik), 2007, S. 479.

Frequentistische Statistik	*Bayes Statistik*
Wahrscheinlichkeit ist definiert als Häufigkeit, mit der ein Ereignis eintritt wenn man ein Experiment wiederholt.	Wahrscheinlichkeit ist definiert als die persönliche Überzeugung, dass ein bestimmtes Ereignis im Rahmen eines Experiments eintritt.
Hilfsmittel	Hilfsmittel
▪ P-Wert ▪ Hypothesentests ▪ Signifikanzniveau ▪ Alpha/Beta Fehler	▪ A-priori-Wahrscheinlichkeit ▪ A-posteriori-Wahrscheinlichkeit ▪ Informative A-priori-Verteilung ▪ Bayesian Updating

Abbildung 14: Gegenüberstellung von frequentistischer Statistik und Bayes Statistik[153]

Einerseits wird in der Bayes Statistik die bisherige Erfahrung der Wissenschaft in Form der A-priori-Wahrscheinlichkeit berücksichtigt. Dies ist eine wichtige Besonderheit, denn sie erlaubt es bereits mit sehr geringen Fallzahlen, fundierte Schlüsse zu ziehen. Die Bayes Statistik berechnet zusätzlich die A-posteriori-Wahrscheinlichkeit. Pauschal lässt sich nicht feststellen, welche Statistik leistungsfähiger ist. Die Bayes Statistik benötigt wesentlich mehr Rechenkraft und nimmt demnach mehr Rechenzeit in Anspruch. Außerdem stellt die Wahl der A-priori-Wahrscheinlichkeit eine Herausforderung dar, welche zudem einer hohen Fehleranfälligkeit unterliegt.[154] Dennoch ist für die vorliegende Arbeit die Statistik im Sinne der Bayes Statistik auszulegen, um der zugrundeliegenden Aufgabe der Dissertation in vollem Umfang nachkommen zu können.

2.2.1.3 Ökonometrische Modelle und Methoden

Die Mathematik dient in der Ökonometrie als Mittel der Modellformulierung. Zum Zwecke einer kompakten Darstellung wird dabei häufig von der Matrizennotation gebrauch gemacht. Die induktive Statistik spielt bei der Modellschätzung eine bedeutende Rolle. Hierzu ist das ökonomische Modell vorab in ein ökonometrisches Modell zu überführen, was unter Verwendung der Wahrscheinlichkeitsrechnung aufgrund der Erkenntnis erfolgt, dass sich wirtschaftliche Verhaltensweisen einer deterministischen Betrachtung entziehen. Die Schätzung und der Test von ökonomischen Parametern wie z. B. der marginalen Konsumneigung oder der Zinselastizität der Investitionen innerhalb eines Modells können im Prinzip mittels statistischer Methoden erfolgen.[155] Der methodische Ausganspunkt der ökonometrischen Analyse ist das lineare Regressionsmodell:[156]

$$Y = \alpha + \beta X + u$$

Dieses beschreibt die Wirkung des *Prädiktors X* auf das *Kriterium Y*. Die Wirkung des Prädiktors wird durch den Regressionskoeffizienten α, das Interzept, und β bestimmt. Die Störgröße

[153] Eigene Darstellung

[154] Vgl. Tschirk (Statistik: Klassisch oder Bayes), 2014, S. 2.

[155] Vgl. Dreger (Ökonometrie), 2014, S. 3.

[156] Vgl. Hackl (Einführung in die Ökonometrie), 2008, S. 23.

u steht für die unsystematischen Abweichungen zwischen den vom Modell gelieferten Werten und dem für den jeweiligen Prädiktor tatsächlich beobachteten Wert des Kriteriums.[157]

Eine ökonometrische Analyse wird in den seltensten Fällen ausschließlich mit einem einfachen linearen Regressionsmodell auskommen; Erweiterungen in der Spezifikation des Modells sowie die oftmals restriktiven Annahmen, die für die Anwendbarkeit des statistischen Instrumentariums erforderlich sind, können durch den theoretischen Rahmen der Data Analytics abgedeckt werden.[158] Data Analytics ist ein Bereich, der seine Inspiration und seine Techniken zu einem großen Anteil aus der Statistik entnimmt. Im Folgenden wird Data Analytics vorgestellt und abgegrenzt.

2.2.2 Begriffsdefinition und -abgrenzung im Bereich Data Analytics

Daten werden im heutigen wirtschaftlichen und politischen Umfeld als essenzielle Grundlage der Entscheidungsfindung angesehen. Ohne qualitativ hochwertige Daten ist die Gestaltung, Überwachung und Bewertung von effektiven Handlungen und Maßnahmen schwierig. Ohne Methoden der Datenverwertung bleiben die in Daten beinhalteten Informationen verborgen. Vor diesem Hintergrund erfährt das Themenfeld der Daten und datengetriebenen Ansätze besondere Aufmerksamkeit im wissenschaftlichen Umfeld.[159] Aufgrund der zunehmenden Komplexität der analytischen Entwicklungen werden die relevanten zugrundeliegenden Begriffe im Folgenden definiert.

2.2.2.1 Daten

Daten stellen Informationen enthaltende und zum Zweck der Verarbeitung zusammengefasste Zeichen dar.[160] Dabei wird zwischen nominalen, ordinalen und metrischen Daten unterschieden. Nominale Daten beschreiben beliebige Zeichenketten, während ordinale Daten durch eine begrenzte Anzahl an Ausprägungen definiert sind und einer sogenannten natürlichen Ordnung unterliegen. Diese beiden Datentypen lassen sich den qualitativen Daten zuordnen. Metrische Daten sind durch Zahlen charakterisiert und stellen quantitative Datentypen dar.[161] Im Zuge der Digitalisierung sind in den vergangenen Jahren die gesammelten und einem Unternehmen zur Verfügung stehenden Datenmengen stark angestiegen. Sowohl in der Forschung als auch in der Praxis hat sich im Zuge dessen der Begriff Big Data als Werkzeug für das Informationsmanagement etabliert.

Als *Big Data* werden qualitativ vielfältige und unterschiedlich strukturierte Datenmengen bezeichnet, die die Grundlage zur Gewinnung und Nutzung entscheidungsrelevanter Erkenntnisse bilden. Die zugrundeliegenden Daten unterliegen einem schnellen Wandel und fallen in einem besonders großen Ausmaß an.[162] Häufig wird von Big Data gesprochen, wenn mehrere

[157] Vgl. Hackl (Einführung in die Ökonometrie), 2008, S. 23.

[158] Vgl. Hackl (Einführung in die Ökonometrie), 2008, S. 23.

[159] Vgl. Konstantinos (Big Data Analytics), 2018, S. 4.

[160] Vgl. Gabler Wirtschaftslexikon (Daten), 2022.

[161] Vgl. Niebler; Lindner (Datenbasiert entscheiden), 2019, S. 17.

[162] Vgl. Gadatsch; Landrock (Big Data für Entscheider), 2017, S. 1.

sogenannte „V"s in einer Applikation zusammentreffen: Data Volume (hohes Mengenvolumen), Data Velocity (zeitnahe Verarbeitung) und Data Variety (Vielfalt möglicher Daten), Werthaltigkeit (Value) und Widerspruchsfreiheit (Validity) der Daten (vgl. Abbildung 15).[163]

Datenmenge (Volume)	Die innerhalb und außerhalb der Unternehmen verfügbaren Daten steigen rasant an
Datenvielfalt (Variety)	Neben klassisch strukturierten Daten müssen weitere Daten in vielen Formaten verarbeitet werden
Geschwindigkeit (Velocity)	Die Übertragung und Auswertung der großen Datenmengen ist nur in Echtzeit sinnvoll
Werthaltigkeit (Value)	Die automatisierte Auswertung der Daten mit komplexen statistischen Methoden zur Datenanalyse und Mustererkennung liefert neue Werte für Unternehmen
Widerspruchsfreiheit (Validity)	Durch die Vielfalt der Daten kommt der Aufbereitung und Plausibilisierung zur Sicherstellung der Widerspruchsfreiheit der Daten eine hohe Bedeutung zu

Abbildung 15: Die 5 „V"s von Big Data[164]

2.2.2.2 Data Science und Data Analytics

Data Science wird auch als datengetriebenes Forschen und Entwickeln bezeichnet und beschreibt die wissenschaftliche Erkenntnis, die aus allen Aspekten des Lebenszyklus von Daten gewonnen wird. Dies umfasst sowohl die Entstehung und Analyse der Daten als auch deren Archivierung und Weiterverarbeitung. Data Science steht dabei in einem engen Zusammenhang zu den Teilbereichen Data Analytics und Data Mining.[165,166]

Data Analytics beschreibt den grundsätzlichen Prozess der Extraktion von Informationen aus großen internen und externen Datenmengen unterschiedlicher Formate. Der Prozess umfasst sowohl die Auswahl der Daten als auch deren Strukturierung, Vorbereitung und Transformation.[167] Um ein Verständnis für das Themengebiet Data Analytics und dessen wirtschaftliche Bedeutung zu entwickeln, eignet sich die Betrachtung des Analytics-Reifegradmodells nach GARTNER. Reifegradmodelle werden grundsätzlich bei transformatorischen Vorhaben wie beispielsweise der Digitalisierung eingesetzt, um den Entwicklungsstand der Organisation zu erfassen und diese bestmöglich weiterzuentwickeln. Unter anderem wird durch ein Reifegradmodell die Sichtweise auf das eigene Unternehmen erweitert. Dadurch können Informationen gewonnen werden, die dann zur Weiterentwicklung des Unternehmens und der Definition neuer Ziele eingesetzt werden können.[168]

[163] Vgl. Bachmann et al. (Big Data), 2014, S. 23-29.

[164] I. A. a. Bachmann et al. (Big Data), 2014, S. 23-26.

[165] Vgl. Moreira et al. (Introduction to data analytics), 2019, S. 5.

[166] Vgl. Niebler; Lindner (Datenbasiert entscheiden), 2019, S. 7.

[167] Vgl. Runkler (Data Analytics), 2016, S. 2-3.

[168] Vgl. Reinhardt (Digitale Transformation), 2020, S. 68.

Nach GARTNER existieren verschiedene aufeinander aufbauende Analytics-Stufen im Spannungsfeld der Analysekomplexität und dem erreichbaren Wettbewerbsvorteil. Dabei wird zwischen der deskriptiven, diagnostischen, prädiktiven und präskriptiven Analyse differenziert.[169,170]

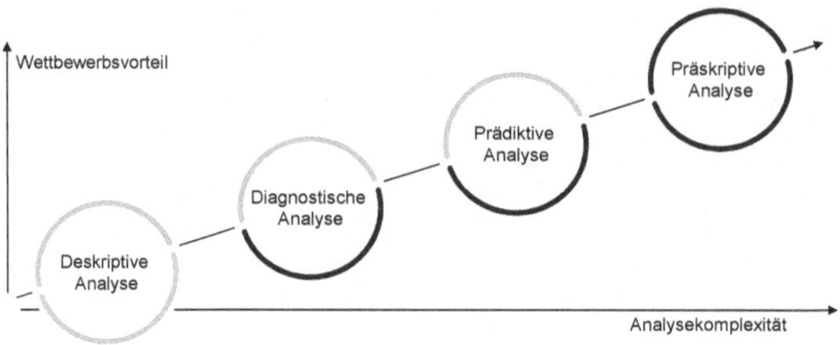

Abbildung 16: Analytics Reifegradmodell[171]

Die deskriptive Analyse befasst sich mit der Auswertung von Vergangenheitsdaten und versucht potenzielle Muster und Zusammenhänge in diesen zu identifizieren. Dabei steht die Fragestellung „Was ist geschehen?“ im Vordergrund. Anhand der identifizierten Muster können im Anschluss Rückschlüsse und potenzielle Auswirkungen auf die Gegenwart ermittelt werden.[172] Die deskriptive Analyse umfasst auch die Datenvisualisierung und Berichterstattung über die relevanten Kennzahlen. Methodisch kommen in der deskriptiven Analyse statistische Verfahren wie das Clustering, die Klassifizierung oder Segmentierung zum Einsatz.[173,174]

Bei der diagnostischen Analyse, die auf der deskriptiven Analyse aufbaut, steht die Fragestellung „Warum ist etwas passiert?“ im Vordergrund.[175] Es wird versucht, die Auslöser und Ursache-Wirkungsbeziehungen für die zuvor ermittelten Muster abzubilden. Dafür ist es erforderlich, Daten verschiedenster Herkunft in Relation zu setzen, um so Kausalitäten und Korrelationen darzustellen.[176]

Im unternehmerischen Entscheidungsfindungsprozess sind jedoch nicht nur vergangenheitsbezogene Daten und Zusammenhänge interessant. Vielmehr spielt das Wissen über zukünftige Entwicklungen eine zentrale und wichtige Rolle, um einen Wettbewerbsvorteil gegenüber anderen Unternehmen zu schaffen.[177] Vor diesem Hintergrund kommt der prädiktiven Analyse

[169] Vgl. Abbildung 16.

[170] Vgl. Pabinger; Mayr (Business Intelligence & Analytics), 2019, S. 87-88.

[171] I. A. a. Pabinger; Mayr (Business Intelligence & Analytics), 2019, S. 88.

[172] Vgl. Pabinger; Mayr (Business Intelligence & Analytics), 2019, S. 88.

[173] Vgl. Konstantinos (Big Data Analytics), 2018, S. 8-9.

[174] Vgl. Shi-Nash; Hardoon (Data Analytics and Predictive Analytics), 2017, S. 331.

[175] Vgl. Ojha; Pani (Data Science and Big Data Analytics), 2020, S. 135-136.

[176] Vgl. Amann et al. (Management und Controlling), 2020, S. 254.

[177] Vgl. Pusala (Massive Data Analytics), 2016, S. 16.

eine zentrale Bedeutung zu. Durch diese können auf Grundlage von Vergangenheits- und Gegenwartsdaten zukünftige Entwicklungen und deren Eintrittswahrscheinlichkeiten vorhergesagt werden. Dies umfasst neben der Analyse von potenziellen Zukunftsszenarien auch die Generierung von Frühwarninformationen im Risikomanagement. Die prädiktive Analyse bedient sich dafür hauptsächlich der Methoden des Data Mining. Es kommen Methoden wie das maschinelle Lernen, die Spieltheorie oder Text-Mining Ansätze zum Einsatz. Insgesamt stellt die prädiktive Analyse einen iterativen Prozess dar und kann einen großen Beitrag zur effizienten strategischen Entscheidungsfindung leisten, indem sie beispielsweise dabei hilft, die Unternehmensplanung zu optimieren, Prozesse effizienter zu gestalten und Risiken zu minimieren.[178,179]

Die präskriptive Analyse baut auf den Ergebnissen und Vorhersagen der prädiktiven Analyse auf und simuliert unterschiedliche Szenarien, um den Prozess der Entscheidungsfindung zu unterstützen. Es wird untersucht, welche Handlungen vorgenommen werden müssen, damit ein bestimmtes Ereignis eintritt bzw. verhindert werden kann. Dafür kommen vor allem stochastische Szenarioanalysen sowie Sensitivitätsanalysen zum Einsatz. Die präskriptive Analyse kann mithin einen hohen Beitrag zur Leistung und Effizienz eines Unternehmens beitragen, indem sie schnelle und intelligente Entscheidungen mit geringeren Kosten und Risiken ermöglicht.[180]

2.2.2.3 Data Mining

Data Mining ist ein Teilbereich der Data Analytics und umfasst Methoden zur Extraktion von Erkenntnissen aus Daten unter Zuhilfenahme von Algorithmen, Prozessen und Systemen. Welche Ziele bei dem Generieren von Wissen verfolgt werden hängt von der Intention des Anwenders ab. Es kann zwischen zwei übergeordneten Zielen unterschieden werden: dem Verifizieren und dem Entdecken. Verifizieren bedeutet, dass das System explizit auf die Bestätigung einer Hypothese des Nutzers abgestimmt ist. Das Entdecken umfasst das automatisierte Identifizieren von neuen Mustern und Strukturen. Das Feld des Entdeckens kann weiter in die Ziele der Vorhersage oder des Beschreibens unterteilt werden. Die Vorhersage meint, dass das System Muster identifiziert mit deren Hilfe das zukünftige Verhalten von bestimmten Instanzen prognostiziert werden kann. Der Output beim Beschreiben ist die Präsentation von Mustern und Schemata in einer für den Anwender verständlichen Form.[181]

[178] Vgl. Amann et al. (Management und Controlling), 2020, S. 254.

[179] Vgl. Romeike; Hager (Risiko-Management 4.0), 2020, S. 196.

[180] Vgl. Konstantinos (Big Data Analytics), 2018, S. 10.

[181] Vgl. Elder, John, F.; Pregibon (Knowledge discovery in databases), 1996, S. 83-84.

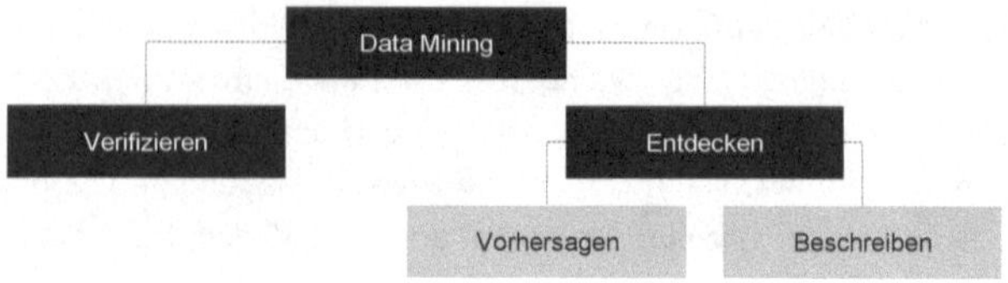

Abbildung 17: Data Mining Zielstruktur[182]

Data Mining Methoden lassen sich entsprechend der zuvor beschriebenen Ziele in prädiktive und deskriptive Methoden unterscheiden. Sechs klassische Data Mining Methoden sind das Klassifizieren, die Regression, das Clustering, das Zusammenfassen, die Abhängigkeitsmodellierung sowie die Veränderungs- und Abweichungserkennung. Unter dem Klassifizieren wird das Lernen einer Funktion bezeichnet, die die Daten in eine von mehreren a-priori definierten Klassen zuordnet. Regression bezeichnet die Ermittlung einer Funktion, welche Daten kontinuierliche Werte eines festgelegten Werteintervalls zuordnet. Das Clustering ist eine typische beschreibende Aufgabe, welche das Identifizieren von Kategorien bzw. Clustern zum Ziel hat, um in Folge die Daten vorab definierten Gruppen zuzuordnen. Die Zusammenfassung involviert Methoden zur Identifizierung von kompakten Beschreibungen für eine Teilmenge von Daten. Diese Methoden werden insbesondere in interaktiv erforschenden Datenanalysen und zur automatisierten Berichtserstattung eingesetzt. Die Abhängigkeitsmodellierung besteht darin ein Modell zu finden, welches die signifikanten Korrelationen zwischen verschiedenen Parametern beschreibt. Diese Modelle bestehen aus zwei Ebenen: einer strukturellen Ebene, bei dem das Modell oftmals in graphischer Form die lokale Abhängigkeit der Parameter voneinander beschreibt sowie einer quantitativen Ebene, welche die Stärke der Abhängigkeiten in numerischer Form widerspiegelt. Die Veränderungs- und Abweichungserkennung fokussiert die Detektion der signifikantesten Veränderungen in den Daten im Vergleich zu vorherigen gemessenen und normativen Werten.[183]

Die meisten Data Mining-Techniken verwenden *maschinelles Lernen*.[184] Maschinelles Lernen ist der Prozesses der Bildung allgemeiner Begriffsdefinitionen durch Beobachtung konkreter Beispiele von zu erlernenden Konzepten.[185] *Überwachtes Lernen (supervised learning)* bezeichnet die am besten verstandene Lernmethode und die am weitesten verbreitete Technik für maschinelles Lernen. Das überwachte Lernen beschreibt das maschinelle Lernen mit im Voraus bekannten Zielwerten. Die Eingangsdaten müssen hierzu vorab gekennzeichnet werden. Zusätzlich sind die Output-Variablen zu definieren. Ein Algorithmus versucht die vorhandenen Muster in den Eingabedaten den vorgegebenen Ausgangsdaten korrekt zuzuordnen und so die Verbindungen zwischen diesen zu finden. Der Algorithmus wird so mit den eingegebenen Daten trainiert und bei abgeschlossenem Training auf neue Daten angewandt.[186]

[182] Eigene Darstellung

[183] Vgl. Brachman; Anand (The process of knowledge discovery in databases), 1996, S. 44-45.

[184] Vgl. Brachman; Anand (The process of knowledge discovery in databases), 1996, S. 43.

[185] Vgl. Roiger (Data mining fundamentals), 2017, S. 5.

[186] Vgl. Kreutzer; Sirrenberg (Künstliche Intelligenz), 2019, S. 7.

Beim *nicht-überwachten Lernen (engl. unsupervised learning)* verfügt der Algorithmus nicht über vordefinierte Zielwerte oder ein etabliertes Belohnungssystem und versucht mittels nicht-gekennzeichneter Daten Muster zu identifizieren, die sich von einem strukturlosen Rauschen unterscheiden. Dazu sucht der Algorithmus nach Datengruppen mit ähnlichen Merkmalen.[187]

Beim *verstärkendem Lernen (engl. reinforcement learning)* liegt zu Beginn des Lernprozesses kein optimaler Lösungsweg vor. Der Algorithmus muss iterativ nach dem Prinzip des Trial-and-Error-Prozesses eigenständig Lösungswege identifizieren. Diese werden anschließend verworfen oder weiterverfolgt. Dieser Mechanismus wird anhand eines Belohnungssystems vorangetrieben. Nähert sich der Algorithmus mit einer Entscheidung dem Ziel, so erhält dieser eine Belohnung. Dieser Prozess wird dann eingesetzt, wenn entweder nur wenige Trainingsdaten zur Verfügung stehen, das optimale Ergebnis nicht genau definierbar ist oder die Interaktion mit der Umwelt den Lernprozess fördert.[188]

2.2.3 Data Analytics Prozess

Traditionell beruht die Umwandlung von Daten in Wissen auf manuellen Analysen und Interpretationen. Aspekte der Wirtschaftlichkeit und der Ergebnisobjektivität, insbesondere vor dem Hintergrund wachsender Datenvolumina, werden bei manuellen Analysen jedoch missachtet. So gelten manuelle Analysen in vielen Branchen als untauglich.[189] MARISCAL ET AL. untersuchten und analysierten die am häufigsten verwendeten und zitierten Data Mining Methoden sowie Prozessmodelle und veranschaulichten die evolutionären Zusammenhänge.[190]

[187] Vgl. Kreutzer; Sirrenberg (Künstliche Intelligenz), 2019, S. 7.

[188] Vgl. Kreutzer; Sirrenberg (Künstliche Intelligenz), 2019, S. 8.

[189] Vgl. Fayyad et al. (From Data Mining to Knowledge Discovery in Databases), 1996, S. 37-39.

[190] Vgl. Abbildung 18.

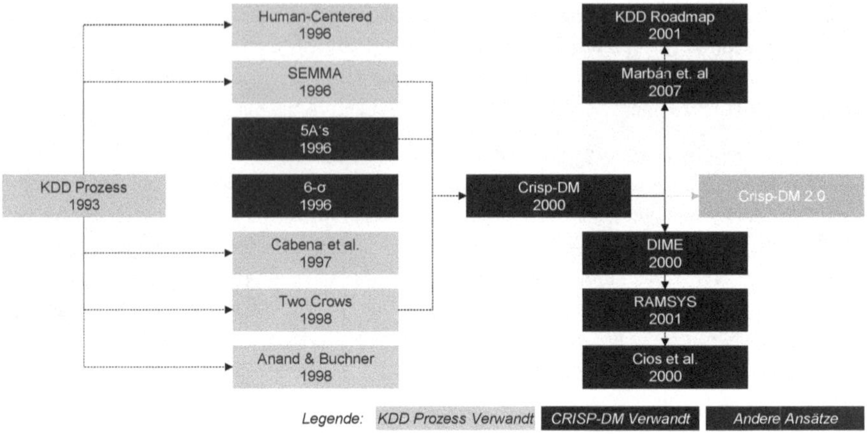

[191]**Abbildung 18: Evolution der Data Mining Prozessmodelle und Methoden**[192]

Die beiden zentralen Prozesse stellen der KDD Prozess nach FAYYAD ET AL. und das CRISP-DM Modell nach CHAPMAN ET AL. dar, welche im Folgenden detaillierter beschrieben werden.[193]

2.2.3.1 KDD Prozess nach FAYYAD ET AL.

Der *KDD Prozess* wurde im Jahr 1997 von FAYYAD ET AL. vorgestellt. KDD steht dabei für „knowledge discovery in databases“. Der Prozess dient der Extraktion von Wissen aus den schnell wachsenden digitalen Datenvolumina. Data Mining stellt dabei das Herzstück dieses Prozesses dar. Die zusätzlichen Schritte des KDD Prozesses sind maßgeblich, um die Nutzbarkeit des extrahierten Wissens sicher zu stellen. Eine unreflektierte Anwendung der Data Mining Methoden kann riskant sein, da schnell unvollständige und verfälschte Muster und Schemata entstehen können.[194] Der Prozess kann als iterativer und interaktiver Prozess verstanden werden und besteht aus neun Schritten, welche übergeordnet durch die Prozessbausteine Selektion, Vorverarbeitung, Transformation, Data Mining und Interpretation bzw. Evaluation beschrieben werden.[195]

[191] Vgl. Fayyad et al. (From Data Mining to Knowledge Discovery in Databases), 1996, S. 37-39.

[192] I. A. a. Mariscal et al. (Data mining and knowledge discovery process models), 2010, S. 142.

[193] Vgl. Mariscal et al. (Data mining and knowledge discovery process models), 2010, S. 137-145.

[194] Vgl. Fayyad et al. (From Data Mining to Knowledge Discovery in Databases), 1996, S. 40.

[195] Vgl. Abbildung 19.

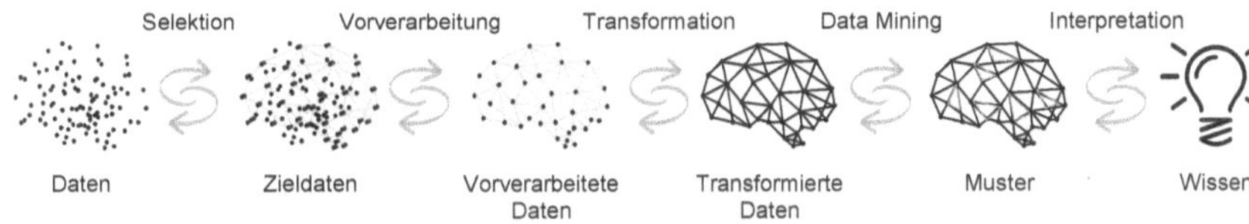

Abbildung 19: Überblick über den KDD Prozess nach FAYYAD ET AL.[196]

In der *Problemabgrenzung* wird ein Verständnis für die Domäne sowie Wissen aus vorherigen Anwendungen aggregiert, um konkrete Ziele für den Prozess zu identifizieren. *Der* zweite Schritt dient der *Auswahl und Eingrenzung* des Ausgangsdatensatzes. Der Ausgangsdatensatz hat einen entscheidenden Einfluss auf die Güte der Ergebnisse. Im Schritt der *Datenvorverarbeitung* erfolgt die Vorbereitung der vorab festgelegten Ausgangsdaten. Außerdem müssen diese für die weitere Verarbeitung bereinigt werden. Beispielhaft sind in diesem Zusammenhang das Entfernen von Störungen in den Datensätzen oder die Handhabung fehlender Datenfelder zu nennen. Die bereinigten Daten werden im Prozessschritt *Datenreduktion* reduziert und projiziert. Dies beinhaltet die Extraktion von Eigenschaften, welche die Daten abhängig vom Analyseziel darstellen. Außerdem kann eine Reduktion oder Transformation der zu analysierenden Dimensionen erfolgen. Ziel des fünften Schrittes, der *Auswahl der Data Mining Methode,* ist der Abgleich der Ziele des KDD Prozesses mit den möglichen Analysemethoden. Sobald eine zielgerechte Analysemethode ausgewählt wurde, kann im nächsten Schritt die *Auswahl des Data Mining Algorithmus* erfolgen. Das *Data Mining* selbst stellt den siebten Schritt des KDD Prozesses dar. Dieser Schritt erfordert oftmals die wiederholte iterative Anwendung von verschiedenen Data Mining Methoden. Aufbauend auf den angewendeten Analysen erfolgt die *Interpretation der Ergebnisse*. Dazu werden die extrahierten Datenmuster in den Kontext der Frage- und Zielstellung gesetzt. Im letzten Schritt der *Anwendung des gefundenen Wissens* steht die Nutzbarmachung des gewonnen Wissens.[197]

2.2.3.2 CRISP-DM Prozess nach CHAPMAN ET AL.

Der *Cross Industry Standard Process for Data Mining* (CRISP-DM) ist eines der bekanntesten und am meisten angewendeten Datenmanagementmodelle.[198] Dieser Prozess definiert den Lebenszyklus von Data Mining Projekten und gliedert sich in sechs Phasen: Domänenverständnis, Datenverständnis, Datenaufbereitung, Modellierung, Evaluierung und Einsatz.[199,200,201]

---

196 Vgl. Fayyad et al. (From Data Mining to Knowledge Discovery in Databases), 1996, S. 41.

197 Vgl. Fayyad et al. (From Data Mining to Knowledge Discovery in Databases), 1996, S. 42-49.

198 Vgl. Mariscal et al. (Data mining and knowledge discovery process models), 2010, S. 139.

199 Vgl. Abbildung 20.

200 Vgl. Runkler (Data Analytics), 2016, S. 3-5.

201 Vgl. Chapman et al. (CRISP-DM 1.0), 2000, S. 10-12.

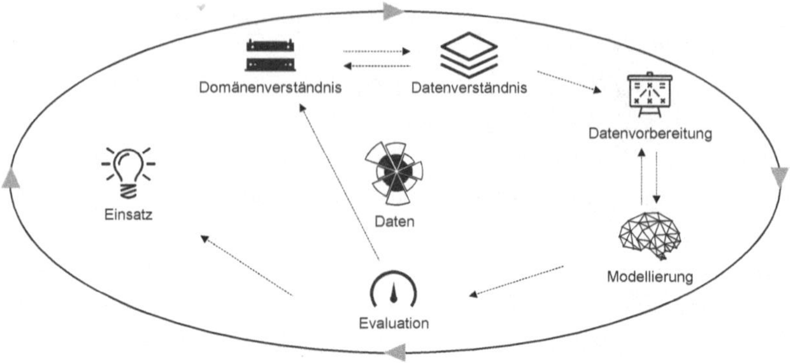

Abbildung 20: Überblick über das CRISP-DM Referenzmodell nach CHAPMAN ET AL.

Die Verbindungen zwischen den Prozessschritten des CRISP-DM stellen die am häufigsten frequentierten Verbindungen dar. Wie auch der KDD Prozess handelt es sich beim CRISP-DM um einen hochiterativen Prozess. Die zyklische und iterative Natur des Data Minings wird durch den zirkulären Außenkreis verdeutlicht.[202,203]

Die initiale Phase *Domänenverständnis* schafft einen grundlegenden Überblick über Projektbereich, -ziele und -anforderungen aus einer Geschäftsperspektive. Diese Erkenntnisse und Zusammenhänge ermöglichen einen Rahmen zur Definition von Aufgaben sowie einen ersten Plan zur Zielerreichung. In der zweiten Phase *Datenverständnis* erfolgt anschließend die Sammlung von Daten. Basierend auf den Daten muss einerseits ein Datenverständnis aufgebaut und andererseits Qualitätsanforderungen an die Daten definiert werden. Die dritte Phase *Datenvorbereitung* umfasst alle Aktivitäten zur Zusammenstellung des finalen Datensatzes. Beispiele dieser Aktivitäten sind die Auswahl von Tabellen, die Aufnahme spezifischer Attribute sowie die Bereinigung der Daten für die Modellierungstools. Für diese Aktivitäten ist keine explizite Reihenfolge vorgesehen, vielmehr gilt es den Datensatz in mehreren iterativen Zyklen für den vorgesehenen Einsatz vorzubereiten. Die *Modellierung* als vierte Phase umfasst die Auswahl und Anwendung zahlreicher Modellierungstechniken.[204] Hierbei ist die Einstellung der Parameter entscheidend. In der Regel werden verschiedene Modelle mit unterschiedlichen Parametern gleichzeitig programmiert. Dadurch kann ein perspektivisches Verständnis über die Muster und Zusammenhänge der Daten sowie der Funktionsweise des Modells erzeugt werden.[205] Da einige Techniken bestimmte Anforderungen an die Datenaufbereitung haben, erfolgt häufig die Iteration mit dem vorherigen Schritt der Datenvorbereitung. Bevor aber das Modell zum Einsatz kommt ist es wichtig, dieses vollständig in der fünften Phase *Evaluation* zu prüfen. Zur Überprüfung der Vollständigkeit der Modellierung ist ein Abgleich mit dem Do-

[202] Vgl. Chapman et al. (CRISP-DM 1.0), 2000, S. 10.

[203] Vgl. Nisbet et al. (Statistical analysis and data mining applications), 2018, S. 40.

[204] Vgl. Chapman et al. (CRISP-DM 1.0), 2000, S. 10-13.

[205] Vgl. Nisbet et al. (Statistical analysis and data mining applications), 2018, S. 49.

mänenverständnis notwendig um zu evaluieren, ob alle Business-cases hinreichend Beachtung gefunden haben. Zudem beinhaltet diese Phase die Definition konkreter Zielstellungen der Verwendung der Data Mining Ergebnisse. Wird die Güte des Modells als zu gering erachtet muss gegebenenfalls das ganze Projekt neu betrachtet oder zur ersten Phase zurückgekehrt werden, um mehr gewinnbringende Ziele oder Wege zu definieren. In der letzten Phase *Einsatz* gilt es die Daten für den Endanwender entsprechend aufzubereiten bzw. die Anwendung zur Wissensnutzung zu vermitteln. Wenn das Modell die Evaluationsphase zufriedenstellend abgeschlossen hat, kann es, meist mittels der Implementierung in ein Gesamtsystem, in die Praxis überführt werden.[206,207]

Das beschriebene CRISP-DM Prozessmodell mit seinen sechs Phasen ist in übergeordneter Betrachtung in 3 weitere Ebenen unterteilt.[208] Jede Phase des Prozessmodells besteht aus generischen Aufgaben, welche wiederum durch spezifische Aufgaben detailliert werden. Auf der untersten Ebene sind Prozessinstanzen verortet, welche die operative Umsetzung der spezifischen Aufgaben beschreiben.[209]

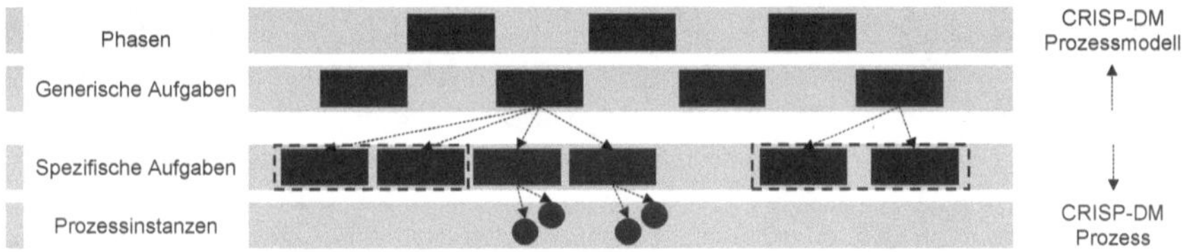

Abbildung 21: Vier Ebenen der CRISP-DM Methode[210]

2.3 Resilienz

Neben Unternehmenskrisen und Data Analytics nimmt die Resilienz im Kontext dieser Dissertation eine entscheidende Rolle ein. Klassische Krisen- und Risikomanagementansätze zielen darauf ab, Unternehmen vor einer intern oder extern induzierten Krise zu schützen und den Unternehmensbestand über den zeitlichen Ablauf der Krise hinweg zu sichern.[211] Dazu haben Unternehmen in den letzten Jahrzehnten ein differenziertes Risiko- und Krisenmanagementinstrumentarium geschaffen, mit welchem sich viele Risiken bzw. Krisen beantworten lassen.[212] Fraglich ist jedoch, ob die Lehren der Bewältigung eines schwerwiegenden Risikos oder Ereignisses nachträglich für die verbesserte strategische Ausrichtung genutzt werden. Dieser Schritt stellt den Mittelpunkt des Resilienzgedankens dar.[213] Im Folgenden wird der

[206] Vgl. Chapman et al. (CRISP-DM 1.0), 2000, S. 10-13.

[207] Vgl. Witten et al. (Data Mining), 2017, S. 28-30.

[208] Vgl. Abbildung 21.

[209] Vgl. Jannaschk (Data Mining Design Framework), 2018, S. 14-18.

[210] I. A. a. Chapman et al. (CRISP-DM 1.0), 2000, S. 6.

[211] Vgl. Kapitel 2.1.3.

[212] Vgl. Hunziker; Meissner (Risikomanagement in 10 Schritten), 2017, S. 3.

[213] Vgl. Meissner; Hunziker (Organisationales Resilienzmanagement), 2017, S. 14.

Begriff Resilienz abgegrenzt und erläutert. Aufgrund der hohen Fragmentierung des Gesamtbilds eines umfassenden integrierten Resilienzmanagements wird das Resilienzmanagement in bestehende wirtschaftswissenschaftliche Ansätze eingegliedert und vorgestellt.

2.3.1 Begriffsdefinition und Abgrenzung

2.3.1.1 Resilienz

Der Begriff *Resilienz*[214] wird als eine Kombination aus Widerstandskraft und Anpassungsfähigkeit verstanden.[215] Abhängig vom Kontext bestehen jedoch verschiedene Interpretationsmöglichkeiten der Begrifflichkeit wie Belastbarkeit, Problemlösungsfähigkeit, Flexibilität, Elastizität, Überlebensfähigkeit etc. Resilienz entstammt der sozioökologischen Forschung. Im Kontext volkswirtschaftlicher Innovationsprozesse existiert eine Vielzahl von Konzepten, welche kreative Zerstörung als Bedingung für ökologische Entwicklung herausstellen.[216] In den Sozialwissenschaften ist der Resilienzbegriff in der psychologischen Forschung prominent. Psychologische Resilienz bezeichnet nach BENGEL UND LYSSENKO die Widerstandskraft von Individuen angesichts belastender Lebensereignisse. Dabei werden die Resilienz-Dimensionen Stressresistenz, Regenerationsfähigkeit und Anpassungsfähigkeit unterschieden.[217] Seit der Jahrtausendwende ist der Resilienzbegriff im Feld der Organisationswissenschaften bekannt. In diesem Feld beschreibt Resilienz die intrinsische Fähigkeit einer Organisation bzw. eines Systems einen dynamisch-stabilen Status beizubehalten oder zurückzuerlangen, der es erlaubt, die operativen Tätigkeiten nach einer wesentlichen Fehlentwicklung oder unter andauerndem Stress fortzuführen.[218] Zudem können resiliente Organisationen disruptive Ereignisse durch die Entwicklung spezifischer Bewältigungsstrategien wirksam absorbieren und die Entwicklungen für den eigenen Wandel zum Vorteil zu nutzen.[219,220,221]

[214] Aus dem lateinischen resilere = zurückprallen

[215] Vgl. Boos et al. (Wettbewerbsfaktor Resilienz), 2021, S. 8.

[216] Vgl. Meissner (Risikomanagement und Organisationale Resilienz), 2018, S. 30-31.

[217] Vgl. Bengel; Lyssenko (Resilienz und psychologische Schutzfaktoren), 2012, S. 24.

[218] Vgl. Hollnagel (Resilience engineering), 2010, S. 6.

[219] Vgl. Abbildung 22.

[220] Vgl. Lengnick-Hall et al. (Developing a capacity for organizational resilience), 2011, S. 244.

[221] Vgl. DIN Deutsches Institut für Normung e.V. (ISO 22316:2017, Resilienz), 2017, S. 2.

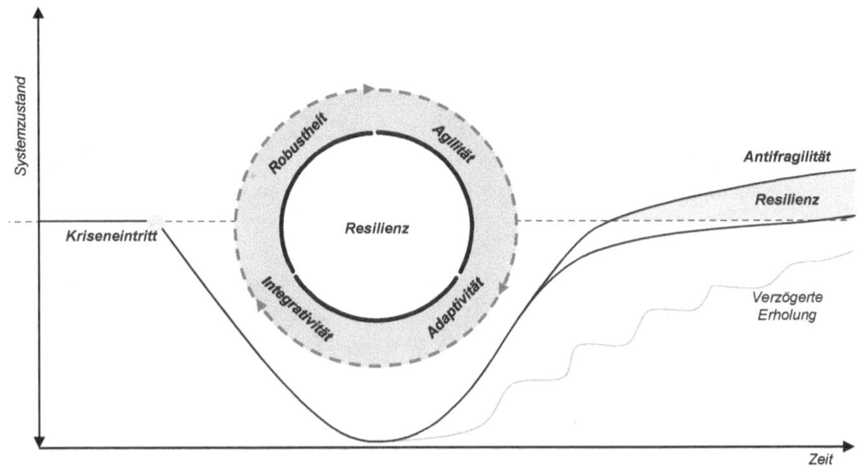

Abbildung 22: Prinzipien der Resilienz[222]

Resilienz weist mithin starke Ähnlichkeit zu organisatorischen Attributen wie Flexibilität, Agilität und Anpassungsfähigkeit auf. Es existieren jedoch auch wichtige Unterscheidungsmerkmale. Flexibilität[223], Agilität[224] und Anpassungsfähigkeit[225] spiegeln unterschiedliche Ursprünge und Ergebnisse wider und können daher wie folgt von Resilienz abgegrenzt werden:[226]

- Ein Bedarf an Resilienz wird durch ein unerwartetes Ereignis ausgelöst. Flexibilität und Agilität hingegen sind oft Teil des kontinuierlichen Repertoires an strategischen Fähigkeiten eines Unternehmens, die eine erhöhte Handlungsfähigkeit befähigen.
- Resilienz beinhaltet Erneuerung, Transformation und dynamische Kreativität von innen heraus. Anpassungsfähigkeit hingegen betont die Notwendigkeit der Anpassung an die Umwelt aus einer Outside-In-Perspektive und geht oft davon aus, dass ein neues, von außen bestimmtes Gleichgewicht der gewünschte Zustand ist.
- Flexibilität, Anpassung, Improvisation und Agilität tragen zwar signifikant zur Resilienz einer Organisation bei, keine dieser Fähigkeiten allein reicht jedoch aus, um sie zu erreichen.

Die Resilienz einer Organisation bildet sich auf der Mikro-, Meso- und Makro-Ebene einer Organisation aus.[227] Die Mikro-Ebene betrachtet dabei die Resilienz eines Individuums oder Subjekts innerhalb der Organisation. Die Meso-Ebene beschäftigt sich mit der Resilienz von

222 I. A. a. Boos et al. (Wettbewerbsfaktor Resilienz), 2021, S. 8.

223 Definiert als die Fähigkeit, sich relativ kurzfristig und zu geringen Kosten zu verändern.

224 Definiert als die Fähigkeit, wendige und dynamische Wettbewerbsstrategien zu entwickeln und schnell anzuwenden.

225 Definiert als die Fähigkeit, sich wieder an die Umwelt anzupassen.

226 Vgl. Lengnick-Hall et al. (Developing a capacity for organizational resilience), 2011, S. 244.

227 Vgl. Di Bella (Protektive Faktoren), 2014, S. 82.

Teams und der Zusammenarbeit von Abteilungen innerhalb der Organisation. Auf der Makroebene wird die Resilienz durch das Zusammenwirken der Organisation mit externen Wechselwirkungen erfasst.[228] Die Resilienz auf der Makroebene stellt die Rahmenbedingungen für resilientes Handeln auf der Mikro- und Meso-Ebene dar. Eine detaillierte Erläuterung des Resilienzmanagements auf diesen Ebenen erfolgt in Kapitel 2.3.2.1. Damit die frühzeitige Wahrnehmung von Störungen und somit eine rechtzeitige Risiko- und Krisenprävention erfolgen kann, ist eine transparente Informationspolitik über alle drei Ebenen hinweg essenziell.[229]

2.3.1.2 Resilienzassessment durch Resilienzprofile

Zur qualitativen Darstellung und Messung von Resilienz existieren in der Literatur beschreibende Modelle. So sind Resilienzprofile in der Literatur vielzählig und vielseitig beschrieben und in der Praxis ein häufig verwendetes Mittel zum Assessment von Resilienz. Grundsätzlich dient ein Resilienzprofil dazu, den Ist-Zustand der Resilienz eines Unternehmens zu messen sowie konkrete Handlungsbedarfe zur Steigerung der Resilienz zu visualisieren. Im Folgenden wird beispielhaft das Resilienzprofil nach McManus et al. erläutert.

McManus et al. beschreiben die Resilienz als Funktion des Situationsbewusstseins, dem Management der Schlüsselschwachstellen sowie der Adaptionsfähigkeit einer Organisation. Mithilfe der Bewertung dieser Erfolgsfaktoren organisatorischer Resilienz stellen die Autoren das Resilienzprofil einer Organisation auf.[230] Jeder Erfolgsfaktor besitzt spezifische Resilienzindikatoren, welche den internen Reifegrad dieses Faktors beschreiben und bewerten. Diese sind in Abbildung 23 dargestellt.

Resilienzindikatoren

	Situationsbewusstsein		*Management der Schlüsselschwachstellen*		*Adaptionsfähigkeit*
1	Rollen und Verantwortlichkeiten	1	Risikostrategie	1	Mentalität
2	Verständnis für Gefährdung und Folgen	2	Notfallsimulation	2	Kommunikation und Beziehungen
3	Konnektivitäts-bewusstsein	3	Fähigkeit und Kapazität der internen Ressourcen	3	Strategische Vision und Ergebniserwartung
4	Versicherungs-bewusstsein	4	Fähigkeit und Kapazität der externen Ressourcen	4	Informationsgüte und Wissen der Organisation
5	Wiederherstellungs-prioritäten	5	Organisations-konnektivität	5	Führung, Management und Governance-Strukturen

Abbildung 23: Resilienzindikatoren nach McManus et al.[231]

Das *Situationsbewusstsein* bezieht sich auf das Bewusstsein einer Organisation für ihr gesamtes Betriebssystem, einschließlich Bedrohungen und Chancen, Konnektivität sowie interne und externe Stakeholder. Insgesamt nennen McManus et al. fünf Resilienzindikatoren zur

[228] Vgl. Di Bella (Protektive Faktoren), 2014, S. 130.

[229] Vgl. Soucek et al. (Resilienz im Arbeitsleben), 2016, S. 134.

[230] Vgl. McManus et al. (Resilience Management), 2007, S. 20.

[231] I. A. a. McManus et al. (Resilience Management), 2007, S. 20.

Beschreibung des Situationsbewusstseins. Der erste Resilienz-Indikator sind Rollen und Verantwortlichkeiten. So besitzen resiliente Unternehmen Mitarbeitende mit Wissen um die eigene Rolle in der Organisation sowie die Verbindung zu anderen Mitarbeitenden sowie deren Verantwortlichkeiten. Der zweite Resilienz-Indikator ist das Verständnis von Gefährdungen und Folgen. Dieser Indikator indiziert das Verständnis für Auswirkungen von bekannten Risiken, aber auch von möglichen unwahrscheinlicheren Entwicklungen. Der dritte Resilienz-Indikator ist das das Konnektivitätsbewusstsein. Dieses wird durch das Verständnis für das unmittelbare Betriebsumfeld und die Auswirkungen des Verlusts von beispielsweise Schlüsselkunden, Schlüssellieferanten und anderen kritisch verbundenen Organisationen beschrieben. Zudem beinhaltet dieses Verständnis ein Bewusstsein für die Vernetzung mit relevanten Stakeholdern. Der vierte Resilienz-Indikator ist das Versicherungsbewusstsein. Dieser bewertet das Wissen über die Höhe der betrieblichen Versicherungsprodukte, die Verfügbarkeit potenzieller Versicherungen und anderer Hilfsoptionen und Möglichkeiten der finanziellen Unterstützung und staatlichen Hilfen im Krisenfall. Der letzte Resilienz-Indikator des Situationsbewusstseins beschreibt die Wiederherstellungsprioritäten. Hierunter ist das Verständnis der Mindestanforderungen an das Unternehmen und der Prioritäten für die Wiederherstellung der Organisation zu verstehen.[232]

Das *Management der Schlüsselschwachstellen* beinhaltet die Identifizierung eigener Schwachstellen sowie der Quantifizierung ihrer Auswirkungen auf die allgemeine Widerstandsfähigkeit einer Organisation. Schlüsselschwachstellen haben in diesem Zusammenhang das Potenzial negative Auswirkungen zu verursachen, die schleichend oder katastrophal auf das Unternehmen wirken.[233] Der erste Resilienz-Indikator ist die Risikostrategie. Diese besteht aus aktivem Risikomanagement. Zudem misst dieser Resilienz-Indikator, ob eine Notfall- und Wiederherstellungsplanung vorhanden ist. Der zweite Resilienz-Indikator ist die Notfallsimulation. Dabei wird die Durchführung von Notfallsimulationen bewertet. Ein weiterer Resilienz-Indikator für das Management der Schlüsselschwachstellen ist die Fähigkeit und Kapazität der internen Ressourcen. Diese sind in physische Ressourcen, Personalressourcen und Prozessressourcen unterteilt. Physische Ressourcen sind beispielsweise Gebäude, interne Dienstleistungen und Maschinen. Zu den personellen Ressourcen zählen die Fähigkeiten und Kapazitäten der Mitarbeitenden in der Organisation. Prozessressourcen umfassen die Fähigkeit und Kapazität der wirtschaftlichen und administrativen Ressourcen. Indiziert werden einerseits die Fähigkeit und andererseits die Kapazität dieser Ressourcen. Der vierte Resilienz-Indikator wird durch die Fähigkeiten und Kapazitäten externer Ressourcen beschrieben. Hierunter werden das Zuliefernetzwerk, extern bezogene Dienstleistungen und Wertschöpfungspartner gefasst. Der letzte Resilienz-Indikator ist die Organisationskonnektivität. Dieser wird durch die Beziehungen innerhalb des eigenen und zu relevanten externen Organisationen beschrieben. Zudem fallen auch die Beziehungen von Auftragnehmern, Lieferanten, Beratern und Mitarbeitenden im Krisenfall ins Gewicht.[234]

---

232 Vgl. McManus et al. (Resilience Management), 2007, S. 20-24.

233 Vgl. McManus et al. (Resilience Management), 2007, S. 24.

234 Vgl. McManus et al. (Resilience Management), 2007, S. 24-30.

Die *Adaptionsfähigkeit* umfasst die Elemente, die die Kultur einer Organisation beschreiben und die es ihr ermöglichen, in einer Krise sowohl rechtzeitig und angemessen Entscheidungen zu treffen als auch Chancen zu erkennen und zu nutzen. Der erste Resilienz-Indikator in diesem Bereich ist die Mentalität.[235] Dieser Indikator beschreibt die Dezentralität der Organisationsstrukturen, den Individualisierungsgrad der Zielerreichung verschiedener Organisationselemente und das Verständnis der Gesamtvision der Organisation. Der zweite Resilienz-Indikator wird durch Kommunikation und Beziehungen beschrieben. Effektive Kommunikationswege und respektvolle Beziehungen innerhalb der Organisation determinieren die Resilienz einer Organisation. Der dritte Resilienz-Indikator ist die strategische Vision sowie die Ergebniserwartung. Dieser Indikator bewertet, inwiefern die Organisation ihre Vision artikuliert und kommuniziert, wie gut diese Vision die täglichen Abläufe der Organisation repräsentieren und wie gut sich die Organisation in einer Notfallsituation an dieser Vision orientiert. Der vierte Resilienz-Indikator bewertet die Informationsgüte und das Wissen einer Organisation. Hierbei ist die Einhaltung der festgelegten Rollen und Verantwortlichkeiten, die Motivation der Mitarbeitenden aus diesen Rollen herauszutreten und damit verbundene Streuung des Organisationseigenen Wissens entscheidend. Der letzte Resilienz-Indikator dieser Kategorie beschreibt die Führung, das Management und die Governance-Strukturen. Dazu werden die Anpassungsfähigkeit, Widerstandsfähigkeit sowie die Art und Weise, wie Organisationen in Alltags- aber auch in Krisensituationen geführt und verwaltet werden, gemessen.[236]

McManus et al. nutzen weitergehend die beschriebenen Resilienzindikatoren zur Bewertung der Erfolgsfaktoren organisatorischer Resilienz und mithin zum Aufbau eines unternehmensspezifischen Resilienzprofils. Das Resilienzprofil ist eine relative, qualitative Darstellung der Gesamtresilienz in einer Organisation. Ein Beispiel für das Resilienzprofil ist in Abbildung 24 dargestellt. Jede Achse des Resilienzprofils ist gleichmäßig in fünf Kategorien unterteilt, die den Grad des Situationsbewusstseins, des Managements von Schlüsselschwachstellen und der Anpassungsfähigkeit darstellen. Eine Hüllkurve der Resilienz wird erstellt, indem die Bewertungen entlang jeder Achse verbunden werden.[237]

[235] Von den Autoren wird der Indikator Mentalität konnotiert als Silo-Mentalität beschrieben. Die beschreibenden Kriterien der Autoren sind ebenfalls negativ konnotiert entsprechen aber sematisch den hier vorgestellten unkonnotierten Kriterien.

[236] Vgl. McManus et al. (Resilience Management), 2007, S. 24.

[237] Vgl. McManus et al. (Resilience Management), 2007, S. 26.

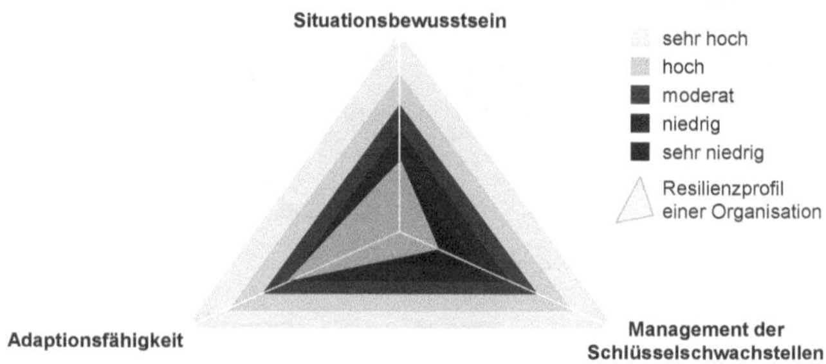

Abbildung 24: Beispielhaftes Resilienzprofil nach MCMANUS ET AL.[238]

Dieses Resilienzprofil dient im Folgenden als Status quo des Resilienzmanagements. Die Bewertung der Gesamtresilienz offenbart Potenziale, die mit einem bedarfsgerechten Resilienzmanagement adressiert werden können.

2.3.1.3 Resilienzmanagement

Risiko- und Resilienzmanagement sind stark verwandte Konzepte. Beide Konzepte dienen dem zielgerichteten Umgang mit Unternehmenskrisen und sollten daher im strategischen Management produzierender Unternehmen koexistieren.[239] Der Fokus des Resilienzmanagements ist im Vergleich zum Risikomanagement jedoch signifikant erweitert. Zwar beschreiben beide Konzepte Gefahren und Chancen eines Unternehmens und besetzen diese in einem Regelprozess mit Maßnahmen, Zielstellung des Resilienzmanagements ist jedoch die langfristige Veränderung des Unternehmens zur Vorbeugung vor Krisenzuständen. Im Fokus stehen die Fähigkeit zur kurzfristigen Rückkehr zu der als Standard definierten Funktionsfähigkeit und die innovative Nutzung von Vorteilen, die sich aus Veränderungen der Umweltbedingungen ergeben. Je geringer die Effekte von Krisen auf die strategischen und operativen Komponenten eines Produktionsystems sind, desto höher ist die Resilienz eines Unternehmens.[240] Mithin fokussiert das Resilienzmanagement den funktionalen Zielzustand einer Organisation.[241] Zur Beschreibung der Aufgaben und Inhalte des Resilienzmanagement-Prozesses existieren diverse Ansätze und Theorien.

Nach MCMANUS ET AL. besteht das Resilienzmanagement aus einem iterativ ablaufenden, fünfstufigen Prozess. Dieser beinhaltet die Schaffung eines Bewusstseins für Resilienz, die Auswahl der wesentlichen organisatorischen Komponenten, die Selbsteinschätzung der Verwundbarkeit, die Identifizierung und Priorisierung der wichtigsten Schwachstellen sowie die Erhöhung der Anpassungsfähigkeit.[242]

---

[238] I. A. a. McManus et al. (Resilience Management), 2007, S. 47.

[239] Vgl. Boos et al. (Wettbewerbsfaktor Resilienz), 2021, S. 11.

[240] Vgl. Boos et al. (Wettbewerbsfaktor Resilienz), 2021, S. 11.

[241] Vgl. Meissner (Risikomanagement und Organisationale Resilienz), 2018, S. 30.

[242] Vgl. McManus et al. (Resilience Management), 2007, S. 4.

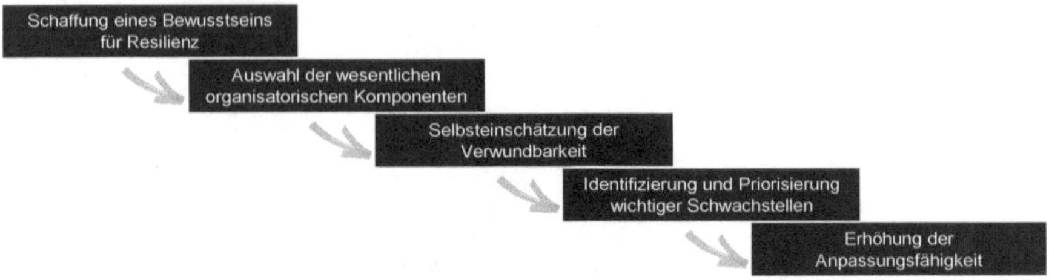

Abbildung 25: Resilienzmanagement-Prozess nach McMANUS ET AL.[243]

Die Schaffung eines Bewusstseins für Resilienz wird nach McMANUS ET AL. durch halbformale, offene Interviews sowie Umfragen erzielt, in denen Brainstormings von allgemeinen Gefahren durchgeführt und die Unternehmung betreffende Szenarien erstellt werden.[244] Als nächstes erfolgt die Auswahl der wesentlichen organisatorischen Komponenten. Diese sind alle Teile der Organisation, die für den laufenden Betrieb und die Funktionen entscheidend sind. Entscheidend ist die Abbildung organisatorischer Komponenten aus interner und aus externer Sicht sowie die Identifizierung der wichtigsten Interessengruppen.[245] Jede der identifizierten Komponenten wird anschließend hinsichtlich ihrer Kritizität für den Betrieb und ihrer Resilienz für den Katastrophenfall bewertet. Alle Bewertungen werden entsprechend einer qualitativen Skala durchgeführt. Ergebnis dieser Untersuchung ist eine Schwachstellenbewertung der organisatorischen Komponenten.[246] Diese werden im folgenden Schritt in Schwachstellenmatrizen dargestellt, welche es dem Anwender ermöglichen, solche Komponenten zu visualisieren, die im Krisenfall die größte Gefahr darstellen. Die Matrizen werden aus einer globalen Perspektive unter ausschließlicher Verwendung von Informationen zur Kritizität und Bereitschaft sowie aus einer gefahrenspezifischen Perspektive unter Verwendung von Daten zur Kritizität, Bereitschaft und Anfälligkeit erstellt.[247] Die Erhöhung der Anpassungsfähigkeit beinhaltet Bereitschaftsübungen und Katastrophensimulationen. Diese bieten dem Anwender die Möglichkeit, ihre Krisenvorsorge, Führungsqualitäten, Entscheidungsfindung und Kommunikationsfähigkeiten zeit- und ressourceneffizient zu üben und zu testen.[248]

Ein weiteres Modell, dass eine Herangehensweise zum Umgang mit Resilienz beschreibt ist das Management der strategischen Frühaufklärung nach MAERTINS.[249] Die strategische Frühaufklärung fokussiert in hohem Maße die der Resilienz zugrundeliegende Analytik. In ihrem Modell leitet MAERTINS Voraussetzungen zur Umsetzung von Vorhaben der strategischen Frühaufklärung, sogenannte SFA-Vorhaben, ab. Diese sind in die Bereiche Funktion, Prozess,

---

[243] I. A. a. McManus et al. (Resilience Management), 2007, S. 4.

[244] Vgl. McManus et al. (Resilience Management), 2007, S. 6-9.

[245] Vgl. McManus et al. (Resilience Management), 2007, S. 9.

[246] Vgl. McManus et al. (Resilience Management), 2007, S. 10.

[247] Vgl. McManus et al. (Resilience Management), 2007, S. 12-15.

[248] Vgl. McManus et al. (Resilience Management), 2007, S. 15-19.

[249] Vgl. Maertins (Management der Erfolgreichen Strategischen Frühaufklärung), 2019, S. 289.

Instrument und Fähigkeit der Akteure unterteilt und stellen mithin einen Rahmen für das Resilienzmanagement dar.[250]

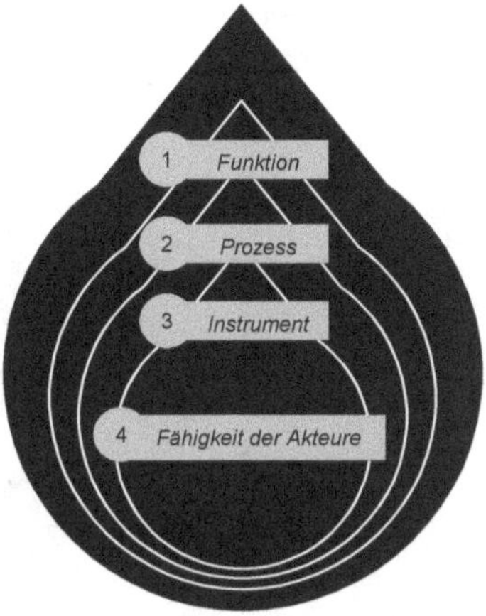

Abbildung 26: Handlungsempfehlungen für SFA-Vorhaben nach MAERTINS[251]

Die Definition von Zielen für die strategische Frühaufklärung beschreibt MAERTINS als erste funktionelle Voraussetzung zur Umsetzung von SFA-Vorhaben. Dazu werden die Zielgruppen dieser Vorhaben definiert. Eine weitere funktionelle Voraussetzung ist ein definitives Commitment der Geschäftsführung.[252] Prozessseitige Voraussetzung ist die Vorhaltung von Zeit zur Erfassung schwacher Signale sowohl seitens der Mitarbeitenden als auch der Geschäftsführung.[253] Instrumentelle Voraussetzungen beinhalten die Schaffung einer allgemeinen Vertrauenskultur sowie die Zusammensetzung von Gruppen in der Umsetzung, welche sich durch gemeinsame Kommunikations- und Informationsstrukturen sowie durch eine konsensorientierte Arbeitsweise auszeichnen. Außerdem benötigt eine Organisation zum Aufbau eines Resilienzmanagements Kommunikationsstrukturen, die sich nach folgenden Kriterien richten:

- Definition transparenter Entscheidungs- und Kommunikationsstrukturen
- Nutzung und Aufarbeitung von Erkenntnissen aus externen Netzwerken
- Regelmäßige Besprechung strategischer Themen und Probleme

Dadurch kann ein gemeinsames Grundverständnis für strategische Frühaufklärung und Resilienz geschaffen werden.[254] Als Voraussetzungen im Bereich Fähigkeit der Akteure beschreibt MAERTINS die Notwendigkeit einer Definition von Vision und strategischen Grundpfeilern sowie

[250] Vgl. Abbildung 26.

[251] Vgl. Maertins (Management der Erfolgreichen Strategischen Frühaufklärung), 2019, S. 289-300.

[252] Vgl. Maertins (Management der Erfolgreichen Strategischen Frühaufklärung), 2019, S. 289.

[253] Vgl. Maertins (Management der Erfolgreichen Strategischen Frühaufklärung), 2019, S. 290.

[254] Vgl. Maertins (Management der Erfolgreichen Strategischen Frühaufklärung), 2019, S. 292.

eines transformationalen Führungsstils. Dadurch können langfristig strategische Expertise aufgebaut und ein hoher Anspruch an die Leistung der Organisation gestellt werden.[255]

Neben vielseitigen Resilienzmanagement-Modellen existieren in der Literatur zudem Anforderungen an ein erfolgreiches Resilienzmanagement. Diese dienen vielfach als Präsmissen in der Umsetzung von Resilienzmanagement. In Abbildung 27 sind die Prämissen des Resilienzmanagements nach KRYSTEK dargestellt.

Abbildung 27: Kernelemente des Resilienzmanagements nach Krystek[256]

Die Prämissen des Resilienzmanagements sind als Voraussetzungen für die effektive Umsetzung von Resileinzmanagement zu verstehen und stellen mithin Erfolgsfaktoren eines erfolgreichen Resilienzmanagements dar. Die Kernelemente des Resilienzmanagements integrieren zugleich Grundprinzipien von Hochzuverlässigkeitsorganisationen (engl. HROs). Solche HROs, zu denen zum Beispiel Feuerwehr, Polizei oder Flugsicherungszentralen zählen, streben nach Flexibilität und Resilienz.[257] Besondere Bedeutung kommt bei HROs einer sogenannten Strategie der Redundanz zu, mit der kritische Ressourcen als Puffer bewusst mehrfach vorgehalten werden sollen, redundante Kontrollen und Überwachungen stattfinden sowie redundante Entscheidungsfindungskanäle zur Verfügung stehen. Ebenso geht es um eine Achtsamkeit gegenüber Bedrohungen bereits durch Berücksichtigung der von ihnen zumeist ausgehenden schwachen Signalen. Als Instrumente empfehlen sich auch für diesen Ansatz neben einer strategischen Früherkennung die Szenariotechnik.[258]

2.3.2 Ebenen und Dimensionen des Resilienzmanagements

Das Ziel des Resilienzmanagements ist es, Entscheidungsträger und Mitarbeitende dabei zu unterstützen, Störungen bestmöglich zu erkennen und zu behandeln.[259] Jede Störung kann als Chance betrachtet werden, ein Unternehmen optimal auf veränderte Marktbedingungen

---

[255] Vgl. Maertins (Management der Erfolgreichen Strategischen Frühaufklärung), 2019, S. 296.

[256] Vgl. Krystek (Denkanstöße für eine integrierte Krisenvorsorge), 2020, S. 32.

[257] Vgl. Krystek (Risiko- und Kontinuitätsmanagement versus Resilienz- und Antifragilitäts-„Management"), 2014, S. 384-386.

[258] Vgl. Krystek (Denkanstöße für eine integrierte Krisenvorsorge), 2020, S. 32.

[259] Vgl. Hamel; Välikangas (The Quest for Resilience), 2003, S. 1-3.

auszurichten und Wettbewerbsvorteile abzuleiten.[260] Der Betrachtungsbereich des Resilienzmanagements kann dabei die Unternehmensgruppe (Makro-Resilienz), das Unternehmen selbst (Meso-Resilienz) oder operative Bereiche, wie beispielsweise den Shopfloor einschließen (Mikro-Resilienz).[261] Zudem wird in der Literatur zwischen den Dimensionen des progressiven und antizipativen Resilienzmanagements unterschieden.[262] Im Folgenden werden sowohl die unterschiedlichen Betrachtungsbereiche als auch die Dimensionen des Resilienzmanagements detailliert erläutert.

2.3.2.1 Resilienzmanagement auf Makro-, Meso- und Mikro-Ebene

Das Resilienzmanagement auf *Makro-Ebene* betrifft das gesamte Unternehmensökosystem. Ziel ist es, das Unternehmen oder die Unternehmensgruppe gegen substanzielle, makroökologische Veränderungen resilient zu machen.[263] Störungen, wie das Brexit-Referendum, der EU-Green Deal oder der anhaltende Amerikanisch-Chinesische Handelsstreit haben das Potenzial, substanzielle Veränderungen hervorzurufen und Unternehmen negativ zu beeinflussen.[264] Informationen über diese Störungen erreichen Unternehmen zumeist kurzfristig. Daher scheitert die bedarfsgerechte Anpassung der Strategie und des Produktionssystems häufig.[265] Eine weitere Herausforderung für produzierende Unternehmen auf Makro-Ebene ist die mangelnde Verfügbarkeit von betriebswirtschaftlich relevanten Informationen, wie beispielsweise die erwartete Kundennachfrage. Hierzu werden vielfach Studien mit historischen Daten beschafft bzw. Umfragen ausgewertet und anschließend analysiert. Dieses Vorgehen verspricht jedoch keine verifizierbaren Ergebnisse. Die Analyse und Prädiktion von Trends durch Daten aus Branchenstatistiken, Social Media, Nachrichtenmeldungen, Verkehr oder Wetterstationen können produzierende Unternehmen dabei unterstützen, sich verändernde Vorschriften bei der Ein- und Auslieferung, neue Kundenwünsche oder Aufschwungsszenarien frühzeitig aufzudecken und ihre strategische Positionierung sowie ihr Produktionssystem rechtzeitig anzupassen. Ausfälle und Stillstandzeiten können durch die Nutzung verfügbarer Datensätze minimiert werden.[266]

Das Resilienzmanagement auf *Meso-Ebene* umfasst die Verwaltung sämtlicher Wertschöpfungstätigkeiten in der eigenen Produktion, welche durch äußere Umwelteinflüsse gestört werden können. Hierzu zählen beispielsweise Qualitätsprobleme bei der Rohmaterial oder Werkzeugversorgung.[267] Die Aufgabe des Resilienzmanagements ist mithin die Optimierung des Datenaustauschs (beispielsweise Messdaten oder Bauteilbeurteilungen) über die Unternehmensgrenzen hinweg zwischen den Kunden und den produzierenden Unternehmen. Durch

[260] Vgl. Boos et al. (Wettbewerbsfaktor Resilienz), 2021, S. 17.
[261] Vgl. Boos et al. (Wettbewerbsfaktor Resilienz), 2021, S. 16.
[262] Vgl. Palzkill-Vorbeck (Business Model Resilience), 2012, S. 28.
[263] Vgl. Boos et al. (Wettbewerbsfaktor Resilienz), 2021, S. 18.
[264] Vgl. Krystek (Denkanstöße für eine integrierte Krisenvorsorge), 2020, S. 34.
[265] Vgl. Boos et al. (Wettbewerbsfaktor Resilienz), 2021, S. 18.
[266] Vgl. Boos et al. (Wettbewerbsfaktor Resilienz), 2021, S. 18.
[267] Vgl. Boos et al. (Wettbewerbsfaktor Resilienz), 2021, S. 19.

die Verfügbarkeit von übergreifenden Daten wird die Produktionsplanung befähigt, die Produktion entsprechend der äußeren Einflüsse anzupassen.[268] Außerdem umfasst das Resilienzmanagement auf Meso-Ebene die adaptive Optimierung der Maschinenparameter in der Produktion. Dabei ist vor allem die Parametereinstellung und -optimierung neuer Fräsmaschinen abhängig von der Güte der zugrundeliegenden Informationsbasis. Die Erhebung, Anonymisierung, Analyse sowie der Handel von Daten entlang der Lieferkette erhöht maßgeblich die Resilienz hinsichtlich Maschinenstörungen und Ausschuss sowie Reklamationen.[269]

Das Resilienzmanagement auf *Mikro-Ebene* beinhaltet operative Unternehmensbereiche, wie beispielsweise den Shopfloor. Das unternehmensinterne Resilienzmanagement hat zum Ziel, die Zuverlässigkeit von kritischen Prozessschritten trotz unerwarteter Prozessstörungen sicherzustellen.[270] Dies beinhaltet alle operativen Aufgaben innerhalb eines einzelnen Produktionsschrittes und dessen Verarbeitungszielen, wie Werkstoffprüfungen oder Maschinenwartungen. Instandhaltungsvorgänge können hohe Stillstandskosten verursachen. Insbesondere ungeplante, störungsbedinge Instandhaltungen und Reparaturen sind häufig Kostentreiber industrieller Fertigung.[271] Die reaktive Begutachtung beschädigter Elemente und die anschließende Ableitung entsprechender Maßnahmen sind oftmals wenig effizient. Zusätzlich erfolgt die Optimierung der Maschinenparameter häufig auf Basis von Erfahrungswissen und gegebenen Standards. Das Resilienzmanagement ermöglicht durch die Sammlung und Analyse von Prozess-, Sensor- und Simulationsdaten eine Vorabauslegung der Maschinen und Prozesse sowie die zielgerichtete Definition von Wartungsintervallen. Direkte maschinenlesbare und automatisierte Rückmeldungen über die Toleranzmaße, Rauheitsvorgaben, Werkstoffqualität sowie Sensordaten, wie beispielsweise Stöße und Temperatur, lassen Aussagen bzgl. der Produktqualität zu und ermöglichen eine sofortige Korrektur bei Fehlern.[272]

Das integrierte Resilienzmanagement umfasst die Etablierung sowie Umsetzung eines Resilienzmanagements auf allen beschriebenen Ebenen. Durch die Sicherstellung der Datendurchgängigkeit zwischen den Ebenen können Resilienzpotenziale gehoben und die langfristige Krisensicherheit gefestigt werden. Auf allen Ebenen ist zudem die Dimension des Resilienzmanagements zu definieren. Dabei kann das Resilienzmanagement progressiv oder antizipativ interpretiert werden.

2.3.2.2 Progressive und antizipative Gestaltung von Resilienzmanagement

In der Literatur wird häufig zwischen verschiedenen Gestaltungsmöglichkeiten von Resilienzmanagement unterschieden. Dabei ist die Zielstellung der Gestaltungsmöglichkeiten zumeist identisch mit den in Kapitel 2.3.1.3 vorgestellten Zielen des Resilienzmanagements. Eine Unterscheidung der in der Literatur vorhandenen Gestaltungsoptionen ist in der konkreten Um-

[268] Vgl. Axelsson (Management of Weak and Diffuse Signals), 2017, S. 151.

[269] Vgl. Boos et al. (Wettbewerbsfaktor Resilienz), 2021, S. 19.

[270] Vgl. Boos et al. (Wettbewerbsfaktor Resilienz), 2021, S. 19.

[271] Vgl. Selcuk (Predictive Maintenance), 2017, S. 1670.

[272] Vgl. Boos et al. (Wettbewerbsfaktor Resilienz), 2021, S. 19.

setzung des Resilienzmanagements möglich. Zudem hat die Umsetzbarkeit von Resilienzmanagement einen entscheidenden Einfluss auf die Relevanz der Gestaltungsoptionen. In seinen Ausarbeitungen beschäftigt sich PALZKILL mit den Unterschieden der progressiven und antizipativen Gestaltung von Resilienzmanagement. Beide Gestaltungsoptionen fokussieren sich auf die Frage, wie mit der gegebenen Struktur einer Organisation eine nachhaltige Strategie entwickelt werden kann, die den äußeren Umweltbedingungen standhält und wie die Operationalisierung der Strategie trotz äußerer Umweltbedingungen operativ umgesetzt werden kann.[273]

Das antizipatives Resilienzmanagement befähigt ein Unternehmen, Krisen vor ihrem Auftreten zu identifizieren. Die zugrundeliegende Philosophie des antizipativen Resilienzmanagements beruht auf einer in die Zukunft gerichteten Betrachtung externer, auf das Unternehmen einwirkender Einflüsse. Zentraler Bestandteil des antizipativen Resilienzmanagements ist die Prognose von Unternehmenskrisen, Katastrophen, Störungen und Konflikten in Form von Mustern und Trends mithilfe von Datenanalysen.[274] Auf Basis einer robusten Prognose kann die strategische Planung und Operationalisierung auf verschiedenen Managementebenen antizipativ durchgeführt werden. Das normative Management ist dadurch in der Lage, die generellen Ziele, Prinzipien und Normen des Unternehmens krisensicher zu gestalten. Das strategische Management kann durch die frühe Kenntnis auftretender Störungen die Geschäftsstrategie entsprechend der Unternehmenskrise einstellen. Das operative Management kann die Produktionsplanungen und -ausführungen über die Systemhierarchie ERP, MES und SPS umplanen und optimieren.[275] Die Voraussetzungen zum Aufbau eines antizipativen Resilienzmanagements sind im Folgenden dargestellt:

- Die Verfügbarkeit von historischen Unternehmens- und Branchendaten sowie weitreichende Kompetenzen zum Umgang mit Daten- und Datenanalysen.
- Eine in weiten Teilen agile Unternehmensstruktur, die eine kurzfristige Rückkehr zur definierten Ausgangsstellung erreicht.
- Eine innovative Unternehmensführung, die Vorteile aus den sich verändernden Umweltbedingungen erkennt und ökonomisch zu nutzen weiß.
- Eine optimistische, lernbereite, fehlertolerante, aber auch konfrontationsbereite Team- und Projektkultur.

Sollten diese Voraussetzungen nicht oder nur in geringem Maße gegeben sein, kann Resilienzmanagement auch progressiv bzw. passiv gestaltet werden. Nach PALZKILL fokussiert sich die passive business modell resilience (dt. passive Geschäftsmodellresilienz) nur bedingt auf externe Umweltfaktoren und deren potenzielle Auswirkungen auf das Unternehmen.[276] Aufgrund der Dynamik der Umweltfaktoren und der nur beschränkten Möglichkeit eines Unternehmens, Veränderungen datenseitig zu erkennen bzw. direkt auf Veränderungen reagieren zu können, besteht eine zeitliche Verzögerung zwischen Problemen und Maßnahmen. Folglich

[273] Vgl. Palzkill-Vorbeck (Business Model Resilience), 2012, S. 26.
[274] Vgl. Boos et al. (Wettbewerbsfaktor Resilienz), 2021, S. 17.
[275] Vgl. Boos et al. (Wettbewerbsfaktor Resilienz), 2021, S. 17.
[276] Vgl. Palzkill-Vorbeck (Business Model Resilience), 2012, S. 28.

können diese nur begrenzt ihre Wirkung entfalten oder adressieren im Extremfall Probleme, die nicht mehr aktuell sind.[277] Daher setzt sich das progressive Resilienzmanagement mit statischen strategischen, operativen sowie organisationalen Möglichkeiten auseinander, das Unternehmen widerstandsfähiger gegenüber Krisen zu machen.[278] Dieser progressive bzw. passive Ansatz setzt sich mit möglichen Maßnahmen auseinander, um auf diese Auswirkungen reagieren zu können.[279] Diesem Verständnis folgend liegt die Vorstellung zu Grunde, dass Krisen Herausforderungen darstellen, deren Bewältigung maßgeblich von der Einstellung der Betroffenen abhängt. Eine positive Grundeinstellung setzt neue Energien und Motivationen frei und trägt dazu bei, dass Krisen bewältigt werden.Heller[280] Demnach erlangt eine Organisation Handlungsfähigkeit, indem sie sich der aktuellen Situation bewusst wird und sich mit irreversiblen Tatsachen abfindet. Das so gewonnene Realitätsverständnis dient als Ausgangspunkt zur Aktivierung neuer Ressourcen. Zudem besinnen sich Organisationen bei der Suche nach Handlungsmöglichkeiten auf ihre eigenen Stärken und sind davon überzeugt, dass sie mit diesen aktiv Einfluss auf die Bewältigung der Krise nehmen können.[281] Der Aufbau einer Führungskultur, die alle Hierarchieebenen der Organisation, auch in Perioden der Unsicherheit und Veränderung, in die Lage versetzt Entscheidungen zu treffen ist Teil einer resilienzfördernden Organisationskultur. Dementsprechend ist es wichtig, vertrauenswürdige und respektierte Führungspersönlichkeiten mit klar definierten Rollen und Verantwortlichkeiten zu entwickeln, die mit Integrität handeln und sich nachhaltig der organisatorischen Resilienz verschrieben haben. Die Kultur sollte die Mitglieder der Organisation dazu ermutigen Chancen und Risiken stets zu überprüfen und innerhalb der Organisation zu kommunizieren. Die Einführung einer Kultur, die Mitarbeitenden zur Validierung von Ergebnissen verpflichtet, fördert die kontinuierliche Verbesserung von Prozessen und unterstützt dabei, aus gesammelten Erfahrungen zu lernen.[282]

2.3.3 Unsicherheit im Kontext der Resilienz

Resilienz beschreibt die Widerstandsfähigkeit von Unternehmen gegenüber äußeren Einflüssen beispielsweise durch Antizipation von in der Zukunft auftretenden Krisen und Störungen. Die insbesondere im antizipativen Resilienzmanagement verankerte Zukunftsbetrachtung in Form von Vorhersage- bzw. Prognosemodellen[283] ist, aufgrund der ausschließlichen Betrachtung von historischen Daten, abweichend vom unerreichbaren Ideal vollständiger deterministischer Sicherheit.[284] In der Zukunft können mehrere mögliche Umweltzustände eintreten, die sich unterschiedlich auf Entscheidungsprozesse auswirken.[285] Dadurch ist die Unsicherheit ein

[277] Vgl. Palzkill-Vorbeck (Business Model Resilience), 2012, S. 28.

[278] Vgl. Hoffmann (Organisationale Resilienz), 2016, S. 19.

[279] Vgl. Heller (Resilienz für die VUCA-Welt), 2019, S. 130.

[280] Vgl. Heller (Resilienz für die VUCA-Welt), 2019, S. 218.

[281] Vgl. Heller (Resilienz für die VUCA-Welt), 2019, S. 219.

[282] Vgl. DIN Deutsches Institut für Normung e.V. (ISO 22316:2017, Resilienz), 2017, S. 3-5.

[283] Vgl. Kapitel 2.2.3.

[284] Vgl. Walker et al. (Defining Uncertainty), 2003, S. 5.

[285] Vgl. Laux et al. (Entscheidungstheorie), 2014, S. 33.

limitierender Faktor des Resilienzmanagements. Im Folgenden werden Arten der Unsicherheit und ihre Implikationen auf die Resilienz eines Unternehmens erläutert.[286]

2.3.3.1 Arten von Unsicherheit basierend auf ihrer Natur

Im Folgenden werden Arten der Unsicherheit basierend auf ihrer Natur charakterisiert. Dabei wird zwischen ontologischer, aleatorischer und epistemischer Unsicherheit differenziert.[287]

Ontologische Unsicherheit bezeichnet Informationen, die dem Entscheider nicht vorliegen bzw. deren Beschaffung unmöglich ist.[288] In der Praxis ist ontologische Unsicherheit insbesondere dann relevant, wenn undenkbare und in der Vergangenheit selten aufgetretene Ereignisse eintreten können, die einen sehr hohen Einfluss aufweisen. Aufgrund ihrer Seltenheit lassen sich diese Ereignisse nicht in Form von Mustern aus vergangenen Daten ableiten.[289]

Aleatorische Unsicherheit resultiert aus realem, nicht-deterministischen Verhalten und bezeichnet damit eine inhärente Variabilität.[290] Neben inhärenten Zufälligkeiten sind auch wirtschaftliche, kulturelle und soziale Dynamik sowie disruptive technologische Entwicklungen Beispiele für aleatorisch unsichere Ereignisse.[291] Im Grundsatz lässt sich aleatorische Unsicherheit statistisch abbilden und im Rahmen modellgestützter Entscheidungsprozesse berücksichtigen.

Epistemische Unsicherheit beschreibt einen Mangel an Informationen, der nicht vorliegt, aber verfügbar ist. Beispiele für epistemische Unsicherheit sind unvollständige oder fehlerhafte Daten, begrenztes Wissen, subjektive Einschätzungen und vereinfachende Modelle.[292] Epistemische Unsicherheit kann in verschiedenen Formen vorliegen. Strukturelle Unsicherheit liegt vor, wenn Zusammenhänge nicht formuliert sind. Parameterunsicherheit beschreibt die Unsicherheit bei der Wertbelegung von Parameter. Semantische Unsicherheit entsteht durch fehlende Eindeutigkeit von Daten oder durch die ausschließlich kontextabhängige Interpretation von Informationen. Experimentelle Unsicherheit entsteht durch Fehlertoleranzen in Messungen.[293]

Ontologische, aleatorische und epistemische Unsicherheit sind in hohem Maße limitierende Faktoren des Resilienzmanagements. Inwiefern die Unsicherheit auf das Resilienzmanagement auswirkt ist jedoch abhängig davon, wie weit in der Zukunft liegende Störungen antizipiert werden sollen. Je weiter eine Störung in der Zukunft liegt, desto höher ist die Unsicherheit beim Erkennen dieser Störung. Dies ist in hohem Maße abhängig von der Informationsverfügbarkeit. Dieser Zusammenhang wird in Kapitel 2.3.3.4 erläutert.

---

[286] Vgl. Walker et al. (Defining Uncertainty), 2003, S. 8-9.

[287] Vgl. Tröger (Unsicherheit), 2018, S. 27.

[288] Vgl. Tröger (Unsicherheit), 2018, S. 28.

[289] Vgl. Motet; Bieder (The illusion of risk control), 2017, S. 3.

[290] Vgl. Tröger (Unsicherheit), 2018, S. 32.

[291] Vgl. Walker et al. (Defining Uncertainty), 2003, S. 13-14.

[292] Vgl. Walker et al. (Defining Uncertainty), 2003, S. 13.

[293] Vgl. Tröger (Unsicherheit), 2018, S. 34-39.

2.3.3.2 Arten von Unsicherheit basierend auf ihrer Manifestation

Neben den Arten der Unsicherheit basierend auf ihrer Natur kann Unsicherheit ebenfalls anhand ihrer Manifestation, also der Stelle in der sie im Entscheidungsprozess[294] auftritt, differenziert werden.[295] Nach KREYE ET AL. kann zwischen Kontext-, Daten-, Modell- und Ergebnisunsicherheit unterschieden werden.[296]

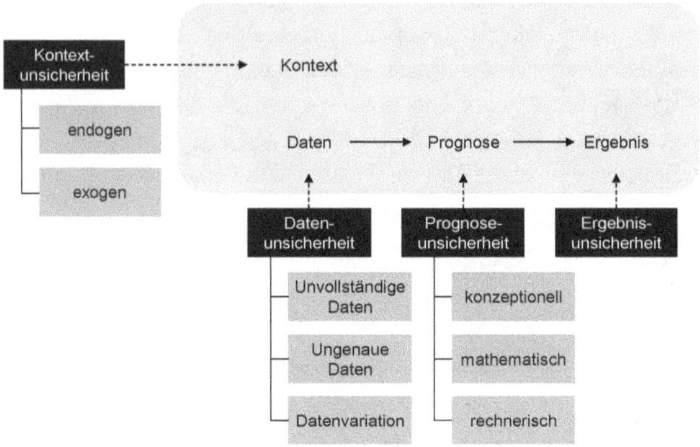

Abbildung 28: Manifestation von Unsicherheit

Kontextunsicherheit kann in endogene und exogene Unsicherheit unterschieden werden und beschreibt den Einfluss des Kontextes auf den Entscheidungsprozess. Endogene Unsicherheit umfasst Unsicherheiten innerhalb des betrachteten Unternehmens. Sie umfasst beispielsweise die Unternehmensstrategie oder die Ausgestaltung von Wartungsverträgen.[297] Das Unternehmen kann Einfluss auf die endogene Unsicherheit nehmen. Exogene Unsicherheit beschreibt alle externen Einflüsse, die auf das Unternehmen einwirken. Beispiele hierfür sind die Marktumgebung oder das Verhalten der Wettbewerber.[298] Exogene Unsicherheit ist im Rahmen von Entscheidungsprozessen nicht beeinflussbar.

Datenunsicherheit umfasst Unsicherheit durch die zugrundeliegenden Daten. In der Literatur existiert eine Vielzahl an objektiven und subjektiven Dimensionen, um Datenqualität zu beschreiben.[299] Nach BRAMBRING sind insbesondere die Bewertungsdimensionen Konsistenz, Korrektheit und Vollständigkeit aussagekräftig. Konsistenz beschreibt die widerspruchsfreie Ableitung von Informationen aus einem Datensatz. Daten sind korrekt, wenn sie die Realität exakt wiedergeben und keine Unsicherheiten auftreten. Vollständig sind Daten, wenn keine

[294] Der Entscheidungsprozess beschreibt im Zusammenhang des Resilienzmanagements den in Kapitel 2.3.1.3 beschriebenen Prozess von der initialen Datenanalyse bis zur Entscheidungsfindung

[295] Vgl. Walker et al. (Defining Uncertainty), 2003, S. 9.

[296] Vgl. Abbildung 28.

[297] Vgl. Weck et al. (A Classification of Uncertainty), 2007, S. 163.

[298] Vgl. Weck et al. (A Classification of Uncertainty), 2007, S. 164-165.

[299] Vgl. Brambring (Steigerung der Datenintegrität), 2017, S. 46.

Lücken im Datensatz auftreten und alle erhobenen bzw. benötigten Daten tatsächlich vorliegen.[300]

Unsicherheit der Prognose kann durch konzeptionelle, mathematische oder rechenbasierte Unsicherheit entstehen. Konzeptionelle Unsicherheit entsteht durch die modellimmanente Abstraktion des realen Sachverhalts.[301] Ursache ist das Unverständnis eines realen Ablaufs, z.B. dem physikalischen Verhalten von Materialien oder die bewusste Vereinfachung des Modells. Mathematische Modellunsicherheit entsteht durch mathematische Vereinfachung von Rechenoperationen. Die rechenbasierte Unsicherheit entsteht aus der softwareseitigen Implementierung des Modells und den damit verbundenen möglichen Hard- und Softwarefehlern.[302]

Ergebnisunsicherheit beschreibt ein quantitatives Maß für den qualitativ zu verwendenden Begriff der Ergebnisgenauigkeit, der allgemein die Annäherung des Messergebnisses an den wahren Wert der Messgröße bezeichnet. Das Ergebnis kann aufgrund ontologischer Unsicherheit, welche die Nichtvorhersagbarkeit der Zukunft beschreibt Störfaktoren unbekannter Herkunft beinhalten.

2.3.3.3 Maß der Unsicherheit

Das Maß der Unsicherheit kann nach MARCHAU ET AL. in fünf Stufen unterteilt werden.[303] Dieses Stufensystem reicht von vollständiger deterministischer Sicherheit bis zu völliger Ignoranz. Vollständige Sicherheit liegt vor, wenn eine Situation vollständig bekannt ist. Dies ist bei komplexen Entscheidungssituationen in der Realität nur selten der Fall, weshalb es sich eher um eine theoretische Grenze handelt. Vollständige Ignoranz liegt vor, wenn keinerlei Sicherheit gegeben ist. Stufe 1 beschreibt Situationen, die nicht vollständig sicher sind, bei denen eine Berücksichtigung der Unsicherheit in der Modellierung aber nicht notwendig ist, da sie aus Daten der Vergangenheit spezifisch genug abgeleitet werden kann. Als Stufe 2 wird eine Unsicherheit bezeichnet, die durch Wahrscheinlichkeiten ausgedrückt wird. Sie lässt sich durch stochastische Modelle berücksichtigen. Beispiele sind die Preisentwicklung von Rohmaterialien oder der Absatz von Produkten.[304] Unsicherheit der Stufe 3 liegt vor, wenn eine begrenzte Zahl unterschiedlicher Situationen in der Zukunft eintreten kann, die sich nicht durch Wahrscheinlichkeiten ausdrücken lässt. Stufe 4 beschreibt Situationen, die entweder noch in eine Anzahl möglicher Umweltzustände überführt werden kann (Stufe 4a) oder sich gänzlich nicht abschätzen lassen (Stufe 4b). Oberhalb dieser Stufe folgt schließlich vollkommene ontologische Unsicherheit.[305]

[300] Vgl. Brambring (Steigerung der Datenintegrität), 2017, S. 47.

[301] Vgl. Rocquigny (Modelling Under Risk and Uncertainty), 2012, S. 50.

[302] Vgl. Walker et al. (Defining Uncertainty), 2003, S. 9-10.

[303] Vgl. Abbildung 29.

[304] Vgl. Weck et al. (A Classification of Uncertainty), 2007, S. 167.

[305] Vgl. Marchau et al. (Decision making under deep uncertainty), 2019, S. 7-8.

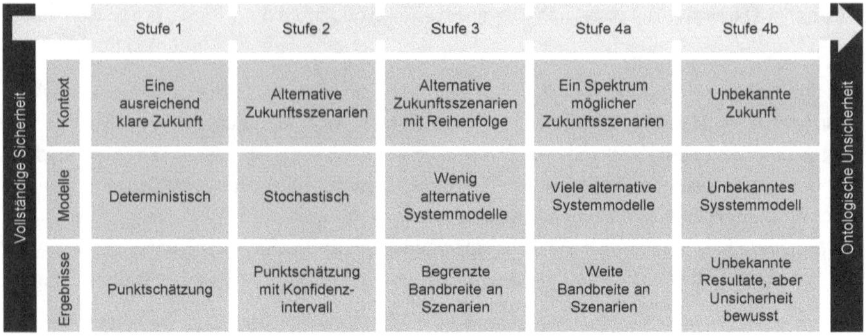

Abbildung 29: Stufen der Unsicherheit nach MARCHAU, WALKER ET AL.[306]

2.3.3.4 Vorgehen zur Reduktion von Unsicherheit

In den vorangegangenen Kapiteln wurde dargestellt, dass ein Zusammenhang zwischen der Art der Unsicherheit und dem Maß der Unsicherheit existiert. In diesem Spannungsfeld nimmt die Informationsverfügbarkeit eine entscheidende Rolle ein. Während ontologische Unsicherheit nicht erfasst werden kann und sich durch robuste Szenarien abbilden lässt, sind aleatorische und epistemische Unsicherheiten konkreter berücksichtigbar. Aleatorische Unsicherheit ist nicht reduzierbar, jedoch durch Modelle beschreibbar. Epistemische Unsicherheit dagegen lässt sich durch Informationsbeschaffung reduzieren. Der Zusammenhang zwischen der Verfügbarkeit von Informationen und Unsicherheit ist in Abbildung 30 dargestellt.

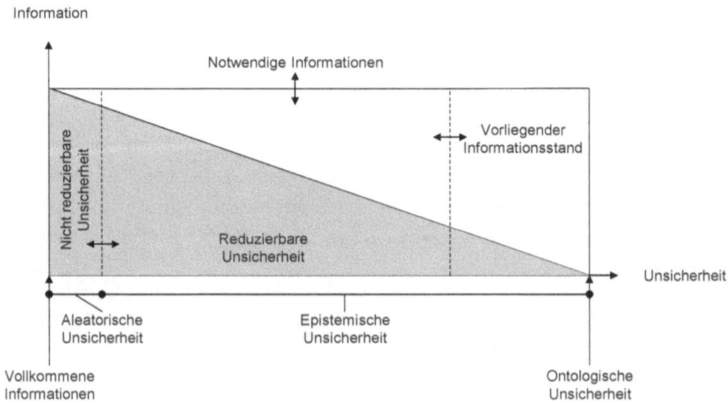

Abbildung 30: Zusammenhang zwischen Informationen und Unsicherheit[307]

306 I. A. a. Marchau et al. (Decision making under deep uncertainty), 2019, S. 9.

307 I. A. a. Knetsch (Unsicherheiten in Ingenieurberechnungen), 2003, S. 31

Eine Reduktion von Unsicherheit erfordert die Beschaffung umfangreicher Informationen oder die bessere Verarbeitung vorhandener Daten.[308] Wie hoch der notwendige Informationsbedarf hinsichtlich Art, Menge und Beschaffenheit der Informationen ist, wird maßgeblich durch die Art der zu treffenden Entscheidung bestimmt.[309] Er ergibt sich in Abhängigkeit der zur Entscheidungsfindung eingesetzten Modelle. Die Informationen sind durch interne und externe Quellen beschaffbar. Interne Quellen sind beispielsweise Funktionsbereiche des Unternehmens wie Rechnungswesen und Controlling, Daten aus Enterprise Resource Planning (ERP) und Manufactuing Excecution Systemen (MES) oder Einschätzungen des Vertriebs.[310] Externe Informationen können beispielsweise durch die Analyse von Online-Datenbanken, Fachartikel oder Fachstudien erhoben werden.[311] Durch die Verarbeitung der Information entsteht ein zeitlicher und finanzieller Aufwand, der den Kosten einer potenziellen Fehlentscheidung aufgrund des Informationsmangels entgegensteht.[312] Die Erreichung des optimalen Informationsstands erfordert eine ausreichende Bewertung potenziell verfügbare Information. Der Wert der Information entspricht nach dem Bayes'schen Theorem der Eingrenzung des Wahrscheinlichkeitsurteils, nach der Informationsbeschaffung (a-posteriori) im Vergleich zur Ausgangssituation vor der Informationsbeschaffung.[313] Da die Bewertung allerdings erst nach der Informationsbeschaffung erfolgen kann, ist sie in der Entscheidungssituation von der Anfangserwartung bezüglich der Umweltzustände und der Zuverlässigkeit der Information abhängig. Da diese nicht vorab bekannt sind, ist die Entscheidung zur Informationsbeschaffung immer subjektiv. Der Informationswert kann jedoch nicht negativ sein. Sofern die Kosten zur Informationsbeschaffung allerdings den Informationswert übersteigen, ist die Informationsbeschaffung in der Entscheidungssituation nachteilig. In der Praxis erfolgt die Informationsbeschaffung daher meist in einem mehrstufigen Prozess, in dem weitere Informationen davon abhängen, welche Informationen im vorherigen Schritt eingegangen sind.[314]

---

[308] Vgl. Adam (Planung und Entscheidung), 2014, S. 223.

[309] Vgl. Klein; Scholl (Planung und Entscheidung), 2012, S. 24-25.

[310] Vgl. Bea et al. (Allgemeine Betriebswirtschaftslehre), 2011, S. 319-425.

[311] Vgl. Bea et al. (Allgemeine Betriebswirtschaftslehre), 2011, S. 323-425.

[312] Vgl. Abbildung 31.

[313] Vgl. Laux et al. (Entscheidungstheorie), 2014, S. 382-383.

[314] Vgl. Laux et al. (Entscheidungstheorie), 2014, S. 383.

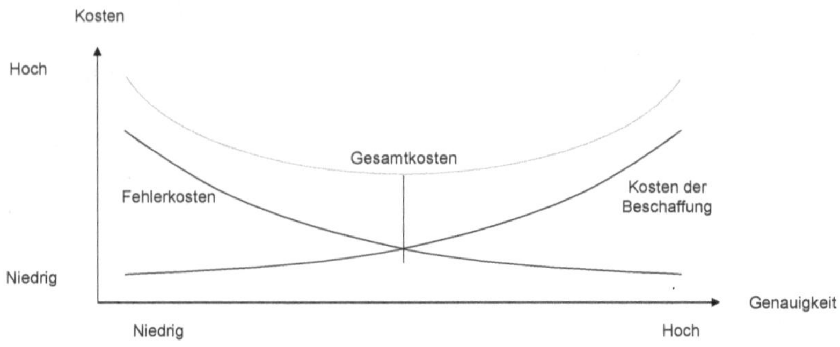

Abbildung 31: Zusammenhang zwischen Fehler- und Beschaffungskosten[315]

2.4 Werkzeugbau

Der *Werkzeugbau* besitzt eine Schlüsselstellung zwischen der Produktentwicklung und der industriellen Serienproduktion. Mithin ist er der zentrale Befähiger industrieller Produktion am Hochlohnstandort Deutschland.[316] Daher weist der Werkzeugbau Besonderheiten im Prozess der Wertschöpfung auf.[317] Um diese Besonderheiten deutlich zu machen, werden in den folgenden Unterkapiteln die relevanten Grundlagen des Werkzeugbaus erläutert. Dafür werden zunächst spezifische Begriffe definiert und abgegrenzt. Weiter wird eine Einführung in die deutsche Branche Werkzeugbau und den Prozess der Wertschöpfung gegeben. Im Zuge der Wertschöpfung wird eine Einordnung in die Prozesskette der produzierenden Industrie vorgenommen sowie das Leistungsspektrum erläutert. Am Ende des Kapitels werden abschließend aktuelle Herausforderungen des Werkzeugbaus aufgezeigt.

2.4.1 Begriffsverständnis und Abgrenzung

Der Werkzeugbau stellt das Bindeglied zwischen Produktentwicklung und Produktion dar. Die Leistungsfähigkeit des Werkzeugbaus ist ein entscheidender Faktor für die Herstellung von hochinnovativen Produkten in Serie zu marktgerechten Preisen und nimmt somit eine Schlüsselstellung in der industriellen Wertschöpfungskette ein.[318] Zur Sicherstellung des einheitlichen Verständnisses der Begriffe Werkzeuge und Werkzeugbau werden diese Begrifflichkeiten im Folgenden eingeführt, eingeordnet und definiert.

[315] Eigene Darstellung i. A. a. Kaplan, Cooper (Prozesskostenrechnung als Managementinstrument), 1999, S. 140

[316] Vgl. Boos et al. (Tooling in Germany 2020), 2020, S. 13-15.

[317] Vgl. Eversheim; Klocke (Werkzeugbau mit Zukunft), 1998, S. 1.

[318] Vgl. Frick (Erfolgreiche Geschäftsmodelle für den Werkzeugbau), 2006, S. 21.

2.4.1.1 Werkzeug

Der allgemeine Begriff Werkzeug beschreibt ein Fertigungsmittel, das auf ein Material physikalisch, chemisch oder mechanisch einwirkt um dieses in seiner Form- bzw. Substanz zu verändern.[319] Grundsätzlich umfasst die Betrachtung von Werkzeugen auch Handwerkzeuge[320] und Standardwerkzeuge[321], welche aber in dieser Arbeit nicht Gegenstand der Betrachtung sind. Die betrachteten Werkzeuge dieser Arbeit meinen Hohlformwerkzeuge, welche sich nach KLOCKE durch teilweise oder vollständige Abbildung der Werkstückform auf der Werkzeuggeometrie von den Hand- und Standardwerkzeugen abgrenzen.[322] Das Werkzeug stellt ein komplexes Produkt dar, welches zahlreiche individuelle Funktionen und Merkmale aufweist und welchem eine besondere Rolle in Bezug auf Oberflächengüte und Präzision zukommt.[323] Es realisiert die Verrichtung von Arbeit passiv, benötigt zur Leistungserstellung einen Initiator in Form einer Maschine oder Anlage und wird dementsprechend als passives Betriebsmittel eingeordnet.

2.4.1.2 Werkzeugbau

Grundsätzlich ist es dem Werkzeugbau über zwei gegensätzliche Zugänge möglich, den Markt zu erreichen. Unterschieden wird zwischen dem internen und dem externen Werkzeugbau, bei denen sich vor allem die Ziele und die Charakteristika unterscheiden.[324] Die gemeinsame Datenbank des Werkzeugmaschinenlabors WZL der RWTH Aachen und des Fraunhofer-Instituts für Produktionstechnologie IPT zeigt, dass in Deutschland 51 % aller Werkzeugbaubetriebe einen internen und 49 % aller Werkzeugbaubetriebe einen externen Marktzugang aufweisen.[325]

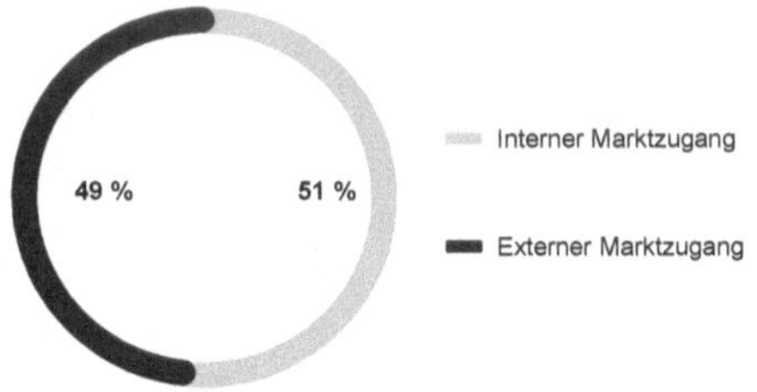

Abbildung 32: Marktzugang deutscher Werkzeugbaubetriebe[326]

---

[319] Vgl. VDI (VDI-Richtlinie 2815), 1978. Diese Norm wurde 2001 ausgemustert und nicht ersetzt, wird in der industriellen Praxis jedoch weiterhin genutzt und anerkannt. Siehe dazu auch Boos (Modulare Werkzeuge), 2008, S. 28 oder Kuhlmann (Geschäftsprozesse im Werkzeugbau), 2011, S. 26

[320] Beispiele sind Schraubendreher oder Hammer.

[321] Beispiele sind Fräßköpfe oder Bohrer.

[322] Vgl. Eversheim; Klocke (Werkzeugbau mit Zukunft), 1998, S. 25.

[323] Vgl. Klocke; Arntz (Technologien für den Werkzeug- und Formenbau), 2004, S. 10.

[324] Vgl. Frick (Erfolgreiche Geschäftsmodelle für den Werkzeugbau), 2006, S. 23.

[325] Vgl. Abbildung 32.

[326] Vgl. Gemeinsame Datenbank des Werkzeugmaschinenlabors WZL der RWTH Aachen und

Der *interne Werkzeugbau* ist organisatorisch in ein Mutterunternehmen eingegliedert, welches den Werkzeugbau mit Sach-und Finanzmitteln versorgt. Die Zielsetzung des internen Werkzeugbaus ergibt sich aus der Erfolgsmaximierung des Mutterunternehmens, dem Schutz des Know-hows und der Produktionsverfügbarkeit. Das Mutterunternehmen verfügt in der Regel über eine Serienproduktion und stellt damit den Hauptkunden des Werkzeugbaubetriebes dar.[327,328] Eine organisatorische Integration des internen Werkzeugbaus in den Mutterkonzern erfolgt in der Regel entweder als Abteilung, als Cost-Center oder als Profit-Center.[329,330]

	Abteilung	*Cost-Center*	*Profit-Center*
Ausrichtung	Aufgabenorientiert	Kostenorientiert	Leistungsorientiert
Arbeitsweise	Kostenumlage auf andere Bereiche	Eigenverantwortung bezüglich Kosten	Eigenverantwortung bezüglich Ergebnis
Vorteile	„Unbeschränkte" Finanzmittel	Kostensenkung durch Kostenverantwortung	Vergleichsmöglichkeit mit Konkurrenz
Nachteile	Hohe Kosten durch fehlende Verantwortung	Bedingter Rentabilitätsvergleich	Hoher administrativer Aufwand

Abbildung 33: Organisationsformen interner Werkzeubaubetriebe[331]

Bei der Ausrichtung des Werkzeugbaus als Abteilung ist die Ausrichtung aufgabenorientiert vom Mutterkonzern bestimmt und die innerbetriebliche Eigenverantwortung als Umlage von anderen Bereichen getragen. Dies führt zu einer mangelnden Transparenz hinsichtlich der Rentabilität und Effizienz des Werkzeugbaus sowie zu tendenziell höheren Kosten im Vergleich zu anderen Organisationsformen. Ein als Cost-Center geführter interner Werkzeugbau trägt eine eigene Kostenverantwortung, die eine Kostenvergleichbarkeit mit anderen externen Werkzeugbauern gewährleisten soll. Die Kostenfokussierung reicht jedoch nicht aus, um einen vollständigen Rentabilitätsvergleich mit externen Werkzeugbaubetrieben durchführen zu können. Ist ein interner Werkzeugbau als Profit-Center integriert, so ist dieser in der Lage selbstständig zu agieren und Eigenverantwortung hinsichtlich seiner Ergebnisse zu übernehmen. Dementsprechend trägt in diesem Fall der interne Werkzeugbau die Verantwortung für Kosten und Gewinne und lässt für den Mutterkonzern einen Rentabilitätsvergleich zu anderen Werkzeugbauern zu. Die steigende Eigenverantwortung des internen Werkzeugbaus wirkt sich nachteilig auf den administrativen Aufwand der Organisation aus.[332]

des Fraunhofer-Instituts für Produktionstechnologie IPT, ausgewertete Datensätze der Jahre 2017-2020, Stand Mai 2022.

327 Vgl. Eversheim; Klocke (Werkzeugbau mit Zukunft), 1998, S. 3.

328 Vgl. Frick (Erfolgreiche Geschäftsmodelle für den Werkzeugbau), 2006, S. 23.

329 Vgl. Abbildung 33.

330 Vgl. Eversheim; Klocke (Werkzeugbau mit Zukunft), 1998, S. 75-100.

331 I. A. a. Kuhlmann (Geschäftsprozesse im Werkzeugbau), 2011, S. 27.

332 Vgl. Kuhlmann (Geschäftsprozesse im Werkzeugbau), 2011, S. 28.

Der *externe Werkzeugbau* fokussiert als rechtlich selbstständiges und unabhängiges Unternehmen als primäres Ziel die eigene Erfolgsmaximierung.[333] Weiterhin wird von den externen Werkzeugbaubetrieben ein weitreichendes Kundennetz angestrebt. Ein breit aufgestelltes Kundennetz reduziert zum einen das Risiko von Auftragsschwankungen, das bei Werkzeugversorgung eines Hauptkunden möglich ist und generiert zum anderen ein umfassendes diverses Wissen in Bezug auf Prozess- und Fertigungsanforderungen der Werkzeuge. Mithin stellt das Kundennetz ein Differenzierungskriterium im Wettbewerb dar.[334,335] Durch die hohe Varianz und Komplexität der Werkzeuge in der Serienproduktion fokussieren sich die meisten externen Werkzeugbaubetriebe auf eine Werkzeugart, um Nischenvorteile nutzen und Expertenwissen aufbauen zu können.[336]

2.4.2 Branche Werkzeugbau

Das folgende Kapitel vermittelt einen Überblick über die Branchenstruktur und das Leistungsspektrum des Werkzeugbaus, um eine Übersicht über die Wettbewerbsbedingungen und mithin ein Verständnis für die gegenwärtigen Herausforderungen der Branche Werkzeugbau zu schaffen.

2.4.2.1 Branchenstruktur

Die Branche Werkzeugbau besteht in Deutschland aus ca. 3.800 Betrieben, welche insgesamt ca. 54.000 Mitarbeitende binden.[337] Aus der gemeinsamen Datenbank des Werkzeugmaschinenlabors WZL der RWTH Aachen und des Fraunhofer-Instituts für Produktionstechnologie IPT geht eine mittelständische Prägung der Branche des deutschen Werkzeugbaus hervor. Im Durchschnitt beschäftigen die Unternehmen dieses Geschäftsfeldes 45 Mitarbeitende, insgesamt jedoch bestehen 71 % der Betriebe aus weniger als 50 Mitarbeitenden. Aufgrund der geringen Betriebsgrößen werden die meisten deutschen Werkzeugbaubetriebe den kleinen und mittleren Unternehmen (KMU) zugeordnet. Nur rund 10 % der Betriebe weisen vergleichsweise hohe Mitarbeitendenzahlen auf. [338] Diese Unternehmen sind vorwiegend interne Werkzeugbaubetriebe der Automobilindustrie. Insgesamt beschäftigen etwa 3.800 Werkzeugbaubetriebe in Deutschland rund 54.000 Mitarbeitende.[339]

---

[333] Vgl. Gutenberg (Grundlagen der Betriebswirtschaftslehre), 1970, S. 3-27.

[334] Vgl. Spennemann (Gestaltung von Organisationsstrukturen im Werkzeugbau), 2001, S. 12.

[335] Vgl. Westekemper (Angebotspreisbildung am Beispiel des Werkzeug- und Formenbaus), S. 7.

[336] Vgl. Kuhlmann (Geschäftsprozesse im Werkzeugbau), 2011, S. 28.

[337] Vgl. Boos et al. (World of Tooling 2022), 2022, S. 20.

[338] Vgl. Gemeinsame Datenbank des Werkzeugmaschinenlabors WZL der RWTH Aachen und des Fraunhofer-Instituts für Produktionstechnologie IPT, ausgewertete Datensätze der Jahre 2017-2020, Stand Mai 2022

[339] Vgl. Boos et al. (World of Tooling 2022), 2022, S. 20-22.

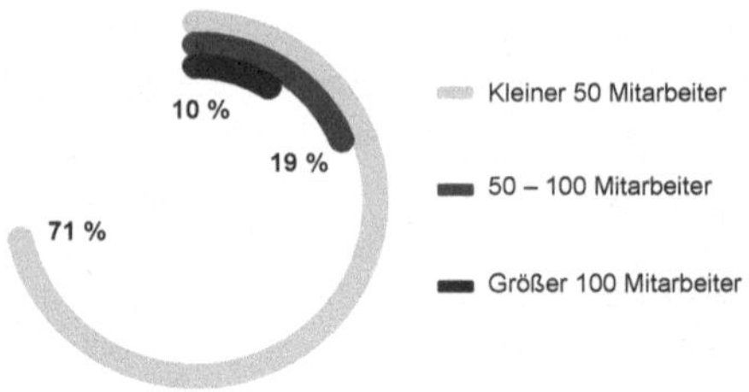

Abbildung 34: Mitarbeitendenzahl deutscher Werkzeugbaubetriebe[340]

Die Branche Werkzeugbau wird vom Interessenverband Verband Deutscher Maschinen- und Anlagenbau e.V. (VDMA) vertreten und gehört zu dem übergeordneten Bereich der Präzisionswerkzeuge, zu dem auch die Spannzeuge und Zerspanwerkzeuge gezählt werden.[341] Der Bereich der Präzisionswerkzeuge erwirtschaftete mit 8,4 Mrd. Euro im Jahr 2020. Dies stellt eine krisenbedingte, signifikante Reduktion zum Vorjahr dar. Der Umsatz im Bereich Zerspanwerkzeuge um rund 20 %, im Bereich Werkzeugbau um rund 22 % und im Bereich Spannzeuge um rund 30 %.[342,343]

Abbildung 35: Umsatzverteilung der Branche Präzisionswerkzeuge[344]

2.4.2.2 Branchenperformance in Krisenzeiten

Der Gesamtumsatz der Branche Präzisionswerkzeugbau unterlag seit dem Nachkrisenjahr 2010 stetiger Veränderung.[345] So war die Branche nach Angaben des VDMA in den Jahren 2010 bis 2018 von einem stetigen Umsatzwachstum geprägt, welches im Jahr 2019 durch die Auswirkungen der Automobilkrise und der beginnenden Corona-Pandemie stark zurückging. Prognosen des VDMA lassen einen im Jahr 2022 jedoch eine Umsatzsteigerung auf Vorkrisenniveau vermuten.[346] Der krisenbedingte Umsatzrückgang ähnelt dem der Finanzkrise 2009

340 Vgl. Gemeinsame Datenbank des Werkzeugmaschinenlabors WZL der RWTH Aachen und des Fraunhofer-Instituts für Produktionstechnologie IPT, ausgewertete Datensätze der Jahre 2017-2020, Stand Mai 2022

341 Vgl. Salmen (Digital vernetzter Shopfloor im Werkzeugbau), 2016, S. 41.

342 Vgl. Abbildung 35.

343 Vgl. VDMA (VDMA Präzisionswerkzeuge), 2022.

344 Vgl. VDMA (VDMA Präzisionswerkzeuge), 2022.

345 Vgl. Abbildung 36.

346 Vgl. VDMA (VDMA Präzisionswerkzeuge), 2022.

in vielerlei Hinsicht. Einerseits ist der Rückgang von rund 25 % vergleichbar mit dem Einbruch der Jahre 2019/2020. Weiterhin ist auch die Umsatzerholung im Folgejahr vergleichbar. Lediglich die Erholung um 8,5 % im zweiten Jahr nach Einsetzen der Corona-Krise scheint weniger stark als im Zuge der Finanzkrise.

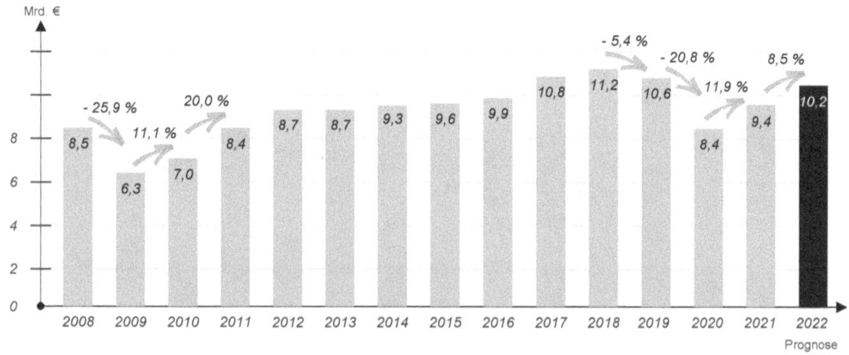

Abbildung 36: Umsatzentwicklung der Branche Präzisionswerkzeugbau[347]

Deutschland ist mit einem Produktionsvolumen von 4,3 Mrd. € in 2020 der größte und wichtigste Hersteller von Werkzeugen in Europa. In 2020 lag Deutschland damit vor Italien (2,1 Mrd. €) und Frankreich (0,8 Mrd. €). Die hauptsächlichen Erzeugnisse deutscher Werkzeugbaubetriebe sind Spritzgießwerkzeuge sowie Blech- und Massivumformwerkzeuge.[348] Das Produktionsvolumen der Spritzgießwerkzeuge lag 2020 bei 2,0 Mrd. € während das Produktionsvolumen der Blech- und Massivumformwerkzeuge 2,1 Mrd. € erreicht hat.[349] Eine weitere Besonderheit der deutschen Branche Werkzeugbau im europäischen Vergleich sind die hohen Exportquoten. In 2020 wurden Spritzgießwerkzeuge mit einem Wert von rund 1,0 Mrd. € sowie Blech- und Massivumformwerkzeuge im Wert von rund 0,7 Mrd. € exportiert. Hauptabnehmer der deutschen Spritzgießwerkzeuge sind Tschechien (111 Mio. €), die Schweiz (105 Mio. €) und die USA (104 Mio. €). Blech- und Massivumformwerkzeuge werden am häufigsten nach China (72 Mio. €), in die Slowakei (62 Mio. €) und in die USA (55 Mio. €) exportiert.[350] Diese Kennzahlen sind in Abbildung 37 dargestellt.

[347] I. A. a. VDMA (VDMA Präzisionswerkzeuge), 2022 neben Schätzungen des VDMA liegen der Grafik Auswertungen des Statistischen Bundesamtes zugrunde.

[348] Eine Gesamtübersicht und entsprechende Erläuterungen bzgl. des Leistungsspektrum deutscher Werkzeugbaubetriebe wird in Kapitel 2.4.3 gegeben.

[349] Vgl. Statistisches Amt der Europäischen Union (Eurostat 2022), 2022.

[350] Vgl. United Nations (UN Comtrade Database), 2022.

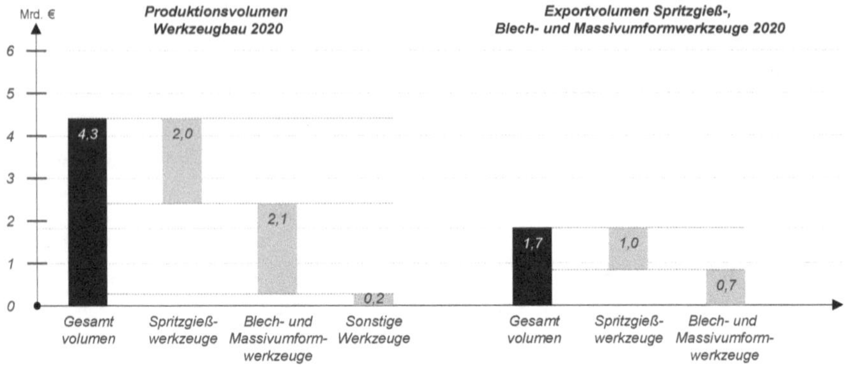

Abbildung 37: Produktions- und Exportvolumen deutscher Werkzeugbaubetriebe 2018

2.4.3 Leistungsspektrum

Die klassische Kernleistung von Werkzeugbaubetrieben ist die Herstellung von Hohlformwerkzeugen als industrielle Sachleistung. Jedoch wandelt sich das Verständnis des klassischen Werkzeugbaus zunehmend. Der Werkzeugbau entwickelt sich zunehmend zum Produktionsbefähiger in der Wertschöpfung seiner Kunden. Durch diesen Wandel wird maßgeblich das Leistungsspektrum des Werkzeugbaus beeinflusst, welches sich zunehmend hinsichtlich industrieller Dienstleistungen erweitert. Trotzdem bleibt der Fokus der Leistungserstellung auf Werkzeugen, welche 74,5 % des Auftragsvolumens ausmachen.[351] Im Folgenden werden die industriellen Sach- und Dienstleistungen von Werkzeugbaubetrieben vorgestellt.

2.4.3.1 Industrielle Sachleistungen

Der Werkzeugbau fertigt produkt- und kundenspezifische Unikate und wird daher den Unternehmen der Einzel- und Kleinserienfertigung zugeordnet. Charakteristisch für die Einzel- und Kleinserienfertigung ist die Herstellung von Produkten basierend auf einer konkreten Kundenanfrage.[352] Dadurch lässt sich mithin das breite Leistungsspektrum erklären, welches Werkzeuge unter 100 Kilogramm bis hin zu 40 Tonnen Gesamtgewicht beinhaltet.[353]

Neben Werkzeugen sind auch Vorrichtungen und Prüfmittel, Modelle und Prototypen sowie systemische Anwendungen und unterstützende Leistungen essenzieller Bestandteil des Leistungsspektrums. Abbildung 38 zeigt das gesamte Leistungsspektrum des Werkzeugbaus nach EVERSHEIM & KLOCKE. Im Folgenden werden die für den Werkzeugbau wichtigen Werkzeuge vorgestellt.

---

[351] Vgl. Gemeinsame Datenbank des Werkzeugmaschinenlabors WZL der RWTH Aachen und des Fraunhofer-Instituts für Produktionstechnologie IPT, ausgewertete Datensätze der Jahre 2017-2020, Stand Mai 2022.

[352] Vgl. Eversheim (Organisation in der Produktionstechnik), 1996, S. 221.

[353] Vgl. Frick (Erfolgreiche Geschäftsmodelle für den Werkzeugbau), 2006, S. 22.

Werkzeuge		Vorrichtungen & Prüfmittel	Modelle & Prototypen	Systemische Anwendungen
Blechverarbeitungswerkzeuge	Kunststoffwerkzeuge	Bearbeitungsvorrichtungen	Ur-/Gießmodelle	Sondermaschinen
Massivumformwerkzeuge	(Druck)Gießwerkzeuge	Montagevorrichtungen	Designmodelle Funktionsmodelle	Automatisierungstechnik
Sonstige Werkzeuge		Prüfmittel	Prototypen	Anlagen

Abbildung 38: Industrielle Sachleistungen des Werkzeugbaus[354,355]

Blechverarbeitungswerkzeuge werden in Stanz-Biegewerkzeuge und Tiefziehwerkzeuge unterteilt. Typische Verfahren für Stanz-Biegewerkzeuge sind Blechfügen, Blechzerteilen und Blechumformen, welche eingesetzt werden, um Blechteile zu fertigen. Diese Arbeitsvorgänge werden in Folgeverbund- oder Transferwerkzeugen hintereinander ausgeführt.[356] Tiefziehwerkzeuge hingegen verwenden Technologien des Zugdruckformen von Blechen zur Erstellung von Hohlkörpern.[357]

Kunststoffwerkzeuge werden zur industriellen Herstellung von Produkten aus Elastomeren, Duroplasten und Thermoplasten verwendet.[358] Bei der Verwendung von Kunststoffwerkzeugen werden die Urformverfahren Pressformen, Spritzgießen, Extrudieren, Kalandrieren und Blasformen eingesetzt. Spritzgießwerkzeuge stellen die häufigste Umsetzung von Kunststoffwerkzeugen dar.[359] Durch die Vielfältigkeit der aus Kunststoff herzustellenden Teile ist das Einsatzspektrum von Kunststoffwerkzeugen breit aufgestellt.[360]

Massivumformwerkzeuge werden bei der Umformung von massiven, metallischen Werkstücken zu Bauteilen verwendet. Aufgrund der daraus resultierenden hohen auftretenden Kräfte bestehen hohe Anforderungen an die Steifigkeit der Werkzeuge. Die Fertigung der Teile kann in Kalt- oder Warmumformung unterschieden werden. Kaltumformung beschreibt die Umformung von Material in Raumtemperatur, die Prozesstemperaturen bei der Warmumformung belaufen sich auf ca. 1000-1250 °C.[361]

Druck- Gießwerkzeuge ermöglichen eine Fertigung von Bauteilen aus schmelzflüssigem Metall. Durch Gießen können Werkstücke in einem Arbeitsgang in ihre endgültige Form gebracht und verlustarm hergestellt werden.[362] Metall wird in eine formgebende Kavität eingeführt und

354 I. A. a. Frick (Erfolgreiche Geschäftsmodelle für den Werkzeugbau), 2006, S. 20.

355 I. A. a. Eversheim; Klocke (Werkzeugbau mit Zukunft), 1998, S. 25-29.

356 Vgl. Schuler GmbH (Handbuch der Umformtechnik), 1996, S. 124-144.

357 Vgl. Doege; Behrens (Handbuch Umformtechnik), 2010, S. 59.

358 Vgl. Menges et al. (Spritzgießwerkzeuge), 2007, S. 560-579.

359 Vgl. Koltzenburg et al. (Polymere), 2014, S. 146.

360 Vgl. Menges et al. (Spritzgießwerkzeuge), 2007, S. 560-577.

361 Vgl. Doege; Behrens (Handbuch Umformtechnik), 2010, S. 71-75.

362 Vgl. Klocke (Fertigungsverfahren), 2015, S. 3-38.

das Werkzeug nach der Erstarrung geöffnet. Die thermische Belastung, welcher die Werkzeuge bei diesem Verfahren ausgesetzt sind, verkürzen deren Lebensdauer im Vergleich zu anderen Verfahren stark.[363]

Werkzeuge, die keiner der bisher genannten Kategorien zugeordnet werden können, werden zu *sonstigen Werkzeugen* gezählt. Darunter befinden sich insbesondere Sinter-Pressformen, welche eine Bauteilfertigung aus einem metallisch-pulverförmigen Material ermöglichen. Dieser urformende Prozess erfolgt unter hohem Druck. Dementsprechend ist eine Anforderung an die Werkzeuge, eine möglichst homogene Druckverteilung zu gewährleisten.[364]

Das Leistungsportfolio wird durch Leistungen ergänzt, die nur indirekt mit der Herstellung von Werkzeugen in Verbindung stehen. Zu diesen Ergänzungen gehören Vorrichtungen und Prüfmittel, Modelle und Prototypen sowie systematische Anwendungen. Der Anteil der beschriebenen industriellen Sachleistungen am Gesamtumsatz der Branche Werkzeugbau ist in Abbildung 39 dargestellt.

Abbildung 39: Umsatzverteilung der Branche Werkzeugbau nach Erzeugnissen[365]

2.4.3.2 Industrielle Dienstleistungen

Werkzeugbaubetriebe bieten ihre physischen Erzeugnisse vermehrt in Kombination mit industriellen Dienstleistungen an. Diese Dienstleistungen sind dabei nicht ausschließlich auf die Herstellung der Werkzeuge fokussiert. Vielmehr sind die angebotenen Dienstleistungen deutscher Werkzeugbaubetriebe auf die Schaffung eines Mehrwerts über den gesamten Werkzeuglebenszyklus, d. h. von der Produktentwicklung und -optimierung bis hin zur Begleitung des Serienanlaufs und der Durchführung von Werkzeugreparaturen und -wartungen.[366] Das Dienstleistungsspektrum wird in vor- und nachgelagerte Dienstleistungen unterschieden. Vorgelagert

[363] Vgl. Brunhuber (Praxis der Druckgußfertigung), 1991, S. 187.

[364] Vgl. Bilsing (Bewertung technologischer Leistungsfähigkeit), 2007, S. 5.

[365] Vgl. Gemeinsame Datenbank des Werkzeugmaschinenlabors WZL der RWTH Aachen und des Fraunhofer-Instituts für Produktionstechnologie IPT, ausgewertete Datensätze der Jahre 2017-2020, Stand Mai 2022.

[366] Vgl. Kühn (Leistungssysteme im Werkzeugbau), 2016, S. 40.

meint in diesem Zusammenhang vor Werkzeugherstellung, während mit nachgelagerten solche Dienstleistungen gemeint sind, die nach Herstellung des Werkzeuges durchgeführt werden. Die Verteilung der angebotenen Dienstleistung sind in Abbildung 40 dargestellt.

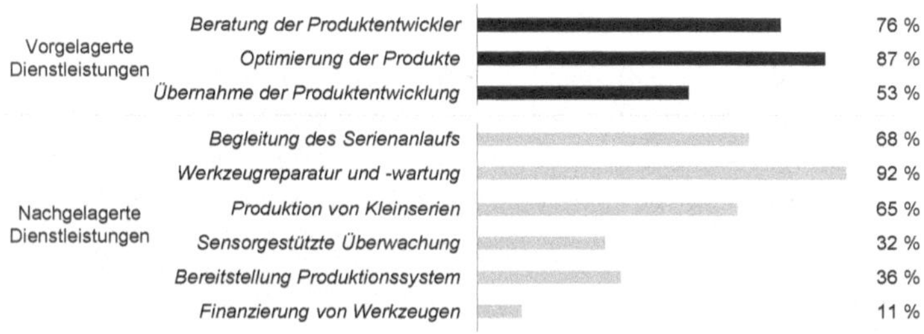

Abbildung 40: Übersicht angebotener Dienstleistungen im Werkzeugbau[367]

Viele deutsche Werkzeugbaubetriebe integrieren sich durch das Angebot vorgelagerter Dienstleistungen in die Produktentstehung, wodurch die Branche vermehrt Know-how in diesem Bereich aufbauen kann. Zudem nutzen Werkzeugbaubetriebe diese Integration in die Produktentstehung zur gezielten Adressierung der Kundenbedürfnisse.[368] Das Angebot nachgelagerter Dienstleistungen ermöglicht Betrieben der Branche Werkzeugbau die Bindung der Kunden auch nach Herstellung des eigentlichen Werkzeugs.

2.4.4 Wertschöpfung im industriellen Werkzeugbau

Wertschöpfung beschreibt die Kombination von Inputfaktoren zu einem Outputfaktor, welcher einen höheren Wert aufweist, als die Summe der Inputfaktoren. Mithin wird ein zusätzlicher Wert eingebracht. Dies erfolgt durch Wertschöpfungsaktivitäten in voneinander abgrenzbaren Funktionsbereichen eines Unternehmens.[369] Zur Wertschöpfung sind dazu eine prozessorientierte Organisation sowie eine Vielzahl unterschiedlicher Ressourcen inkl. Fähigkeiten bzw. Kompetenzen notwendig. Demnach stellen Prozesse, Organisation und Ressourcen befähigende Faktoren der Wertschöpfung dar, welche an der Leistung eines Unternehmens ausgerichtet sind.[370]

Zur Erläuterung der Wertschöpfung im Werkzeugbau erfolgt zunächst eine übergeordnete Darstellung der industriellen Wertschöpfungskette. Hierbei liegt der Fokus auf der Position des Werkzeugbaus. Nachdem die externen Schnittstellen des Werkzeugbaus detailliert sind, wird die eigentliche interne Wertschöpfung des industriellen Werkzeugbaus dargestellt. Dies erfolgt

[367] Vgl. Gemeinsame Datenbank des Werkzeugmaschinenlabors WZL der RWTH Aachen und des Fraunhofer-Instituts für Produktionstechnologie IPT, ausgewertete Datensätze der Jahre 2017-2020, Stand Mai 2022.

[368] Vgl. Boos et al. (Digitale Transformation im Werkzeugbau), 2019, S. 13.

[369] Vgl. Müller-Stewens; Lechner (Strategisches Management), 2016, S. 350.

[370] Vgl. Hensen (Strategische Auslegung industrieller Werkzeugbaubetriebe), 2017, S. 31.

durch die Beschreibung der von HENSEN hergeleiteten befähigenden Faktoren der Wertschöpfung: Prozesse, Organisation und Ressourcen.[371]

2.4.4.1 Position des Werkzeugbaus in der industriellen Wertschöpfungskette

Der Wertschöpfung des Werkzeugbaus kann aufgrund der Stellung zwischen Produktentwicklung und Serienproduktion eine befähigende Funktion für die gesamte industrielle Wertschöpfungskette beigemessen werden.[372,373] Der Werkzeugbau nimmt aus dieser Stellung heraus übergreifend auf die Produktivität der Produktion und die Produktgestalt Einfluss.[374] Außerdem ermöglicht er die Umsetzung von Produkt- und Prozessinnovationen in der Serienproduktion.[375]

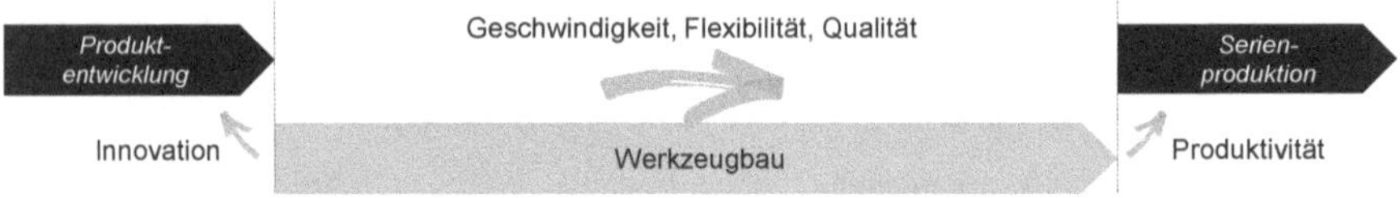

Abbildung 41: Position des Werkzeugbaus in der industriellen Wertschöpfungskette

Die hauptsächlichen Schnittstellen des Werkzeugbaus mit seinen Kunden sind vor Beginn der Werkzeugherstellung in der Produktentwicklung und nach Beendigung der Werkzeugherstellung mit Beginn der Serienproduktion. Zur effizienten Abwicklung dieser Schnittstellen ist ein fortwährender Austausch mit dem Kunden von zentraler Bedeutung. Im Folgenden werden die Schnittstellen zum Kunden vorgestellt.

Die *Produktentwicklung* beschreibt die Entwicklung des Bauteils, welches unter Zuhilfenahme des Werkzeugs nachgelagert in der Serienproduktion hergestellt werden soll.[376] Zur effizienten Herstellung bedarfsgerechter Werkzeuge ist die frühe Integration des Werkzeugbaus in die Produktentwicklung notwendig. Aufgrund des Know-hows des Werkzeugbaus kann das Produkt werkzeug- und produktionsgerecht entwickelt werden, wodurch höhere Produktivität und niedrigere Herstellkosten in der Serienproduktion erreicht werden können.[377]

Die *Serienproduktion* beginnt, sobald der Anlaufprozess des Produktionsprozesses abgeschlossen ist. Industrielle Serienproduktion fokussiert eine möglichst hohe Prozessproduktivität bei gleichzeitig möglichst hoher Bauteilqualität. Beide Zielgrößen werden entscheidend durch den Werkzeugbau beeinflusst, welcher den Kunden bei der Inbetriebnahme des Werkzeugs auf den Produktionsanlagen unterstützt und während der Serienproduktion Instandhaltungs- und Reparaturarbeiten übernimmt.[378]

---

[371] Vgl. Hensen (Strategische Auslegung industrieller Werkzeugbaubetriebe), 2017, S. 60.

[372] Vgl. Abbildung 41

[373] Vgl. Eversheim; Klocke (Werkzeugbau mit Zukunft), 1998, S. 4.

[374] Vgl. Frick (Erfolgreiche Geschäftsmodelle für den Werkzeugbau), 2006, S. 21.

[375] Vgl. Holmes et al. (Die and Mould Industry), 2004, S. 120.

[376] Vgl. Komorek (Kollaborative Wertschöpfung im industriellen Werkzeugbau), 2014, S. 38.

[377] Vgl. Pitsch (Kompetenzfeldbasierte Vernetzung von Werkzeugbaustandorten), 2014, S. 42.

[378] Vgl. Kühn (Leistungssysteme im Werkzeugbau), 2016, S. 46.

2.4.4.2 Wertschöpfung im Werkzeugbau

Im Folgenden erfolgt die Beschreibung der Wertschöpfung im Werkzeugbau. Nach HENSEN stellen an der Leistung ausgerichtete Prozesse, Organisation und Ressourcen die Befähiger einer effizienten und effektiven Wertschöpfung im Werkzeugbau dar.[379] Mithin eignen sich diese Faktoren zur vollständigen Beschreibung aller geschäftsrelevanten Aspekte der Wertschöpfung im Werkzeugbau.

Die *Prozesse* im Werkzeugbau forcieren hauptsächlich die primäre Wertschöpfungskette. Diese kann, wie jede Prozesskette als einer Abfolge von Aktivitäten verstanden werden.[380] Diese Aktivitäten verfolgen das Ziel, einen Wert zu generieren und lassen sich in primäre und sekundäre Aktivitäten unterteilen. Primäre Aktivitäten eines produzierenden Unternehmens stellen wertschöpfende Tätigkeiten im Zuge der Herstellung eines Produktes dar. Sekundäre Aktivitäten befähigen die primären Aktivitäten.[381] Die Zusammensetzung einer Wertschöpfungskette ist branchenabhängig. Betriebe der Branche Werkzeugbau weisen durch ihre Zuliefererrolle eine generische Prozesskette im Kontext der in Kapitel 2.4.4.1 gezeigten Verbindung zu ihren Kunden auf. Wie in Abbildung 42 dargestellt, setzt sich die Prozesskette aus den Schritten Akquise, Engineering/ Konstruktion, Arbeitsvorbereitung, mechanische Fertigung, Montage und Try-Out zusammen.[382]

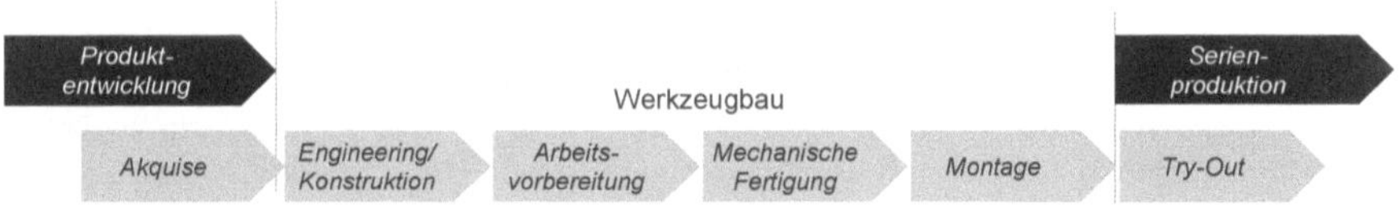

Abbildung 42: Generische Prozesskette des Werkzeugbaus[383]

Die *Akquise* ist der erste Prozessschritt und setzt an der Schnittstelle zum Kunden an. Damit verbunden ist die Bearbeitung von Anfragen, die Kalkulation und das Erstellen von Angeboten, sowie deren Nachverfolgung.[384] Aufbauend darauf schließt sich das *Engineering* bzw. die *Konstruktion* an, welche auf Basis des später zu fertigenden Produktes eng mit der Produktentwicklung zusammenarbeiten.[385] Im Anschluss an die Konzepterstellung wird, zeitgleich zur Produktentwicklung des Kunden, bereits ein Werkzeug konstruiert. Auf Basis der Konstruktion plant die *Arbeitsvorbereitung* die mechanische Fertigung, indem sie die Fertigungsfolge festlegt und Arbeitspläne aufstellt.[386] In diesem Schritt erfolgt außerdem die Vorbereitung der Fertigung beispielsweise durch Programmierung der NC-Maschinen. Nach abgeschlossenen Vorbereitungen wird das Werkzeug bzw. die Werkzeugkomponente im Schritt der *mechanischen*

[379] Vgl. Hensen (Strategische Auslegung industrieller Werkzeugbaubetriebe), 2017, S. 47.

[380] Vgl. Müller-Stewens; Lechner (Strategisches Management), 2016, S. 360.

[381] Vgl. Porter (Wettbewerbsvorteile), 2014, S. 66-67.

[382] Vgl. Kuhlmann (Geschäftsprozesse im Werkzeugbau), 2011, S. 33.

[383] Vgl. Pitsch (Kompetenzfeldbasierte Vernetzung von Werkzeugbaustandorten), 2014, S. 46.

[384] Vgl. Klotzbach (Industrieller Werkzeugbau), 2007, S. 50.

[385] Vgl. Komorek (Kollaborative Wertschöpfung im industriellen Werkzeugbau), 2014, S. 38.

[386] Vgl. Klotzbach (Industrieller Werkzeugbau), 2007, S. 50.

Fertigung hergestellt. Zur Bearbeitung der Werkzeugkomponenten wird auf die, im Werkzeugbau üblichen Fertigungstechnologien Fräsen, Drahterodieren, Senkerodieren, Drehen und Schleifen zurückgegriffen. Hergestellte Komponenten werden in der *Montage* zusammengesetzt. Dieser Schritt enthält auch die Durchführung etwaiger Nachbearbeitungen. Als letzter Schritt der Prozesskette gliedert sich der *Try-Out* ein, welcher die Überprüfung der Funktionstüchtigkeit des Werkzeugs impliziert. Erst nach Gewährleistung uneingeschränkter Funktionalität wird das Werkzeug der Serienproduktion übergeben. Eine Besonderheit der Prozesskette ist die Möglichkeit der Integration von Wertschöpfungspartnern in jeden der aufgeführten Schritte innerhalb der Prozesskette.[387]

Organisationen können als soziale Systeme aus verschiedenen Sichtweisen verstanden werden.[388] Im Verständnis der vorliegenden Arbeit wird die instrumentelle Sichtweise der Organisation als Organisationsstruktur eines Unternehmens verwendet. Die Organisation kann in eine Ablauf- und eine Aufbauorganisation untergliedert werden. Die Ablauforganisation beschreibt den Ablaufprozess betrieblicher Aktivitäten und wurde durch Beschreibung der Prozesskette des industriellen Werkzeugbaus bereits erläutert. Die Aufbauorganisation definiert die Verrichtung von Aufgaben und das betreffende Objekt. Dadurch obliegt der Aufbauorganisation die Zuordnung von Aufgaben auf Stellen bzw. Abteilungen und die Gestaltung der Beziehungen zwischen den Stellen durch Kompetenz-, Verantwortungs- und Informationsregelungen.[389] Die Aufbauorganisation ist an der vorherrschenden Hierarchie des Unternehmens ausgerichtet. Diese kann entweder eine monolithisch vertikale oder eine polyzentrisch horizontale Ausprägung annehmen. Den Werkzeugbau charakterisiert, durch die Gegebenheiten seiner gewachsenen Strukturen, vielfach ein monolithisches Hierarchieverständnis, weshalb eine Prozessorientierung nur selten aufzufinden ist. Die Organisationsstruktur ist verrichtungsorientiert und stark hierarchisch aufgebaut.[390] Insbesondere durch die prozessorientierten Organisationsveränderungen der Kunden des Werkzeugbaus ist es auch für diesen erforderlich, die Organisation zielorientiert zu gestalten. Die Organisation muss die Unternehmensstrategie und -leistung bestmöglich unterstützen.[391]

Ressourcen stellen solche Inputfaktoren dar, welche dem Unternehmen für die Erstellung einer definierten Leistung vorliegen müssen.[392] In der Wirtschaft können Ressourcen nach MÜLLER-STEWENS & LECHNER in materielle und immaterielle Ressourcen unterteilt werden.[393] Materielle Ressourcen umfassen finanzielle, physische und IT-basierte Ressourcen. Immaterielle Ressourcen beschreiben Bestands-, Human-, strukturelle und kulturelle Ressourcen. [394]

---

[387] Vgl. Pitsch (Kompetenzfeldbasierte Vernetzung von Werkzeugbaustandorten), 2014, S. 45-46.

[388] Vgl. Hoffmann (Organisationale Resilienz), 2017, S. 76.

[389] Vgl. Müller-Stewens; Lechner (Strategisches Management), 2016, S. 444.

[390] Vgl. Hensen (Strategische Auslegung industrieller Werkzeugbaubetriebe), 2017, S. 51.

[391] Vgl. Spennemann (Gestaltung von Organisationsstrukturen im Werkzeugbau), 2001, S. 15.

[392] Vgl. Kampker (Geschäftsausweitung von produzierenden Unternehmen), 2004, S. 71.

[393] Vgl. Abbildung 43.

[394] Vgl. Müller-Stewens; Lechner (Strategisches Management), 2016, S. 196.

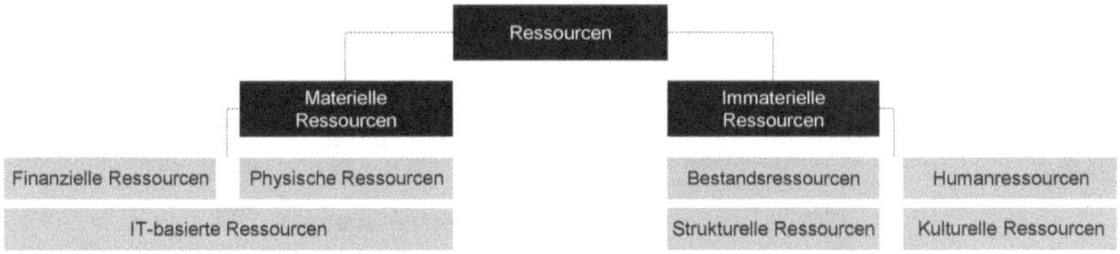

Abbildung 43: Unterteilung der Ressourcen nach MÜLLER-STEWENS & LECHNER[395]

Finanzielle Ressourcen sind essenzielle Ressourcen zur Aufrechterhaltung der Geschäftstätigkeit und umfassen Eigenkapital, Fremdkapital und Zahlungsmittel. Nur durch eine gegebene Liquidität sind Unternehmen in der Lage, kurz- und langfristige Verbindlichkeiten zu decken und Projektausgaben vorzufinanzieren.[396] Charakteristisch für die Branche Werkzeugbau ist die hohe Personal- und Fixkostenbindung, die zur Aufrechterhaltung der notwendigen Flexibilität der Werkzeugbaubetriebe notwendig ist. Außerdem charakterisiert sich die Branche Werkzeugbau durch volatile und stark konjunkturabhängige Gewinnmargen.[397]

Physische Ressouren befähigen die Aktivitäten der Wertschöpfung. Beispiele für physische Ressourcen sind Flächem, Gebäude, Roh-, Hilfs- und Betriebsstoffe sowie Fertigungsmaschinen.[398] Im Werkzeugbau werden hauptsächlich Drahterosions-, Dreh-, Fräs- und Senkerosionsmaschinen verwendet. Fräsmaschinen weisen klassischerweise den höchsten Fertigungsanteil auf. Der industrielle Werkzeugbau nutzt für nahezu jede Technologie CNC Steuerungen.[399] Mithin ist eine enge Verknüpfung zwischen Maschinen und IT-basierten Ressourcen notwendig.[400] Die Verteilung der Fertigungstechnologien wird in Abbildung 44 dargestellt.

[395] I. A. a. Müller-Stewens; Lechner (Strategisches Management), 2016, S. 196.

[396] Vgl. Boos et al. (Erfolgreich Restrukturieren im Werkzeugbau), 2017, S. 16.

[397] Vgl. Kuhlmann (Corporate Tooling), 2016, S. 74.

[398] Vgl. Komorek (Kollaborative Wertschöpfung im industriellen Werkzeugbau), 2014, S. 154.

[399] Vgl. Gemeinsame Datenbank des Werkzeugmaschinenlabors WZL der RWTH Aachen und des Fraunhofer-Instituts für Produktionstechnologie IPT, ausgewertete Datensätze der Jahre 2017-2020, Stand Mai 2022.

[400] Vgl. Komorek (Kollaborative Wertschöpfung im industriellen Werkzeugbau), 2014, S. 154.

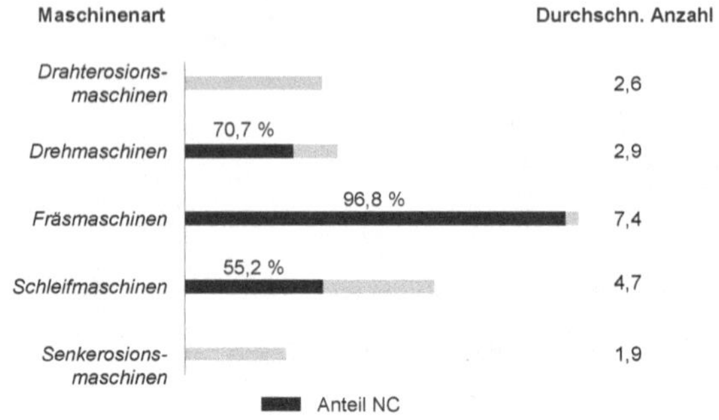

Abbildung 44: Verteilung der Fertigungstechnologien im Werkzeugbau[401]

IT-basierte Ressourcen beinhalten Softwaresysteme, die die Wertschöpfung befähigen. Diese lassen sich in bereichsübergreifende und bereichsfokussierte Systeme unterteilen. Übergreifend werden in deutschen Werkzeugbaubetrieben häufig Produktionsplanungs und -steuerungssysteme (PPS) entlang der gesamten Auftragsabwicklung eingesetzt. Bereichsfokussiert wird der Vertrieb durch Costumer-Relationship-Management-Systeme (CRM) unterstützt. Ebenso nutzt das Engineering Computer-Aided-Design-Systeme (CAD) sowie Computer-Aided-Manufacturing-Systeme (CAM) für die Arbeitsvorbereitung und die mechanische Fertigung.[402] Hinzu kommen Enterprise-Resource-Planing Systeme (ERP), welche die betrieblichen Resourcen steuern sowie Betriebsdatenerfassungssysteme (BDE) verwendet, die organisatorische und technische Betriebsdaten zur Weiterverarbeitung aufbereiten.[403]

Bestandsressourcen sind beispielsweise Patente, der Unternehmensruf, Wissen oder spezifische Datensätze.[404] Insbesondere das explizites, mitarbeitendenunabhängiges und dokumentiertes Wissen ist im Werkzeugbau von zentraler Bedeutung, da es die Kompetenzsicherung über den Unternehmensbestand sicherstellt.[405] Vermehrt wird die Dokumentierung implizitem Wissens fokussiert, um die Kompetenzweitergabe durch Erfahrungsaustausch auch für neue Mitarbeitende zu gewährleisten.

Mitarbeitende und ihre Qualifikationen stellen die *Humanressourcen* eines Unternehmens dar. Die Leistungserbringung im Werkzeugbau ist wissensintensiv und erfordert qualifizierte Mitarbeitende.[406] Das Qualifikationsniveau der Mitarbeitenden ist in der nationalen und internationalen Branche Werkzeugbau ein Hauptdifferenzierungsmerkmal und stellt insbesondere vor dem Hintergrund des demografischen Wandels gleichzeitig eine zentrale Herausforderung für

401 Vgl. Gemeinsame Datenbank des Werkzeugmaschinenlabors WZL der RWTH Aachen und des Fraunhofer-Instituts für Produktionstechnologie IPT, ausgewertete Datensätze der Jahre 2017-2020, Stand Mai 2022.

402 Vgl. Komorek (Kollaborative Wertschöpfung im industriellen Werkzeugbau), 2014, S. 155.

403 Vgl. Salmen (Digital vernetzter Shopfloor im Werkzeugbau), 2016, S. 53.

404 Vgl. Müller-Stewens; Lechner (Strategisches Management), 2016, S. 214.

405 Vgl. Komorek (Kollaborative Wertschöpfung im industriellen Werkzeugbau), 2014, S. 155.

406 Vgl. Komorek (Kollaborative Wertschöpfung im industriellen Werkzeugbau), 2014, S. 155.

Betriebe der Branche dar. Mithin fokussieren Werkzeugbaubetriebe die eigene Ausbildung neuer Fachkräfte. Dennoch blieb der Auszubildendenanteil gemessen an der Gesamtanzahl aller Mitarbeitenden in deutschen Werkzeugbaubetrieben von 2018 bis 2020 kontinuierlich auf 12,9 %.[407]

Strukturelle Ressourcen sind solche Ressourcen, die die Führung eines Unternehmens ermöglichen. Die Aufbauorganisation, die Ablauforganisation und Managementsysteme sind Beispiele für strukturelle Ressourcen eines Unternehmens.[408] Durch Managementsysteme sind Unternehmen in der Lage, die betriebsübergreifende Auftragsabwicklung durch definierte Standards und Regeln zu steuern und zu koordinieren, weshalb den Managementsystemen im Werkzeugbau eine gesonderte Rolle zukommt.[409]

Kulturelle Ressourcen beschreiben sogenannte weiche Faktoren eines Unternehmens und beinhalten die Unternehmenskultur, die Leistungsbereitschaft und das Kooperationsverhalten. Diese drei Faktoren stehen in einem unmittelbaren triangulären Verhältnis und werden maßgeblich durch die vorhandenen Humanressourcen beeinflusst.[410]

2.4.5 Herausforderungen und Trends im Werkzeugbau

2.4.5.1 Aktuelle Herausforderungen im Werkzeugbau

Die Herausforderungen der deutschen Branche Werkzeugbau sind an die jeweiligen Stakeholder gebunden. Das St. Galler Management Modell nach RÜEGG-STÜRM kategorisiert die relevanten Stakeholder in Konkurrenz, Kapitalgeber, Kunden, Mitarbeitende, Öffentlichkeit, Staat und Lieferanten.[411,412,413] Die Stakeholder sind globalen Ereignissen ausgesetzt. Systematische Veränderungen des Marktes infolge innovativer, disruptiver Technologien, wie beispielsweise der 3D-Druck, unerwartete Veränderungen im Nachfrageverhalten, volatile Lieferketten oder eine erhöhte Unsicherheit der Politik- und Finanzsysteme können exemplarisch für globale Ereignisse genannt werden.[414]

---

407 Vgl. Gemeinsame Datenbank des Werkzeugmaschinenlabors WZL der RWTH Aachen und des Fraunhofer-Instituts für Produktionstechnologie IPT, ausgewertete Datensätze der Jahre 2017-2020, Stand Mai 2022.

408 Vgl. Müller-Stewens; Lechner (Strategisches Management), 2016, S. 196.

409 Vgl. Komorek (Kollaborative Wertschöpfung im industriellen Werkzeugbau), 2014, S. 160.

410 Vgl. Komorek (Kollaborative Wertschöpfung im industriellen Werkzeugbau), 2014, S. 160-161.

411 Vgl. Abbildung 45.

412 Vgl. Rüegg-Stürm; Grand (St. Galler Management Modell), 2017, S. 22.

413 Die Implikationen des St. Galler Management-Modells werden in Kapitel 5.1.1.1 detailliert erläutert.

414 Vgl. Boos et al. (Wettbewerbsfaktor Resilienz), 2021, S. 14.

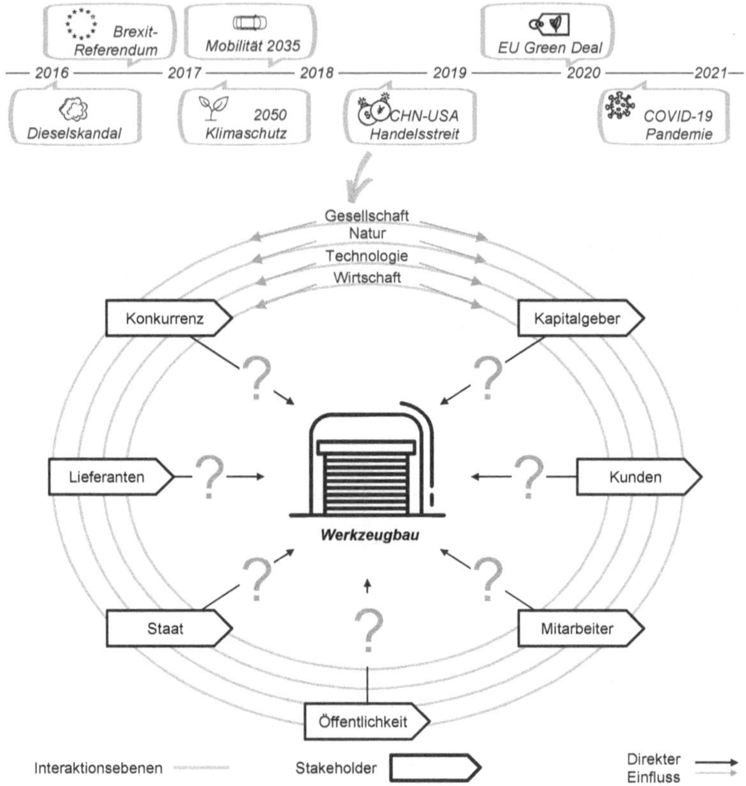

Abbildung 45: Äußere Einflusse auf die Branche Werkzeugbau[415]

Diese globalen Ereignisse sind so lange als neutral zu betrachten, bis sie Veränderungen der Gesellschaft, Natur, Technologie oder Wirtschaft hervorrufen. Sollte dies der Fall sein, wirken diese Veränderungen auf die Stakeholder ein. Der Werkzeugbau befindet sich in einem Abhängigkeitsverhältnis mit seinen Stakeholdern und wird genannte Veränderungen ebenso erfahren.[416] Beispielhaft lässt sich die öffentliche Forderung nach Nachhaltigkeit und Qualität industrieller Produkte bei minimalem Preis und maximaler Individualität nennen, welche den Druck auf komplikationsfreie Abläufe der Fertigungsprozesse im Werkzeugbau in hohem Maße beeinflusst.[417] Hinzu kommt, dass die Geschwindigkeit globaler Veränderungen in den letzten Jahren stark zugenommen hat und perspektivisch weiter zunimmt. So erwarten 53 % der deutschen Industrieunternehmen, dass Krisen des Ausmaßes der Corona-Pandemie in

[415] I. A. a. Rüegg-Stürm; Grand (St. Galler Management Modell), 2017, S. 22.

[416] Vgl. Boos et al. (Wettbewerbsfaktor Resilienz), 2021, S. 12-14.

[417] Vgl. Kelzenberg (Datenstrukturmodell der Auftragsabwicklung im WZB), 2020, S. 69-70.

der nahen Zukunft erneut auftreten können.[418] Vier von zehn Unternehmen sind der zukünftigen deutschen Konjunktur gegen über pessimistisch eingestellt.[419]

Mithin besteht ein hohes bzw. steigendes Krisenpotenzial für den Werkzeugbau. Dieser ist sich der Veränderungen seiner Stakeholder und der sich ergebenden Implikationen der Veränderungen nicht bewusst. Sowohl die Latenz zwischen globalem Ereignis und substanzieller Veränderung als auch zwischen Ereigniseintritt beim Stakeholder und beim Werkzeugbau sind ereignisspezifisch und daher nicht ohne eine notwendige Datengrundlage abzuschätzen. Diese Datengrundlage bleibt dem Werkzeugbau aufgrund seiner Position in der industriellen Wertschöpfungskette verwehrt. Der Werkzeugbau erhält relevante Marktinformationen verspätet und zudem in geringem Detailgrad.

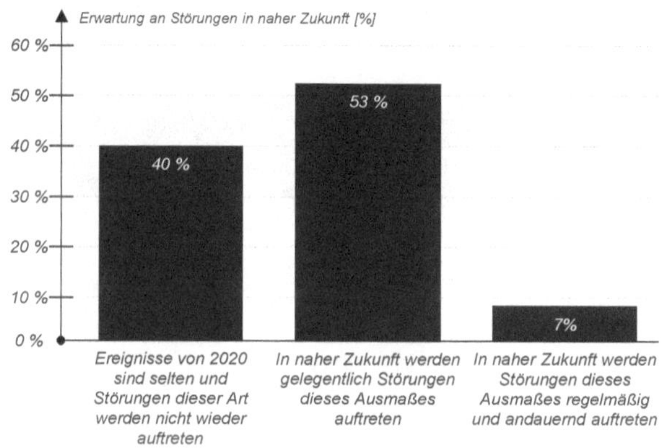

Abbildung 46: Zukünftiges Störungspotenzial der deutschen Industrie[420]

2.4.5.2 Trend der digitalen Vernetzung im Werkzeugbau

Die deutsche Branche Werkzeugbau hat Anfang des 21. Jahrhunderts begonnen, Lean Production Methoden zu etablieren um die Produktivität rasant zu erhöhen.[421] Um nach der Industrialisierung des Werkzeugbaus weitere Potenziale in der Wertschöpfung und Leistungserbringung zu heben, entwickelt sich die Betriebe nun zu digital vernetzten Werkzeugbaubetrieben weiter.[422] Im unternehmerischen Bezug kann die digitale Vernetzung als die Veränderung der Wertschöpfung und der Leistung basierend auf der intensiven Nutzung digitaler Systeme verstanden werden.[423] Die digitale Vernetzung wird auch mit dem Schlagwort Industrie 4.0 betitelt, welches auf die vierte industrielle Revolution referieren soll. Industrie 4.0 verspricht, wie auch die vorherigen industriellen Revolutionen, einen weiteren Produktivitätszugewinn

[418] Vgl. Abbildung 46: Zukünftiges Störungspotenzial der deutschen IndustrieAbbildung 46

[419] Vgl. Deloitte (Global Resilience Report), 2021, S. 4.

[420] I. A. a. Deloitte (Global Resilience Report), 2021, S. 4.

[421] Vgl. Klotzbach (Industrieller Werkzeugbau), 2007, S. 2-12.

[422] Vgl. Salmen (Digital vernetzter Shopfloor im Werkzeugbau), 2016, S. 63.

[423] Vgl. Salmen (Digital vernetzter Shopfloor im Werkzeugbau), 2016, S. 63.

durch Einsatz von cyber-physischen Systemen (CPS) sowie neue Möglichkeiten der datenbasierten Leistungserbringung.[424]

Die konkreten Implikationen der digitalen Vernetzung im Werkzeugbau können durch die Inhalte des Zielbilds *digital vernetzter Werkzeugbau* verdeutlicht werden. Dieses ist in Abbildung 47 dargestellt und wird im Folgenden erläutert.

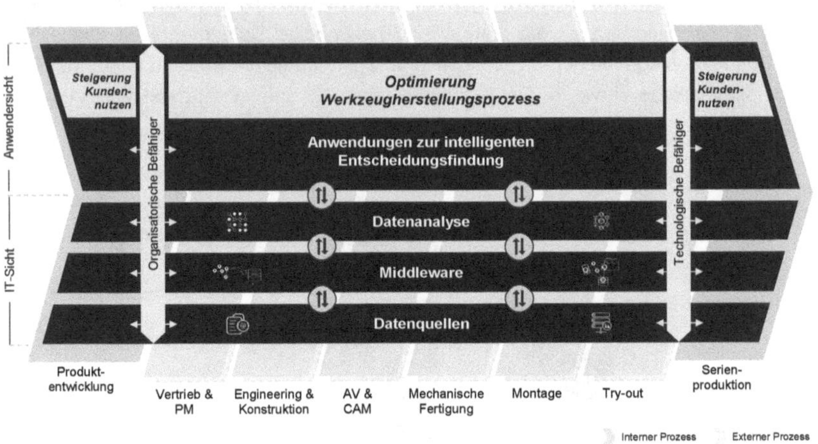

Abbildung 47: Zielbild digital vernetzter Werkzeugbaus[425]

Das Zielbild des *digital vernetzten Werkzeugbau* kann in der Vertikalen in die IT-Sicht und die Anwendersicht unterteilt werden. Diese beschreiben das Back-End und das Front-End des digital vernetzten Werkzeugbaus. Die IT-Sicht beinhaltet die Sammlung, Vorbereitung und Analyse der Daten während in der Anwendersicht Applikationen zur Entscheidungsfindung auf diese analysierten Daten zugreifen. Organisatorische Befähiger, wie beispielsweise Unternehmenskultur, Organisationsgestaltung oder Prozessgestaltung und technologische Befähiger, wie beispielsweise Sensorik, digitale Infrastruktur oder mobile Endgeräte sind zur Realisierung des digital vernetzten Werkzeugbaus in jeder Ebene des Modells notwendig. In der Horizontalen ist der generische Auftragsabwicklungsprozess des Werkzeugbaus dargestellt.[426] Außerdem sind die Kundenschnittstellen Produktentwicklung und Serienproduktion aufgetragen.[427]

Die *Datenquellen* dienen dem digital vernetzten Werkzeugbau als Quelle von vorbewerteten und bereitgestellten Daten. Die aufgenommenen Rohdaten entspringen internen und externen Datenquellen. Interne Daten sind u.a. Prozessdaten, CAD-Daten, Simulationsdaten sowie Ma-

[424] Vgl. Kagermann et al. (Umsetzungsempfehlungen Industrie 4.0), 2013, S. 17-19.

[425] Vgl. Boos et al. (IT Infrastruktur zur digitalen Vernetzung im Werkzeugbau), 2021, S. 6.

[426] Vgl. Boos et al. (IT Infrastruktur zur digitalen Vernetzung im Werkzeugbau), 2021, S. 7.

[427] Vgl. Boos et al. (Auftragsabwicklung 4.0), 2020, S. 32.

schinen- und Rückmeldedaten. Externe Daten sind Marktdaten, Kundendaten, Lieferantendaten oder Daten, die von Dienstleistern emittiert werden.[428] Diese Daten werden in den proprietären Systemen des Werkzeugbaus, wie etwa ERP-, CAD-, FEM-, PPS-, oder MES-Systemen aufgenommen und gespeichert sowie teilweise auf Konsistenz- und Plausibilität geprüft.[429]

Die *Middleware* ist eine Softwareebene in einem komplexen System zur systemübergreifenden Validierung und Nutzbarmachung von Rohdaten aus unterschiedlichen heterogenen Quellen. Diese setzt auf den Datenquellen auf und dient der uneingeschränkten Verfügbarmachung der Rohdaten.[430,431] Die Middleware spezifiziert Regeln und Strukturen bei der Kommunikation zwischen Datenquellen und Applikationen und ist daher eine notwendige Schnittstelle im digital vernetzten Werkzeugbau.[432]

Die *Datenanalyse* dient der Identifikation verborgener Zusammenhänge, der Erklärung von Ursachen, der Vorhersage von Ereignissen sowie der Ableitung von Handlungsempfehlungen durch Datenanalyseverfahren.[433] Diese Ebene beschreibt den Einsatz unterschiedlicher strukturprüfender oder strukturerkennender Methoden je nach gegebener Problemstellung und angestrebten Ergebnissen und stellt somit strukturierte, geordnete und analysierte Daten als Grundlage zur Problemlösung bereit. [434,435]

Die *Anwendung zur intelligenten Entscheidungsfindung* beinhaltet Möglichkeiten der Nutzung der analysierten Daten. Die Anwendungen dienen der Schaffung von Transparenz durch Visualisierung relevanter Analyseergebnisse, der Bereitstellung einer Entscheidungsunterstützung durch Ausgabe von Prognosen und Wirkbeziehungen, der Optimierung von Prozessen durch Präzisierung von Arbeitsschritten und Eliminierung von Fehlern sowie der Steigerung der Flexibilität durch einheitliche und echtzeitnahe Datenbereitstellung. Die Art der Anwendung ist dabei abhängig von der Zielstellung der Informationsnutzung. So können Bauteilinformationen in der Montage über Smart Glasses ausgegeben werden, während planungstechnische Informationen direkt ins PPS-System zurückgespielt werden können.[436]

Der konsequente Aufbau der IT-Infrastruktur und die Auswahl und Befähigung nutzenstiftender Anwendungen führt intern zur Optimierung des Werkzeugherstellungsprozesses und extern zur Steigerung des Kundennutzen.[437] Diese wertschöpfungs- und leistungsbezogenen

---

[428] Vgl. Boos et al. (IT Infrastruktur zur digitalen Vernetzung im Werkzeugbau), 2021, S. 8.

[429] Vgl. Boos et al. (Auftragsabwicklung 4.0), 2020, S. 32.

[430] Vgl. Boos et al. (IT Infrastruktur zur digitalen Vernetzung im Werkzeugbau), 2021, S. 12.

[431] Vgl. Bernstein (Middleware), 1996, S. 86.

[432] Vgl. Boos et al. (Auftragsabwicklung 4.0), 2020, S. 32-33.

[433] Vgl. Kapitel 2.2

[434] Vgl. Boos et al. (IT Infrastruktur zur digitalen Vernetzung im Werkzeugbau), 2021, S. 16.

[435] Vgl. Boos et al. (Auftragsabwicklung 4.0), 2020, S. 33.

[436] Vgl. Boos et al. (Auftragsabwicklung 4.0), 2020, S. 33.

[437] Vgl. Boos et al. (IT Infrastruktur zur digitalen Vernetzung im Werkzeugbau), 2021, S. 7.

Optimierungspotenziale bedingen die Wettbewerbsfähigkeit deutscher Werkzeugbaubetrieb in hohem Maße und stellen mithin eine zwingende Erforderlichkeit dar.[438]

2.5 Handlungsbedarf aus der Praxis

Die wirtschaftliche Situation einzelner Unternehmen und Branchen wird durch eine Vielzahl an Faktoren bestimmt. Große Auswirkungen auf die Unternehmenssituation haben beispielsweise die gesamtwirtschaftliche und branchenspezifische Konjunktur. Insbesondere konjunkturelle Schwächen oder gar Krisen erzeugen oftmals kurzfristigen Handlungsbedarf. Werkzeugbaubetriebe, z. B. in der Automobil-Zuliefererindustrie, sind von Krisen tendenziell stärker betroffen als global agierende Konzerne. Gründe hierfür sind insbesondere die häufig starke Spezialisierung der Produkte und die dadurch sehr starre Position in globalen Wertschöpfungsketten, die sie besonders anfällig für sowohl Angebots- als auch Nachfrageschwankungen macht.

Weiterhin werden Werkzeugbaubetriebe aufgrund ihrer Position in der industriellen Wertschöpfungskette unmittelbar von substanziellen Veränderungen ihrer Stakeholder beeinflusst, welche wiederum durch beispielsweise konjunkturelle Schwankungen werden. Dadurch entstehen potenzielle Unternehmenskrisen. Der Werkzeugbau erhält relevante Informationen zu substanziellen Veränderungen im Umfeld seiner Stakeholder verspätet sowie in geringem Detailgrad. Dadurch fehlt den Betrieben der Branche ein Verständnis über die Abhängigkeiten innerhalb ihrer Anspruchsgruppen. Mithin weisen Betriebe der Branche Werkzeugbau eine geringe Resilienz auf.[439]

Zur Vorbeugung von Unternehmenskrisen müssen Werkzeugbaubetriebe vermehrt Marktinformationen sammeln, analysieren und mit den internen Unternehmensdaten korrelieren. Es besteht der Bedarf nach einer Vorgehensweise zur Umsetzung prognostischer Möglichkeiten zur signifikanten Erhöhung der Resilienz von Werkzeugbaubetrieben.[440]

Die technischen Notwendigkeiten zur Steigerung der Resilienz sind bereits heute teilweise gegeben. Die Entwicklung der Branche hin zum digital vernetzten Werkzeugbau ermöglicht es Betrieben, vermehrt Entscheidungen basierend auf Daten zu treffen. Insbesondere wertschöpfungsbezogene Daten erfahren vermehrt analytische Betrachtung, wodurch Werkzeugbaubetriebe in der Lage sind, Effizienzsteigerungen und Kostensenkungen zu realisieren. Die Erhebung, Analyse und Nutzung von externen Marktdaten wird jedoch nur in sehr geringem Maße durchgeführt. Die digitale Vernetzung der Werkzeugbaubetriebe beschränkt sich jedoch nicht

[438] Vgl. Boos et al. (Auftragsabwicklung 4.0), 2020, S. 32.

[439] Vgl. Kapitel 2.4.5.1.

[440] Vgl. Dönitz (Effiziente Szenariotechnik durch Konsistenzmatrizen), 2009, S. 6.

auf die interne Vernetzung, sondern beinhaltet die Integration der Stakeholder in eine homogene Datenlandschaft. Mithin wird auch die Erhebung, Kontextualisierung und Analyse relevanter externer Marktdaten umsetzbar.[441]

Aus den hergeleiteten Herausforderungen und der diesen gegenüberstehenden digitalen Vernetzung ergibt sich ein *Handlungsbedarf aus der Praxis.*[442]

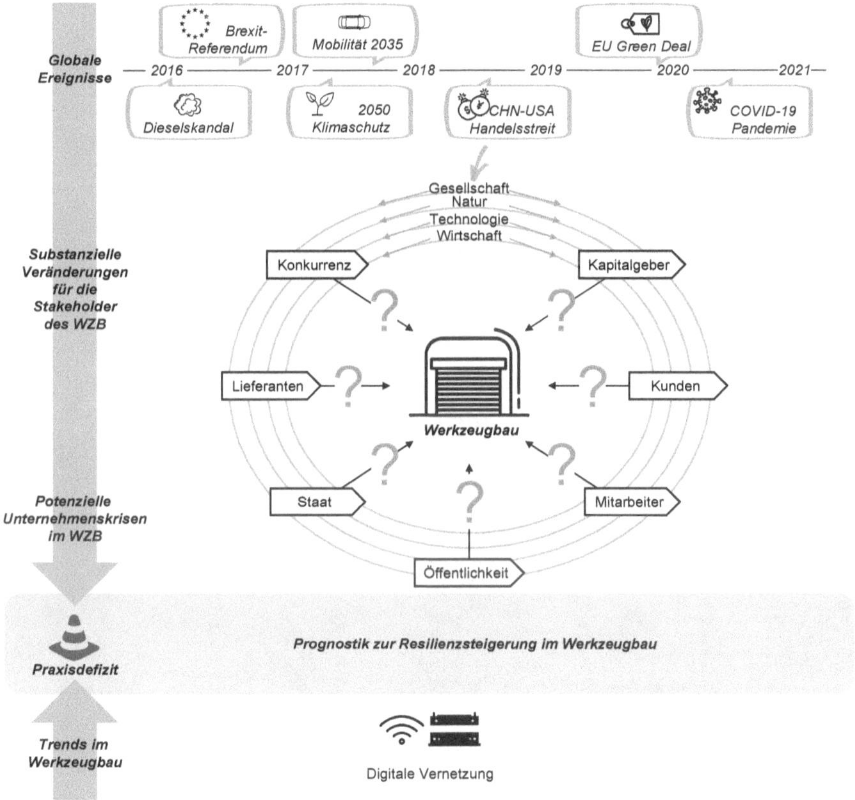

Abbildung 48: Herleitung des Handlungsbedarfs aus der Praxis[443]

Eine Prognostik zur Resilienzsteigerung im Werkzeugbau erfordert einen systematischen Ansatz, der das notwendige organisatorische Rahmenwerk mit auf die Situation abgestimmten Handlungsfeldern und -empfehlungen liefert. Einen solchen Ansatz muss Handlungsfelder und -empfehlungen aus Sicht des Werkzeugbaus in konkreter Reihenfolge abbilden und somit als

441 Vgl. Kapitel 2.4.5.2.

442 Vgl. Abbildung 48.

443 Eigene Darstellung

Methodik ausgeführt sein. Die Notwendigkeit einer Methodik ergibt sich aus der hohen Komplexität der Problemstellung und der Vielzahl an beteiligten Unternehmensfunktionen und Stakeholdern. Diese Methodik dient als Vorgehensweise für die Gestaltung geeigneter Strukturen und Prozesse zur Adressierung der vorgestellten Herausforderungen.

3 Analyse bestehender Ansätze

Ausgehend von dem in Kapitel 2.5 aufgezeigten Handlungsbedarf aus der Praxis werden im vorliegenden Kapitel zunächst die Anforderungen an einen Ansatz zur Resilienzsteigerung im Werkzeugbau definiert. Diese sind durch die Anwendung einer geeigneten Methodik vollumfänglich zu erfüllen. Gemäß dem forschungsmethodischen Vorgehen werden im Anschluss die problemrelevanten Ansätze[444] der Wissenschaft dargestellt und in Bezug auf ihre Erfüllung der Anforderungen bewertet.[445]

Um die in Kapitel 3.3 aufgeführten Ansätze einheitlich bewerten und analysieren zu können, werden in einem ersten Schritt die Grundlagen der Bewertung erläutert. Zuerst wird das Bewertungs- und Anforderungssystem der Analyse definiert. Dabei legt das Bewertungssystem die Systematik der Bewertung fest während das Anforderungssystem die Inhalte beschreibt, die bewertet werden. Es folgt eine Vorstellung theoretischer Ansätze, die anhand einer Anforderungssystematik bewertet werden.[446] Im Anschluss wird der Handlungsbedarf aus der Theorie abgeleitet. Praxisdefizit[447] und Theoriedefizit[448] werden abschließend zusammengeführt, in dessen Folge die Forschungsfrage[449] konkretisiert wird.

3.1 Bewertungssystem

In der Literatur werden zahlreiche Möglichkeiten zur Bewertung bestehender Ansätze verwendet. Ein häufiges Mittel stellt eine diskrete Skala dar, welche verschieden viele Merkmalsausprägungen aufweisen kann.[450] Die Zuverlässigkeit und Gültigkeit einer Bewertung kann durch Zuhilfenahme von fünf bis sieben Merkmalsausprägungen gewährleistet werden. Eine weitere Erhöhung an Merkmalsausprägungen führt nicht zwingend zu einer Erhöhung von Zuverlässigkeit und Gültigkeit. Für eine differenzierte, einheitliche und gleichzeitig robuste Bewertung verschiedener Ansätze sind fünf Merkmalsausprägungen ausreichend.[451] Das in dieser Arbeit verwendete Bewertungssystem besitzt die folgenden fünf Ausprägungen zur Bewertung der Ansätze bezüglich der Erfüllung geforderter Anforderungen: *Nicht erfüllt*, *sehr gering*, *gering*, *hoch* und *sehr hoch*.[452]

[444] Unter dem Begriff „Ansatz" werden Theorien, Modelle, Verfahren, Vorgehen und Denkrichtungen zusammengefasst.

[445] Vgl. Kapitel 3.4.

[446] Vgl. Ulrich et al. (Management), 1984, S. 193.

[447] Vgl. Kapitel 2.5.

[448] Vgl. Kapitel 3.5.

[449] Vgl. Kapitel 3.6.

[450] Vgl. Likert (Measurement of Attitudes), 1932.

[451] Vgl. Dawes (Number of Scale Points), 2008, S. 63.

[452] Vgl. Abbildung 49.

Abbildung 49: Stufen des Bewertungssystems

3.2 Anforderungssystem

Auf Basis des Handlungsbedarfs aus der Praxis[453] lassen sich spezifische Anforderungen an einen Ansatz zur Resilienzsteigerung im Werkzeugbau ableiten. Diese können in die drei Dimensionen allgemeine Anforderungen, kontextspezifische Anforderungen und problemspezifische Anforderungen unterteilt werden.[454]

Im Folgenden werden die Anforderungen spezifiziert und in jeweils fünf Bewertungsabstufungen unterteilt, damit die Einordnung der in der Literatur bestehenden Ansätze erfolgen kann.

3.2.1 Allgemeine Anforderungen

Ein geeigneter Ansatz zur Resilienzsteigerung im Werkzeugbau muss allgemeinen Anforderungen aus wissenschaftlicher Sicht genügen, zu denen die *Bezugnahme zur Realität* sowie die *Sicherstellung der Anwendbarkeit* zählen.

Die *Bezugnahme zur Realität* stellt hierbei sicher, dass eine ausreichende Praktikabilität besteht.[455] Praktikabilität deckt die Struktur- und Handhabbarkeitskomponenten des Ansatzes ab, die realitätsnahe, praktische Rahmenbedingungen darstellen.[456] Die fünf Abstufungen der Anforderung *Bezugnahme zur Realität* lauten wie folgt:

- *Nicht erfüllt*: Der Ansatz nimmt keinen Bezug zur Realität und stellt die Praktikabilität nicht sicher.
- *Sehr gering*: Der Ansatz ist in der Praxis anwendbar, der erforderliche Daten- und Informationsbedarf ist in der Praxis jedoch nicht generierbar.
- *Gering*: Der Ansatz ist in der Praxis anwendbar, Quellen zur Deckung des erforderlichen Daten- und Informationsbedarfs sind jedoch nur vereinzelt bekannt.
- *Hoch:* Der Ansatz ist in der Praxis anwendbar, einfach handhabbar und durch verständliche Strukturen charakterisiert. Die Verfügbarkeit von erforderlichen Daten und Informationen ist gering, da die Beschaffung sehr aufwendig ist.
- *Sehr hoch*: Der Ansatz ist in der Praxis anwendbar, einfach handhabbar und durch verständliche Strukturen charakterisiert. Erforderliche Daten und Informationen sind leicht zugänglich.

---

453 Vgl. Kapitel 2.5.

454 Vgl. Abbildung 51.

455 Vgl. Pitsch (Kompetenzfeldbasierte Vernetzung von Werkzeugbaustandorten), 2014, S. 60

456 Vgl. Kuhlmann (Geschäftsprozesse im Werkzeugbau), 2011, S. 47

Die *Sicherstellung der Anwendbarkeit* eines Modells kann durch eine hohe Konkretheit erreicht werden. Eine klare Struktur ist von Nöten, um eine stringente Umsetzung sicherzustellen. Umsetzungsschritte müssen definiert, aufeinander abgestimmt und in prägnanter Form voneinander abgegrenzt werden. Zusätzlich müssen die Schritte untereinander im Verhältnis stehen.[457] Durch eine klare Struktur ist es für jeden Anwender möglich, an verschiedenen Stellen des Modells einzusteigen. Die Abstufung der Anforderung *Sicherstellung der Anwendbarkeit* lassen sich wie folgt beschreiben:

- *Nicht erfüllt*: Der Ansatz beinhaltet kein konkretes Ablaufmodell für die Erfüllung der Zielstellung und stellt daher die Anwendbarkeit nicht sicher.
- *Sehr gering*: Der Ansatz beinhaltet ein grobes Rahmenwerk zur Erfüllung der Zielstellung ohne konkrete Inhalte.
- *Gering*: Der Ansatz beschreibt den Inhalt und zu durchlaufende Phasen zur Erfüllung der Zielstellung ohne jedoch Meilensteine und Controllingmethoden zu nennen.
- *Hoch:* Der Ansatz beinhaltet klar definierte und aufeinander folgende Schritte zur Erfüllung der Zielstellung, die mit Meilensteinen und Controllingmethoden belegt sind.
- *Sehr hoch:* Der Ansatz beschreibt definierte und aufeinander aufbauende Schritte zur Erfüllung der Zielstellung, wobei jeder Schritt definierte Ein- und Ausgangsgrößen beinhaltet. Diese Größen gewährleisten den Einstieg an verschiedenen Stellen der Methodik.

Durch die *Bezugnahme zur Realität* sowie die *Sicherstellung der Anwendbarkeit* kann eine anwenderfreundliche Umsetzbarkeit des zu entwickelnden Ansatzes sichergestellt werden.

3.2.2 Kontextspezifische Anforderungen

Um einen Bezug zu den in Kapitel 2.4.2 genannten Besonderheiten der Branche Werkzeugbau herzustellen, existieren neben den allgemeinen Anforderungen auch kontextspezifische Anforderungen an den Ansatz. Ein Ansatz muss den *Erkenntnistransfer auf den Werkzeugbau*, die *Sicherstellung der KMU-Tauglichkeit* und die *Berücksichtigung individueller Unternehmensrandbedingungen* garantieren.

Ein Ansatz zur Resilienzsteigerung im Werkzeugbau muss in allen Werkzeugbaubetrieben möglich sein können. Daher muss der Ansatz den *Erkenntnistransfer auf den Werkzeugbau* sicherstellen. Werkzeuge werden meist in geringer Stückzahl gefertigt, weshalb den Fertigungsprozessfolgen der Werkzeugbauteile geringe, bis gar keine Wiederholhäufigkeiten aufweisen. Aufgrund der auftretende hohe Heterogenität der Arbeitsschritte muss in einem Ansatz vorgesehen sein. Die Übertragbarkeit auf den Werkzeugbau stellt eine allgemeingültige Verwendung der Methodik für die verschiedenen Anwendungsbereiche innerhalb des definierten

[457] Vgl. Kuhlmann (Geschäftsprozesse im Werkzeugbau), 2011, S. 45

Betrachtungsbereichs[458] sicher.[459] Die fünf Ausprägungen der Anforderung *Erkenntnistransfer auf den Werkzeugbau* werden folgend dargestellt:[460]

- *Nicht erfüllt*: Der Ansatz ermöglicht keinen spezifischen Erkenntnistransfer.
- *Sehr gering:* Der Ansatz ermöglicht den Erkenntnistransfer auf ein konkretes Unternehmen.
- *Gering*: Der Ansatz ermöglicht den Erkenntnistransfer auf die produzierende Industrie.
- *Hoch:* Der Ansatz ermöglicht den Erkenntnistransfer auf die Einzel- und Kleinserienfertigung.
- *Sehr hoch:* Der Ansatz ermöglicht den Erkenntnistransfer auf die Branche Werkzeugbau.

Die *Sicherstellung der KMU-Tauglichkeit* nimmt eine gesonderte Stellung innerhalb des Anforderungsprofils ein. Die deutsche Branche Werkzeugbau besteht hauptsächlich aus kleinen und mittleren Unternehmen in der Zuliefererindustrie. Deutsche KMU zeichnen sich durch ihre Besitzstrukturen meist durch geringere Investitionsbudgets aus, als Großunternehmen und Konzerne. Zudem liegt der Fokus dieser Unternehmen hauptsächlich auf direkt wertschöpfenden Tätigkeiten, wodurch unmittelbare Change-Prozesse weniger effizient bearbeitbar sind, als beispielsweise bei Konzernen. Mithin muss der Ansatz die Randbedingungen deutscher KMU berücksichtigen. Die fünf Ausprägungen der Anforderung *Sicherstellung der KMU-Tauglichkeit* werden folgend dargestellt:

- *Nicht erfüllt:* Der Ansatz entwickelt eine Lösungsthese ohne spezifischen KMU-Bezug.
- *Sehr gering*: Der Ansatz entwickelt eine Lösungsthese ohne spezifischen KMU-Bezug, beschreibt aber eine mögliche Übertragbarkeit auf KMU.
- *Gering:* Der Ansatz differenziert seine Lösungsthese entsprechend der Zielgruppe und beschreibt eine Möglichkeit der Umsetzung für KMU.
- *Hoch:* Der Ansatz entwickelt eine Lösungsthese ausschließlich für KMU.
- *Sehr hoch:* Der Ansatz entwickelt eine Lösungsthese ausschließlich für KMU und differenziert zudem entsprechend spezifischer Unternehmensrandbedingungen.

Der Werkzeugbau stellt eine heterogene Branche dar, in der sich die Unternehmensgröße, das Produktspektrum, der Marktzugang oder aber die Wertschöpfungstiefe zwischen den Betrieben signifikant unterscheidet. Zur erfolgreichen Anwendung eines Ansatzes, muss dieser die spezifischen Unternehmensrandbedingungen berücksichtigen. Die fünf Ausprägungen der Anforderung *Berücksichtigung von Unternehmensrandbedingungen* werden folgend dargestellt:[461]

- *Nicht erfüllt:* Der Ansatz weist keinerlei Berücksichtigung der Unternehmensrandbedingungen auf.

---

[458] Vgl. Kapitel 2.4.

[459] Vgl. Kühn (Leistungssysteme im Werkzeugbau), 2016, S. 65.

[460] Vgl. Komorek (Kollaborative Wertschöpfung im industriellen Werkzeugbau), 2014, S. 70.

[461] Vgl. Kühn (Leistungssysteme im Werkzeugbau), 2016, S. 56.

- *Sehr gering*: Der Ansatz nimmt Bezug auf die Unternehmensrandbedingungen, eine Spezifikation findet jedoch nicht statt.
- *Gering:* Der Ansatz berücksichtigt einzelne, spezifische Unternehmensrandbedingungen.
- *Hoch:* Der Ansatz berücksichtigt alle relevanten, spezifischen Unternehmensrandbedingungen.
- *Sehr hoch:* Der Ansatz berücksichtigt sowohl die relevanten, spezifischen Unternehmensrandbedingungen als auch die Interdependenzen zwischen den Unternehmensrandbedingungen.

3.2.3 Problemspezifische Anforderungen

Die problemspezifischen Anforderungen an einen Ansatz zur Resilienzsteigerung im Werkzeugbau lassen sich aus dem Vier-Phasen-Modell nach MÜLLER ableiten.[462,463,464,465,466] Ziel des Ansatzes zur Resilienzsteigerung im Werkzeugbau ist die aktive Identifikation von Unternehmenskrisen bereits in frühen Krisenphasen. Zur Identifikation strategischer Krisen bzw. Erfolgskrisen sind nach MÜLLER und KRYSTEK große Mengen aussagefähiger Indikatoren notwendig.[467] Mithin stellt *die Definition und Erhebung von Krisenindikatoren* eine notwendige Anforderung an einen Ansatz zur Resilienzsteigerung im Werkzeugbau dar. Die geringe Erkennbarkeit von Unternehmenskrisen im frühen Krisenstadium erfordert zudem eine aktive, *prognosegestützte Früherkennung von Krisen*. Die Bedeutung der Ergebnisse dieser Prognosen sind aufgrund des frühen Krisenstadiums nicht eindeutig zu bewerten, weshalb *die Interpretation und Bewertung der Krise* unter Zuhilfenahme der Prognoseergebnisse abschließend erforderlich ist.

---

[462] Vgl. Abbildung 50.

[463] Vgl. Kapitel 2.1.2.1.

[464] Vgl. Blum (Früherkennung von Unternehmenskrisen), 2018, S. 163-166.

[465] Vgl. Hohberger; Damlachi (Sanierung im Mittelstand), 2019, S. 43.

[466] Vgl. Bickhoff et al. (Die Unternehmenskrise als Chance), 2004, S. 6-10.

[467] Vgl. Krystek (Denkanstöße für eine integrierte Krisenvorsorge), 2020, S. 30.

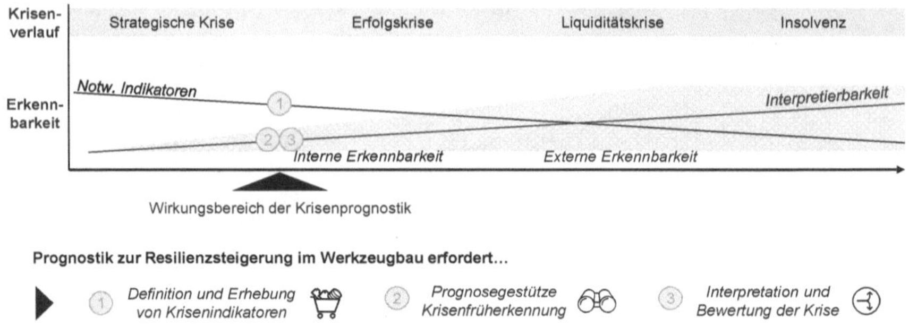

Abbildung 50: Herleitung der problemspezifischen Anforderungen[468,469]

Die *Definition und Erhebung von Krisenindikatoren* ist essenzieller Bestandteil eines Ansatzes zur Resilienzsteigerung im Werkzeugbau. Ein Ansatz muss nicht nur aussagefähige interne und externe Krisenindikatoren definieren, sondern auch Möglichkeiten der Erhebung dieser Indikatoren beschreiben, um einen praktischen Nutzen für Betriebe der Branche Werkzeugbau zu stiften. Die fünf Ausprägungen dieser Anforderung werden folgend dargestellt:

- *Nicht erfüllt:* Der Ansatz definiert weder interne noch externe Krisenindikatoren.
- *Sehr gering:* Der Ansatz definiert vereinzelte, bedingt aussagekräftige interne Krisenindikatoren, beschreibt jedoch keine Möglichkeiten der Erhebung dieser Indikatoren.
- *Gering:* Der Ansatz definiert vereinzelte, bedingt aussagekräftige interne und externe Krisenindikatoren, beschreibt jedoch keine Möglichkeiten der Erhebung dieser Indikatoren.
- *Hoch:* Der Ansatz definiert umfänglich sowohl interne als auch externe Krisenindikatoren, beschreibt jedoch keine Möglichkeiten der Erhebung dieser Indikatoren.
- *Sehr hoch:* Der Ansatz definiert umfänglich sowohl interne als auch externe Krisenindikatoren und beschreibt zudem Möglichkeiten der Erhebung dieser Indikatoren.

Die *prognosegestützte Krisenfrüherkennung* beinhaltet die aktive Nutzung definierter Krisenindikatoren. Ein Ansatz muss Data Analytics-Methoden nutzen, um die Entwicklung der Krisenindikatoren vorherzusehen. Dazu muss der Ansatz eine anforderungsgerechte Prognosemethode auswählen und ein entsprechendes Prognosemodell entwickeln. Die fünf Ausprägungen dieser Anforderung werden folgend dargestellt:

- *Nicht erfüllt*: Der Ansatz beschreibt keine dedizierte Entwicklung eines Prognosemodells.
- *Sehr gering:* Der Ansatz nennt lediglich rudimentäre Gestaltungsempfehlungen zur Entwicklung eines Prognosemodells.

---

468 I. A. a. Müller (Krisenmanagement in der Unternehmung), 1982, S. 54-55.

469 Eigene Abbildung zusammengetragen aus: Knecht et al. (Handbuch Unternehmensrestrukturierung), 2018, S. 160-170., Hohberger und Damlachim (Sanierung in Unternehmenskrisen), 2019, S. 43., Klein (Anforderungen an Sanierungskonzepte), 2008, S. 169-172., Bickhoff (Unternehmenskrise als Chance), 2004, S. 6-12.

- *Gering*: Der Ansatz beschreibt die Nutzung eines generischen Prognosemodells.
- *Hoch:* Der Ansatz berücksichtigt datenseitige Randbedingungen und entwickelt ein Prognosemodell.
- *Sehr hoch:* Der Ansatz berücksichtigt daten- und unternehmensseitige Randbedingungen und beinhaltet die Entwicklung ein anforderungsgerechtes Prognosemodell.

Die prognostizierte Entwicklung der Krisenindikatoren in Form von Kriterien und Prädiktoren ist entsprechend der Prognosemethode nicht trivial und muss in den unternehmerischen Kontext überführt werden. Dazu muss ein Ansatz das Prognoseergebnis und strategische Zielgrößen in Bezug setzen. Zudem muss der Ansatz eine Bewertung des Schadenspotenzials der Prognoseergebnisse vornehmen, um priorisierte Handlungsbereiche zu identifizieren. Die fünf Ausprägungen der Anforderung *Interpretation und Bewertung der Krise* werden folgend dargestellt:

- *Nicht erfüllt*: Der Ansatz lässt die Interpretation und Bewertung der Prognoseergebnisse unbeantwortet.
- *Sehr gering:* Der Ansatz nutzt klassische Methoden der Interpretation von Prognoseergebnissen, welche keinen Bezug zu strategischen Zielgrößen des betreffenden Unternehmens herstellen. Eine Bewertung des Schadenspotenzials der Entwicklungen erfolgt nicht.
- *Gering*: Der Ansatz gleicht die Prognoseergebnisse mit den strategischen Zielgrößen des betreffenden Unternehmens ab. Eine Bewertung des Schadenspotenzials der Entwicklungen erfolgt nicht.
- *Hoch:* Der Ansatz gleicht die Prognoseergebnisse mit den strategischen Zielgrößen des betreffenden Unternehmens ab. Zudem bewertet der Ansatz das Schadenspotenzial dieser Entwicklungen. Der Ansatz leitet jedoch keine Handlungsbereiche ab, wodurch die Priorisierung der Handlungsoptionen unbeantwortet bleibt.
- *Sehr hoch:* Der Ansatz gleicht die Prognoseergebnisse mit den strategischen Zielgrößen des betreffenden Unternehmens ab und nimmt eine Bewertung des Schadenspotenzials der Entwicklungen vor. Darauf aufbauend identifiziert der Ansatz priorisierte Handlungsbereiche.

Abbildung 51 zeigt zusammenfassend die Anforderungen an einen Ansatz zur Resilienzsteigerung im Werkzeugbau.

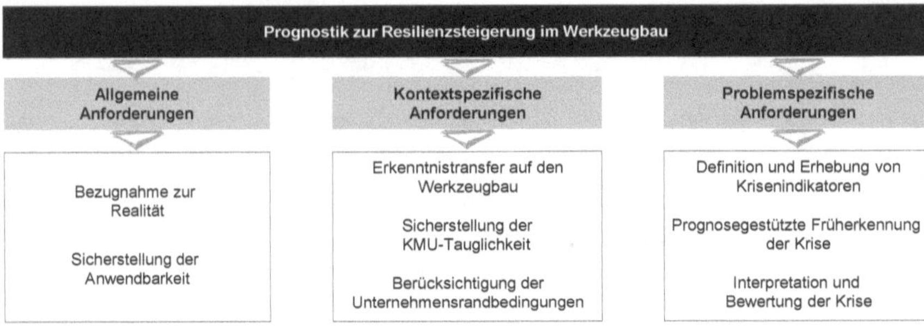

Abbildung 51: Anforderungsübersicht[470]

Die acht hergeleiteten Anforderungen müssen von einer geeigneten Methodik im vollem Umfang erfüllt werden. Zur Bewertung von Ansätzen zur Unternehmensauslegung wird das Bewertungssystem aus Kapitel 3.1 herangezogen.

3.3 Vorstellung und Bewertung bestehender Ansätze

In diesem Kapitel erfolgt die Vorstellung und Bewertung von im Kontext dieser Arbeit relevanten Ansätzen. Hierzu werden die Ansätze in drei Gruppen strukturiert. Zunächst erfolgt die Analyse von Resilienzmanagement-Ansätzen. Anschließend werden Ansätze des Risiko- und Krisenmanagements untersucht. Die Untersuchung beider Teilbereiche ist aufgrund der in Kapitel 2.1.3 herausgearbeiteten inhaltlichen Überschneidung sinnvoll. Innerhalb der drei Gruppen werden die Ansätze chronologisch sortiert vorgestellt.

Die nachfolgende Vorstellung der verschiedenen Ansätze erfolgt in einer aggregierten Kurzform. Dabei werden die grundlegende Problem- und Zielstellung erläutert, die Lösungshypothese beschrieben und eine Bewertung vorgenommen. Hauptsächlich werden dabei die für den Kontext dieser Arbeit relevanten Aspekte eines Ansatzes vorgestellt. Weitere Details können den zitierten Originalquellen entnommen werden. Die Bewertung der einzelnen Ansätze bzgl. der definierten Anforderungen basiert auf einer intensiven Analyse eines jeden Ansatzes. In diesem Kapitel erfolgt die Wiedergabe der Bewertungsergebnisse dieser Analyse. Dies erfolgt für jeden Ansatz in kurzer textlicher Form in dem jeweiligen Kapitel. In Abbildung 62 in Kapitel 3.4 werden die Bewertungsergebnisse der einzelnen Ansätze abschließend grafisch mithilfe der vorgestellten Bewertungssystematik festgehalten und dargestellt.

3.3.1 Resilienzmanagement-Ansätze

3.3.1.1 Wettbewerbsfaktor Resilienz nach BOOS ET AL.

Problem- und Zielstellung

In der deutschen Branche Werkzeugbau ergibt sich durch den Einfluss der Mobilitätswende und der Corona-Pandemie ein ambivalentes Bild der aktuellen wirtschaftlichen Situation. Während einige Unternehmen anhaltende existenzgefährdende Liquiditätsengpässe aufweisen,

[470] Eigene Darstellung

erreichen andere Unternehmen bereits Umsatzerträge auf Vorkrisenniveau. Um auch die langfristige Wettbewerbsfähigkeit und Resilienz deutscher Werkzeugbaubetriebe sicherzustellen, haben die Autoren das Ziel, in den Dimensionen Leistungsspektrum, Ressourcen, Prozess und Mitarbeitende konkrete Handlungsfelder aufzuzeigen.[471]

Modellbeschreibung

BOOS ET AL. definieren innerhalb der genannten Dimensionen Handlungsfelder zur Resilienzsteigerung auf Makro-, Meso- und Mikro-Ebene.[472] In der Dimension Leistungsspektrum nennen die Autoren auf Makro-Ebene die Handlungsfelder Kundenstruktur und Lieferantenmanagement. Werkzeugbaubetriebe müssen ihre Kundenstruktur und Absatzmärkte diversifizieren, um ihre Resilienz zu steigern. Zudem müssen Werkzeugbaubetriebe ihre Lieferketten resilienter gestalten. Dazu eignet sich ein aktives Lieferantenmanagement. Dieses ermöglicht durch das aktive Management der Zulieferer und beispielsweise deren Auditierung die Diversifizierung der Zukaufmärkte.[473] Das Leistungsspektrum kann auf Meso-Ebene ebenfalls resilienter gestaltet werden. Hier empfehlen die Autoren die Erweiterung des Produktspektrums um zusätzliche Werkzeugarten. Spritzgieß- und Blechverarbeitungswerkzeuge erfüllen unterschiedliche Funktionen, können aber mit wenigen Ausnahmen mit den selben Ressourcen hergestellt werden.[474] Auf Mikro-Ebene wird das Handlungsfeld Digitalisierung der Werkzeuge identifiziert, von welchem sich die Autoren durch Steigerung des Kundennutzens eine zukünftig erhöhte Nachfrage versprechen.[475] In der Dimension Ressourcen ist die Handlungsempfehlung der Autoren die Steigerung der Nachhaltigkeit des Unternehmens und der Produkte.[476] Auf Meso-Ebene empfehlen die Autoren die Überarbeitung der bisherigen Fertigungskonzeption. Dies geschieht durch die Aufnahme der Technologiekompetenz, Werkstückanalysen, Technologieroadmapping und der Auswahl der notwendigen Maschinen.[477] Auf Mikro-Ebene gilt es, die Ressourcen für verschiedene Anwendungen zu diversifizieren. Durch das vermehrte Angebot von Dienstleistungen sowie zusätzlicher Sachleistungen, beispielsweise durch additive Fertigung, ist die Notwendigkeit der Diversifizierung gegeben. In der Dimension Prozess ist die Handlungsempfehlung auf Makro-Ebene die Intensivierung des Datenmanagements entlang der Wertschöpfungskette, welches sich zwangsläufig positiv auf die Handlungsfelder Planung & Steuerung sowie adaptive Prozessketten auswirkt. Zudem gilt es auf Mikro-Ebene zukünftig Automatisierung zu forcieren, um krisensicher fertigen zu können.[478] In der Dimension Mitarbeitende gilt es auf Makro-Ebene eine resiliente Unternehmenskultur zu

[471] Vgl. Boos et al. (Wettbewerbsfaktor Resilienz), 2021, S. 59.

[472] Der Betrachtungsfokus der einzelnen Ebenen wird in Kapitel 2.3.2.1 beschrieben.

[473] Vgl. Boos et al. (Wettbewerbsfaktor Resilienz), 2021, S. 27.

[474] Vgl. Boos et al. (Wettbewerbsfaktor Resilienz), 2021, S. 26.

[475] Vgl. Boos et al. (Wettbewerbsfaktor Resilienz), 2021, S. 25.

[476] Vgl. Boos et al. (Wettbewerbsfaktor Resilienz), 2021, S. 33.

[477] Vgl. Boos et al. (Wettbewerbsfaktor Resilienz), 2021, S. 31-32.

[478] Vgl. Boos et al. (Wettbewerbsfaktor Resilienz), 2021, S. 35-44.

schaffen und diese unter Einsatz eines Wissensmanagements (Meso-Ebene) und bedarfsgerechter Mitarbeitendenqualifikation (Mikro-Ebene) zu festigen.[479] Das Zielbild des resilienten Werkzeugbaus ist in Abbildung 52 dargestellt.

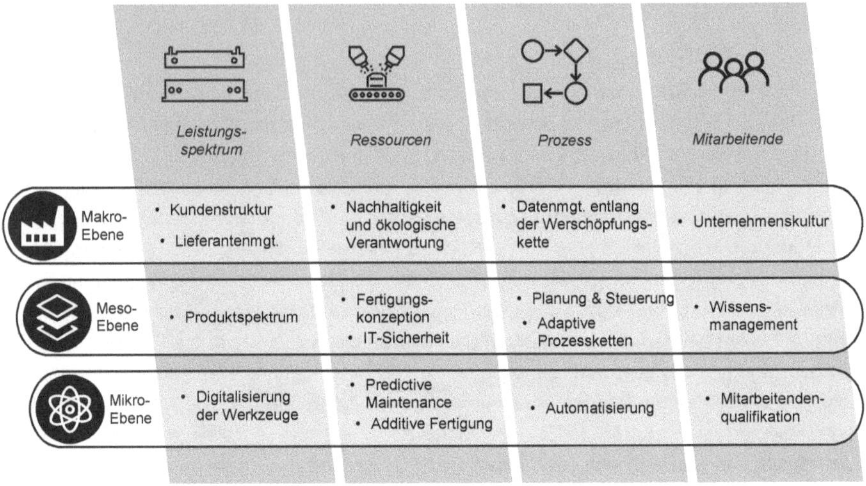

Abbildung 52: Zielbild des resilienten Werkzeugbaus nach Boos et al.[480]

Modellbewertung

Das von Boos et al. entwickelte Gestaltungsmodell für den resilienten Werkzeugbau stellt durch die konkrete Beschreibung von Handlungsfeldern die Anwendbarkeit in hohem Maße sicher. Eine konkrete Bezugnahme zur Realität erfolgt durch die fehlende Beschreibung von konkreten Tätigkeiten innerhalb der Handlungsfelder nur in geringem Maße. Der Ansatz fokussiert hauptsächlich die Unternehmen der Branche Werkzeugbau und erfüllt die kontextspezifischen Anforderungen. Lediglich die Unternehmensrandbedingungen berücksichtigt der Ansatz aufgrund der generischen Beschreibung in geringem Maße. Der Ansatz geht zu keinem Zeitpunkt auf Implikationen von wirtschaftlichen bzw. branchenspezifischen Veränderungen und mithin nicht auf Spezifika der beschriebenen Krisen ein. Mithin erfüllt der Ansatz die problemspezifischen Anforderungen nicht. Zusammenfassend lässt sich festhalten, dass der Ansatz eine konkrete Übersicht über notwendige Handlungsfelder im Werkzeugbau zur langfristigen Steigerung von Resilienz gibt. Ein dynamischer Bezug zwischen einer spezifischen Krise und daraus entstehenden notwendigen Handlungsfeldern wird jedoch nicht hergestellt. Daher eignet sich der Ansatz nicht zur Resilienzsteigerung im Werkzeugbau.

3.3.1.2 Resilient Technology Strategy nach Schuh et al.

Problem- und Zielstellung

---

[479] Vgl. Boos et al. (Wettbewerbsfaktor Resilienz), 2021, S. 45-48.

[480] I. A. a. Boos et al. (Wettbewerbsfaktor Resilienz), 2021, S. 23.

Aufgrund fortschreitender Globalisierung, Digitalisierung und Branchenkonvergenz sind Unternehmen zunehmender Volatilität, Unsicherheit, Komplexität und Mehrdeutigkeit[481] ausgesetzt. Um der Kommodifizierung zu entgehen und in diesem Umfeld Wettbewerbsvorteile zu erzielen, sind Unternehmen im produzierenden Gewerbe gezwungen, neue Kompetenzen abseits ihres Kerngeschäfts aufzubauen. Das strategische Management des Kompetenz- und Technologieportfolios erfordert eine stringente Technologiestrategie. Die konkrete Ableitung einer Technologiestrategie wird durch das VUCA-Umfeld jedoch stark erschwert.[482] SCHUH ET AL. entwickeln in ihrer Arbeit Anforderungen an eine VUCA-resiliente Technologiestrategieentwicklung. Die Anpassung der Technologiestrategieentwicklung an diese Anforderungen soll Unternehmen helfen, eine konsistente resiliente Unternehmensentwicklung zu erreichen.[483]

Lösungshypothese

Die Autoren entwickeln basierend auf einer Literaturrecherche ein Rahmenwerk zur Ableitung von Voraussetzungen an eine resiliente Technologiestrategie. Das Rahmenwerk basiert auf den Forschungsfeldern moderner Technologiestrategieforschung Inhalt, Vorgehen und Kontext. Diese stellen die erste Dimension des Rahmenwerks dar. Die zweite Dimension wird durch aus der Literatur abgeleitete Faktoren der Modellierung eines VUCA-resilienten Technologiestrategiekonzeptes definiert.[484,485]

---

[481] VUCA ist die Zusammensetzung der englische Begriffe volatility, uncertainty, complexity und ambiguity. VUCA hat sich in der Fachliteratur als Begriff etabliert und wird daher im Folgenden ausschließlich verwendet.

[482] Vgl. Schuh (Resilient Strategy in Volatile Environments), 2019, S. 25.

[483] Vgl. Schuh (Resilient Strategy in Volatile Environments), 2019, S. 34-40.

[484] Vgl. Abbildung 53.

[485] Vgl. Schuh (Resilient Strategy in Volatile Environments), 2019, S. 34.

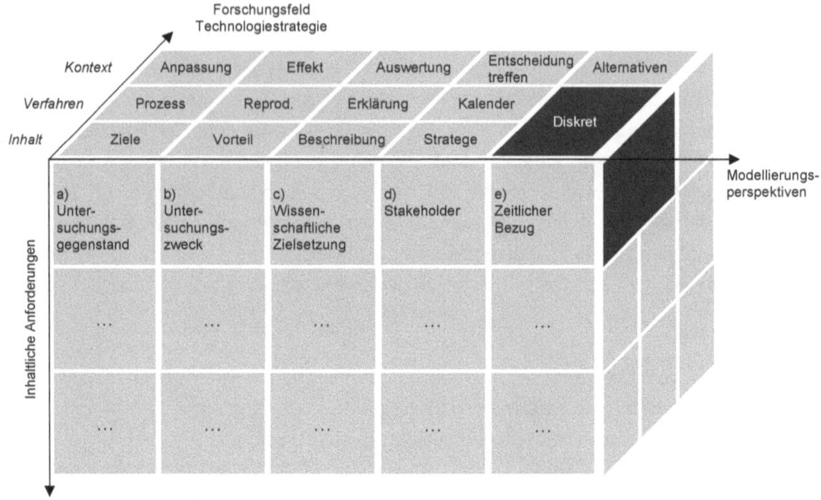

Abbildung 53: Rahmenwerk zur Ableitung strategisch relevanter Anforderungen[486]

Aus diesem Rahmenwerk erfolgt die Ableitung der Voraussetzungen an eine VUCA-resiliente Technologiestrategie in drei Schritten. Im ersten Schritt werden die Elemente für jedes Feld durch die Gegenüberstellung von Forschungsfeld und Modellierungsperspektive definiert. Sofern zutreffend und sinnvoll wird dieses Element im zweiten Schritt hinsichtlich der auftretenden Veränderungen durch eine VUCA-Umgebung analysiert. Im dritten Schritt werden die Voraussetzungen entlang der Modellierungsperspektiven in den Kategorien Untersuchungsgegenstand, Untersuchungszweck, Wissenschaftliche Zielsetzung, Stakeholder und zeitlicher Bezug definiert. Beispielhaft werden im Folgenden die Voraussetzungen in der Kategorie Stakeholder beschrieben. Die Autoren identifizieren die drei Stakeholder *Stratege*, der strategische Analysen synthetisiert und als Entscheidungsvorlage ableitet, der *Entscheider* aus dem Top-Management, der sich für die Strategie entscheidet und der *Planer*, der die akzeptierten strategischen Vorgaben umsetzt. Voraussetzungen zur gesteigerten Resilienz bei der Ableitung der Strategie sind in den Augen der Autoren die Aufwandsminimierung der Entwicklungsarbeit des Strategen, die Reduzierung der Entscheidungskomplexität und die Definition einer Schnittstelle zwischen Strategie und Planungsebene, um adaptives Planen zu ermöglichen. Gleichermaßen werden seitens der Autoren die Kategorien a) – e) definiert.

Modellbewertung

Der Ansatz erläutert generelle Voraussetzungen einer VUCA-resilienten Strategie in verschiedenen unternehmerischen Kategorien. Diese sind jedoch durch ein hohes Abstraktionslevel gekennzeichnet. Dadurch erfolgt die Bezugnahme zur Realität und die Sicherstellung der An-

486 I. A. a. Schuh (Resilient Strategy in Volatile Environments), 2019, S. 35.

wendbarkeit nur in sehr geringem Maße. Durch die starke Abstraktion ist der Erkenntnistransfer auf den Werkzeugbau nur in geringem Maße möglich. Trotzdem existiert durch den konkreten KMU-Bezug eine hohe Sicherstellung der KMU-Tauglichkeit. Spezifische Unternehmensrandbedingungen werden nur geringfügig berücksichtigt. Die problemspezifischen Anforderungen werden durch das Modell nur in sehr geringem Maße erfüllt. So können die erarbeiteten Voraussetzungen teilweise als Krisenindikatoren genutzt werden, die Ableitung einer aktiven Vorgehensweise zur Krisenfrüherkennung kann jedoch nur in Ansätzen erfolgen. Außerdem erfolgt keine differenzierte Betrachtung der Begründung sowie Interpretation der Krise. Die Krise wird mithin nur in sehr geringem Maße interpretiert und bewertet. Zusammenfassend lässt sich festhalten, dass der Erfüllungsgrad der Anforderungen in Summe niedrig ist und sich der Ansatz nicht zur Steigerung von Resilienz im Werkzeugbau eignet.

3.3.1.3 Corporate Restructuring as Risk Treatment nach STRELNIK

Problem- und Zielstellung

Unternehmen sind mit starken Veränderungen ihrer Umwelt sowohl intern als auch extern konfrontiert. Diese Veränderungen werden beispielsweise durch die Gesetzgebung, die Nachfrage oder veralteten Ressourcen induziert. In der modernen, sich schnell verändernden Wirtschaft ist ein reaktives Krisenmanagement zunehmend komplexer. Daher möchten die Autoren klassische Unternehmensrestrukturierung nutzen, um Unternehmen langfristig krisenfester zu machen. STRELNIK entwickelt dazu einen Algorithmus zur Risikobehandlung auf der Grundlage von klassischen Methoden der Unternehmensrestrukturierung.[487]

Lösungshypothese

Im Algorithmus wird der Zeitraum der Unternehmensrestrukturierung in die zwei Phasen vor der Risikoauswirkung bzw. nach der Risikoauswirkung unterteilt.[488] Der erste Schritt vor der Risikoauswirkung ist die Durchführung der Unternehmensdiagnose und Strategieanalyse. Die Unternehmensdiagnose umfasst die Analyse der Finanzkoeffizienten[489] und der Kostenstruktur des Unternehmens. Die strategische Analyse beinhaltet die Analyse der Firmenmission, Ziele, SWOT- und PESTLE-Analyse. Die Diagnostik und strategische Analyse werden verwendet, um Handlungsfelder der Resilienzsteigerung in Form von Risiken zu identifizieren. Wenn Risiken identifiziert werden und die Unternehmensrestrukturierung das Risiko behandeln kann, dann wird im zweiten Schritt das Restrukturierungsprogramm zur Behandlung der Risiken abgeleitet. Der dritte Schritt ist die Implementierung der Unternehmensrestrukturierung, um das Risiko zu behandeln. Der vierte Schritt erfolgt nach Eintritt des Risikos.[490] Er beinhaltet die Analyse der Ergebnisse der Unternehmensrestrukturierung. Wenn die Unternehmensrestrukturierung als Methode zur Risikobehandlung die Risiken beeinflusst hat, ist der Prozess der Risikobehandlung auf Basis der Unternehmensrestrukturierung abgeschlossen. Wenn die Unternehmensrestrukturierung das Risiko nicht beeinflusst hat, ist der fünfte

[487] Vgl. Strelnik (Corporate Restructuring), 2016, S. 225.

[488] Vgl. Abbildung 54.

[489] Beispiele sind die durchschnittliche Inkassoperiode oder der finanzielle Stabilitätsindex.

[490] Vgl. Strelnik (Corporate Restructuring), 2016, S. 230.

Schritt die Analyse der Gründe des Scheiterns der Restrukturierung. Schritt sechs umfasst die erneute Durchführung der Diagnostik und der strategischen Analyse des Unternehmens und stellt den Startpunkt für einen erneuten Zyklus des Algorithmus dar. Diese Zyklizität ist erforderlich, da sich das Geschäftsumfeld kontinuierlich verändert und es erneut bewertet werden sollte. Die Informationen über die Gründe für eine ineffektive Unternehmensrestrukturierung werden verwendet, wenn das Unternehmen ein neues Restrukturierungsprogramm aufstellt. Durch das kontinuierliche Feedback über die Effektivität der Unternehmensrestrukturierung wird diese langfristig effektiver. Dadurch steigert sich auch die Resilienz des Unternehmens.[491]

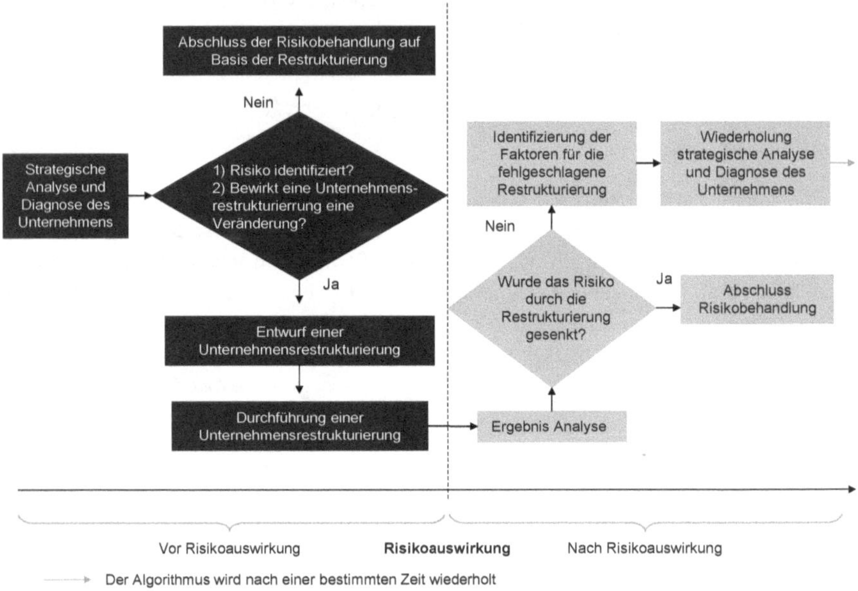

Abbildung 54: Corporate Restructuring-Algorithmus nach Strelnik[492]

Modellbewertung

Die Beschreibung des Algorithmus erfolgt detailliert und präzise. Die den einzelnen Schritten zugrundeliegenden Methoden werden jedoch lediglich genannt und nicht ausreichend detailliert. Mithin nimmt der Ansatz nur in sehr geringem Maße Bezug zur Realität und stellt nur in sehr geringem Maße die Anwendbarkeit sicher. Aufgrund der detaillierten und präzisen Ablaufbeschreibung ist ein Erkenntnistransfer auf den Werkzeugbau in geringem Maße möglich. Zudem kann die Methode für KMU und unabhängig der Unternehmensrandbedingungen eingesetzt werden. Die kontextspezifischen Anforderungen sind mithin in hohem Maße erfüllt. Insgesamt stellt der Ansatz einen geringen Problembezug her. Die Definition und Erhebung

491 Vgl. Strelnik (Corporate Restructuring), 2016, S. 231.

492 I. A. a. Strelnik (Corporate Restructuring), 2016, S. 230.

von Indikatoren für eine Krise bzw. Risiken bleibt gänzlich aus. Durch die Unternehmensdiagnostik vor Eintritt der Risikoauswirkung kann eine Früherkennung der jeweiligen Krise in geringem Maße erfolgen. Eine Quantifizierung der möglichen Auswirkungen bleibt jedoch aus. Nach Eintritt der Risikoauswirkung werden die Gründe des Erfolgs bzw. Misserfolgs der Methode analysiert, wodurch die Interpretation und Bewertung der Krise in geringem Maße adressiert wird. Zusammenfassend lässt sich festhalten, dass der Autor eine generische Herangehensweise zur Steigerung der Resilienz präsentiert, die unternehmensunabhängig eingesetzt werden kann. Aufgrund der niedrigen Detailtiefe und geringen Erfüllungsgrade der problemspezifischen Anforderungen eignet sich der Ansatz jedoch nicht für die Resilienzsteigerung im Werkzeugbau.

3.3.2 Risikomanagement-Ansätze

3.3.2.1 Smart Risk Analytics Design nach Diedrich & Klingbeil

Problem- und Zielstellung

Aufgrund ihrer Komplexität ist die zugrundeliegende Lieferkettenstruktur in der Automobilindustrie vielen verschiedenen Risiken ausgesetzt, die bei nicht ausreichender Berücksichtigung einen hohen negativen Einfluss auf die Wirtschaftlichkeit eines Automobilherstellers haben können. Dementsprechend ist ein proaktives Management von Risiken entlang der Supply Chain produzierender Unternehmen besonders wichtig. Vor diesem Hintergrund haben Diedrich & Klingbeil einen Risikomanagement-Ansatz entwickelt, der durch den Einsatz von Methoden des maschinellen Lernens ermöglicht, Risiken entlang der Supply Chain von Automobilherstellern zu analysieren und zu prognostizieren. Ziel des Konzepts ist es, die Versorgungssicherheit als wesentliche Zielgröße zu prognostizieren. Die Versorgungssicherheit beschreibt die Verfügbarkeit der im geplanten Produktionsprogramm benötigten Teile gemäß den Planungs- und Steuerungsprozessen des OEMs.[493]

Lösungshypothese

Dem Risikomanagement-Ansatz liegt eine generische Prozessarchitektur zur Prognose von Risiken zu Grunde.[494] Die Prozessarchitektur ist in Abbildung 55 visualisiert und beinhaltet drei iterative Zyklen. Der erste iterative Zyklus beschreibt die explorative Analyse von Risikoursache und Risikoauswirkung. Zunächst wird aus internen und externen Datenquellen zu Risikoursachen und KPIs eine Datenbasis zusammengestellt. Im zweiten iterative Zyklus wird das Prognosemodell zur Vorhersage von Risiken entwickelt. Der Kern des Modells ist ein Prognosealgorithmus, der durch Verwendung historischer Daten von Risikoursachen Muster und Zusammenhänge zwischen den Variablen in den analysierten Bedarfsplanungsprozessen erkennt. Um daraus ein umfassendes und proaktives Risikofrühwarnsystem zu realisieren, müssen im ersten Schritt die zu betrachtenden Risiken ausgewählt werden. Im Anschluss daran erfolgt für jedes Risiko die Identifikation der zur späteren Prognose benötigten Daten und der

---

[493] Vgl. Diedrich; Klingbeil (Smart Risk Analytics Design), 2019, S. 570.

[494] Vgl. Diedrich; Klingbeil (Smart Risk Analytics Design), 2019, S. 571.

dazugehörigen Datenquellen sowie die Definition von Zielen in Bezug auf die Risikofrühaufklärung. Daraufhin werden die benötigten Daten aus den zuvor identifizierten internen und externen Datenquellen zusammengetragen. Stehen alle relevanten Daten zur Verfügung, erfolgt zunächst die Datenvorbereitung. In diesem Prozessschritt werden gegebenenfalls vorhandene Fehler korrigiert und die Daten in ein einheitliches Format gebracht. Der Datenvorbereitung schließt sich die Auswahl der Prognosealgorithmen an. Entsprechend des Anwendungsfalls ist der Einsatz von Entscheidungsbäumen, Regressionsmodellen, Random-Forest-Modellen, Support-Vector-Machines, k-nearest Algorithmen oder KNN-Modellen denkbar. Der Algorithmus ist entsprechend seiner Leistungsfähigkeit für das jeweilige Risiko auszuwählen und anschließend hinsichtlich seiner Eigenschaften und Parameter anhand von Trainingsdaten zu optimieren. Zur Optimierung der Vorhersage wird für die genannten Algorithmen Feature Engineering, Feature-Auswahl und Parameteroptimierung durchgeführt und die Performance aller Algorithmen verglichen.[495] Das methodisch-technische Design erfordert eine iterative Entwicklung und eine spezifische Implementierung für jedes Risiko und für jede Lieferkette. Der dritte iterative Zyklus ermöglicht die Anwendung der trainierten Algorithmen auf neue Daten für eine proaktive Frühwarnung. Darüber hinaus werden alle Daten und Ergebnisse in einer Datenbasis gespeichert, um die Smart Risk Analytics kontinuierlich zu verbessern.[496]

[495] Vgl. Diedrich; Klingbeil (Smart Risk Analytics Design), 2019, S. 573.

[496] Vgl. Diedrich; Klingbeil (Smart Risk Analytics Design), 2019, S. 574.

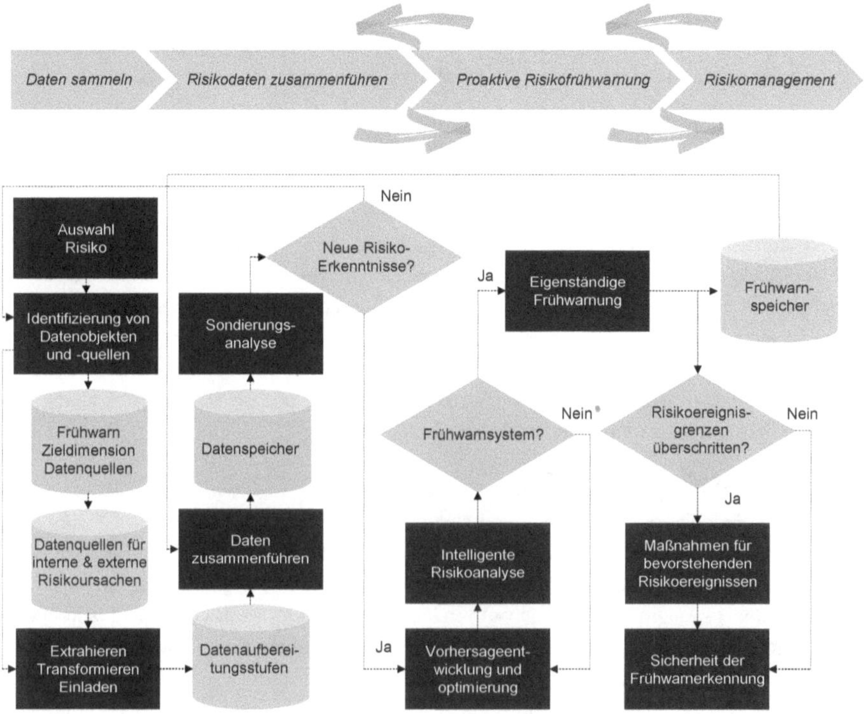

Abbildung 55: Smart Risk Analytics Design nach DIEDRICH & KLINGBEIL[497]

Modellbewertung

Die dem Ansatz von DIEDRICH & KLINGBEIL zu Grunde liegende Prozessarchitektur zur Aufstellung eines prognosegestützten Risikofrühwarnsystems erfüllt einige der zuvor definierten Anforderungen. So wird die Anwendbarkeit durch die Benennung spezifischer Prognosealgorithmen und Anwendungsfälle in hohem Maße erfüllt. Der Ansatz verfügt über ein generisches und detailliertes Vorgehensmodell zur Entwicklung und Aufstellung eines prognosegestützten Risikofrühwarnsystems. Die einzelnen Schritte des Vorgehensmodells werden allerdings nicht detailliert und nicht ausreichend beschrieben, sodass lediglich eine sehr geringe Bezugnahme zur Realität vorgenommen wird. Trotzdem kann der Ansatz in seiner Grundform auch auf die Betriebe der Branche Werkzeugbau übertragen werden und ist weitestgehend in der Lage verschiedene Unternehmensrandbedingung zu berücksichtigen. Mithin werden die kontextspezifischen Anforderungen in geringem Maße erfüllt. Der Ansatz fokussiert die übergeordnete methodische Handhabung von Smart Risk Analytics und beschreibt die Definition und Erhebung konkreter Indikatoren nur in sehr geringem Maße. Aufgrund der detaillierten Beschreibung der zugrundeliegenden Analytik ermöglicht der Ansatz eine prognosegestützte Früherkennung jedoch in hohem Maße. Eine Interpretation der prognostizierten Risiken bleibt aus.

[497] I. A. a. Diedrich; Klingbeil (Smart Risk Analytics Design), 2019, S. 573.

Zusammenfassend lässt sich festhalten, dass der beschriebene Ansatz eine wertvolle methodische Herangehensweise zur Risikovorhersage darstellt, sich aber aufgrund einer geringen Erfüllung des Anforderungsprofils für die Resilienzsteigerung im Werkzeugbau nicht eignet.

3.3.2.2 Integrated Process-Related Risk Management nach KIM ET AL.

Problem- und Zielstellung

Die steigende Unsicherheit im globalen Geschäftsumfeld erfordert die Integration von effektiven Risikomanagementansätzen in die Organisationsstruktur, die sowohl negative Auswirkungen von Risiken als auch positive Auswirkungen von Chancen auf die Geschäftsprozesse berücksichtigen. Dazu entwickeln KIM ET AL. einen prozessbezogenen Risikomanagement-Ansatz, der ein proaktives Risikomanagement von Geschäftsprozessen unterstützt. Neben konkreten Verhaltensanforderungen für ein proaktives Management von prozessbezogenen Risiken umfasst der Ansatz ein Rahmenwerk zur Überwachung und proaktiven Behandlung von Risiken sowie ein entsprechendes Implementierungsmodell.[498]

Lösungshypothese

Im ersten Schritt werden die Risiken und Chancen identifiziert, die während der Ausführung eines Geschäftsprozesses auftreten können. Dies umfasst auch die Festlegung von Indikatoren, anhand derer ein Risiko oder eine Chance erkannt bzw. vorhergesagt werden kann. Zur Belegung der Risiken mit Indikatoren werden die Risiken zuerst analysiert und entsprechend ihrer symptomatischen Auswirkung auf den Prozess beschrieben. Dadurch werden die Symptome der Risiken identifiziert und mit Kennzahlen beschrieben. Im nächsten Schritt wird der sogenannte Risikomanagement-Plan aufgestellt. Da sich der beschriebene Risikomanagement-Ansatz auf Prozessrisiken fokussiert, umfasst der Risikomanagement-Plan neben der Beschreibung des betroffenen Prozessschritts auch die verantwortlichen Mitarbeitenden sowie mögliche Maßnahmen. Auf der Grundlage des Plans werden proaktive Risikomanagementregeln erstellt. Diese beinhalten einen definierten Indikatorwert, dessen Über- bzw. Unterschreitung den Eintritt eines Risikos indiziert.[499] Sind die jeweiligen Regeln aufgestellt, erfolgt die kontinuierliche Überwachung der Geschäftsprozesse und der jeweiligen Indikatoren. Solange der Indikatorwert den zuvor festgelegten Bereich nicht über- oder unterschreitet, wird der Prozess ohne Eingriffe durchgeführt. Über- oder unterschreitet der Indikator jedoch den zuvor festgelegten Toleranzbereich, wird das Risiko bewertet und entsprechende Maßnahmen eingeleitet. Nach der Implementierung der jeweiligen Maßnahmen werden die Auswirkungen dokumentiert und analysiert. So können Verbesserungspotentiale für die Zukunft identifiziert und umgesetzt werden.[500] Zur erfolgreichen Implementierung des Risikomanagement-Prozesses

[498] Vgl. Kim et al. (Integrated Process-Related Risk Management), 2017, S. 23.
[499] Vgl. Kim et al. (Integrated Process-Related Risk Management), 2017, S. 28.
[500] Vgl. Kim et al. (Integrated Process-Related Risk Management), 2017, S. 28.

definieren die Autoren eine unternehmensunabhängige Systemarchitektur. Diese umfasst neben der Auswertungs- und Behandlungskomponente auch benötigte Daten und Regelspeicher sowie Schnittstellen zum Risikomanager und Prozessverantwortlichen.[501]

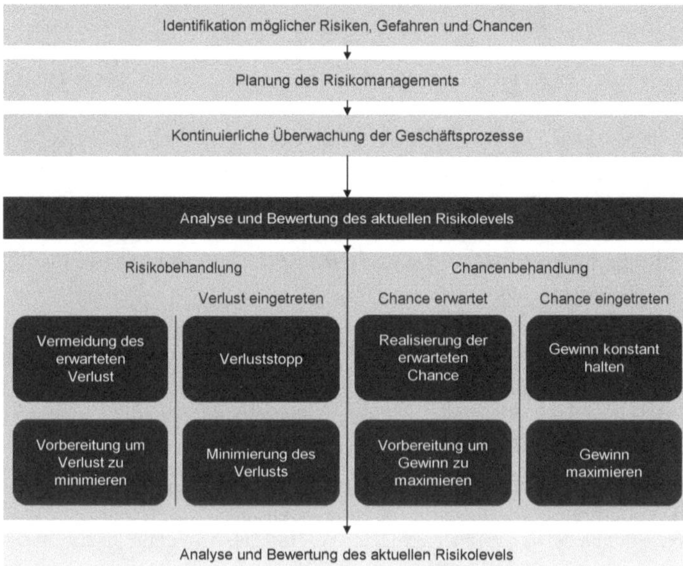

Abbildung 56: Process-Related Risk Management Approach nach KIM ET AL.[502]

Modellbewertung

Der Integrated Process-Related Risk Management Approach to Proactive Threat and Opportunity Handling nach KIM ET AL. erfüllt einzelne Anforderungen des definierten Anforderungsprofils. Durch die detaillierte Beschreibung des Risikomanagement-Plans und der Ableitung konkreter Managementregeln werden die Bezugnahme zur Realität und die Sicherstellung der Anwendbarkeit jeweils in hohem Maße beantwortet. Durch die generische Beschreibung der zugrundeliegenden Systemarchitektur berücksichtigen die Autoren in geringem Maße den Unternehmenskontext und stellen in geringem Maße den Erkenntnistransfer auf den Werkzeugbau sicher. Die kontextspezifischen Anforderungen werden mithin lediglich geringfügig erfüllt. Durch die Nennung ausschließlich exemplarischer Risikoindikatoren werden Risiko- bzw. Krisenindikatoren in geringem Maße definiert. Eine proaktive Früherkennung von Risiken und Chancen wird durch die kontinuierliche Überwachung der Risiken in sehr geringem Maße realisiert. Eine Interpretation und Bewertung der Risiken bleibt gänzlich aus. Zusammenfassend ist festzustellen, dass der Ansatz eine konkrete und sinnvolle Methode zur Überwachung und Beantwortung bekannter Risiken darstellt. Eine direkte Anwendung zur

[501] Vgl. Kim et al. (Integrated Process-Related Risk Management), 2017, S. 35.

[502] I. A. a. Kim et al. (Integrated Process-Related Risk Management), 2017, S. 24.

Resilienzsteigerung im Werkzeugbau ist aufgrund des zu geringen Erfüllungsgrades mehrerer Anforderungen jedoch nicht möglich.

3.3.2.3 Risk Classification of SMEs nach Ozgulbas & Koyuncugil

Problem- und Zielstellung

Kleine und mittlere Unternehmen benötigen zur Sicherstellung ihrer Innovationsfähigkeit und kontinuierlichem Wachstum eine risikofreie Kapitalausstattung. Auf Grund ihrer geringen Größe binden KMU häufig hohe Anteile ihres Kapitals in Unternehmenswerten und gefährden dadurch ihre Liquidität. KMU sind dadurch oftmals einer finanziellen Stresssituation ausgesetzt die unter Umständen existenzbedrohend ist. Das Ziel der Autoren ist die Entwicklung eines Frühwarnsystems, welches bedrohliche finanzielle Risiken identifiziert, bewertet und die Einführung von bedarfsgerechten Maßnahmen ermöglicht. Dazu klassifizieren die Autoren KMU hinsichtlich ihres Risikopotenzials.[503]

Lösungshypothese

Die von Ozgulbas & Koyuncugil entwickelte Methodik ermöglicht es, Risiken auf Grundlage von Data Mining Methoden in zuvor festgelegte Risikokategorien zu klassifizieren. Dadurch können finanzielle Risiken frühzeitig erkannt und entsprechende Maßnahmen eingeleitet werden.[504] Damit die Methodik zur Frühwarnung finanzieller Risiken eingesetzt werden kann, werden zunächst relevante Trainingsdaten benötigt. Dafür nutzen die Autoren Finanzdaten der türkischen Zentralbank. Nach Erhalt der Daten werden diese für den Einsatz im späteren Data Mining Modell vorbereitet. Dies umfasst die Bestimmung der zu verwendenden Finanzkennzahlen, die Beseitigung von Fehlern in den Datensätzen und die Vereinheitlichung des Datenformats.[505] Die verwendeten Kennzahlen umfassen beispielsweise die Liquidität, die Verbindlichkeiten oder die Eigenkapitalquote der jeweiligen Unternehmen. Nach der Vorbereitung der Daten wird die Methode der Chi Square Automatic Interaction Detection (CHAID) angewendet, die zur Klasse der Entscheidungsbäume gehört. Mit Hilfe der CHAID-Methode ist es möglich komplexe Klassifikationsprobleme mit vielen verschiedenen Variablen zu lösen. Die CHAID-Methode ist, basierend auf den Trainingsdaten, in der Lage 31 verschiedene Risikoprofile zu unterscheiden. Diese Risikoprofile ergeben sich aus den Ist-Daten der im Inland ansässigen KMU. In einem nächsten Schritt werden die einzelnen Risikoprofile in Hinblick auf das tatsächlich vorhandene Risiko bewertet werden. Dadurch lassen sich im Anschluss KMU hinsichtlich ihres finanziellen Risikos innerhalb der definierten Risikopotenziale klassifizieren. Abschließend leiten die Autoren für die Risikoprofile Risikoindikatoren und Frühwarnsignale ab. Dadurch können spezifische Risiken dargestellt, überwacht und im Falle eines Risikoeintritts beantwortet werden.[506]

[503] Vgl. Ozgulbas; Koyuncugil (Risk Classification Of SMEs), 2012, S. 2649.
[504] Vgl. Ozgulbas; Koyuncugil (Risk Classification Of SMEs), 2012, S. 2650.
[505] Vgl. Ozgulbas; Koyuncugil (Risk Classification Of SMEs), 2012, S. 2651.
[506] Vgl. Ozgulbas; Koyuncugil (Risk Classification Of SMEs), 2012, S. 2652.

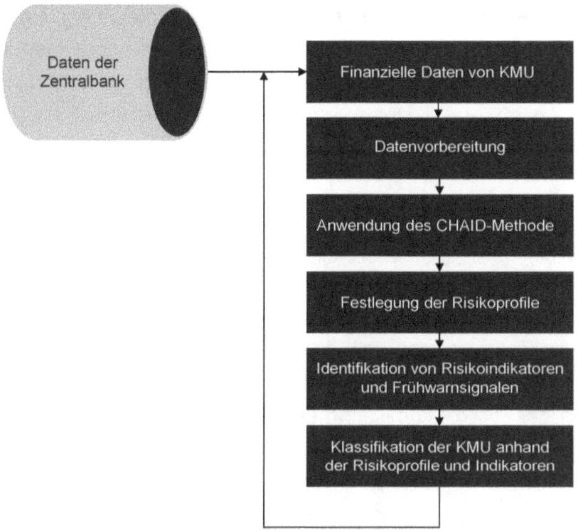

Abbildung 57: Vorgehensweise nach OZGULBAS & KOYUNCUGIL[507]

Modellbewertung

Die vorgestellte Methodik wird oberflächlich beschrieben, sodass die Anwendbarkeit nur in sehr geringem Maße sichergestellt werden kann. Das Modell ist nicht für die eigenständige Nutzung von KMU vorgesehen, wodurch keine Bezugnahme zur Realität gewährleistet wird. Die Methodik stellt zwar in hohem Maße die KMU-Tauglichkeit sicher, berücksichtigt jedoch in sehr geringem Maße Unternehmensrandbedingung und kann dadurch nur in sehr geringem Maße den Erkenntnistransfer auf den Werkzeugbau gewährleisten. Die Klassifikation der Unternehmen erfolgt ausschließlich über historische Daten. Dennoch definieren die Autoren als Ergebnis ihrer Analyse ein Indikatoren-Set, mit Hilfe dessen Risiken bzw. Krisen in hohem Maße definiert werden können. Darüber hinaus wird mit der CHAID-Methode lediglich eine Methode des Data Mining verwendet, die keine schwachen Signale berücksichtigt. Somit erfolgt prognosegestützte Früherkennung nur in sehr geringen Maße. Die vorgestellte Methode ermöglicht es, einzelne KMU hinsichtlich ihres finanziellen Risikos zu bewerten. Demnach eignet sich der Ansatz nicht für eine Resilienzsteigerung im Werkzeugbau.

3.3.2.4 Strategisches Risikomanagement nach HEIN

Problem- und Zielstellung

Der Maschinen- und Anlagenbau ist eine komplexe und hochdynamische Branche, mit stark individualisierter Kundennachfrage, weit fortgeschrittener Internationalisierung und vernetzten Wertschöpfungsaktivitäten sowie verschiedenen Diskontinuitäten auf der wirtschaftlichen und politischen Ebene. Für den mittelständisch geprägten Maschinen- und Anlagenbau wird es

[507] I. A. a. Ozgulbas; Koyuncugil (Risk Classification Of SMEs), 2012, S. 2651.

daher zum zentralen Element einer nachhaltigen Unternehmensentwicklung, kritische Entwicklungen rechtzeitig zu antizipieren, systematisch zu analysieren und konsequent in die Entscheidungsfindung einzubeziehen.[508] Das leitende Ziel dieser Arbeit ist es, ein geeigneten Risikomanagementsystem zu schaffen, das Unternehmen der Branche dazu befähigt, Risiken rechtzeitig zu identifizieren, um Steuerungsmaßnahmen zeitnah einleiten zu können.[509]

Lösungshypothese

Das Gestaltungsmodell folgt einem prozessorientierten Ablauf und ist in die drei Hauptphasen Initiierung, Durchführung und Verbesserung strukturiert.[510] Die Initiierungsphase dient der Schaffung von methodischen Kompetenzen, Etablierung von Regeln der Durchführung sowie der Verteilung von Verantwortlichkeiten innerhalb der Organisation. Ausgehend von der Projektplanung, welche inhaltliche Aspekte des Projekt- und Changemanagements detailliert, wird zunächst die Ausgestaltung der Risikoorganisation und der Risikostrategie diskutiert.[511] Die Risikoorganisation beinhaltet die notwendige Veränderung der Organisation im Unternehmen und die Definition relevanter Verantwortungsbereiche. Damit werden die Grundlagen der organisatorischen Einbettung sowie der Integration des Risikomanagements in den Strategiekontext des Unternehmens etabliert.[512] Im Anschluss werden die Bereiche der Methodenkonzeption sowie des Risikomanagementberichtswesens erörtert. Diese Aspekte konkretisieren die methodisch-prozessualen Elemente. So muss beispielsweise die Art der Risikoidentifikation und -bewertung definiert und anschließend eine Risikostrategie abgeleitet und operationalisiert werden.[513] Die Durchführungsphase bildet die zweite Hauptphase des Modells ab. In der Phase der Durchführung werden unter Beteiligung unterschiedlicher Mitarbeitender die Risiken identifiziert, bewertet und gesteuert. Dazu schlägt HEIN Darstellungs- und Risikosteuerungselemente vor. Darüber hinaus entwickelt der Autor eine übergreifende Systemdokumentation, die erzeugten Informationen zielgerichtet kommuniziert und dokumentiert.[514] Die letzte Phase ist die Phase der kontinuierlichen Verbesserung. Neben der Einführung sowie der kontinuierlichen Durchführung des Risikomanagements sorgt die kontinuierliche Verbesserung für eine Steigerung der Effizienz und Effektivität des Gesamtsystems.[515] Die Verbesserung der Risikokultur im Sinne einer Ausrichtung der Beteiligten am gewünschten Risikoverhalten kann nur langfristig erfolgen. Mithin ist der vorgestellte Ansatz als iterativer Prozess zu verstehen, der eine Überwachung und ein dediziertes Controlling erfordert.[516]

---

[508] Vgl. Hein (Strategisches Risikomanagement im MAB), 2007, S. 1.

[509] Vgl. Hein (Strategisches Risikomanagement im MAB), 2007, S. 3.

[510] Vgl. Abbildung 58.

[511] Vgl. Hein (Strategisches Risikomanagement im MAB), 2007, S. 144.

[512] Vgl. Hein (Strategisches Risikomanagement im MAB), 2007, S. 149-156.

[513] Vgl. Hein (Strategisches Risikomanagement im MAB), 2007, S. 162.

[514] Vgl. Hein (Strategisches Risikomanagement im MAB), 2007, S. 170.

[515] Vgl. Hein (Strategisches Risikomanagement im MAB), 2007, S. 177.

[516] Vgl. Hein (Strategisches Risikomanagement im MAB), 2007, S. 178.

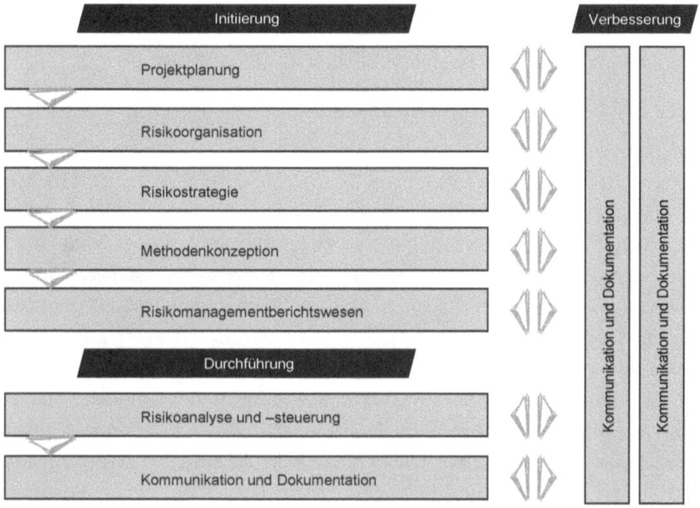

Abbildung 58: Prozessphasen des strategischen Risikomanagements nach HEIN[517]

Modellbewertung

Der Ansatz *strategisches Risikomanagement im Maschinen und Anlagenbau* folgt einer klaren Struktur, ist angelehnt an die Umsetzungsphasen von Risikomanagement in der betrieblichen Praxis und nimmt damit in sehr hohem Maße Bezug zur Realität. Außerdem werden relevante Inhalte detailliert erläutert und konkret beschrieben. Die allgemeinen Anforderungen an das Modell werden in hohem Maße erfüllt. Durch die strukturellen Ähnlichkeiten der Brachen Werkzeugbau sowie Maschinen- und Anlagenbau ist der Erkenntnistransfer ohne weiteres auf Unternehmen der Branche Werkzeugbau möglich. Eine dedizierte Berücksichtigung von unternehmensspezifischen Randbedingungen erfolgt jedoch nur in sehr geringem Maße. In der Initiierungsphase beschreibt HEIN Möglichkeiten zur Definition und Erhebung von Krisenindikatoren. Eine konkrete Ableitung von Handlungsempfehlungen erfolgt jedoch nicht. Daher erfolgt die Definition und Erhebung von Risikoindikatoren nur in sehr geringem Maße. Das Modell beschreibt keine Methoden der Krisenfrüherkennung. Die Anforderungen an eine prognosegestützte Krisenfrüherkennung werden mithin nicht erfüllt. In der Phase der Durchführung wird in geringem Maße auf die Bewertung der Risiken eingegangen. Eine Interpretation erfolgt jedoch nicht. Zusammenfassend lässt sich feststellen, dass der vorgestellte Ansatz es Werkzeugbaubetrieben ermöglicht, ein systematisches Risikomanagement einzuführen. Insbesondere die Umsetzung konkreter Maßnahmen zur Reduzierung und Vermeidung von Risiken wird jedoch wenig detailliert beschrieben. Demnach eignet sich der Ansatz nicht zur Resilienzsteigerung im Werkzeugbau.

[517] I. A. a. Hein (Strategisches Risikomanagement im MAB), 2007, S. 114.

3.3.3 Krisenmanagement-Ansätze

3.3.3.1 Erfolgreich Restrukturieren im Werkzeugbau nach BOOS ET AL.

Problem- und Zielstellung

Der Ursprung von Unternehmenskrisen liegt nach BOOS ET AL. entweder in innerbetrieblichen Entscheidungen, in einem sich einstellenden Geschäftsmodell oder mangelnder Transparenz der Finanzkennzahlen.[518] Das Management existenzbedrohender Unternehmenskrisen unterscheidet sich von alltäglichen Managementtätigkeiten und ist auf verschiedene Weisen anspruchsvoll. Einerseits müssen Entscheidungen bei zunehmender Schwere der Krise unter hohem Zeitdruck sowie bei sich reduzierenden Handlungsempfehlungen getroffen werden. Andererseits sind, abhängig der Krisenursache, Vertrauensverluste gegenüber den wesentlichen Stakeholdern zu kompensieren.[519] Die Krisenursache selbst kann dabei durch interne oder externe Faktoren induziert sein.[520] Das Krisenmanagement kann sich aufgrund dieser Vielfalt an Krisenursachen nicht eines Baukastens bedienen und stellt mithin eine große unternehmerische Herausforderung dar. Daher entwickeln die Autoren den ganzheitlichen Restrukturierungsansatz, welcher einen Managementrahmen zur effizienten Krisenbewältigung darstellt. Zudem legen BOOS ET AL. ein Kennzahlengerüst zugrunde, mit dessen Hilfe Unternehmen zur Schaffung von finanzieller Transparenz befähigt werden sollen.

Lösungshypothese

Der Fokus des Restrukturierungsmodells liegt auf der kurzfristigen Existenzsicherung sowie dem Aufbau einer nachhaltigen Wettbewerbsposition.[521] Das Modell wurde insbesondere für die Beantwortung einer Unternehmenskrise geschaffen, weshalb die Autoren die Krisenfrüherkennung als eine unentbehrliche vorgelagerte Managementaufgabe ansehen. Die frühe Erkennung der Unternehmenskrise ist entscheidend, um den Restrukturierungsprozess frühzeitig initiieren zu können.[522] Die Autoren konzipieren daher eine Frühwarnsystem anhand exemplarischer Krisenindikatoren. Für Werkzeugbaubetriebe können diese in vorgelagerte leistungs- und nachgelagerte finanzwirtschaftliche Elemente sowie ein Wettbewerbsbenchmarking unterteilt werden [523]

Der ganzheitliche Restrukturierungsansatz nach BOOS ET AL. kann nach Erkennung der Unternehmenskrise angewendet werden. Diese generische Methode umfasst eine Konzeptionsebene, die als Zielsetzung die Erstellung eines unternehmensindividuellen Restrukturierungskonzepts darstellt und eine Umsetzungsebene, welche die operativen Tätigkeiten der Restrukturierung beschreibt.[524]

---

[518] Vgl. Boos et al. (Erfolgreich Restrukturieren im Werkzeugbau), 2017, S. 6.
[519] Vgl. Boos et al. (Erfolgreich Restrukturieren im Werkzeugbau), 2017, S. 7.
[520] Vgl. Boos et al. (Erfolgreich Restrukturieren im Werkzeugbau), 2017, S. 8.
[521] Vgl. Boos et al. (Erfolgreich Restrukturieren im Werkzeugbau), 2017, S. 9.
[522] Vgl. Boos et al. (Erfolgreich Restrukturieren im Werkzeugbau), 2017, S. 11.
[523] Vgl. Boos et al. (Erfolgreich Restrukturieren im Werkzeugbau), 2017, S. 11.
[524] Vgl. Abbildung 59.

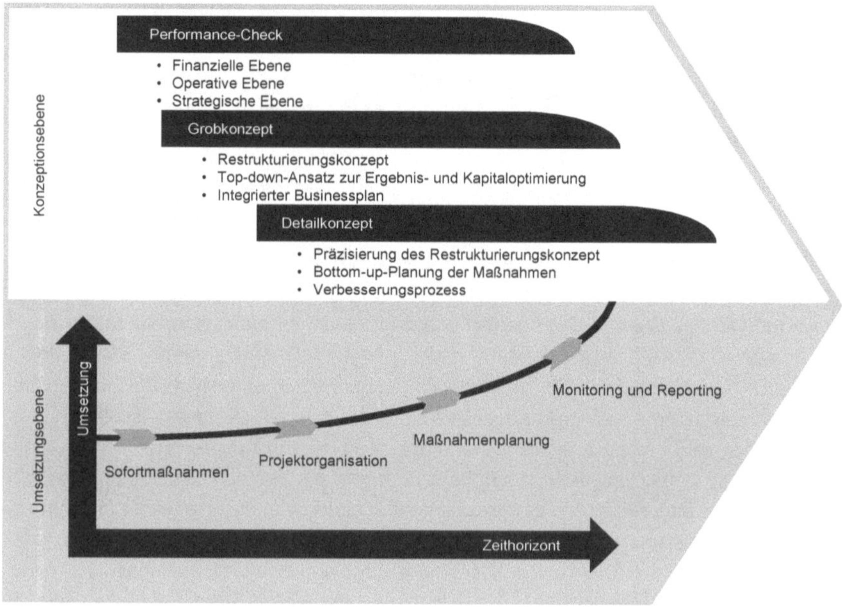

Abbildung 59: Ganzheitlicher Restrukturierungsansatz nach Boos et al.[525]

Im ersten Schritt der Konzeptionsebene erfolgt ein umfassender Performance-Check, um einen Überblick über die aktuelle Situation des betreffenden Werkzeugbaubetriebs zu erhalten und eine Kommunikation zu den relevanten Stakeholdern sicherzustellen. Gleichzeitig sollten auf der Umsetzungsebene Sofortmaßnahmen zur Verbesserung der Liquiditätssituation, wie beispielsweise die Steigerung der Forderungsaufwände, initiiert werden.[526] Die Ergebnisse des Performance-Checks bilden die Grundlage zur Grobkonzepterstellung. Dieses gliedert sich in drei Bestandteile finanzielle Restrukturierung, operative Restrukturierung und strategische Restrukturierung, die im Top-down-Ansatz vorgegeben werden. Die finanzielle Restrukturierung dient der mittel- und langfristigen Wiederherstellung des finanziellen Gleichgewichts. Hierzu nennen die Autoren konkrete Maßnahmen wie beispielsweise die Reduzierung des Anlagevermögens, welches im kapitalintensiven Werkzeugbau die Liquidität stark beeinflusst. Die operative Restrukturierung definiert die zu initiierenden Maßnahmen zur notwendigen Ergebnis- und Liquiditätsverbesserung. Hierzu nennen die Autoren beispielsweise die Reduzierung der Wertschöpfungstiefe, welche bei Werkzeugbaubetrieben klassischerweise höher ist, als in anderen Industrien. Abschließend dient die strategische Restrukturierung zur Neuausrichtung des Leistungsportfolios sowie der strukturellen und prozessualen Organisation. Dazu schlagen die Autoren eine initiale Überprüfung des Produkt- und Dienstleistungsspektrums

[525] I. A. a. Boos et al. (Erfolgreich Restrukturieren im Werkzeugbau), 2017, S. 14.

[526] Vgl. Boos et al. (Erfolgreich Restrukturieren im Werkzeugbau), 2017, S. 15.

vor, welches die strategische Ausrichtung des Werkzeugbaubetriebs maßgeblich beeinflusst.[527] Die Detailkonzeption präzisiert das Restrukturierungskonzept und plant die Umsetzung der Maßnahmen mit Hilfe des Bottom-up-Ansatzes. Für die Umsetzungsebene bedeutet dies den Aufbau einer Projektorganisation, die konkrete Maßnahmenplanung und das Monitoring des bisherigen Umsetzungsstandes.[528]

Modellbewertung

Insgesamt zeigt der Ansatz sowohl zur Krisenvorbeugung als auch zur Krisenbewältigung exemplarische, wenn auch generische Kennzahlen und Methoden auf, wodurch sowohl die Bezugnahme zur Realität, als auch die Sicherstellung der Anwendbarkeit nur in sehr geringem Maße erfüllt werden. Durch die stringente Berücksichtigung der branchenspezifischen Eigenschaften deutscher Werkzeugbaubetriebe wird der Erkenntnistransfer auf den Werkzeugbau sowie die Sicherstellung der KMU-Tauglichkeit in hohem Maße adressiert. Die Autoren definieren eine sehr hohe Anzahl von Krisenindikatoren, welche in leistungswirtschaftliche und finanzielle Elemente unterteilt dargelegt werden. Zudem werden Möglichkeiten der Erhebung beschrieben. Die Umsetzung der Krisenfrüherkennung wird jedoch nur in sehr geringem Maße detailliert und die Interpretation und Bewertung einer Unternehmenskrise wird nicht thematisiert. Zusammenfassend lässt sich festhalten, dass der Ansatz eine valide Krisenmanagement-Methode durch den Einsatz von Restrukturierung darstellt. Durch die fehlende quantitative Betrachtung einer Unternehmenskrise eignet sich der Ansatz nicht zur Resilienzsteigerung im Werkzeugbau.

3.3.3.2 Framework for Crisis Management nach Crandall et al.

Problem- und Zielstellung

Krisen sind für die meisten Unternehmen ein unglückliches Ereignis, welches undefinierbar und kurzfristig auftritt. Eine Immunität gegen plötzliche, unerwartete Ereignisse, die Unternehmen finanziell fordern existiert nicht. Um jedoch einerseits weniger Anfällig für Krisen zu werden und andererseits die Auswirkungen von Krisen zu mildern entwickeln Crandall et al. ein Rahmenwerk welches klassische Krisenmanagement-Ansätze um die Dimension des internen- und externen Umfelds erweitert. Dazu leiten die Autoren aus bestehenden Krisenmanagement-Ansätzen gängige Verfahrensweisen des Umgangs mit Krisen ab und teilen die Implikationen dieser Ansätze das interne und externe Umfeld auf.

Lösungshypothese

Das interne Umfeld liegt innerhalb der Organisation. Es besteht aus den Mitarbeitenden, sowie der Organisationskultur der Organisation. Es ist die menschliche Seite des Unternehmens, die die Stärken und Schwächen der Organisation zeigt. Das externe Umfeld liegt außerhalb der Organisation. Es besteht aus allen Stakeholdern, die ein gewisses Interesse an der Organisa-

[527] Vgl. Boos et al. (Erfolgreich Restrukturieren im Werkzeugbau), 2017, S. 15.

[528] Vgl. Boos et al. (Erfolgreich Restrukturieren im Werkzeugbau), 2017, S. 25.

tion haben, aber nicht direkt Teil der Organisation sind. Dazu gehören staatliche Aufsichtsbehörden, Verbrauchergruppen, Branchenverbände und die Medien.[529] Der Ablauf des Rahmenwerks erfolgt in vier Phasen.[530] Die Phasen des Rahmenwerks sind die Umfeldaufnahme, die strategische Planung, das Krisenmanagement und die organisatorische Lernphase. Der zeitliche Eintritt der Krise wird zwischen Phase zwei und drei verortet.[531] Die Aufnahme des internen Umfelds beinhaltet eine Untersuchung der Schwächen des Unternehmens sowie deren Fähigkeit Krisenmanagement zu betreiben. Die Aufnahme des externen Umfelds beinhaltet die Identifizierung der bestehenden Einflüsse wie Branchenanfälligkeit, politische Stabilität und Implikationen der Globalisierung. Die Phase der strategischen Planung fokussiert die Verhinderung von Krisen und die Milderung der Auswirkungen bei Eintritt einer Krise. Während der Fokus des internen Umfelds auf der Bildung eines Krisenmanagement-Teams liegt, welches Krisen von innen heraus evaluiert und Krisenpläne formuliert, beinhaltet das externe Umfeld den Blick auf die Krisenvorbeugung externer Stakeholder.[532] Die Phase des Krisenmanagements adressiert eine eingetroffene, akute Krise. Aus Unternehmensperspektive konzentrieren sich die Bemühungen darauf, die Krise einzudämmen und den Betrieb so schnell wie möglich wiederaufzunehmen. Das Krisenmanagement in der externen Umwelt dient der Besänftigung der Stakeholder.[533] Die organisatorische Lernphase dient der Reflexion der Handhabung der Krise und der Einarbeitung möglicher Änderungen in den Managementplan.[534]

[529] Vgl. Crandall et al. (Crisis Management), 2010, S. 10.
[530] Vgl. Abbildung 60.
[531] Vgl. Crandall et al. (Crisis Management), 2010, S. 11.
[532] Vgl. Crandall et al. (Crisis Management), 2010, S. 12.
[533] Vgl. Crandall et al. (Crisis Management), 2010, S. 13.
[534] Vgl. Crandall et al. (Crisis Management), 2010, S. 14.

	Umfeldaufnahme	Strategieplanung	Krisenmanagement	Organisatorischer Lernprozess
Internes Umfeld	☐ Schwachstellen identifizieren ☐ Bereitschaft für Krisenmanagement feststellen ☐ Überblick über Firmenkultur ☐ Beurteilung des ethischen Umfeld ☐ Evaluieren der Betriebssicherheits-richtlinien	☐ Krisenmanagement-Team zusammen stellen ☐ Worst-Case-Szenarien formulieren ☐ Krisenmanagement Plan erstellen ☐ Durchführung von Krisenübungen und -schulungen	☐ Organisation in einen betriebsbereiten Zustand zurückführen ☐ Interessenvertreter verwalten Krise	☐ Bewerten der Ergebnisse von Erfolg und Misserfolg des Krisenmanagement-prozesses ☐ Streben nach organisatorischem Lernen ☐ Streben nach organisatorischer Erneuerung
Externes Umfeld	☐ Verwundbarkeits-grad der Branche bestimmen ☐ Grad der politischen Stabilität bestimmen ☐ Bewertung der Organisation in Bezug auf die Globalisierung ☐ Bewertung der technologischen Auswirkungen	☐ Bestehende staatliche Vorschriften berücksichtigen ☐ Aktuelle Industriestandards berücksichtigen ☐ Aufbau von Arbeitsbeziehungen mit den Medien	☐ Reaktionen von externen Stakeholdern managen: • Negative Berichterstattung in den Medien • Öffentliche Empörung • Web-basierte Kritik und Firmen-Hass-Websites • Drohende staatliche Regulierungen	☐ Nutzen der Erneuerung der Industrie ☐ Auf neue gesetzliche Regelungen vorbereitet sein ☐ Neue Stakeholder-Perspektiven erkennen

Abbildung 60: Framework for Crisis Management nach CRANDALL ET AL.[535]

Modellbewertung

Der Ansatz stellt ein Rahmenwerk dar, welches für den Umgang mit Krisen – vor und nach deren Eintritt – geeignet ist. Der Ansatz ist konkret mit Handlungsempfehlungen bestückt und nimmt mithin im hohen Maße Bezug zur Realität. Zudem wird die Anwendbarkeit in hohem Maße sichergestellt. Durch den generischen Charakter der beschriebenen Unternehmensvoraussetzungen ist der Erkenntnistransfer auf den Werkzeugbau in geringem Maße möglich. Aufgrund des vorgeschlagenen hohen personellen Ressourcenbedarfs eignet sich das Rahmenwerk nur in geringem Maße für den Einsatz in KMU. Spezifische Unternehmensrandbedingungen werden aufgrund der generischen Beschreibung der Prozessschritte in hohem Maße berücksichtigt. Der Ansatz definiert Krisenindikatoren in hohem Maße, die quantitative Früherkennung von Krisen wird jedoch nicht aufgegriffen. Aufgrund der wenig konkreten Tätigkeitsbeschreibungen in der Phase des Krisenmanagements wird lediglich in geringem Maße auf die Interpretation und Bewertung der Krise eingegangen. Zusammenfassend lässt sich festhalten, dass der Ansatz ein konkretes Rahmenwerk darstellt, das für eine Vielzahl von größeren Unternehmen eingesetzt werden kann. Aufgrund der niedrigen Erfüllungsgrade der problemspezifischen Anforderungen eignet sich der Ansatz jedoch nicht zur Resilienzsteigerung im Werkzeugbau.

535 I. A. a. Crandall et al. (Crisis Management), 2010, S. 11.

3.3.3.3 Integrierte Früherkennung nach KRYSTEK & MOLDENHAUER

Problem- und Zielstellung

Modernes präventives Krisenmanagement beinhaltet die Komponente der Krisenfrühaufklärung. Diese fokussiert die Verfügbarmachung geeigneter Informationen für das Management. Dadurch kann der prozessuale Ablauf einer Krise möglichst früh erkannt und hinsichtlich des ambivalenten Ausgangs positiv beeinflusst werden.[536] Krisen treten nicht plötzlich auf, sondern werden frühzeitig durch schwache Signale angekündigt. Ein Unternehmen sollte daher bereits beim Empfang solcher schwachen Signale über Handlungsalternativen nachdenken und nicht erst, wenn das Problem im Zeitablauf konkret wird und Konturen annimmt.[537] KRYSTEK & MOLDENHAUER entwickeln den integrierten Ansatz strategischer Früherkennung zur frühzeitigen Identifikation, Beurteilung und Nutzung schwacher Signale.[538]

Lösungshypothese

Die Autoren entwickeln einen fünfschrittigen Prozess. Dieser ist in Abbildung 61 dargestellt und beginnt mit dem Scanning als einer Form der ungerichteten Suche nach relevanten Krisen und Trends. Die Suche erfolgt intern durch Führungskräfte, kann und sollte aber auch Befragungen und Beobachtungen von Stakeholdern integrieren.[539] Im zweiten Schritt werden die Ergebnisse der Scanning-Aktivitäten zur Bildung von Trendlandschaften genutzt, die durch eine Häufung gleicher oder ähnlich schwacher Signale entstehen und auf neue Trends hindeuten können. Oftmals beeinflussen sich die schwachen Signale stark. Dadurch wird das Monitoring im dritten Schritt signifikant erschwert. Das Monitoring beinhaltet eine vertiefende und kontinuierliche Untersuchung sich bildender Signalhäufungen.[540] Diese ist ebenso unverzichtbar wie die Beobachtung der sich im Zeitablauf verändernden Trendlandschaften. Im vierten Schritt schließt sich dem Monitoring die Relevanzbeurteilung durch die oberste Führung des Unternehmens an. Diese Relevanzbeurteilung erfolgt im Hinblick auf die Prämissen bereits bestehender Planungen und hat die Frage zu beantworten, ob und ab wann sich wesentliche Annahmen gravierend verändern könnten.[541] Dazu werden spezifische Wirkungsprognosen mit Hilfe der Szenariotechnik erstellt, die wegen der Kontextabhängigkeit von Trends auch eine Speicherung derzeit nicht relevanter Trends beinhalten sollte. Die sich im fünften Schritt anschließenden Aktivitäten einer Vernetzung der relevanten Trends mit der strategischen Planung führen zu entsprechenden Anpassungen bestehender Planungen, lassen Planungen ggf. sogar entfallen oder machen Neuplanungen notwendig. Weiterhin können solche Relevanzbeurteilungen

---

[536] Vgl. Brokmann; Weinrich (Krisenfrühaufklärung), 2012, S. 24.
[537] Vgl. Brokmann; Weinrich (Krisenfrühaufklärung), 2012, S. 29.
[538] Vgl. Krystek; Moldenhauer (Krisen- und Restrukturierungsmanagement), 2007, S. 124-130.
[539] Vgl. Krystek; Moldenhauer (Krisen- und Restrukturierungsmanagement), 2007, S. 124.
[540] Vgl. Krystek; Moldenhauer (Krisen- und Restrukturierungsmanagement), 2007, S. 125.
[541] Vgl. Krystek; Moldenhauer (Krisen- und Restrukturierungsmanagement), 2007, S. 126.

zum Inhalt von Alternativplänen werden. Spätestens bei der Vernetzung von Früherkennungs-Ergebnissen mit strategischen Planungen wird die Grenze zwischen strategischer Früherkennung und -aufklärung überschritten. [542]

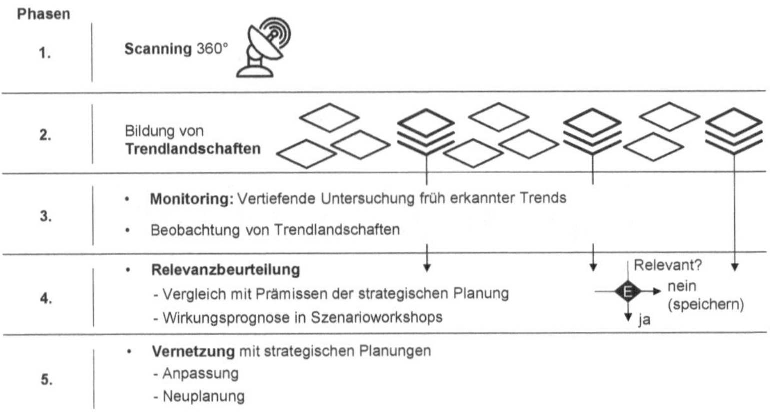

Abbildung 61: Ansatz strategischer Früherkennung nach KRYSTEK & MOLDENHAUER[543]

Modellbewertung

Die klare, systematische und nachvollziehbare Struktur und Beschreibung sowie die durchgängige Nutzung von Handlungsempfehlungen erzeugt eine hohe Sicherstellung der Anwendbarkeit. Durch die geringe Berücksichtigung allgemeiner Rahmenbedingungen und Voraussetzungen nimmt der Ansatz jedoch nur in geringem Maße Bezug zur Realität. Es besteht kein konkreter Bezug zur Branche Werkzeugbau, der Erkenntnistransfer auf den Werkzeugbau kann jedoch in geringem Maße erfolgen. Die Autoren nennen eine konkrete Herangehensweise zur Ableitung schwacher Signale. Krisenindikatoren werden mithin in hohem Maße definiert und erhoben. Außerdem beinhaltet der Ansatz eine Relevanzbeurteilung der schwachen Signale, die jedoch einen geringen Detaillierungsgrad aufweisen. Krisen werden mithin in hohem Maße interpretiert und bewertet. Eine quantitative, prädiktive Untersuchung der schwachen Signale erfolgt nicht. Zusammenfassend lässt sich festhalten, dass der Ansatz viele Anforderungen erfüllt. Insbesondere durch die geringe Bezugnahme zur Realität und den qualitativen Charakter des Ansatzes eignet sich dieser jedoch nicht zur Resilienzsteigerung im Werkzeugbau.

3.4 Aggregation der Bewertung

In Kapitel 3.3 wurden zehn wissenschaftliche Ansätze zur Steigerung der Resilienz in Unternehmen vorgestellt. Die Steigerung unternehmerischer Resilienz wird in der Literatur durch Ansätze des Resilienzmanagements, des Risikomanagements und des Krisenmanagements

---

[542] Vgl. Krystek; Moldenhauer (Krisen- und Restrukturierungsmanagement), 2007, S. 128.

[543] I. A. a. Krystek; Moldenhauer (Krisen- und Restrukturierungsmanagement), 2007, S. 124.

beschrieben. Daher wurden im Zuge der vorliegenden Arbeit bedeutende Ansätze innerhalb dieser Kategorien erläutert. Jeder Ansatz wurde dahingehend bewertet, ob bzw. in welchem Maße dieser zur Resilienzsteigerung im Werkzeugbau angewandt werden kann. Die jeweilige Bewertung erfolgte anhand des in Kapitel 3.2 definierten Anforderungssystems. Die aggregierte Bewertung wird in Abbildung 62 dargestellt.

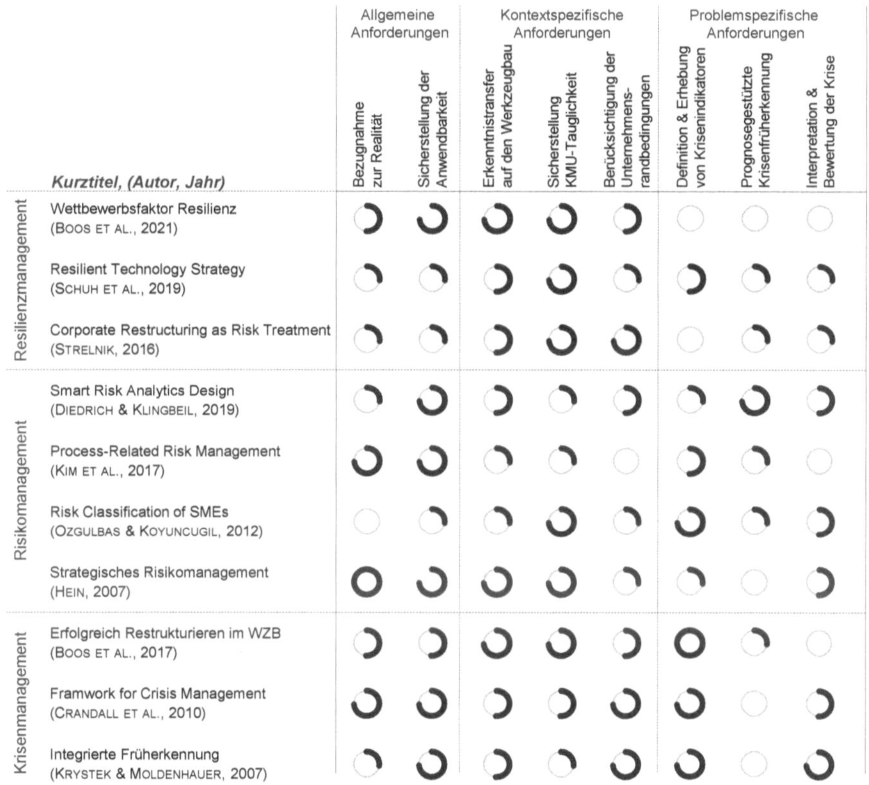

Abbildung 62: Bewertungsübersicht der analysierten Ansätze[544]

Die allgemeinen Anforderungen beinhalten die Bezugnahme zur Realität und die Sicherstellung der Anwendbarkeit. Viele der vorgestellten Ansätze stellen lediglich einen sehr geringen bis geringen Bezug zur Realtiät her, da keine realistischen Annahmen und konkreten Handlungsempfehlungen berücksichtigt werden. Lediglich die Ansätze von Hein[545], Kim et al.[546] sowie Crandall et al.[547] zeichnen sich durch praktikable Beschreibungen und verwendbare

[544] Eigene Darstellung

[545] Vgl. Hein (Strategisches Risikomanagement im MAB), 2007, S. 144-178.

[546] Vgl. Kim et al. (Integrated Process-Related Risk Management), 2017, S. 23-35.

[547] Vgl. Crandall et al. (Crisis Management), 2010, S. 10-14.

Methodensets aus und erfüllen mithin die Anforderungen. Die meisten Ansätze stellen die Anwendbarkeit in hohem Maße sicher. Ausnahmen stellen die Ansätze nach SCHUH ET AL.[548], STRELNIK[549] sowie OZGULBAS & KOYUNUGIL[550] dar, die diese Anforderung nur in geringem Maße erfüllen. Insgesamt stellen sich die Krisenmanagement-Ansätze realitätsnaher sowie konkreter dar, als die Ansätze des Resilienz- und Risikomanagements. Insbesondere Risikomanagement-Ansätze weisen i. d. R. einen konzeptionellen Fokus auf, der die Anwendbarkeit der Konzepte nur in geringem Maße zulässt. Zusammenfassend lässt sich feststellen, dass die *allgemeinen Anforderungen* von einem großen Anteil der vorgestellten Ansätze nur in geringem Maße erfüllt werden.

Die kontextspezifischen Anforderungen beinhalten den Erkenntnistransfer auf den Werkzeugbau, die Sicherstellung der KMU-Tauglichkeit und die Berücksichtigung der Unternehmensrandbedingungen. Der Erkenntnistransfer auf den Werkzeugbau wird von allen vorgestellten Ansätzen in geringem Maße sichergestellt. Lediglich BOOS ET AL.[551], BOOS ET AL.[552] und HEIN[553] erfüllen die Anforderungen durch die Fokussierung auf den Werkzeugbau in hohem Maße. Viele der Ansätze sind in hohem Maße KMU-tauglich. Die Ansätze von DIEDRICH & KLINGBEIL[554], KIM ET AL.[555], sowie KRYSTEK & MOLDENHAUER[556] erfüllen diese Anforderung in sehr geringem Maße, da diese Konzepte extensive organisatorische und finanzielle Investitionen voraussetzen. Die meisten Ansätze berücksichtigen Unternehmensrandbedingungen nur in geringem Maße. Die Ansätze nach STRELNIK[557], CRANDALL ET AL.[558] sowie KRYSTEK & MOLDENHAUER[559] erfüllen jedoch die Anforderung durch ihren modularen Charakter und der breiten Perspektive in hohem Maße. Insgesamt ist der Erfüllungsgrad der Resilienzmanagement-Ansätze höher als der anderen Disziplinen. Dies ist durch die generischeren Beschreibungen, sowie der geringeren Fokussierung der Konzepte zu erklären. Zusammenfassend lässt sich feststellen, dass trotz des allgemein hohen Erfüllungsgrads keiner der vorgestellten Ansätze die *kontextspezifischen Anforderungen* ganzheitlich erfüllen kann.

Die problemspezifischen Anforderungen integrieren die Definition und Erhebung von Krisenindikatoren, die prognosegestützte Früherkennung sowie die Interpretation und Bewertung der Krise. Krisenindikatoren werden von vielen Ansätzen in hohem Maße definiert und erhoben.

---

548 Vgl. Schuh (Resilient Strategy in Volatile Environments), 2019, S. 25-35.

549 Vgl. Strelnik (Corporate Restructuring), 2016, S. 225-231.

550 Vgl. Ozgulbas; Koyuncugil (Risk Classification Of SMEs), 2012, S. 2649-2652.

551 Vgl. Boos et al. (Erfolgreich Restrukturieren im Werkzeugbau), 2017, S. 6-25.

552 Vgl. Boos et al. (Wettbewerbsfaktor Resilienz), 2021, S. 25-35.

553 Vgl. Hein (Strategisches Risikomanagement im MAB), 2007, S. 144-178.

554 Vgl. Diedrich; Klingbeil (Smart Risk Analytics Design), 2019, S. 570-574.

555 Vgl. Kim et al. (Integrated Process-Related Risk Management), 2017, S. 23-35.

556 Vgl. Krystek; Moldenhauer (Krisen- und Restrukturierungsmanagement), 2007, S. 124-128.

557 Vgl. Strelnik (Corporate Restructuring), 2016, S. 225-231.

558 Vgl. Crandall et al. (Crisis Management), 2010, S. 10-14.

559 Vgl. Krystek; Moldenhauer (Krisen- und Restrukturierungsmanagement), 2007, S. 124-128.

Die Ansätze nach BOOS ET AL.[560] und STRELNIK[561] erfüllen die Anforderung jedoch nicht. Die Konzeption einer Krisenfrüherkennung wird von den Ansätzen nach SCHUH ET AL.[562], STRELNIK[563], KIM ET AL.[564], OZGULBAS & KOYUNCUGIL[565] sowie BOOS ET AL.[566] beschrieben. Inwiefern Prognosen genutzt werden können, um die Krisenfrüherkennung zu befähigen, wird von den Autoren jedoch nicht konzeptioniert. Dadurch ist der Erfüllungsgrad dieser Ansätze als sehr gering einzuschätzen. Lediglich DIEDRICH & KLINGBEIL[567] integrieren in ihrem Ansatz das Konzept einer prognosegestützten Krisenfrüherkennung. Auch die Interpretation und Bewertung der Krise wird von den meisten Ansätzen nur in geringem Maße vorgenommen. Lediglich der Ansatz nach KRYSTEK & MOLDENHAUER[568] erfüllt diese Anforderung in hohem Maße. Zusammenfassend können weder Ansätze des Resilienzmanagements, des Risikomanagements noch des Krisenmanagements die problemspezifischen Anforderungen ganzheitlich erfüllen. Sowohl Risikomanagement-Ansätze, als auch die vorgestellten Krisenmanagement-Ansätze fokussieren grundsätzlich die Definition und Erhebung von Krisenindikatoren in einem höheren Maße als die Krisenfrüherkennung oder die Interpretation und Bewertung der Krise.[569] Insgesamt ist festzustellen, dass die problemspezifischen Anforderungen von einem Großteil der Ansätze nur in geringem Maße erfüllt werden.

3.5 Handlungsbedarf aus der Theorie

Die Forderung nach einem Ansatz zur Resilienzsteigerung im Werkzeugbau wurde als Praxisdefizit in Kapitel 2.5 hergeleitet. Dieses resultiert aus den zahlreichen Herausforderungen, mit welchen sich Werkzeugbaubetriebe aktuell und in Zukunft konfrontiert sehen. Bedingt durch hohe Informationslatenzen seitens der relevanten Stakeholder muss der Werkzeugbau als Zulieferer zukünftig eigenständig substanzielle Veränderungen mit Krisenpotenzial prognostizieren und bewerten können.[570] Ein Ansatz zur Resilienzsteigerung soll Werkzeugbaubetriebe befähigen, signifikante Veränderungen ihres Unternehmensumfelds zu identifizieren, zu prognostizieren und zu bewerten, um proaktiv auf diese Veränderungen einwirken zu können. Dies

[560] In diesem Zusammenhang weist lediglich der Ansatz Wettbewerbsfaktor Resilienz nach BOOS ET AL. einen geringen Erfüllungsgrad auf.

[561] Vgl. Strelnik (Corporate Restructuring), 2016, S. 225-231.

[562] Vgl. Schuh (Resilient Strategy in Volatile Environments), 2019, S. 25-35.

[563] Vgl. Strelnik (Corporate Restructuring), 2016, S. 225-231.

[564] Vgl. Kim et al. (Integrated Process-Related Risk Management), 2017, S. 23-35.

[565] Vgl. Ozgulbas; Koyuncugil (Risk Classification Of SMEs), 2012, S. 2649-2652.

[566] Die Beschreibung der Krisenfrüherkennung wurde von BOOS ET AL. lediglich im Ansatz Erfolgreich Restrukturieren im Werkzeugbau vorgenommen.

[567] Vgl. Diedrich; Klingbeil (Smart Risk Analytics Design), 2019, S. 570-574.

[568] Vgl. Krystek; Moldenhauer (Krisen- und Restrukturierungsmanagement), 2007, S. 124-128.

[569] Eine extensive Literaturbetrachtung hat ergeben, dass der Fokus der Krisenmanagementansätze vielfach auf der Interpretation und Bewertung von Unternehmenskrisen liegt. Dies ist bedingt durch den reaktiven Charakter der wissenschaftlichen Disziplin. Bei den hier vorgestellten Krisenmanagement-Ansätzen handelt es sich um Pionierleistungen im Feld des proaktiven Krisenmanagements. Dadurch ist der Fokus auf die Definition und Erhebung von Krisenindikatoren gegeben.

[570] Vgl. Eversheim; Klocke (Werkzeugbau mit Zukunft), 1998, S. 84.

erfordert eine kontinuierliche, prädiktive Überwachung von aussagekräftigen Indikatoren, deren Prognose und die Bewertung der Prognoseergebnisse. Anhand eines Bewertungs- und Anforderungssystems, bestehend aus allgemeinen, kontextspezifischen und problemspezifischen Anforderungen[571], wurden zehn wissenschaftliche Ansätze vorgestellt und bewertet.[572] Vorab erfolgte eine umfangreiche Recherche bestehender Ansätze in verschiedenen wissenschaftlichen Disziplinen.

Die Analyse und Bewertung der zehn Ansätze zeigt, dass keine wissenschaftliche Disziplin Ansätze hervorbringt, welche das definierte Anforderungsprofil vollständig erfüllen. Es konnten drei systematische Defizite ermittelt werden. Diese werden im Folgenden aufgeführt:

- Die vorgestellten Ansätze erfüllen die allgemeinen Anforderungen nicht vollständig. Nur vereinzelt erfüllen Ansätze die beiden allgemeinen Anforderungen gleichzeitig. Die Anwendbarkeit in der Realität ist mithin nicht gewährleistet.
- Die kontextspezifischen Anforderungen werden von den beschriebenen Ansätzen nicht ganzheitlich adressiert. Der Erkenntnistransfer auf den Werkzeugbau ist nur vereinzelt gewährleistet und unternehmensspezifische Randbedingungen werden lediglich bei den abstrakteren Ansätzen in hohem Maße berücksichtigt.
- Die problemspezifischen Anforderungen weisen einen sehr geringen Erfüllungsgrad auf. Während die Definition und Erhebung von Krisenindikatoren von mehreren Ansätzen in geringem Maße erfüllt werden, beschreibt lediglich ein Ansatz Möglichkeiten zur Früherkennung von Krisen.

Die Bewertung zeigt, dass sich kein Ansatz für den Einsatz im definierten Bezugsrahmen eignet. *Folglich besteht Handlungsbedarf aus der Theorie.*

3.6 Konkretisierung der Forschungsfrage

In den Kapiteln 2.5 und 3.5 ist die Herleitung des praktischen und theoretischen Handlungsbedarfs in Bezug auf die Entwicklung eines Ansatzes zur Resilienzsteigerung im Werkzeugbau erfolgt. Mithin wird der in der Zielsetzung dargestellte Forschungsbedarf begründet. Dieser lässt sich durch eine zentrale Forschungsfrage darstellen:

Wie muss eine Prognostik zur Resilienzsteigerung im Werkzeugbau gestaltet sein?

Basierend auf dieser zentralen Forschungsfrage können weitere, spezifischere Detailfragen abgeleitet werden, die bei der Beantwortung der übergeordneten Forschungsfrage unterstützen.[573] Der deutsche Werkzeugbau hat in seiner Rolle als Zulieferer nur begrenzt die Möglichkeit, die Einflüsse seiner relevanten Stakeholder zu quantifizieren. Außerdem sind Veränderungen im Marktumfeld oftmals unvorhersehbar, weshalb Unternehmen der Branche befähigt

[571] Vgl. Kapitel 3.1.

[572] Vgl. Kapitel 3.3.

[573] Vgl. Kubicek (Heuristische Bezugsrahmen), 1976, S. 17-22.

werden müssen, mögliche Zustände zu skizzieren. Es ist daher entscheidend, die Beantwortung folgender Frage sicherzustellen:

Welchen Abhängigkeiten unterliegt ein Werkzeugbaubetrieb im Kontext seiner Stakeholder und welche Umfeldszenarien lassen sich aus diesen Abhängigkeiten ableiten?

Die Umfeldszenarien stellen für Unternehmen der Branche Werkzeugbau lediglich eine Skizze möglicher, zukünftiger Zustände dar. Die verspäteten und unvollständigen Informationen, welche Werkzeugbaubetrieben vorliegen bedingen daher, dass die konzeptionierten Umfeldszenarien detailliert analysiert werden müssen. Vornehmlich ist für den Werkzeugbau die Kenntnis über das Krisenpotenzial der Szenarien entscheidend. Zur Abschätzung des Krisenpotenzials muss dem Werkzeugbau die Eintrittswahrscheinlichkeit sowie das Schadenspotenzial der Umfeldszenarien vorliegen. Der Ansatz muss daher die folgende Frage beantworten:

Wie kann die Eintrittswahrscheinlichkeit sowie das Schadenspotenzial der Umfeldszenarien ermittelt werden?

Unternehmen der Branche Werkzeugbau fällt es auch bei bekannten, zukünftigen Herausforderungen schwer, die Implikationen der Herausforderungen zu interpretieren. Dadurch entstehen strategische Fehleinschätzungen, die sich häufig in Fehlinvestitionen, Betriebsausfällen und Umsatzeinbußen äußern. Um die korrekte Übersetzung der Umfeldszenarien in Implikationen für Unternehmen sicherzustellen, muss die Frage beantwortet werden:

Wie müssen die Prognoseergebnisse interpretiert werden, damit eine belastbare Vorhersage von Unternehmenskrisen gewährleistet ist?

Wenn die Implikationen der Umfeldszenarien und der möglichen Krisen bekannt ist, benötigt der Werkzeugbau Hilfsmittel, um die relevanten Erkenntnisse in konkreten Maßnahmen verwerten zu können. Dadurch kann eine Resilienzsteigerung sichergestellt werden. Der Ansatz muss daher durch die Bereitstellung von Methoden den korrekten Übertrag von Erkenntnissen auf Maßnahmen sicherstellen und folgende Frage beantworten:

Wie lassen sich aus den Prognoseergebnissen Maßnahmen ableiten, die zur Resilienzsteigerung von Werkzeugbaubetrieben eingesetzt werden können?

Im Zuge der folgenden Konzeption eines Ansatzes zur Resilienzsteigerung im Werkzeugbau werden die Fragestellungen berücksichtigt und beantwortet.[574] Dadurch kann der aufgezeigte Forschungsbedarf adressiert werden.

[574] Vgl. Kapitel 4.5.

4 Konzeption der Prognostik

Keiner der bestehenden Ansätze erfüllt die Anforderungen, die notwendig sind, um eine Resilienzsteigerung im Werkzeugbau sicherzustellen. Die Ausführungen in den vorangegangenen Kapiteln haben jedoch einen Handlungsbedarf aus der Praxis und der Theorie aufgezeigt, weshalb zur Beantwortung der Forschungsfrage in Kapitel 4 der vorliegenden Arbeit eine Prognostik zur Resilienzsteigerung im Werkzeugbau als methodisches Rahmenwerk konzipiert wird, das den aufgestellten Anforderungen gerecht wird.

Es werden zuerst die Grundlagen der Systemtechnik und Modellbildung erläutert und anschließend ein Bezugsrahmen für das methodische Rahmenwerk geschaffen. Aufbauend darauf erfolgt die Definition eines Zielbilds sowie die Herleitung und Abgrenzung von Methodikschritten, um das Konzept der Methodik zu verdeutlichen.

4.1 Grundlagen der Systemtechnik und Modellierung

Die vorliegende Arbeit folgt dem Verständnis einer Methodik als System von definierten Modellen, Methoden und Hilfsmitteln.[575] Die in dieser Arbeit vorliegende Prognostik stellt eine Methodik im selben Verständnis dar. Eine Prognostik untersucht die methodischen Mittel und Wege zur Aufstellung von Prognosen.[576] Durch die Verwendung des Begriffs Prognostik kommt dem methodischen Anwendungsfall eine analytische Konnotation zu, ohne die zugrundeliegende Methodik zu missachten. In der vorliegenden Arbeit sind daher die Begriffe Prognostik und Methodik als Synonyme verwendet. Zur Modellierung einer Prognostik bzw. Methodik sowie zur Lösung von komplexen Problemstellungen hat sich in der Praxis die Nutzung von Systemtechnik und Modelltheorie etabliert. Daher werden im Folgenden relevante Begrifflichkeiten erläutert.

4.1.1 Systemwissenschaft & Systemtechnik

Die Systemwissenschaft dient der Analyse und Beschreibung einer Struktur in einem System. Angestrebt wird ein möglichst allgemeiner Zustand, der Systembegriff, der sich auf Probleme in den verschiedensten Disziplinen anwenden lässt.[577] Methoden der Systemwissenschaft sind Modellierung und Simulation. In der Fachliteratur existieren, bedingt durch die fachliche Ausrichtung und Anwendung, unterschiedliche Definitionen des Begriffs System. So beschreibt BRUNS ein System anhand der folgenden vier Merkmale:

- Ein System besteht aus verschiedenen Elementen.
- Ein Element weist beschreibbare Eigenschaften auf.
- Elemente werden miteinander verknüpft.
- Elemente bilden durch Relationen und Eigenschaften ein abgegrenztes System.[578]

---

[575] Vgl. Neuhausen (Gestaltung moduarer Produktionssysteme), 2001, S. 6.

[576] Vgl. DWDS (Prognostik), 2022.

[577] Vgl. Patzak (Systemtechnik), 1982, S. 15.

[578] Vgl. Bruns (Systemtechnik), 1991, S. 30.

Nachfolgend soll für diese Arbeit die Systemdefinition nach PATZAK gültig sein. Nach dieser Definition ist die Systemwissenschaft ein übergeordneter Begriff für die Auseinandersetzung mit zweckrationalem Handeln im Umfeld komplexer Sachverhalte. Die Systemwissenschaft besitzt eine theoretische Betrachtungsweise, die Systemtheorie und eine praktische Anwendung, die Systemtechnik.[579]

Die Systemtechnik enthält Beschreibungsmodelle, Ansätze und Vorgehensweisen, mit denen komplexe Problemstellungen innerhalb von Systemen bearbeitet werden können.[580] Hierunter werden ingenieurwissenschaftliche Methoden und Instrumente verstanden, die zur Untersuchung und Entwicklung von Systemen dienen.[581] Die Systemtechnik baut auf den Grundlagen der Systemtheorie auf.

Im Sinne der Systemtheorie ist ein System die Menge von Elementen.[582] Die Eigenschaften dieser Elemente sind in einem System durch wechselseitige und variable Beziehungen miteinander verknüpft.[583] Die kleinste Einheit eines Systems stellt das Systemelement dar. Charakteristisch für ein System ist die definierte Systemgrenze, die das System von seiner Umgebung trennt. Die Umwelt kann das innere System beeinflussen oder wird durch das innere System beeinflusst. Ein geschlossenes System liegt dann vor, wenn sich alle Verknüpfungen der Elemente innerhalb der Systemgrenze befinden. Offen ist ein System, wenn Elemente nicht nur Beziehungen innerhalb eines Systems aufweisen, sondern auch über die Systemgrenzen hinweg verbunden sind.[584,585]

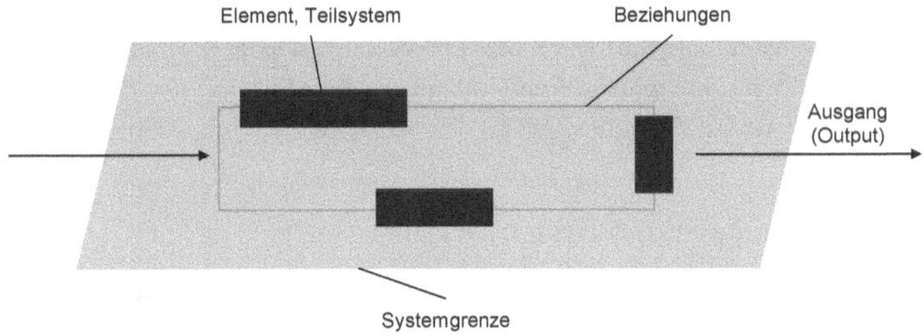

Abbildung 63: Struktur eines Systems[586]

HABERFELLNER ET AL. legen der Systemtechnik zudem vier Grundgedanken des Systemdenkens zugrunde:[587]

[579] Vgl. Patzak (Systemtechnik), 1982, S. 10-13.

[580] Vgl. Patzak (Systemtechnik), 1982, S. 15

[581] Vgl. Bruns (Systemtechnik), 1991, S. 2

[582] Vgl. Patzak (Systemtechnik), 1982, S. 19

[583] Vgl. Bruns (Systemtechnik), 1991, S. 31

[584] Vgl. Abbildung 63.

[585] Vgl. Haberfellner et al. (Systems Engineering), 2019, S. 6.

[586] I. A. a. Haberfellner et al. (Systems Engineering), 2019, S. 6.

[587] Vgl. Haberfellner et al. (Systems Engineering), 2019, S. 35.

- Das Vorgehensprinzip vom Groben zum Detail grenzt das Problemfeld ein und konkretisiert es schrittweise. Es kann so vermieden werden, dass es zu einer zu detaillierten und zu frühzeitigen Betrachtung einzelner Systemelemente kommt.
- Das Vorgehensprinzip der Variantenbildung bringt zum Ausdruck, dass zunächst sämtliche Lösungsmöglichkeiten für eine Problemstellung betrachtet werden sollten. Erst im Anschluss daran sollte die Variantenanzahl systematisch reduziert und so die Lösung des Problems konkretisiert werden.
- Das Vorgehensprinzip der Gliederung in Projektphasen zielt darauf ab, den Lösungsweg in logisch separierte und zeitlich händelbare Teilschritte zu zergliedern.
- Das Vorgehensprinzip des Problemlösungszyklus beschreibt ein schematisches Vorgehen zur Behandlung von Problemstellungen. Ausgehend von der Zielsuche, über die Lösungssuche, bis hin zur Auswahl zeigt der Leitfaden einen Ablauf zur Problemlösung auf.

Die Systemtechnik kann interdisziplinär angewendet werden.[588] Des Weiteren schafft die Systemtechnik durch ihren hohen Abstraktionsgrad eine Basis für die Konzeptionierung und Detaillierung einer Methodik.[589]

4.1.2 Modelltheorie & Modelltechnik

Ein Modell dient der Abbildung oder Repräsentation der Attribute eines Originals.[590] Dazu werden einzelne Bestandteile des realen Systems und ihrer Verbindungen untereinander abstrahiert dargestellt. Durch bewusste Beschränkungen und Vereinfachungen kann die Komplexität des realen Systems beherrscht werden.[591] Analog zur Systemwissenschaft wird bei der Modellwissenschaft zwischen Modelltheorie und Modelltechnik unterschieden. Die Modelltheorie ist die Lehre von Modellen und ihren Eigenschaften. Die Modelltechnik hingegen beschäftigt sich mit konkreten, anwendungsbezogenen Instrumenten und Methoden zur Untersuchung und Gestaltung von Modellen. Der Zusammenhang zwischen Fragestellung, Modell und Zielzustand ist in Abbildung 54 dargestellt.

---

[588] Vgl. Bruns (Systemtechnik), 1991, S. 1.

[589] Vgl. Brandenburg (Planung technologischer Produktinnovationen), 2002, S. 38.

[590] Vgl. Patzak (Systemtechnik), 1982, S. 306.

[591] Vgl. Stachowiak (Allgemeine Modelltheorie), 1973, S. 131

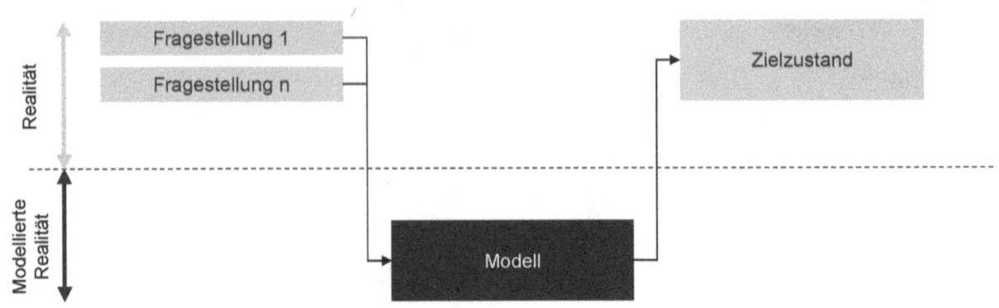

Abbildung 64: Modelliervorgang nach PATZLAK[592]

STACHOWIAK beschreibt den Modellbegriff als Zusammensetzung aus drei Merkmalen. Das *Abbildungsmerkmal* sagt aus, dass Modelle stets einen Zustand wiedergeben und somit eine Menge von Attributen eines natürlichen oder künstlichen Originals repräsentieren. Das *Verkürzungsmerkmal* betrifft den Umfang der vom Modell erfassten Attribute. Ein Modell erfasst nicht alle Attribute des repräsentierten Originals, sondern ist auf eine relevante Auswahl beschränkt. Das *pragmatische Merkmal* beschreibt den pragmatischen Nutzen eines Modells. Demnach sind Modelle nicht zwangsläufig ihren Originalen zuzuordnen. Sie erfüllen eine bestimmte Funktion in einem bestimmten Zeitintervall unter bestimmten Einschränkungen.[593]

PATZAK unterscheidet Modelltypen nach ihrer jeweiligen Zielsetzung und Anwendung. Es lassen sich vier Grundtypen von Modellen unterscheiden.[594,595] *Beschreibungsmodelle* bilden vorgefundene Zustände des Originals ab. Diese Modelle erfassen Zustände und geben diese leicht verständlich wieder. Sie geben jedoch keine Auskunft über die Voraussetzungen, unter denen dieser Zustand aufgetreten ist oder welche Wirkzusammenhänge die Ursache für das Eintreten des Zustands ist.[596,597]

Erklärungsmodelle fokussieren die Förderung des Verständnisses eines Realphänomens. Die Erklärungen bestimmter Zustände des Originals fundieren auf Wirkzusammenhängen in Form von Thesen. Erklärungsmodelle bauen auf Beschreibungsmodellen auf und werden zum Erstellen von Prognosen genutzt.[598,599]

Gestaltungsmodelle sind Modelle, die die Realität verändert darstellen. Durch die Darstellung des angestrebten Zustands eines Systems, schaffen sie Orientierung für die Umsetzung von Maßnahmen. Es existieren normative Modelle, die einen Handlungsrahmen bereitstellen und

---

592 Vgl. Patzak (Systemtechnik), 1982, S. 313-314.

593 Vgl. Stachowiak (Allgemeine Modelltheorie), 1973, S. 131-132.

594 Vgl. Patzak (Systemtechnik), 1982, S. 313-314.

595 Vgl. Lehner et al. (Wirtschaftsinformatik), 2008, S. 30-31.

596 Vgl. Patzak (Systemtechnik), 1982, S. 313

597 Vgl. Lehner et al. (Wirtschaftsinformatik), 2008, S. 31.

598 Vgl. Patzak (Systemtechnik), 1982, S. 313

599 Vgl. Lehner et al. (Wirtschaftsinformatik), 2008, S. 31.

eine Leitbildfunktion beinhalten und präskriptive Modelle, die vorbildartige Musterfunktionen darstellen.[600,601]

Entscheidungsmodelle zeigen Handlungsalternativen auf, durch welche die optimalen Modellstrukturen, bezogen auf ein vorgegebenes Zielsystem ermitteln werden können. Entscheidungsmodelle enthalten demnach Zielsetzungen in Form von Nutzenfunktionen, Randbedingungen der Realsituation und Entscheidungsvariablen.[602,603]

4.1.3 Nutzung von Systemtechnik und Modellierung zur Methodikentwicklung

Der Begriff der Methodik wird in der Literatur unterschiedlich ausgelegt. Nach dem dieser Arbeit zugrundeliegenden Verständnis ist eine Methodik ein Gebilde definierter Modelle, Methoden und Hilfsmittel.[604,605] Dieses Verständnis nutzt demnach die im vorherigen Kapitel erläuterten Grundlagen der Systemtechnik und Modellierung.

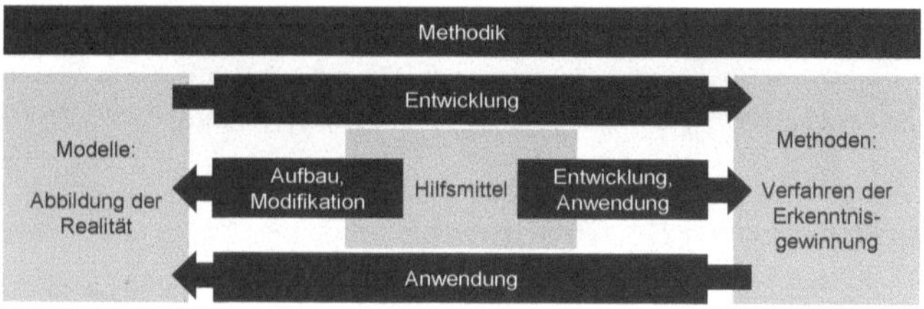

Abbildung 65: Bestandteile der Methodik[606]

Eine Methodik ist als System von Elementen zu verstehen, welches die Möglichkeiten der Elemente ausschöpft und kombiniert.[607] Die Methodik greift auf die vier Grundprinzipien der Systemtechnik zurück. Mit dem Vorgehensprinzip vom Groben zum Detail wird sichergestellt, dass das gesamte Aufgabenspektrum umfassend betrachtet wird und keine relevanten Aspekte frühzeitig vernachlässigt werden.[608] Außerdem wird durch dieses Prinzip die gleichzeitige Durchführung einer generischen und weiter detaillierten Vorgehensweise sichergestellt. Das Vorgehensprinzip der Variantenbildung ermöglicht im Rahmen der Vernetzung die Entwicklung von Lösungsalternativen. Die Methodik bündelt mehrere, abgeschlossenen Schritte in einer festgelegten Schrittfolge.[609] Dieses Vorgehen entspricht dem Vorgehensprinzip der Phasengliederung. Das letzte Grundprinzip der Systemtechnik, das Vorgehensprinzip des Problemlösungsprozesses, ermöglicht die reproduzierbare Anwendung der einzelnen zu

600 Vgl. Patzak (Systemtechnik), 1982, S. 313

601 Vgl. Lehner et al. (Wirtschaftsinformatik), 2008, S. 31-32.

602 Vgl. Patzak (Systemtechnik), 1982, S. 313f.

603 Vgl. Lehner et al. (Wirtschaftsinformatik), 2008, S. 32.

604 Vgl. Abbildung 65.

605 Vgl. Neuhausen (Gestaltung moduarer Produktionssysteme), 2001, S. 6-9.

606 Vgl. Neuhausen (Gestaltung moduarer Produktionssysteme), 2001, S. 7.

607 Vgl. Giehler (Planungsproduktivität), 2010, S. 79.

608 Vgl. Rittstieg (Ambidextre Organisationsarchitektur), 2020, S. 102.

609 Vgl. Hensen (Strategische Auslegung industrieller Werkzeugbaubetriebe), 2017, S. 103.

durchlaufenden Schritte und stellt damit die aufeinander abgestimmte Verwendung der Elemente der Methodik sicher.[610]

Durch die Nutzung der Modellierung können für konkrete Schritte der Methodik adäquate Modelle hergeleitet werden. Dadurch kann die Anwendbarkeit der Methodik sichergestellt werden. Verkürzungen werden genutzt, wenn ein Fokus auf solche Aspekte gelegt werden soll, die im Betrachtungsbereich komplexer Sachverhalte bedeutend sind.[611] Nur so ist es möglich, Aussagen über komplexe soziotechnische Systeme wie Unternehmen, in denen Menschen mit technischen Systemen interagieren, zu treffen.[612] Im Gegensatz zu einer Methodik handelt es sich bei einer Methode um eine Technik, die überschaubare Aufgaben löst. Die Methode stellt in einem weiter gefassten Sinne Verfahren dar, die der Erkenntnisgewinnung und Erkenntnisdarstellung dienlich sind.[613] Hilfsmittel werden zur Erstellung, zum Aufbau, zur Modifikation und zur Anwendung von Modellen und Methoden verwendet.

Die Eigenschaften der System- und Modelltheorie eignen sich für den Aufbau einer Methodik im Sinne des Forschungsziels der vorliegenden Arbeit. Aus diesem Grund werden Sie im Folgenden zur Konzeptionierung der Prognostik zur Resilienzsteigerung im Werkzeugbau verwendet.

4.2 Ordnungsrahmen der Prognostik

Zur Sicherstellung einer geeigneten Bilanzhülle für die Prognostik zur Resilienzsteigerung im Werkzeugbau ist die Herleitung eines Ordnungsrahmens erforderlich. Der Ordnungsrahmen strukturiert die Inhalte der Methodik, indem er bestehende Zusammenhänge auf einem hohen Abstraktionsniveau beschreibt.[614]

Die Untersuchung der vorgestellten Ansätze bestätigt die in Kapitel 2 beschriebene inhaltlich hohe Ähnlichkeit der wissenschaftlichen Disziplinen Resilienzmanagement, Risikomanagement und Krisenmanagement. So kann festgestellt werden, dass nahezu alle analysierten Ansätze unabhängig ihrer wissenschaftlichen Zuordnung in die drei Phasen Evaluationsphase, Prognosephase und Adaptionsphase unterteilt werden können. Ausnahme bilden die Ansätze von Boos et al.[615] und Crandall et al.[616] welche keine konkreten Inhalte der Prognosephase beschreiben. Die Autoren beschreiben jedoch die Prognose von Trends, Risiken und Krisenindikatoren als einen möglichen und notwendigen Mehrwert für ihren Ansatz und eine grundsätzliche Notwendigkeit zukünftiger Forschung im jeweiligen Forschungsfeld. Entsprechend ihrer wissenschaftlichen Disziplin fokussieren die Ansätze Teilbereiche der Phasen. Ansätze des Resilienzmanagements fokussieren die Evaluation und Analyse zukünftiger Entwicklun-

---

610 Vgl. Rittstieg (Ambidextre Organisationsarchitektur), 2020, S. 102.

611 Vgl. Hensen (Strategische Auslegung industrieller Werkzeugbaubetriebe), 2017, S. 103.

612 Vgl. Giehler (Planungsproduktivität), 2010, S. 80.

613 Vgl. Neuhausen (Gestaltung moduarer Produktionssysteme), 2001, S. 7.

614 Vgl. Hensen (Strategische Auslegung industrieller Werkzeugbaubetriebe), 2017, S. 104.

615 Vgl. Boos et al. (Wettbewerbsfaktor Resilienz), 2021, S. 8-11.

616 Vgl. Crandall et al. (Crisis Management), 2010, S. 17.

gen sowie die Entwicklung spezifischer Adaptionsstrategien. Risikomanagement-Ansätze fokussieren die Evaluation der Risikolandschaft und Möglichkeiten, diese Risiken analytisch zu quantifizieren und vorherzusagen. Krisenmanagement-Ansätze gestalten insbesondere die Adaption in einem hohem Detailgrad. Dennoch sind auch bei diesen Ansätzen vielfach detaillierte Beschreibungen der Evaluationsphase vorhanden. Trotz der teilweise hohen inhaltlichen Fokussierung auf Teilbereiche der Prozessphasen werden diese von allen Ansätzen sequentiell und immer in der dargestellten Reihenfolge beschrieben.

Unabhängig des wissenschaftlichen Fokus beginnen alle Ansätze mit einer *Evaluationsphase*. Die Ansätze nach STRELNIK[617], DIEDRICH & KLINGBEIL[618], KIM ET AL.[619], OZGULBAS & KOYUNCUGIL[620] sowie BOOS ET AL.[621] fokussieren in dieser Phase die Evaluation der aktuellen Geschäftslage durch die Sammlung und Analyse von Unternehmensdaten. Die Evaluation möglicher Risiken erfolgt basierend auf inneren Einflüssen. Aufbauend darauf werden von KIM ET AL.[622] sowie OZGULBAS & KOYUNCUGIL[623] datenbasiert Risikopotenziale abgeleitet und Risikoprofile erstellt. STRELNIK[624] plant auf Basis dieser Analyse zudem bereits mögliche Restrukturierungszenarien. Die Ansätze nach CRANDALL ET AL.[625] sowie KRYSTEK & MOLDENHAUER[626] analysieren potenzielle Bedrohungen basierend auf externen Einflüssen. So verwenden diese Ansätze Umwelt- bzw. Szenarioanalysen um den Einfluss der relevanten Stakeholder zu quantifizieren und leiten daraus Trendlandschaften ab. Diese werden zudem von CRANDALL ET AL.[627] genutzt, um die bisherige strategische Planung zu reevaluieren. Die Ansätze nach BOOS ET AL.[628], SCHUH ET AL.[629] sowie HEIN[630] weisen einen makroökonomischeren Fokus auf und leiten branchenspezifische Resilienzfaktoren her, die für die betreffenden Unternehmen als Handlungsfelder zur Resilienzsteigerung angesehen werden können.

Die *Prognosephase* stellt die zweite generische Phase des Ordnungsrahmens dar. In dieser Phase verwenden sämtliche Ansätze Methoden der quantitativen Analyse zur Überwachung und Prognose der vorab definierten Risiko- und Krisenpotenziale. Die Ansätze nach SCHUH ET. AL, HEIN[631] sowie KRYSTEK & MOLDENHAUER[632] fokussieren ein kontinuierliches Monitoring

---

[617] Vgl. Strelnik (Corporate Restructuring), 2016.
[618] Vgl. Diedrich; Klingbeil (Smart Risk Analytics Design), 2019, S. 570-574.
[619] Vgl. Kim et al. (Integrated Process-Related Risk Management), 2017, S. 23-35.
[620] Vgl. Ozgulbas; Koyuncugil (Risk Classification Of SMEs), 2012, S. 2649-2652.
[621] Vgl. Boos et al. (Erfolgreich Restrukturieren im Werkzeugbau), 2017, S. 6-25.
[622] Vgl. Kim et al. (Integrated Process-Related Risk Management), 2017, S. 23-35.
[623] Vgl. Ozgulbas; Koyuncugil (Risk Classification Of SMEs), 2012, S. 2649-2652.
[624] Vgl. Strelnik (Corporate Restructuring), 2016, S. 225-231.
[625] Vgl. Crandall et al. (Crisis Management), 2010, S. 10-14.
[626] Vgl. Krystek; Moldenhauer (Krisen- und Restrukturierungsmanagement), 2007, S. 124-128.
[627] Vgl. Crandall et al. (Crisis Management), 2010, S. 10-14.
[628] Vgl. Boos et al. (Wettbewerbsfaktor Resilienz), 2021, S. 25-50.
[629] Vgl. Schuh (Resilient Strategy in Volatile Environments), 2019, S. 25-35.
[630] Vgl. Hein (Strategisches Risikomanagement im MAB), 2007, S. 144-178.
[631] Vgl. Hein (Strategisches Risikomanagement im MAB), 2007, S. 144-178.
[632] Vgl. Krystek; Moldenhauer (Krisen- und Restrukturierungsmanagement), 2007, S. 124-128.

von den vorab definierten Kennzahlen, Szenarien und Trends. Die Ansätze nach STRELNIK, DIEDRICH & KLINGBEIL[633], KIM ET AL.[634], OZGULBAS & KOYUNCUGIL[635] sowie BOOS ET AL.[636] schlagen eine proaktive Überwachung der Kennzahlen in Form von Prognosen vor. Dabei variiert der Detailgrad der Prognosemethoden stark.[637] Lediglich DIEDRICH & KLINGBEIL[638] sowie KIM ET AL.[639] beschreiben die Durchführung der Prognosen konkret.

Die dritte generische Phase umfasst die Adaption der festgestellten Krise.[640] Die Adaption setzt eine Bewertung und Interpretation der definierten Indikatoren voraus. Explizit beschreiben die Ansätze nach STRELNIK[641], OZGULBAS & KOYUNCUGIL[642] sowie KRYSTEK & MOLDENHAUER[643] Methoden zur effizienten Bewertung und Interpretation von Krisen. Implizit und in geringem Maße nutzen jedoch auch die anderen Ansätze Bewertungs- und Interpretationsmethoden zur Ableitung von Handlungsmaßnahmen zur Begegnung der Krise. Die Ansätze nach SCHUH ET AL.[644], STRELNIK[645], DIEDRICH & KLINGBEIL[646], OZGULBAS & KOYUNCUGIL[647] sowie KRYSTEK & MOLDENHAUER[648] adaptieren die Krise auf strategischer Managementebene. SCHUH ET AL.[649] beschreiben die Entwicklung einer resilienten Gesamtstrategie, während STRELNIK, DIEDRICH & KLINGBEIL[650] sowie OZGULBAS & KOYUNCUGIL[651] die Integration einer

---

633 Vgl. Diedrich; Klingbeil (Smart Risk Analytics Design), 2019, S. 570-574.

634 Vgl. Kim et al. (Integrated Process-Related Risk Management), 2017, S. 23-35.

635 Vgl. Ozgulbas; Koyuncugil (Risk Classification Of SMEs), 2012, S. 2649-2652.

636 Vgl. Boos et al. (Erfolgreich Restrukturieren im Werkzeugbau), 2017, S. 6-25.

637 Vgl. Kapitel 3.3.

638 Vgl. Diedrich; Klingbeil (Smart Risk Analytics Design), 2019, S. 570-574.

639 Vgl. Kim et al. (Integrated Process-Related Risk Management), 2017, S. 23-35.

640 Der Begriff Krise soll hier stellvertretend entsprechend der Beschreibung im Kapitel 2.1.1.1 für eintretende Risikoeffekte und negative gesamtwirtschaftliche Entwicklungen genutzt werden. Zum Zeitpunkt der Adaption haben sich potenzielle Risiken und Entwicklungen bereits als Krisen herausgestellt.

641 Vgl. Strelnik (Corporate Restructuring), 2016, S. 225-231.

642 Vgl. Ozgulbas; Koyuncugil (Risk Classification Of SMEs), 2012, S. 2649-2652.

643 Vgl. Krystek; Moldenhauer (Krisen- und Restrukturierungsmanagement), 2007, S. 124-128.

644 Vgl. Schuh (Resilient Strategy in Volatile Environments), 2019, S. 25-35.

645 Vgl. Strelnik (Corporate Restructuring), 2016, S. 225-231.

646 Vgl. Diedrich; Klingbeil (Smart Risk Analytics Design), 2019, S. 570-574.

647 Vgl. Ozgulbas; Koyuncugil (Risk Classification Of SMEs), 2012, S. 2649-2652.

648 Vgl. Krystek; Moldenhauer (Krisen- und Restrukturierungsmanagement), 2007, S. 124-128.

649 Vgl. Schuh (Resilient Strategy in Volatile Environments), 2019, S. 25-35.

650 Vgl. Diedrich; Klingbeil (Smart Risk Analytics Design), 2019, S. 570-574.

651 Vgl. Ozgulbas; Koyuncugil (Risk Classification Of SMEs), 2012, S. 2649-2652.

kontinuierlichen Diagnostik in die Unternehmensstrategie vorschlagen. KRYSTEK & MOLDENHAUER[652] beschreiben Möglichkeiten der strategischen Vernetzung zur langfristigen Krisenvorbeugung. Die Ansätze nach BOOS ET AL.[653], KIM ET AL.[654], HEIN[655], BOOS ET AL.[656] sowie CRANDALL ET AL.[657] adaptieren die Krise auf operativer Managementebene. BOOS ET AL.[658] beschreiben konkrete Veränderungen der Leistung sowie Wertschöpfung, welche für Unternehmen eine gesteigerte Krisenresilienz darstellen. KIM ET AL.[659], HEIN[660], BOOS ET AL.[661] sowie CRANDALL ET AL.[662] zeigen Lösungen zur operativen Minderung der Kriseneffekte auf. HEIN[663] sowie CRANDALL ET AL.[664] beschreiben zudem Möglichkeiten des Aufbaus einer Risikokultur bzw. operative Möglichkeiten der Nutzung von Lerneffekten.

Eine Übersicht über die einzelnen generischen Phasen und Inhalte der zentralen Ansätze sowie des abgeleiteten Ordnungsrahmen für die in dieser Arbeit vorgeschlagenen Methodik ist in Abbildung 66 dargestellt.

[652] Vgl. Krystek; Moldenhauer (Krisen- und Restrukturierungsmanagement), 2007, S. 124-128.

[653] Vgl. Boos et al. (Wettbewerbsfaktor Resilienz), 2021, S. 25-50.

[654] Vgl. Kim et al. (Integrated Process-Related Risk Management), 2017, S. 23-35.

[655] Vgl. Hein (Strategisches Risikomanagement im MAB), 2007, S. 144-178.

[656] Vgl. Boos et al. (Erfolgreich Restrukturieren im Werkzeugbau), 2017, S. 6-25.

[657] Vgl. Crandall et al. (Crisis Management), 2010, S. 10-14.

[658] Vgl. Boos et al. (Wettbewerbsfaktor Resilienz), 2021, S. 25-50.

[659] Vgl. Kim et al. (Integrated Process-Related Risk Management), 2017, S. 23-35.

[660] Vgl. Hein (Strategisches Risikomanagement im MAB), 2007, S. 144-178.

[661] Vgl. Boos et al. (Erfolgreich Restrukturieren im Werkzeugbau), 2017, S. 6-25.

[662] Vgl. Crandall et al. (Crisis Management), 2010, S. 10-14.

[663] Vgl. Hein (Strategisches Risikomanagement im MAB), 2007, S. 144-178.

[664] Vgl. Crandall et al. (Crisis Management), 2010, S. 10-14.

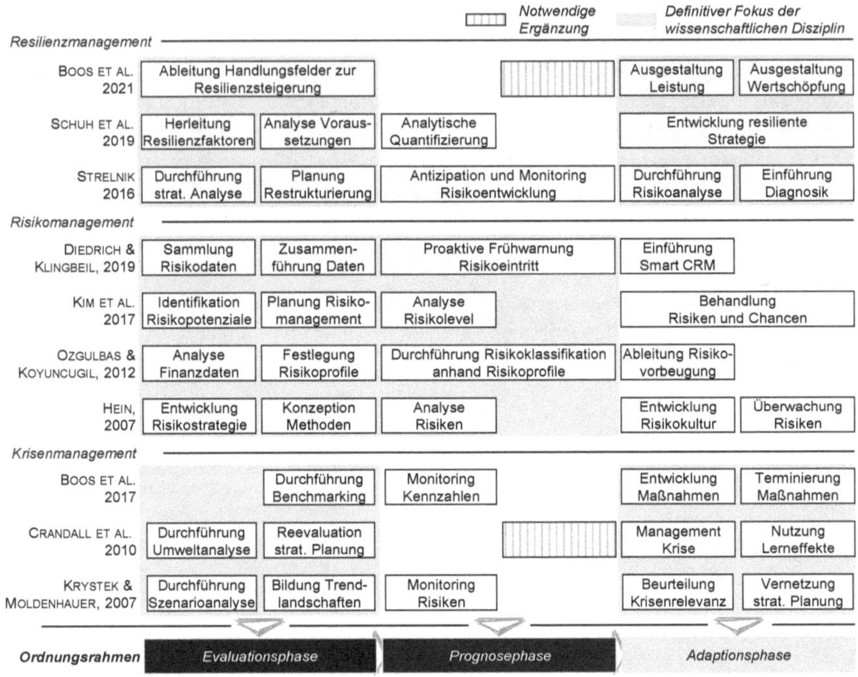

Abbildung 66: Ordnungsrahmen der Methodik[665]

4.3 Zielbild: Der resiliente Werkzeugbau

Um eine zielgerichtete Detaillierung des Ordnungsrahmens in den folgenden Kapiteln dieser Arbeit sicherzustellen ist es notwendig, ein Zielbild des resilienten Werkzeugbau zu definieren. Im Folgenden werden daher die relevanten Aspekte eines vollständig resilienten Werkzeugbaus beschrieben und erklärt.

Der resiliente Werkzeugbau stellt einen Werkzeugbaubetrieb dar, der vor Eintritt einer Krise durch die kontinuierliche Überwachung aussagekräftiger Indikatoren bereits Szenarien zur Minderung des Einflusses der Krise aufstellt. Nach dem Eintritt einer Krise gewährleistet der resiliente Werkzeugbau eine Rückkehr zu einem Zustand auf Niveau des Ausgangszustands und wandelt die Krise in einen Wettbewerbsvorteil um. Dabei ist es für den resilienten Werkzeugbau unerheblich, ob die Krise extern von den Stakeholdern oder intern induziert wird. Zudem ist die Art der Krise für den resilienten Werkzeugbau nur hintergründig von Bedeutung.

665 Eigene Darstellung

Globale Ereignisse bedingen substanzielle Veränderungen, welche potenziell Unternehmenskrisen für Betriebe der Branche Werkzeugbau darstellen.[666] Diese substanziellen Veränderungen erfolgen in steigender Frequenz. Die damit verbundene Veränderungsgeschwindigkeit fordert die Robustheit, Integrativität, Adaptivität und Agilität eines Werkzeugbaubetriebs kontinuierlich. Der resiliente Werkzeugbau ist in der Lage, den Einfluss dieser Veränderungen auf die Geschäftslage zu quantifizieren. Dieser kennt die Abhängigkeiten und damit verbundenen Risiken zu jedem seiner direkten Stakeholder. Bereits vor Kriseneintritt ist der resiliente Werkzeugbau durch Szenarioanalysen und den Einsatz von quantitativen Prognosen in der Lage, proaktiv Handlungsmaßnahmen einzuleiten, welche den Bestand des Betriebs auch über die Krise hinaus sicherstellen.[667] Durch seine robust ausgelegte Unternehmensstruktur und die dafür notwendige Flexibilität weist der resiliente Werkzeugbau im Gegensatz zu klassischen Werkzeugbaubetrieben einen stabilen Systemzustand auf.

Abbildung 67 illustriert schematisch den Systemzustand eines resilienten Werkzeugbaubetriebs im Vergleich zum einem historisch gewachsenen, klassischen Werkzeugbaubetrieb über den Zeitraum einer Krise. Der resiliente Werkzeugbaubetrieb ist in der Lage, die Einflüsse seiner Stakeholder zu identifizieren und zu bewerten. Die Bewertung der Einflüsse befähigt den resiliente Werkzeugbau Krisen zu adaptieren, anstatt diese nur reaktiv zu beantworten. Durch die aktive Prognose relevanter Entwicklungen kann der resiliente Werkzeugbau proaktiv bedarfsgerechte Veränderungen seiner Leistung und Wertschöpfung vornehmen. Durch diese Veränderung ist es dem resilienten Werkzeugbaubetrieb möglich, den relativen Tiefpunkt des Systemzustands nach Kriseneintritt zu heben und eine schnelle Erholung zu garantieren. Der resiliente Werkzeugbau kann seine Unternehmensperformance bzw. -stabilität durch die Nutzung der Krise langfristig über den Ausgangszustand heben und so eine Antifragilität erzeugen.

[666] Vgl. Rüegg-Stürm; Grand (St. Galler Management Modell), 2017, S. 33.

[667] Vgl. Dönitz (Effiziente Szenariotechnik durch Konsistenzmatrizen), 2009, S. 6.

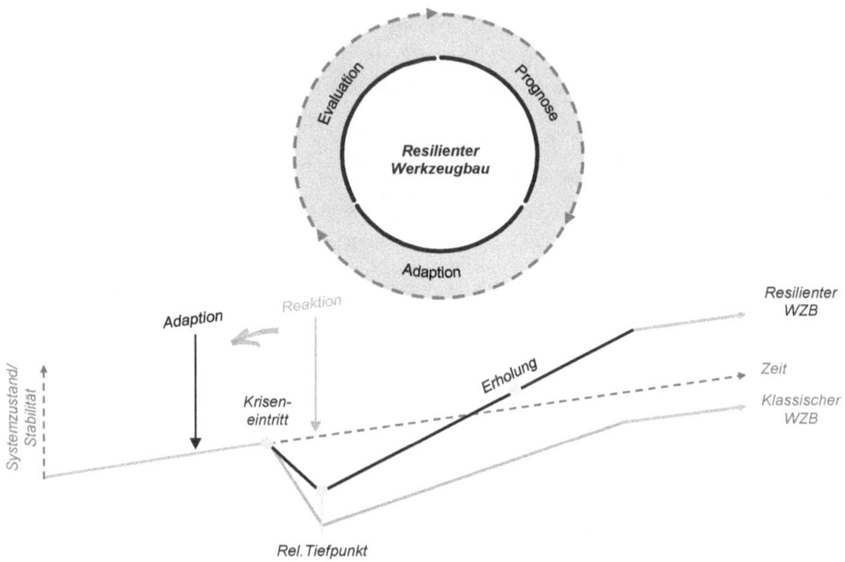

Abbildung 67: Zielbild – Der resiliente Werkzeugbau[668]

Die Integration der Evaluation relevanter Unternehmenseinflüsse, deren Prognose und Adaption stellt eine notwendige Voraussetzung zur Sicherstellung der Wettbewerbsfähigkeit deutscher Werkzeugbaubetriebe dar. Die Methodik zur Erreichung des beschriebenen Zielbildes wird im Folgenden erläutert.

4.4 Grobkonzept der Prognostik

Der Ordnungsrahmen der in der Literatur bestehenden Ansätze kann in einem dreischrittigen Vorgehen zusammengefasst werden. Um das im Zielbild dargestellte globale Ziel des resilienten Werkzeugbau zu erreichen, bedarf es einer Methodik, die die Unternehmenssituation in der Branche evaluiert, prognostiziert und den Anwender befähigt, eine Adaption der Unternehmenssituation vorzunehmen. Daher eignet sich für die Verwendung in dieser Arbeit ebenfalls ein dreischrittiges Vorgehen. In der *Evaluationsphase* werden unter Berücksichtigung von Methoden der Szenariotechnik Einflussfaktoren definiert, welche auf Betriebe der Branche Werkzeugbau einwirken. Diese Einflüsse werden daraufhin bewertet und auf Wirkzusammenhänge überprüft. Unter Zuhilfenahme von relevanten Konsistenzmatrizen ist dann die Formulierung von Umfeldszenarien möglich, welche die zukünftigen Krisenzustände beschreiben.

[668] Eigene Darstellung

Die formulierten Umfeldszenarien sind der Ausgangspunkt für die weiteren Untersuchungen in der *Prognosephase*. Diese Phase hat im ersten Schritt das Ziel, die Eintrittswahrscheinlichkeit der Umfeldszenarien zu bewerten. Hierzu werden Methoden des Data Minings unter Verwendung interner und externer Unternehmensdaten herangezogen. Der zweite Schritt der Prognosephase beinhaltet die Prognose des Schadenspotenzials der Umfeldszenarien. Dazu wird zuerst eine Vorgehensweise entwickelt, mit der Risikopotenziale je Umfeldszenario hergeleitet und strukturiert werden können. Diese werden anschließend mit einer entwickelten Bewertungssystematik auf ihr Schadenspotenzial sowie Kombinationseffekte hin untersucht.

In der *Adaptionsphase* werden abschließend die Ergebnisse interpretiert. Dazu wird zum einen ein Vorgehen entwickelt, um szenariobasiert direkte strategische Initiativen durchzuführen. Zum anderen werden szenarioübergreifend Schadenspotenziale von Risiken mit der Verwundbarkeit des Unternehmens abgeglichen, um allgemeine Resilienzsteigerung durch indirekte strategische Initiativen zu erreichen. Die Methodik ist zusammengefasst in Abbildung 68 dargestellt.

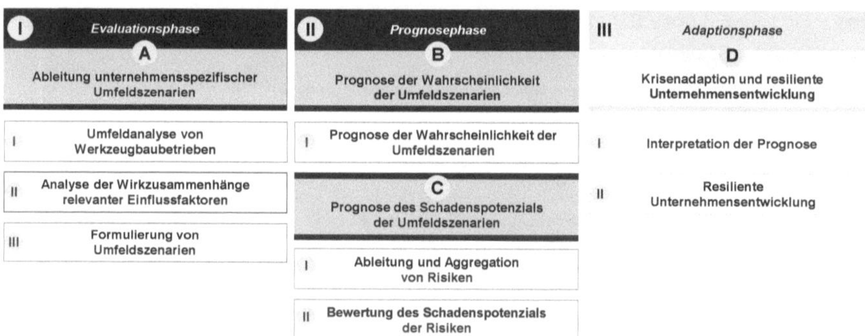

Abbildung 68: Prognostik zur Resilienzsteigerung im Werkzeugbau[669]

Die Methodik orientiert sich an dem in Kapitel 4.2 entwickelten Ordnungsrahmen und wird im Folgenden detailliert beschrieben.

4.4.1 Konzeption Evaluationsphase

Die Evaluationsphase der Methodik umfasst die *Ableitung unternehmensspezifischer Umfeldszenarien.*[670] Diese Umfeldszenarien beschreiben mögliche zukünftige Zustände der vorab definierten Unternehmensumwelt. Mit der Evaluationsphase werden Abhängigkeiten des anwendenden Betriebs von seiner Umwelt offengelegt und in die Zukunft projiziert. Die daraus entstehenden Umfeldszenarien werden in den folgenden Methodikschritten untersucht und bewertet. Ziel der Evaluationsphase ist die Schaffung von Transparenz über die Positionierung von Werkzeugbaubetrieben in ihrer Unternehmensumwelt sowie die Quantifizierung der Einflüsse der relevanten Wirkgrößen auf diese Betriebe. Im Kontext der Gesamtmethodik befähigt

669 Eigene Darstellung

670 Vgl. Methodikschritt A.

dies Werkzeugbaubetriebe zur frühzeitigen Identifikation von Krisen bereits vor ihrem Auftreten. Zudem stellen die Umfeldszenarien den Input für die nächsten Schritte der nachfolgenden Untersuchungen dar.

Der *Medthodikschritt A* untergliedert sich in die Umfeldanalyse von Werkzeugbaubetrieben[671], die Analyse der Wirkzusammenhänge relevanter Einflussfaktoren[672] und die Formulierung von Umfeldszenarien[673] und ist in Abbildung 69 dargestellt.

Zur Ableitung unternehmensspezifischer Umfeldszenarien werden im Methodikschritt A-I zunächst Einflüsse unter Zuhilfenahme des neuen St. Galler Management-Modells nach RÜEGG-STÜRM identifiziert. Unter Zuhilfenahme einer Einflussmatrix und eines paarweisen Vergleichs werden diese im Methodikschritt A-II auf ihre Einflussstärke hin untersucht. Diese Untersuchung isoliert, welche Einflussfaktoren einen kritischen, aktiven, passiven oder trägen Einfluss auf die Gesamtheit der Einflussfaktoren besitzen. Im Methodikschritt A-III werden Annahmebündel formuliert, aus denen wiederum Szenarien erstellt werden, die einen zukünftigen Zustand der Einflussfaktoren in der Zukunft darstellen. Unter Zuhilfenahme einer Konsistenzmatrix wird zudem überprüft, ob die definierten Annahmebündel eine konsistente Wiedergabe von möglichen Szenarien darstellen können.

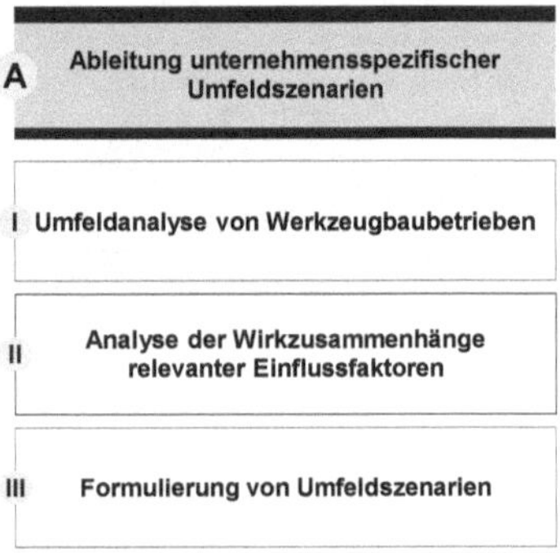

Abbildung 69: Schritt A – Ableitung unternehmensspezifischer Umfeldszenarien[674]

4.4.2 Konzeption Prognosephase

Die Prognosephase beinhaltet sowohl die *Prognose der Wahrscheinlichkeit*[675] als auch die Prognose des *Schadenspotenzials der Umfeldszenarien.*[676] Im Kontext der Resilienz sind dies die maßgeblichen Faktoren zur Bewertung der vorab formulierten Umfeldszenarien. Die Prognose der Wahrscheinlichkeiten der Umfeldszenarien erfolgt über eine Gesamtbetrachtung der

[671] Vgl. Methodikschritt A-I.

[672] Vgl. Methodikschritt A-II.

[673] Vgl. Methodikschritt A-III.

[674] Eigene Darstellung

[675] Vgl. Methodikschritt B.

[676] Vgl. Methodikschritt C.

Szenarien. Die Prognose des gesamtheitlichen Schadenspotenzials der Umfeldszenarien bedarf vorab der Ableitung konkreter Schadenspotenziale der Einzelrisiken. Durch die Konzeption repräsentativer Risikogruppen des Werkzeugbaus wird zuerst ein Ordnungsrahmen geschaffen, der die Ableitung relevanter Einzelrisiken ermöglicht. Die Einzelrisiken werden anschließend ihr Schadenspotenzial hin untersucht. Abschließend wird eine Aggregation der Schadenspotenziale vorgenommen um das Gesamtschadenspotenzial eines Umfeldszenarios abzubilden. Ziel der Prognosephase ist die Befähigung von Werkzeugbaubetrieben zur zielgerichteten Untersuchung der vorab definierten Umfeldszenarien. Zudem werden dem Anwender Vorgehensweisen und Methoden bereitgestellt, um die Analysen entsprechend der im Betrieb vorherrschenden Randbedingungen zu verändern.

Methodikschritt B beschreibt die Prognose der Wahrscheinlichkeit der Umfeldszenarien[677] und ist in Abbildung 70 dargestellt. Im Methodikschritt B-I wird eine Vorgehensweise zur Ermittlung der Eintrittswahrscheinlichkeit vorgestellt. Darin wird beschrieben, dass basierend auf einer Priori-These Sub-Thesen abgeleitet und unter Zuhilfenahme von Data Analytics-Methoden einer Beweisführung unterzogen werden müssen. Dieser Schritt dient vornehmlich der Vorauswahl problemspezifischer Analysemethoden. Daher werden Anforderungen an die Auswahl einer Data Analytics Methode herausgearbeitet, die Zusammenhänge zwischen der Zielstellung und der Analysemethode diskutiert sowie ein iteratives Vorgehen zur Definition relevanter Kriterien und Prädiktoren entwickelt. Abschließend wird dem Anwender ein Prozess zur Validierung der initialen Data Analytics Methode bereitgestellt.

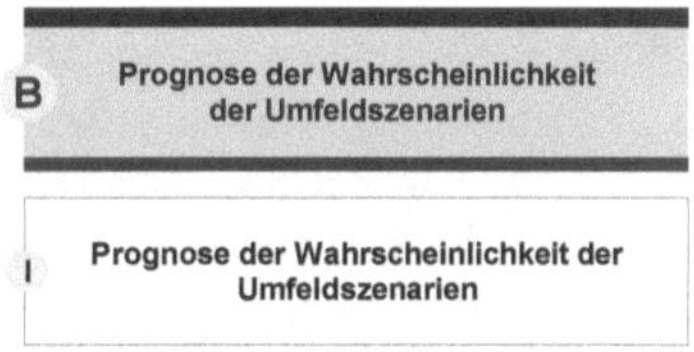

Abbildung 70: Schritt B – Prognose der Wahrscheinlichkeit der Umfeldszenarien

Methodikschritt C untergliedert sich in die Ableitung und Aggregation von Risiken[678] sowie die Bewertung des Schadenspotenzials der Umfeldszenarien[679] und ist in Abbildung 71 dargestellt. Im Methodikschritt C-I werden zuerst Risikogruppen für Werkzeugbaubetriebe abgeleitet. Dazu werden Risikounterteilungen aus der Literatur auf ihre Eignung für die Anwendung im Werkzeugbau untersucht. Anschließend wird ein Vorgehen entwickelt, mit dessen Hilfe die Anwender szenariospezifische Risiken ableiten können. Dazu wird unter anderem eine Methodenmatrix abgeleitet, welche gängige Kollektionsmethoden, analytische Methoden und Kreativitätsmethode den definierten Risikogruppen gegenüberstellt. Die Gegenüberstellung ermöglicht eine Bewertung der Eignung der Methoden für die entsprechende Risikogruppe.

677 Vgl. Methodikschritt B-I.

678 Vgl. Methodikschritt C-I.

679 Vgl. Methodikschritt C-II.

Das Ergebnis dieses Detailschritts ist eine Übersicht der Risikogesamtheit je Umfeldszenario. Im Methodikschritt C-II werden anschließend die einzelnen Risiken der Risikogesamtheit entsprechend ihres Schadenspotenzials bewertet. Dazu werden das Schadenspotenzial, die Risikoveränderung sowie die Kombinationseffekte aller Risiken ermittelt. Das Schadenspotenzial ergibt sich dabei aus einer Schätzung der Eintrittswahrscheinlichkeit, Risikobedeutung sowie der Entdeckungslatenz. Für diese drei Faktoren werden innerhalb des Methodikschritts Skalen und Schätzgleichungen definiert sowie eine Berechnungslogik zur Zusammensetzung der drei Faktoren entwickelt.

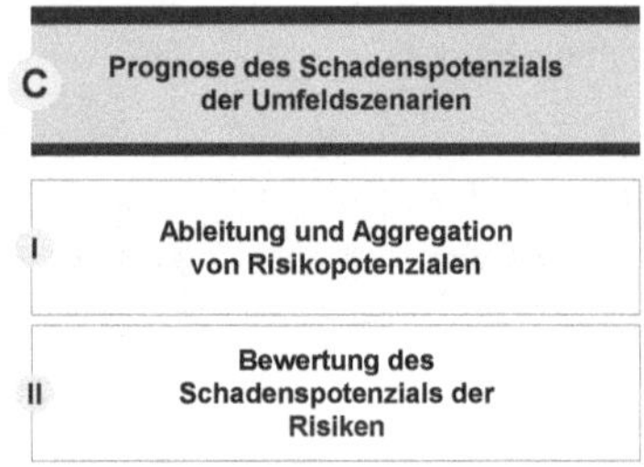

Abbildung 71: Schritt C – Prognose des Schadenspotenzials der Umfeldszenarien

4.4.3 Konzeption Adaptionsphase

Die Adaptionsphase beinhaltet die *Krisenadaption und* die *resiliente Unternehmensentwicklung.*[680] Die Adaption einer Krise unterliegt anderen Randbedingungen und Vorgehensweisen als der Aufbau allgemeiner Resilienz in einem Unternehmen. Daher werden in der Adaptionsphase beide Vorgehensweisen beschrieben. Basierend auf den Ergebnissen der vorherigen Phasen der Methodik werden die übergeordneten Szenarien anhand ihrer Eintrittswahrscheinlichkeit sowie ihres Schadenspotenzial in einem Modell dargestellt, welches mit Normstrategien ausgestattet ist. Durch ein iterativ-inkrementelles Vorgehen kann der prognostizierten Krise dann zielgerichtet entgegengewirkt werden. Zur resilienten Entwicklung des Unternehmens werden ebenfalls die Analysedaten der vorherigen Phasen der Methodik verwendet. Unabhängig der Szenarien werden dazu Risiken mit den Verwundbarkeiten des anwendenden Unternehmens abgeglichen, um eine Resilienzsteigerung in Form von indirekten strategischen Projekten umsetzten zu können. Ziel der Adaptionsphase ist die Befähigung von Werkzeugbaubetrieben zur zielgerichteten Beantwortung der prognostizierten Unternehmenskrisen sowie dem Aufbau eines methodischen Rahmenwerks zur nachhaltigen Steigerung der Resilienz.

Methodikschritt D beschreibt die Interpretation der Prognose[681] sowie die resiliente Unternehmensentwicklung[682] und ist in Abbildung 70 dargestellt.

[680] Vgl. Methodikschritt D.

[681] Vgl. Methodikschritt D-I.

[682] Vgl. Methodikschritt D-II.

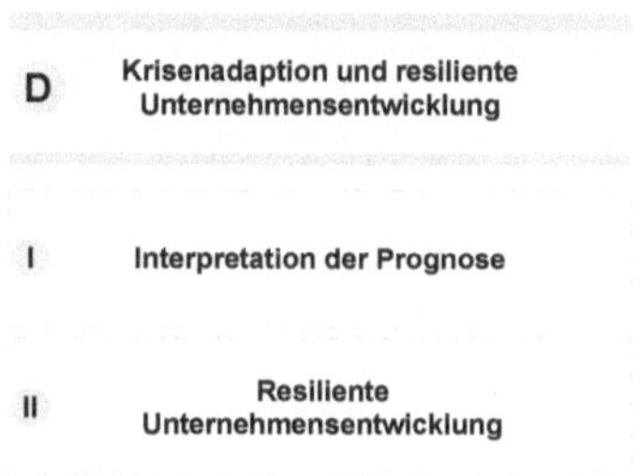

Abbildung 72: Schritt D – Krisenadaption und resiliente Unternehmensentwicklung

Im Methodikschritt D-I werden die abgeleiteten Umfeldszenarien in einer Risikomatrix entsprechend ihrer Eintrittswahrscheinlichkeit sowie ihres Schadenspotenzials aufgetragen. Dadurch kann eine Bewertung vorgenommen werden, welches Szenario in direkten strategischen Initiativen adressiert werden soll. Weiterhin wird beschrieben, wie direkt strategische Initiativen in einem iterativ-inkrementellen Ansatz bei sich ändernden Rahmenbedingungen durchgeführt werden können. In Methodikschritt D-II werden aus der Gegenüberstellung der abgeleiteten Umfeldszenarien übergreifende Risiken extrahiert. Weiter werden die vorherigen Ergebnisse der Methodik genutzt, um die Verwundbarkeit des anwendenden Unternehmens zu ermitteln. Diese werden abschließend mit den szenarioübergreifenden Risiken kombiniert, um in dieser Schnittmenge indirekte strategische Initiativen zur allgemeinen Resilienzsteigerung des anwendenden Unternehmens zu realisieren. Dazu wird ein Project-Canvas aufgebaut, mit dem die erfolgreiche Planung sowie Steuerung der indirekten strategischen Initiativen sichergestellt wird.

4.5 Abgleich der Anforderungen mit dem Grobkonzept

Auf Grundlage der Systemtechnik und der Modellierung im Kontext der Methodenentwicklung konnte eine Prognostik zur Resilienzsteigerung im Werkzeugbau konzipiert werden. Das entwickelte Grobkonzept der Methodik folgt dem hergeleiteten Ordnungsrahmen[683] mit den drei Phasen Evaluationsphase, Prognosephase sowie Adaptionsphase. Das Durchlaufen der ersten Phase ist zur erfolgreichen Umsetzung einer Resilienzsteigerung zwingend erforderlich. Nur durch Ableitung relevanter und realistischer Szenarien sind die weiteren Analysen der Methodik möglich. Die Evaluationsphase besteht aus dem Methodikschritt Ableitung unternehmensspezifischer Umfeldszenarien. Der zweite Teil der Methodik umfasst die Quantifizierung und Analyse der abgeleiteten Umfeldszenarien unter Zuhilfenahme von Prognosen und besteht aus den Schritten Prognose der Wahrscheinlichkeit der Umfeldszenarien sowie Prognose des Schadenspotenzials der Umfeldszenarien. Zur vollständigen Analyse der Umfeldszenarien ist die Durchführung beider Methodikschritte notwendig. Der dritte Teil der Methodik umfasst die Adaption der Analyseergebnisse und besteht aus dem Methodikschritt Krisenadaption und resiliente Unternehmensentwicklung. In der bestehenden Form adressiert die

683 Vgl. Kapitel 4.2.

Methodik sowohl die gestellten Anforderungen[684] als auch die daraus abgeleiteten konkreten Forschungsfragen.[685]

Die *allgemeinen Anforderungen* Bezugnahme zur Realität und Sicherstellung der Anwendbarkeit werden jeweils voll erfüllt. Die Sicherstellung der Anwendbarkeit wird dadurch garantiert, dass der geringe Aufwand in der Evaluationsphase einem hohen Nutzen in der Prognose- sowie Adaptionsphase gegenübersteht. Weiterhin wird die Anwendbarkeit durch den Aufbau der Methodik gewährleistet, da diese in logisch aufeinander aufbauende Teilschritte untergliedert ist, welche jeweils einen konkreten Ablauf aufzeigen.

Die *kontextspezifischen Anforderungen* Erkenntnistransfer auf den Werkzeugbau, Sicherstellung der KMU-Tauglichkeit sowie Berücksichtigung der Unternehmensrandbedingungen stellen ebenfalls Anforderungen dar, welche von der Methodik erfolgreich adressiert werden. Die definierten Umfeldszenarien basieren auf den Einflüssen externer Stakeholder auf den Werkzeugbau und sprechen daher insbesondere Werkzeugbaubetriebe an. Die KMU-Tauglichkeit wird dadurch sichergestellt, dass die eingesetzten Methoden und Hilfsmittel den Bedingungen und Möglichkeiten deutscher Werkzeugbaubetriebe entsprechen. Die Unternehmensrandbedingungen werden schließlich durch die Berücksichtigung des Unikatcharakters sowie der Auftragsfertigung von Werkzeugbaubetrieben und die Definition branchenspezifischer Merkmale berücksichtigt.

Die *problemspezifischen Anforderungen* Definition und Erhebung von Krisenindikatoren, prognosegestützte Früherkennung der Krise sowie Interpretation und Bewertung der Krise werden ebenfalls von der Methodik in vollem Maße erfüllt. Das Ziel der Methodik besteht in der Steigerung der Resilienz der anwendenden Unternehmen. Durch die Analyse der Umfeldszenarien werden Kriterien und Prädiktoren abgeleitet, welche Prognosen befähigen. Diese stellen die Eintrittswahrscheinlichkeit und das Schadenspotenzial heraus und indizieren Krisen. Dadurch ist die Früherkennung einer Krise möglich. Als Ergebnis der Adaptionsphase sind zudem Möglichkeiten mit dem Umgang der Prognoseergebnisse dargestellt, wodurch eine Beantwortung der Krise möglich ist. Abbildung 73 zeigt zusammenfassend, dass mit dem ausgearbeiteten Grobkonzept die Grund-lage zur Detaillierung der Methodik geschaffen werden konnte. Diese wird im folgenden Kapitel detailliert.

[684] Vgl. Kapitel 3.2.

[685] Vgl. Kapitel 3.6.

	Anforderungen	Forschungsfragen	Erfüllung der Methodik
Allgemeine Anforderungen	Bezugnahme zur Realität Sicherstellung der Anwendbarkeit	▪ Wie kann ein hohes Nutzen-Aufwand-Verhältnis der Methodik sichergestellt werden? ▪ Wie kann die Anwendbarkeit für KMU sichergestellt werden?	▪ Hohes Nutzenpotenzial durch die Erstellung unternehmensspezifischer Umfeldszenarien ▪ Aufbau aus klar definierten, logisch aufeinander aufbauenden Teilschritten ▪ Hohe Detailtiefe der Ausführungen zur Sicherstellung der Anwendbarkeit
Kontextspezifische Anforderungen	Erkenntnistransfer auf den Werkzeugbau Sicherstellung der KMU-Tauglichkeit Berücksichtigung der Unternehmensrandbedingungen	▪ Wie kann der Branchenbezug der Methodik hergestellt werden? ▪ Wie lässt sich eine Resilienzsteigerung unter Berücksichtigung der Limitationen von KMU sicherstellen?	▪ Nutzung von branchenspezifischen Einflüssen zur Identifizierung unternehmensspezifischer Einflüsse ▪ Nutzung von realistisch einsetzbaren Methoden und Hilfsmitteln zur Sicherstellung der Anwendbarkeit für KMU
Problemspezifische Anforderungen	Definition und Erhebung von Krisenindikatoren Prognosegestützte Früherkennung der Krise Interpretation und Bewertung der Krise	▪ Welchen Abhängigkeiten unterliegt ein Werkzeugbaubetrieb am Markt und welche Umfeldszenarien lassen sich aus diesen Abhängigkeiten ableiten? ▪ Wie kann die Eintrittswahrscheinlichkeit sowie das Schadenspotenzial der Umfeldszenarien unter Zuhilfenahme von Prognosen ermittelt werden? ▪ Wie müssen die Prognoseergebnisse interpretiert werden, damit eine belastbare Vorhersage von Unternehmenskrisen gewährleistet ist? ▪ Wie lassen sich aus den Prognoseergebnissen Maßnahmen ableiten, die zur Resilienzsteigerung von Werkzeugbaubetrieben eingesetzt werden können?	▪ Szenariobasierte Ableitung von Risikoprofilen ▪ Herleitung von Kriterien und Prädiktoren zur Prognose von Szenarien und deren Risikopotenzialen ▪ Auslegung einer Interpretationslogik zur Bewertung der Prognosen ▪ Definition von Maßnahmen zur Adaption der Prognoseergebnisse

Abbildung 73: Abgleich des Grobkonzepts mit Anforderungen und Forschungsfragen

5 Detaillierung der Prognostik

In Kapitel 4.4 wurde die Grobkonzeption der Prognostik zur Resilienzsteigerung im Werkzeugbau vorgenommen. Diese Grobkonzeption sieht eine Unterteilung der Methodik in die drei Phasen Evaluationsphase, Prognosephase und Adaptionsphase vor. Ein Überblick über die Methodikschritte sowie den vorgesehen Ablauf ihrer Durchführung ist in Abbildung 74 dargestellt. Im Folgenden wird die Detaillierung der definierten Methodikschritte vorgenommen. Abschließend erfolgt die Integration sowie Validierung der Methodik.

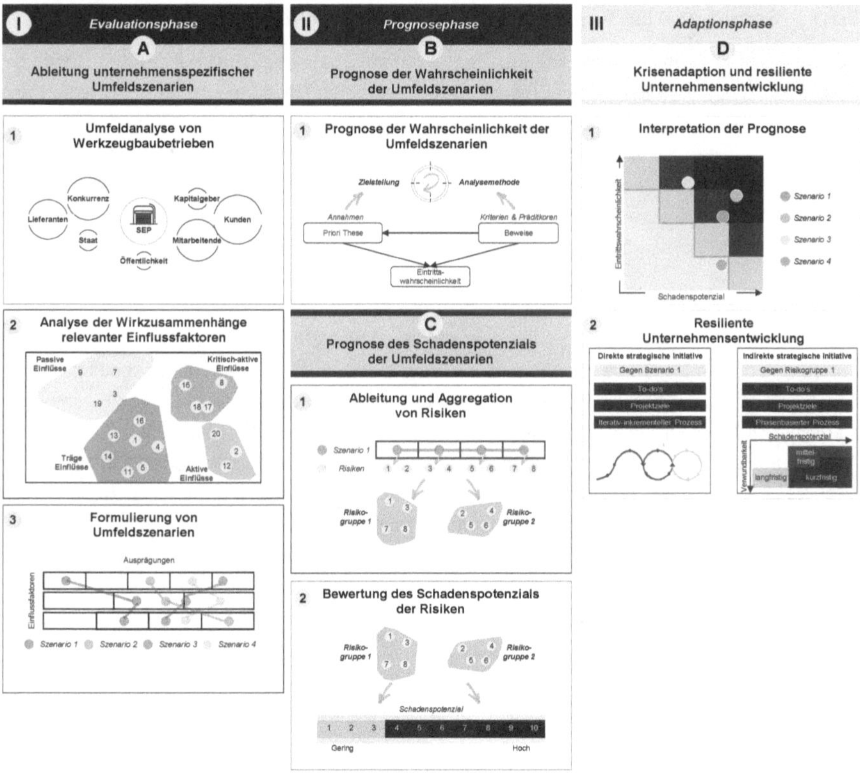

Abbildung 74: Prognostik zur Resilienzsteigerung im Werkzeugbau[686]

5.1 Detaillierung der Evaluationsphase

Die Evaluationsphase stellt den ersten Teil der Prognostik zur Resilienzsteigerung im Werkzeugbau dar und umfasst die Evaluation der Unternehmensumwelt hinsichtlich äußeren Einflüssen. Insbesondere externe Einflüsse sind relevant in Bezug auf den Unternehmenserfolg.

[686] Eigene Darstellung

Externe Einflüsse sind jedoch Umstände, welche das Unternehmen nicht direkt beeinflussen kann.[687] Das Ziel der Evaluationsphase ist die Strukturierung der, auf ein Unternehmen wirkenden, externen Einflüsse und die Ableitung unternehmensspezifischer Umfeldszenarien. In Methodikschritt A-I wird das wirtschaftliche Umfeld von Werkzeugbaubetrieben analysiert und anhand in der Literatur existierender Modelle strukturiert. In Methodikschritt A-II werden die Wirkzusammenhänge der Einflussfaktoren bewertet und die Einflussfaktoren somit auf ihren Einfluss hin charakterisiert. Schlussendlich werden diese Informationen genutzt, um im Methodikschritt A-III Umfeldszenarien zu formulieren, die in den folgenden Schritten der Methodik analysiert und zur Steigerung der Resilienz genutzt werden.

5.1.1 Schritt A: Ableitung unternehmensspezifischer Umfeldszenarien

Für die Ableitung von Umfeldszenarien eines Werkzeugbaubetriebs wird im ersten Schritt die Unternehmensumwelt durch den Einsatz eines geeigneten Ordnungsrahmens modelliert und so Abhängigkeiten eines Werkzeugbaubetriebs von seinen Anspruchsgruppen aufgenommen.[688] Im zweiten Schritt werden Einflüsse auf ihre Wechselwirkungen untereinander überprüft, kategorisiert, bewertet und auf Konsistenz geprüft.[689] Durch die Projektion und Kombination der Einflüsse können so Umfeldszenarien abgeleitet werden. Diese Umfeldszenarien werden anschließend quantifiziert und auf ihre Eintrittswahrscheinlichkeit hin untersucht.[690]

5.1.1.1 Methodische Grundlagen

Die Szenariotechnik ist eine in der Praxis vielfach eingesetzte Methode zur strategischen Planung von Unternehmen. Die strategische Planung beruht auf einer Zukunftsabschätzung, welche durch die Szenariotechnik erreicht wird. Das Ziel der Szenariotechnik ist die Schaffung plausibler und begründbarer Zukunftsbilder, sogenannte Szenarien. Diese bestehen aus der Aggregation zukunftsrelevanter Einflussfaktoren, die ein Unternehmen prägen. Durch die Untersuchung von Trends mit eindeutigen Entwicklungsrichtungen sowie Trendbrüchen sind Unternehmen so in der Lage, Veränderungen ihrer direkten Umwelt zu antizipieren und in der strategischen Planung zu berücksichtigen. Die Szenariotechnik geht weiter als die Prognose im klassischen Sinne, mit der die Vergangenheit fortgeschrieben wird.[691] Mit Hilfe der Szenariotechnik sollen Entwicklungen auf Basis qualitativer und quantitativer Daten ganzheitlich aufgezeigt werden.[692]

687 Vgl. Boos et al. (Erfolgreich Restrukturieren im Werkzeugbau), 2017, S. 8.

688 Vgl. Kapitel 5.1.1.2.

689 Vgl. Kapitel 5.1.1.3.

690 Vgl. Kapitel 5.1.1.4.

691 Vgl. Abbildung 75.

692 Vgl. Dönitz (Effiziente Szenariotechnik durch Konsistenzmatrizen), 2009, S. 6.

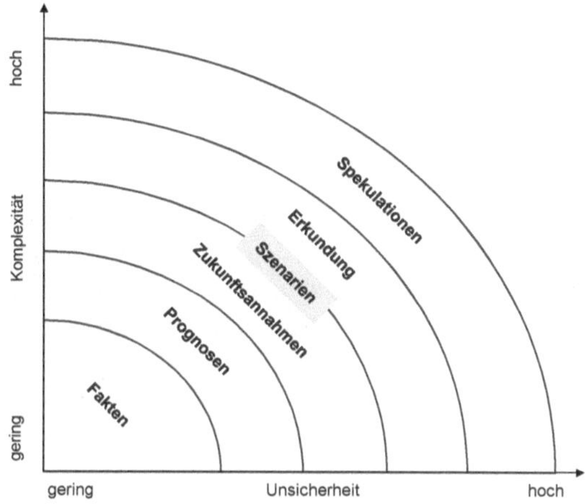

Abbildung 75: Szenarien im Feld aus Komplexität und Unsicherheit[693]

Im Folgenden wird die Vorgehensweise der Szenarioerstellung nach GESCHKA & REIBNITZ vorgestellt.[694,695] Diese ist durch ein formalisiertes und systematisches prozessorientiertes Vorgehen charakterisiert, welches aus acht Schritten besteht.[696,697]

Abbildung 76: Die acht Schritte der Szenariotechnik nach GESCHKA UND REIBNITZ[698]

Der erste Schritt, die Problemanalyse, grenzt den zu untersuchenden Anwendungsfall thematisch, räumlich und zeitlich ab und definiert die für die spätere Analyse relevanten Fragestellungen. Mithin ist das Ergebnis der Problemanalyse eine detaillierte Beschreibung der Ist-Situation des Untersuchungsfeldes.[699] Die Ist-Situation wurde bereits in Kapitel 2.4 beschrieben. Im zweiten Schritt erfolgt die Durchführung einer Umfeldanalyse.[700] Die Umfeldanalyse identifiziert und strukturiert alle Faktoren bzw. Umfelder, die auf das Untersuchungsfeld Einfluss

[693] I. A. a. Zurek; Henrichs (Scenarios), 2007, S. 1284.

[694] Vgl. Geschka; Reibnitz (Die Szenariotechnik), 1983, S. 142.

[695] Vgl. Dönitz (Effiziente Szenariotechnik durch Konsistenzmatrizen), 2009, S. 9.

[696] Vgl. Abbildung 76.

[697] Vgl. Geschka; Reibnitz (Die Szenariotechnik), 1983, S. 142.

[698] I. A. a. Geschka; Reibnitz (Die Szenariotechnik), 1983, S. 142.

[699] Vgl. Dönitz (Effiziente Szenariotechnik durch Konsistenzmatrizen), 2009, S. 10.

[700] Vgl. Kapitel 5.1.1.2.

nehmen. Bei dieser Analyse wird entweder die Bottom-Up oder die Top-Down-Vorgehensweise angewandt. Bei der Bottom-Up-Vorgehensweise werden initial Einflussgrößen identifiziert und zu homogenen Gruppen zusammengefasst, um aussagefähige Umfelder zu generieren. Bei der Top-Down-Vorgehensweise werden zuerst die Umfelder benannt und eine bestimmte Anzahl an Einflussgrößen innerhalb dieser Felder definiert. Unabhängig der Strukturierung der Einflüsse müssen diese im Folgenden auf Wirkzusammenhänge untereinander untersucht werden. Dazu eignen sich beispielsweise Vernetzungsanalysen oder Wirkungsmatrizen. So ermöglicht beispielsweise der paarweise Vergleich die Einschränkung vieler Lösungen auf das Wesentliche, indem jedes alternative Element mit jedem anderen Element im Einzelnen verglichen wird.[701] Anhand einer definierten Punkteskala lässt sich auf diese Weise das Element bzw. Merkmal mit der größten Relevanz identifizieren, welches die meisten anderen Merkmale des Betrachtungsbereichs beeinflusst. Abbildung 77 zeigt eine Korrelationsmatrix, mithilfe derer ein paarweiser Vergleich durchgeführt werden kann.

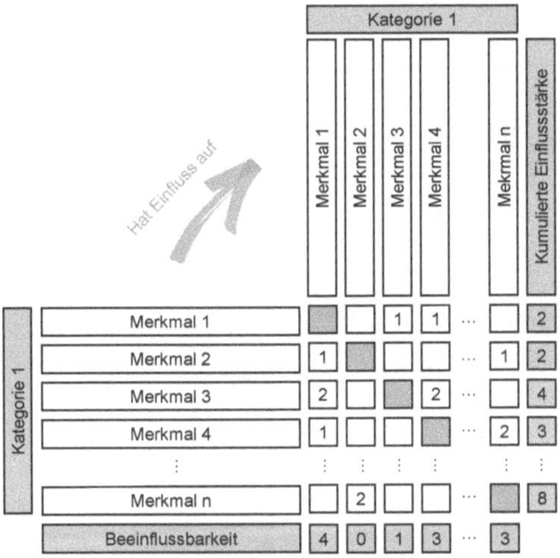

Abbildung 77: Methode des paarweisen Vergleichs nach DREWS[702]

Nach der Analyse der Umfelder werden im dritten Schritt Deskriptoren sowie Zukunftsannahmen aufgestellt. Dazu werden die ausgewählten Einflussfaktoren in Deskriptoren überführt, um ihnen einen quantitativen Charakter zu verleihen. Grundsätzlich muss nicht jeder Einflussfaktor in einen Deskriptor überführt werden. Aus einigen Einflussfaktoren können jedoch mehrere Deskriptoren abgeleitet werden. Die Deskriptoren müssen im Folgenden einerseits genau definiert und in ihrer Bedeutung abgegrenzt werden. Andererseits ist es notwendig, Zukunftsannahmen für die Deskriptoren zu formulieren.[703] Der vierte Schritt dient der Bündelung der Annahmen und der Erstellung von Rohszenarien. In diesem Schritt wird die Konsistenz der

701 Vgl. Drews; Hillebrand (Projektmanagement-Methoden), 2010, S. 131.

702 I. A. a. Drews; Hillebrand (Projektmanagement-Methoden), 2010, S. 133.

703 Vgl. Dönitz (Effiziente Szenariotechnik durch Konsistenzmatrizen), 2009, S. 15.

Annahmebündel durch den Einsatz einer Konsistenzmatrix sichergestellt. Durch die Konsistenzmatrix und deren zugrundeliegende Konsistenzanalyse werden Konflikte und Synergien zwischen den Zukunftsannahmen aufgedeckt, wodurch die Qualität der Zukunftsbilder signifikant gesteigert wird. Im fünften Schritt werden die erstellten Rohszenarien interpretiert. Dazu werden diese um eindeutige Annahmen ergänzt und in Texten beschrieben.[704] Dadurch entstehen Umfeldszenarien, welche die Entwicklung der Umfelder in Zeitschritten von ca. fünf Jahren bis zum Zieljahr umfassen.[705] Im sechsten Schritt wird eine Trendbruchanalyse durchgeführt, die Ereignisse identifizieren soll, die plötzlich auftreten und die erstellten Umfeldszenarien verändern können.[706] Die Trendbrüche werden hinsichtlich ihrer Einflussstärke auf die Umfeldszenarien bewertet, um die Stabilität des erzeugten Szenarios zu untersuchen.[707] Wenn ein Ereignis sich besonders stark auf ein Umfeldszenario auswirkt, wird eine abgewandelte Variante dieses Umfeldszenarien formuliert.[708] Im siebten Schritt werden von jedem Umfeldszenario Konsequenzen im Hinblick auf konkrete Aufgabenstellungen abgeleitet.[709] Im achten und letzten Schritt erfolgt die Maßnahmenplanung. Diese beinhaltet die Integration der Analyseergebnisse in die strategische Planung.[710]

Inhaltliche Grundlagen

Die in den folgenden Kapiteln beschrieben Inhalte sind Ergebnisse Triangulation aus einer qualitativen und quantitativen Branchenumfrage. Im ersten Schritt werden dazu in einer Vorstudie thesenbasierte Umfeldanalysen durchgeführt und eine Mind-Map aller Einflüsse auf Betriebe der Branche Werkzeugbau geschaffen. Die Thesen entstammen aus fundiertem Projektwissen der WBA Aachener Werkzeugbauakademie GmbH und werden durch ein Projektteam aus Unternehmensberatern aufgestellt. In einem Expertenkreis von Geschäftsführern von drei Unternehmen der Branche Werkzeugbau werden anschließend die Einflüsse der Vorstudie in einer Einflussmatrix untersucht. Die Ergebnisse der Vorstudie werden dann in einem Konsortialprojekt in Form einer standardisierten Befragung mithilfe von geschlossenen Multiple-Choice-Fragen und einer Gruppendiskussion quantitativ bewertet. Das Konsortialprojekt umfasst 13 Betriebe der Branche Werkzeugbau, die von jeweils zwei Mitarbeitende in Managementpositionen repräsentiert werden. Die Unternehmensgrößen[711] und Erzeugnisse[712] der Betriebe des Konsortiums sind repräsentativ für die Branche Werkzeugbau.

[704] Vgl. Dönitz (Effiziente Szenariotechnik durch Konsistenzmatrizen), 2009, S. 20.

[705] Vgl. Tessun (Einsatz von Szenarien in der Unternehmensplanung), 1998, S. 43-44.

[706] Vgl. Steinmüller; Steinmüller (Ungezähmte Zukunft), 2003, S. 17-26.

[707] Vgl. Mißler-Behr (Bewertungsprinzipien für Zukunftsbilder), 1999, S. 320.

[708] Vgl. Dönitz (Effiziente Szenariotechnik durch Konsistenzmatrizen), 2009, S. 21.

[709] In der Praxis erfolgt diese Analyse oftmals bereits in Schritt 5, wenn die Umfeldszenarien ausformuliert werden.

[710] Vgl. Dönitz (Effiziente Szenariotechnik durch Konsistenzmatrizen), 2009, S. 23.

[711] 80 % der Unternehmen weisen weniger als 50 Mitarbeitende auf.

[712] 60 % der Unternehmen fertigen Spritzgieß- und Druckgusswerkzeuge, 40 % der Unternehmen fertigen Blechumformwerkzeuge.

5.1.1.2 Schritt A-I: Umfeldanalyse von Werkzeugbaubetrieben

Der erste Schritt der Evaluationsphase zur Ableitung von Risikoprofilen ist die Analyse der Einflüsse relevanter Anspruchsgruppen. Zur Durchführung dieser Analyse ist eine Strukturierung der Unternehmensumwelt sowie Identifikation der relevanten Anspruchsgruppen notwendig. Zur Strukturierung der externen Unternehmenseinflüsse wird im Folgenden das neue St. Galler Management-Modell nach RÜEGG-STÜRM verwendet. Dabei handelt es sich um ein Management-Modell, welches das komplexe System eines Unternehmens beschreibt. Das Modell stellt einen Ordnungsrahmen dar, der logische Verbindungen und Wirkzusammenhänge aufzeigt. Mithin können in Situationen hoher Ungewissheit und Mehrdeutigkeit eine Orientierung vermittelt werden.[713] Das Modell dient zudem als Führungsinstrument und soll organisationale Kommunikation steuern.[714] Dazu unterscheidet das neue St. Galler Management-Modell sechs zentrale Dimensionen des Managements: Umweltsphären, Anspruchsgruppen, Interaktionsthemen, Ordnungsmomente, Prozesse und Entwicklungsmodi.[715]

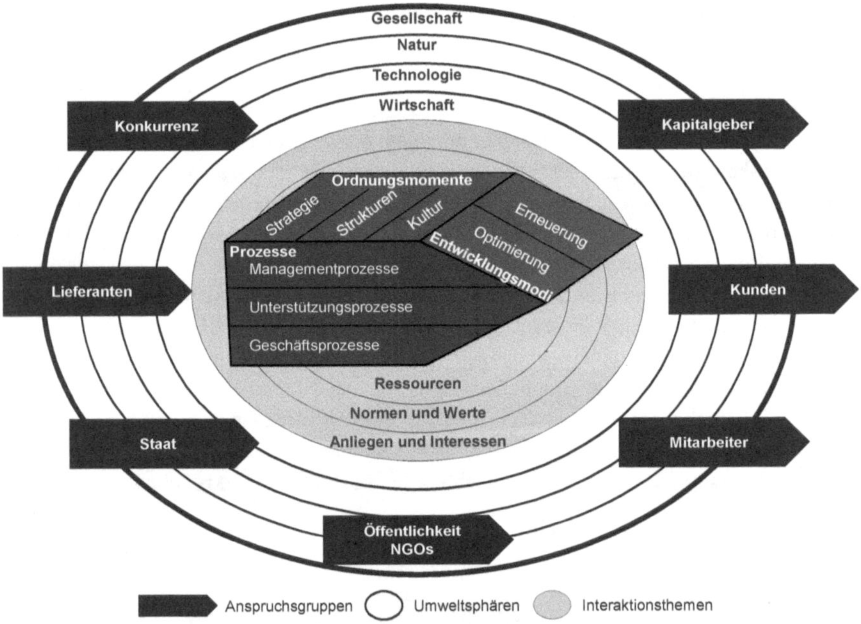

Abbildung 78: Das neue St. Galler Management-Modell nach RÜEGG-STÜRM[716]

[713] Vgl. Rüegg-Stürm; Grand (St. Galler Management Modell), 2017, S. 13.
[714] Vgl. Rüegg-Stürm; Grand (St. Galler Management Modell), 2017, S. 14.
[715] Vgl. Abbildung 78.
[716] I. A. a. Rüegg-Stürm; Grand (St. Galler Management Modell), 2017, S. 22.

Umweltsphären stellen den zentralen Kontext der unternehmerischen Tätigkeiten dar und sind auf wichtige Veränderungstrends hin zu untersuchen.[717] Anspruchsgruppen[718] sind organisierte und unorganisierte Menschengruppen, Organisationen und Institutionen, welche sowohl von der unternehmerischen Tätigkeit des betrachteten Unternehmens betroffen sind, dieses jedoch auch durch ihr Handeln beeinflussen. Die Anspruchsgruppen des Modells stellen einen generischen Unternehmenskontext dar und müssen bei der Anwendung auf einen realen Kontext folgende drei Kriterien erfüllen:

1. Die Anzahl und Art der Anspruchsgruppen muss bedarfsgerecht entsprechend der unternehmerischen Randbedingungen gewählt werden. Dabei sind solche Anspruchsgruppen auszuwählen, die in hohem Maße von der Wert- und Schadschöpfung des betrachteten Unternehmens betroffen oder in diese einbezogen sind.
2. Die Auswahl muss in jedem Einzelfall neu bedacht und weiter differenziert werden.
3. Die Auswahl sollte, basierend auf der Zielstellung der Modellierung, auf strategischer oder normativer Managementebene erfolgen.[719]

Die Interaktionsthemen sind im neuen St. Galler Management-Modell zwischen den Umweltsphären und dem Unternehmen angesiedelt und beschreiben Inhalte, die über die Anspruchsgruppen an das Unternehmen herangetragen, diesem zur Verfügung gestellt oder streitig gemacht werden. Dabei kann zwischen personen- und kulturgebundenen Elementen wie Anliegen, Interessen und Werten und objektgebundenen Elementen wie Ressourcen unterschieden werden.[720] Die Ordnungsmomente dienen der Strukturierung des organisationalen Alltagsgeschehens, welche auf die Erzielung bestimmter Wirkungen und Ergebnisse ausgelegt sind. Zu ihnen zählen die Strategie, die Strukturen und die Kultur. Prozesse beschreiben die sachliche und zeitliche Logik beim Vollzug spezifischer Aufgabenfelder und dienen der notwendigen Führungsarbeit. Den Prozessen sind Management-, Geschäfts- und Unterstützungsprozesse zugeordnet. Entwicklungsmodi stellen grundlegende Muster der unternehmerischen Weiterentwicklung zur Verfügung, wodurch die Forderung nach einer kontinuierlichen Weiterentwicklung befriedigt werden kann. Hierzu zählen die Erneuerung und die Optimierung.[721]

Das neue St. Galler Managementmodell beschreibt Unternehmen allgemein als komplexe Systeme, die sich in Ihrer Komplexität ähneln.[722] Insbesondere in der theoretischen Modellierung wird zudem eine notwendige Abstraktion erzeugt, welche übergreifend für verschiedene Typen von Unternehmen gültig sind. Diesem Verständnis folgend eignet sich das neue St. Galler Managementmodell auch zur Beschreibung eines Werkzeugbaubetriebs, weshalb im Folgenden die relevanten Anspruchsgruppen nach RÜEGG-STÜRM zur Beschreibung der

---

[717] Vgl. Rüegg-Stürm; Grand (St. Galler Management Modell), 2017, S. 25.

[718] Anspruchsgruppen gilt im Folgenden als Synonym für Stakeholder.

[719] Vgl. Rüegg-Stürm; Grand (St. Galler Management Modell), 2017, S. 29.

[720] Vgl. Rüegg-Stürm; Grand (St. Galler Management Modell), 2017, S. 33.

[721] Vgl. Rüegg-Stürm; Grand (St. Galler Management Modell), 2017, S. 33-37.

[722] Vgl. Rüegg-Stürm; Grand (St. Galler Management Modell), 2017, S. 17.

Werkzeugbaucharakteristika genutzt werden sollen. Die im neuen St. Galler Managementmodell enthaltenen Anspruchsgruppen sind Konkurrenz, Kapitalgeber, Kunden, Mitarbeitende, Öffentlichkeit, Staat, Lieferanten, Konkurrenz und werden im Folgenden analysiert.

Konkurrenz

Die deutsche Branche Werkzeugbau nimmt innerhalb des technologisch diversifizierten produzierenden Gewerbes, gemessen an der Anzahl von Betrieben und Mitarbeitenden, eine untergeordnete Rolle ein. In 2020 existierten rund 3.800 Werkzeugbaubetriebe mit 54.000 Beschäftigten.[723] Der Werkzeugbau ist als Befähiger der Serie über verschiedenen Schnittstellen mit seinem Kunden verbunden. Der Kunde bedient sich jedoch oftmals bei verschiedenen globalen Zulieferern wodurch ein hoher Preis- und Margenwettbewerb herrscht. Daher stellt Konkurrenz einen essenziellen strategischen Einflussfaktor für Unternehmen der Branche dar.[724] Der Einfluss der Konkurrenz ergibt sich aus den vorherrschenden Marktbedarfen, den Absatzmärkten und der Leistungsfähigkeit der Konkurrenz sowie möglichen Substituten.

Der Marktbedarf an Werkzeugen hat einen signifikanten Einfluss auf das Konkurrenzgeschehen. Das Konkurrenzgeschehen lässt sich wie durch den Bedarf und das Angebot an Werkzeugen beschreiben. Der Marktbedarf ergibt sich dabei aus verschiedenen Faktoren. Im letzten Jahrzehnt war die steigende Anzahl an Produktvarianten und der Trend der Individualisierung maßgeblicher Treiber der hohen Werkzeugnachfrage. Unter Zuhilfenahme von Varianten und Derivaten wollten produzierende Unternehmen vermehrt neue Kunden erreichen.[725] Durch die anstehende Produktivitätswende hin zu einer nachhaltig bewussteren Produktion ist dieser Trend rückläufig. Zudem nimmt die Betrachtung bzw. Verlängerung von Produktlebenszyklen eine signifikante Rolle in der Produktentwicklung ein, welche sich auf die Marktbedarfe auswirken könnte.[726]

Ein entscheidender Einfluss auf das Ausmaß des Konkurrenzgeschehens hat der Absatzmarkt der konkurrierenden Betriebe. Aktuell sind die Hauptabnehmer deutscher Werkzeuge deutsche Industrieunternehmen. Weitere ausländische Absatzmärkte im Bereich der Blech- und Massivumformwerkzeuge sind China und die Slowakei. In diese Länder werden Werkzeuge im Wert von rund 72 Mio. € bzw. 62 Mio. € exportiert. Im Bereich der Spritzgießwerkzeuge ist neben Tschechien (111 Mio. €) die Schweiz der größte Absatzmarkt (105 Mio. €).[727] Auch internationale Marktteilnehmer stellen, je nach dem Ort ihrer Absatzmärkte, eine direkte Konkurrenz für deutsche Werkzeugbaubetriebe dar.

[723] Vgl. Gemeinsame Datenbank des Werkzeugmaschinenlabors WZL der RWTH Aachen und des Fraunhofer-Instituts für Produktionstechnologie IPT, ausgewertete Datensätze der Jahre 2017-2020, Stand Mai 2022.

[724] Vgl. Boos et al. (Tooling in Germany 2020), 2020, S. 11.

[725] Vgl. Lange (Iterativer Produktentwicklungsprozess), 2020, S. 26.

[726] Vgl. Boos (Die Produktionswende), 2021, S. 6.

[727] Vgl. United Nations (UN Comtrade Database), 2022.

Neben dem Ort des Absatzes ist auch die Leistung der Konkurrenz selbst ein entscheidender Einflussfaktor auf die Branche Werkzeugbau. Insbesondere der stetige technologische Fortschritt stellt dabei ein Risiko für Betriebe der Branche dar. Durch kontinuierliches Innovationsmanagement können langfristig Prozesse und Technologien potenziell substituiert werden, wodurch den konkurrierenden Betrieben ein Wettbewerbsvorteil entsteht.

Die Leistungsfähigkeit der Konkurrenz hat einen entscheidenden Einfluss auf die Wettbewerbsfähigkeit deutscher Werkzeugbaubetriebe. Je leistungsfähiger die Konkurrenz, desto höher bemessen sich die Wettbewerbsvorteile der konkurrierenden Betriebe. Die Leistungsfähigkeit ergibt sich aus der Leistungsfähigkeit der Wertschöpfung und aus dem Leistungsangebot. Je effizienter die Wertschöpfung der Mitbewerber ist, desto kostengünstiger können sie ihre Leistung anbieten. Gleichermaßen realisieren Konkurrenten so höhere Margen. Zudem beeinflusst die Leistungsfähigkeit der Erzeugnisse und Dienstleistungen der Konkurrenten deren gesamte Leistungsfähigkeit in hohem Maße. Der Einfluss der Konkurrenz auf Werkzeugbaubetriebe ist in Abbildung 79 dargestellt.

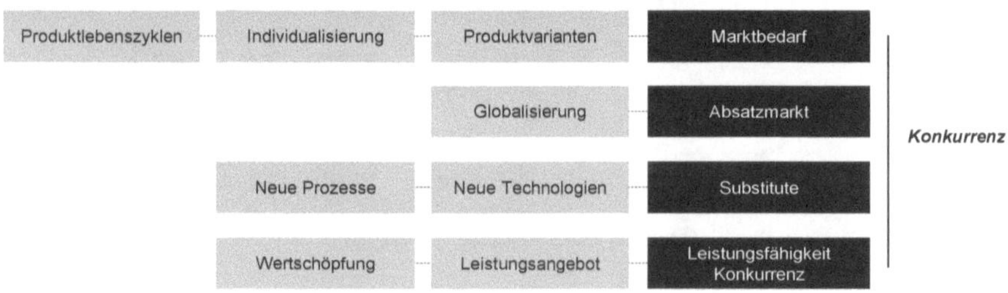

Abbildung 79: Einfluss der Konkurrenz[728]

Lieferanten

Der Einfluss der Lieferanten skaliert mit der von ihnen angebotenen Leistung. Aufgrund der Vielseitigkeit der im Werkzeugbau bezogenen Leistungen werden die Einflüsse im Folgenden in Fertigungstechnologien, digitale Technologien sowie Material und Komponenten unterteilt, um die jeweils entstehenden Einflüsse genauer beschreiben zu können. Die kontinuierliche Weiterentwicklung der Fertigungstechnologien bedingt die Leistungsfähigkeit des eigenen Unternehmens sowie die der Konkurrenz. Leistungsfähigkeit manifestiert sich in den Ausprägungen Qualität, Flexibilität und Produktivität.[729] Gleichermaßen bewirken Substitutlösungen oder disruptive technologische Entwicklungen die Verfügbarkeit neuer Fertigungstechnologien. Technologische Entwicklungen beeinflussen zudem die Verfügbarkeit und Preise von Automatisierungslösungen, wodurch der Automatisierungsgrad aller Marktteilnehmenden von der Verfügbarkeiten sowie Preisen der Technologien abhängt. Mithin stellt die Veränderung der bestehenden sowie Entwicklung neuer Fertigungstechnologien einen erheblichen Einfluss auf Werkzeugbaubetriebe dar, da weniger leistungsfähige Werkzeugbaubetriebe durch steigende Verfügbarkeiten beispielsweise technologische Vorsprünge vereinfacht aufholen können. Dies

728 Eigene Darstellung

729 Vgl. Bilsing (Bewertung technologischer Leistungsfähigkeit), 2007, S. 60.

gilt auch für digitale Technologien. Durch kontinuierliche Hard- und Softwareentwicklungen und dem damit einhergehenden hohen Angebot ist die Verfügbarkeit dieser Technologien stetig steigend. Mithin beeinflusst auch der steigende Digitalisierungsgrad der Konkurrenz den Werkzeugbau. Technologische Entwicklungen sowie die Leistungsfähigkeit der Material- und Komponentenlieferanten weisen zudem einen Einfluss auf die Wertschöpfungstiefe der Unternehmen auf. Die Veränderung der Wertschöpfungstiefe der Marktteilnehmenden nimmt insbesondere hinsichtlich Preis und Flexibilität Einfluss auf Werkzeugbaubetriebe. Der Einfluss der Lieferanten auf Werkzeugbaubetriebe ist in Abbildung 80 dargestellt.

Abbildung 80: Einfluss der Lieferanten[730]

Staat/Öffentlichkeit

Der Einfluss staatlicher Regulierungen ist im industriellen Kontext in hohem Maße gegeben. So ist auch die Branche Werkzeugbau abhängig von politischen Entscheidungen. Angesichts der zunehmenden Bedeutung, welche der öffentlichen Meinung für die politischen Entscheidungsträger in liberalen Demokratien zukommt, ist die Auswahl der durch den Staat adressierten Trendthemen grundlegend von der Öffentlichkeit beeinflusst. Das Trendthema der nächsten Jahre wird der Klimawandel sein, welcher sich formal in Umweltrichtlinien für den sekundären Sektor wiederspiegelt.[731] Das zunehmende Bewusstsein für Nachhaltigkeit beinhaltet zudem eine soziale Komponente. Der öffentliche Druck nach sozialer Nachhaltigkeit beeinflusst das Arbeitsrecht in hohem Maße. Dadurch erfolgt eine Fremdbestimmung und Regulation durch den Staat, auf die der Werkzeugbau reagieren muss. Ein weiterer Einfluss staatlicher Tätigkeiten im Werkzeugbau sind internationale Beziehungen zwischen den Staaten. Handelsbarrieren und Strafzölle im Welthandel beeinflussen wie lukrativ Kunden- und Zulieferstandorte sind und determinieren so das unternehmerische Handeln. Ebenso werden Werkzeugbaubetriebe durch das Steuergeschehen beeinflusst. Der Einfluss des Staates sowie der Öffentlichkeit auf Werkzeugbaubetriebe ist in Abbildung 81 dargestellt.

---

[730] Eigene Darstellung

[731] Vgl. Boos et al. (Wettbewerbsfaktor Nachhaltigkeit), 2020, S. 8.

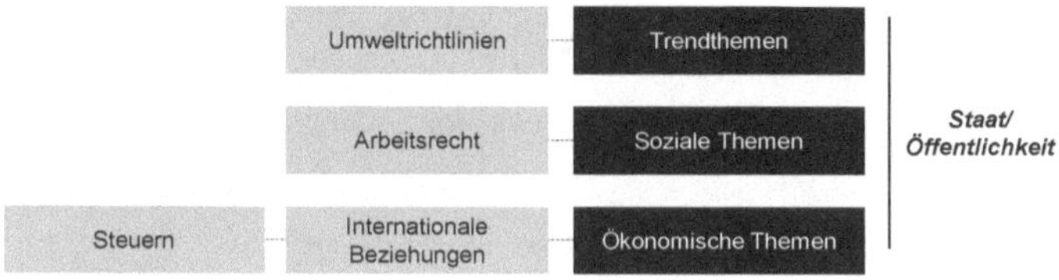

Abbildung 81: Einfluss des Staates und der Öffentlichkeit[732]

Kapitalgeber

Deutsche Werkzeugbaubetriebe können auf verschiedene Weisen Teil eines Unternehmens sein oder extern am Markt agieren.[733] In beiden Fällen ist ein signifikanter Einfluss auf den Betrieb selbst das Besitzverhältnis, in dem er sich befindet. Während kontinuierliche Besitzverhältnisse Kontinuität in Bezug auf Management, Strategie und Vision ermöglichen, ist der Aufbau eines Managements sowie die Formulierung von Strategien und Visionen bei wechselnden Besitzverhältnissen ungleich komplexer. Mithin haben die Kapitalgeber hohen Einfluss auf den Werkzeugbaubetrieb. Der Einfluss der Kapitalgeber auf Werkzeugbaubetriebe ist in Abbildung 82 dargestellt.

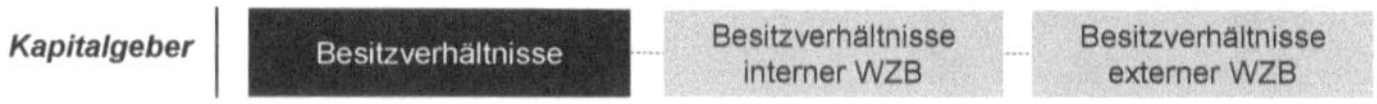

Abbildung 82: Einfluss der Kapitalgeber

Kunde

Der Einfluss des Kunden im Werkzeugbau ist, wie auch im produzierenden Gewerbe, maßgeblicher Treiber des strategischen Fortschritts der Betriebe. Viele Betriebe der Branche sind strategisch hauptsächlich auf das Kundenwohl ausgerichtet, um ihren Absatzmarkt effizient bedienen zu können.[734] Absatzmarktbezogene Entwicklungen sind unternehmerische Risikofaktoren, welche oftmals finanziell schwerwiegende Folgen beinhalten können. Die Sourcingstrategie des Kunden, die geforderte Reaktionsschnelligkeit, die Anforderungen an die Werkzeuge und Geschäftsmodelle sowie die strategische Zielstellung des Kunden haben einen hohen Einfluss auf Werkzeugbaubetriebe.

Die Sourcingstrategie des Kunden ergibt sich hauptsächlich durch dessen Produktionsstandort. Dabei werden nicht ausschließlich Werkzeuge auf dem Markt des Produktionsstandorts beschafft. Im Jahr 2020 wurden von deutschen Industrieunternehmen allein aus China Spritzgießwerkzeuge im Wert von rund 291 Mio. € importiert.[735] Dennoch richtet sich die Sourcingstrategie an den eigenen Produktionsstandort und insbesondere komplexe oder wartungs-

[732] Eigene Darstellung

[733] Vgl. Kapitel 2.4.2.

[734] Vgl. o. V. (Innovativ sein für den Kunden), 2011, S. 1.

[735] Vgl. United Nations (UN Comtrade Database), 2022.

intensive Werkzeuge werden lokal beschafft, um Logistikaufwände einzusparen. Kurze Lieferketten eigenen sich für Kunden insbesondere bei strategisch relevanten Werkzeugen, da diese einen entscheidenden Einfluss auf die Performanz der Serienproduktion aufweisen.[736]

Die vom Kunden geforderte Reaktionsschnelligkeit ist in hohem Maße von seinem eigenen Zielmarkt abhängig. Je nach Markt und Produkt verändern sich Produktlebenszyklen signifikant. Dadurch verändern sich die Zeitintervalle, in denen Unternehmen am Markt Erträge erwirtschaften können. Die Industrie beantwortet beispielsweise verkürzte Produktlebenszyklen mit der Verkürzung von Innovationszyklen, welche wiederum die Komplexität der Erzeugnisse signifikant erhöht.[737] Dadurch ist wiederum ein Einfluss in Form einer Komplexitätszunahme für den Werkzeugbau gegeben. Die vom Werkzeugbau geforderte Reaktionsschnelligkeit ergibt sich außerdem aus der Flexibilität, welche der Kunde gegenüber seinem Zielmarkt aufweisen muss.

Geschäftsmodellanforderungen ergeben sich vielfach aus der Notwendigkeit des Kunden zur Steigerung seiner Produktivität. Die Anforderung an den Werkzeugbau ist in diesem Beispiel Sicherstellung der Produktivität beispielsweise durch Dienstleistungen wie Predictive Maintenance. Der Einfluss des Kunden auf Werkzeugbaubetriebe ist in Abbildung 83 dargestellt.

Abbildung 83: Einfluss der Kunden[738]

Mitarbeitende

Der Einfluss der Mitarbeitenden auf Betriebe der Branche Werkzeugbau ist aufgrund der z. T. sehr handwerklichen und know-how-intensiven Wertschöpfung bei der Werkzeugherstellung in hohem Maße gegeben. Mithin wird der Einfluss der Mitarbeitenden in der folgenden Betrachtung bedacht. Deutsche Werkzeugbaubetriebe werden einerseits durch sinkende Mitarbeitendenverfügbarkeit und andererseits durch steigende Mitarbeitendenanforderungen beeinflusst.

Die Verfügbarkeit der Mitarbeitenden ist insbesondere durch den demografischen Wandel gehemmt. Eine zunehmend alternde Erwerbsbevölkerung führt zu einem verringerten Angebot

[736] Vgl. Boos et al. (Wettbewerbsfaktor Resilienz), 2021, S. 11.

[737] Vgl. Kleinaltenkamp (Markt- und Produktmanagement), 2006, S. 88.

[738] Eigene Darstellung

an Nachwuchs- und Fachkräften. Dieser Fachkräftemangel wird zudem durch einen gesellschaftlichen Strukturwandel verstärkt, durch den Nachwuchskräfte in vielen Fällen vermehrt höhere Bildungswege einschlagen. Dieser Wandel kann, neben vielen anderen Gründen, auf ein aufkommendes Desinteresse an handwerklichen Berufen zurückgeführt werden. Die ausbleibenden Fachkräfte bedingen zudem, dass weniger werkzeugbauspezifische Kompetenzen vorhanden sind. Gleichzeitig fehlen den Betrieben der Branche die nativen digitalen Kompetenzen der Nachwuchskräfte.[739]

Unabhängig der Verfügbarkeit von Nachwuchs- und Fachkräften unterliegen auch die Anforderungen der bestehenden Belegschaft einem signifikanten Wandel. Die Belegschaft deutscher Werkzeugbaubetriebe besteht aus Mitarbeitenden, die breit gefächerte Lebensformen und auch kulturell unterschiedliche Wertvorstellungen teilen. Die Heterogenität der Mitarbeitenden spiegelt sich unter anderem auch in unterschiedlichen Arbeitsweisen, der Arbeitsumgebung, verschiedenen Arbeitstypen wider. Mit der Nachkriegsgeneration, den Babyboomern und der Generation X, Y und Z sind nunmehr fünf Mitarbeitendengenerationen im Werkzeugbau tätig.[740] Dies erfordert seitens der Betriebe die Schaffung entsprechender Rahmenbedingungen, um diese Vielfalt an Lebensentwürfen, Sehnsüchten und Biografien nachhaltig bedienen zu können. Zukünftig ist es entscheidend, die verschiedenen Bedürfnisse der Belegschaft mit alters- und leistungsspezifischen Arbeitszeitmodellen zu unterlegen und Selbsterfüllung und Eigenverantwortung zu steigern. Zudem ist die soziale Nachhaltigkeit eine Anforderung der Mitarbeitenden an die Betriebe.[741] Der Einfluss der Mitarbeitenden auf Werkzeugbaubetriebe ist in Abbildung 84 dargestellt.

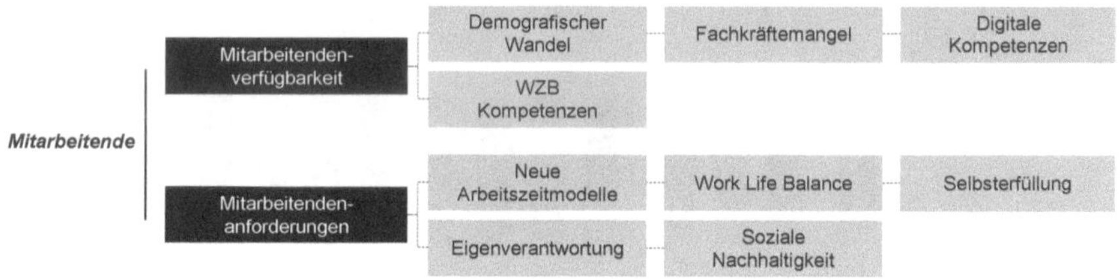

Abbildung 84: Einflüsse der Mitarbeitenden[742]

Einflüsse, die höherer Gewalt entstammen und einer ontologischen Unsicherheit[743] unterliegen sind, sollen in dieser Betrachtung keine Berücksichtigung finden. Die Erstellung von Zukunftsszenarios sollte Einflüsse beinhalten, welche statistisch realistisch sind, um die Komplexität der Untersuchung nicht signifikant zu erhöhen. Eine Gesamtübersicht über die Einflüsse auf Betriebe der Branche Werkzeugbau ist in Abbildung 85 dargestellt.

[739] Vgl. Adenauer (Demografischer Wandel), 2015, S. 9.

[740] Vgl. o. V. (Demografischer Wandel), 2014, S. 1.

[741] Vgl. Kienbaum et al. (Vergütung im Zeitalter der Digitalisierung), 2019, S. 37.

[742] Eigene Darstellung

[743] Vgl. Kapitel 2.3.3.1.

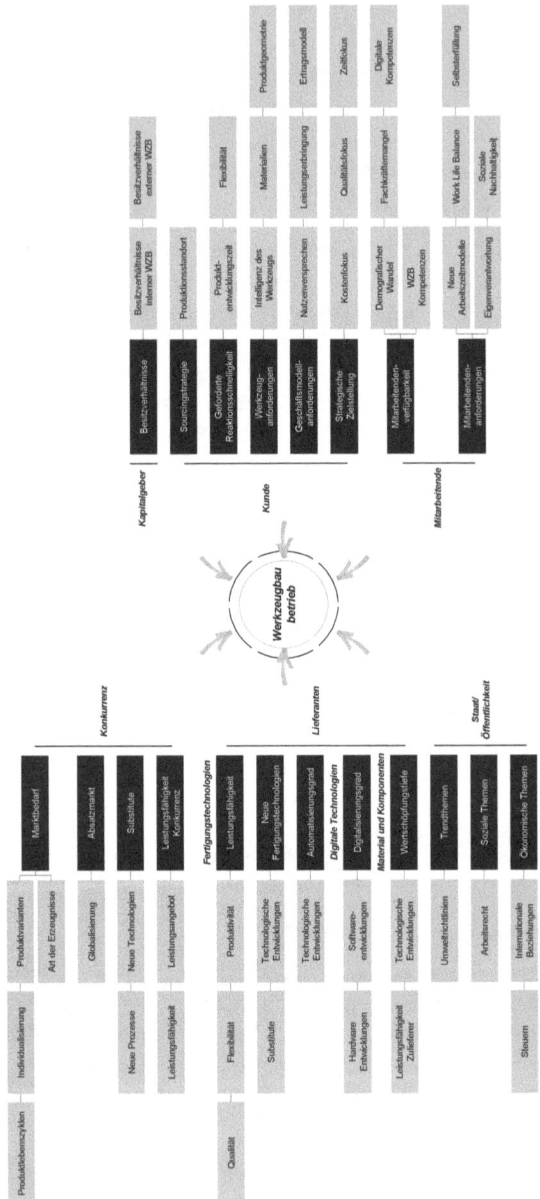

Abbildung 85: Gesamtübersicht der Einflüsse auf Werkzeugbaubetriebe[744]

[744] Eigene Darstellung

Die Analyse der Einflüsse relevanter Anspruchsgruppen stellt den ersten Schritt der Evaluationsphase zur Ableitung von dar. Die Identifizierten Anspruchsgruppen Konkurrenz, Kapitalgeber, Kunden, Mitarbeitende, Öffentlichkeit, Staat, Lieferanten, Konkurrenz leiten sich aus dem neuen St. Galler Management-Modell nach RÜEGG-STÜRM ab. Die dargestellten Einflüsse eignen sich für alle Betriebe der deutschen Branche Werkzeugbau. Im Folgenden werden diese Einflüsse auf Wirkzusammenhänge hin überprüft und die Einflussstärke bewertet. Die Ergebnisse dieser Analyse werden dann wiederum verwendet, um relevante Umfeldszenarien zu erzeugen.

Dem Anwender liegen nach dem Abschluss der *Umfeldanalyse von Werkzeugbaubetrieben* folgende Ergebnisse vor:

- Ordnungsrahmen zur Strukturierung des Umfelds von Werkzeugbaubetrieben.
- Identifizierte Einflüsse auf Werkzeugbaubetriebe.

5.1.1.3 Schritt A-II: Analyse relevanter Einflussfaktoren

Die Entwicklung der Szenarien erfordert eine Untersuchung der abgeleiteten Einflüsse auf vorherrschende Wirkzusammenhänge. Dazu eignen sich beispielsweise Vernetzungsanalysen oder Wirkungsmatrizen. Im Folgenden wird dazu ein paarweiser Vergleich unter Zuhilfenahme einer Vernetzungsmatrix verwendet, um jeden alternativen Einfluss mit jedem anderen Einfluss im Einzelnen zu vergleichen.[745] Von besonderem Interesse ist in dieser Untersuchung die kumulierte Einflussstärke der einzelnen Umfeldeinflüsse anhand derer sich der Einflussfaktor mit der größten Relevanz identifizieren lässt. Die Einflüsse mit der höchsten kumulierten Einflussstärke beeinflussen somit die anderen Einflüsse im höchsten Maße und sollten die entscheidenden Faktoren der Szenarioentwicklung darstellen.

Aufgrund der Vielzahl von Einflüssen und der Unterschiedlichkeit der Einflüsse wird in dieser Untersuchung die Einflussstärke zwischen *1* und *2* unterschieden. *2* indiziert einen höheren Einfluss, während ein leeres Feld das Fehlen einer Korrelation oder eine zu geringe Korrelation für das vorliegende Vorhaben darstellt.

Der *Marktbedarf* an Werkzeugen beeinflusst Prozess- und Produktsubstitute. Der erhöhte Bedarf bedingt, dass Werkzeugbaubetriebe die bestehenden Prozesse verbessern oder substituieren müssen, um dem Bedarf nachkommen zu können. Die entstehende Skalen- und Innovationseffekte erhöhen zudem die Leistungsfähigkeit des Wettbewerbs. Teil der genannten Prozessinnovationen werden vermehrt durch den Einsatz von Automatisierungs- und Digitalisierungslösungen realisiert. Demnach besteht eine starke positive Korrelation zwischen dem Marktbedarf und dem Automatisierungs- sowie Digitalisierungsgrad.

[745] Vgl. Drews; Hillebrand (Projektmanagement-Methoden), 2010, S. 131.

Ein steigender Marktbedarf korreliert zudem mit dem Kostenfokus des Kunden[746], der aufgrund hoher Verfügbarkeit hochautomatisierter Werkzeugbaubetriebe von der entstehenden Konkurrenz profitiert. Schlussendlich korreliert ein erhöhter Marktbedarf negativ mit der Mitarbeitendenverfügbarkeit, da die Notwendigkeit hochqualifizierter Mitarbeitender ansteigt. Insgesamt stellt der Marktbedarf einen Einflussfaktor mit mittlerer Relevanz dar.

Eine Veränderung des *Orts des Absatzmarktes*, beispielsweise durch die zunehmende Nachfrage nach deutschen industriellen Gütern in asiatischen Ländern beeinflusst auch den Werkzeugbau.[747] Die Marktbedarfe anderer Länder sind potenziell unterschiedlich. Zudem wird es für Werkzeugbaubetrieb notwendig, komplexe Logistikketten aufzubauen und die digitale Vernetzung mit seinen Kunden im Ausland zu intensivieren. Aufgrund der zunehmenden, vom Kunden geforderten Reaktionsschnelligkeit ist es notwendig, die Wertschöpfungstiefe zu verändern. Insgesamt stellt der Ort des Absatzmarktes einen Einflussfaktor mit geringer Relevanz dar.

Durch den Wettbewerb angestoßene *Werkzeugsubstitute* haben das Potenzial, den Marktbedarf signifikant zu reduzieren. Prozesssubstitute, wie beispielsweise der 3D-Druck von Werkzeugen, bedingen zudem eine Steigerung der Leistungsfähigkeit der Konkurrenz. Die dadurch gewonnene Reaktions- und Fertigungsschnelligkeit wird als solche vom Kunden wahrgenommen und eingefordert. Zudem korreliert die Leistungsfähigkeit der Branche mit den Anforderungen des Kunden an die Werkzeuge und beeinflusst seinen Kostenfokus. Insgesamt stellen Substitute einen Einflussfaktor mit geringer Relevanz dar.

Unabhängig ihres Ursprungs korreliert die gesteigerte *Leistungsfähigkeit der Konkurrenz* im Allgemeinen mit dem Automatisierungs- sowie Digitalisierungsgrad der Branche Werkzeugbau. Zudem beinhaltet die Steigerung der Leistungsfähigkeit eine hohe Fokussierung der Betriebe, welche die Reduzierung der Wertschöpfungstiefe bedingt. Die Steigerung der Leistungsfähigkeit führt außerdem dazu, dass deutsche Industrieunternehmen vermehrt Werkzeuge aus Deutschland kaufen, gleichzeitig jedoch auch die dadurch höhere Reaktionsschnelligkeit der deutschen Betriebe erwarten. Durch höhere Auslastung und effizientere Prozesse sind Werkzeugbaubetriebe in der Lage, ihre Stundensätze zu reduzieren und günstiger anzubieten, wodurch die Preissensitivität der Kunden steigt.

Die *Leistungsfähigkeit der Fertigungstechnologien* korreliert in hohem Maße negativ mit der Verfügbarkeit und Verbreitung von Werkzeugsubstituten. Leistungsfähige Fertigungstechnologien befähigen die effiziente Fertigung komplexer Konturen, die sich wiederum auf die Preis-

[746] Gemäß Kapitel 5.1.1.2 beschreibt die strategische Zielsetzung des Kunden durch deren Kostenfokus, Qualitätsfokus sowie Zeitfokus. Sowohl der Qualitäts- als auch Zeitfokus werden in der folgenden Betrachtung als konstant angesehen, da Implikationen bereits in anderen Einflüssen (beispielsweise Werkzeuganforderungen und geforderte Reaktionsschnelligkeit) integriert sind. Im Folgenden sind mithin die strategische Zielstellung des Kunden und der Kostenfokus des Kunden gleichzusetzen.

[747] Vgl. Statistisches Bundesamt (Außenhandel), 2022, S. 6.

bildung auswirken und die Notwendigkeit nach Substitution reduziert. Eine branchenweite Verfügbarkeit verbesserter Technologien bedingt die Steigerung der Leistungsfähigkeit sowie des Automatisierungsgrads der Konkurrenz. Dies wirkt sich zudem auf das Leistungsversprechen der Werkzeugbaubetriebe aus, wodurch langfristig die Anforderung der Kunden an die Werkzeuge steigt. Möglich ist zudem die Erhöhung der eigenen Wertschöpfungstiefe da bei gleichbleibenden Fertigungszeiten der Durchsatz signifikant erhöht werden kann. Schlussendlich bedeutet die Weiterentwicklung von Fertigungstechnologien einen geringen Anstieg der Mitarbeitendenanforderungen.

Neue Fertigungstechnologien wie beispielsweise die additive Fertigung ermöglichen neue Möglichkeiten im Werkzeugbau und senken den Marktbedarf herkömmlicher Werkzeuge signifikant.[748] Insbesondere Werkzeuge mit geringen Ausbringungsmengen, geringeren Komplexitäten oder anspruchsvollen Kühlverhalten können durch die Einführung neuer Fertigungstechnologien gänzlich substituiert werden. Die mit neuen Fertigungstechnologien hergestellten Substitute beeinflussen zudem langfristig die geforderte Reaktionsschnelligkeit sowie die Anforderung an die Werkzeuge selbst. Zudem verändert die Einführung günstigerer Werkzeuge bzw. Substitute die Preissensitivität des Kunden.

Die Verfügbarkeit von Automatisierungslösungen und der damit einhergehende *Automatisierungsgrad* der Branche haben einen Einfluss auf Substitute.[749] Es sind allgemein weniger Substitutlösungen notwendig, wenn die Branche durch Automatisierungslösungen in der Lage ist, effizient und kostengünstig zu fertigen. Zudem ist davon auszugehen, dass der digitalisierungsgrad notwendigerweise steigt, um die Automatisierung effizient verwalten zu können. Durch zunehmende Automatisierung und den damit einhergehenden Effizienzzugewinnen sind Unternehmen potenziell in der Lage, ihre Wertschöpfungstiefe zu erhöhen. Außerdem beeinflussen der Automatisierungsgrad der Branche und die dadurch potenziell abnehmenden Werkzeugpreise die Sourcingstrategie des Kunden. Dieser muss unkomplizierte Bauteile mit hoher Laufzeit nicht länger in Niedriglohnländern beschaffen, sondern kann diese günstiger in Deutschland kaufen. Die Automatisierung bedingt in geringem Maße die Mitarbeitendenverfügbarkeit, da insbesondere entlang der mechanischen Fertigung weniger Mitarbeitende benötigt werden. Die Anforderungen an die Mitarbeitenden erhöhen sich jedoch, da die Komplexität der Fertigung zunimmt.

Der *Digitalisierungsgrad* beeinflusst in hohem Maße die Leistungsfähigkeit der Fertigungstechnologien.[750] Durch die Sammlung, Analyse und Nutzung von Daten kann ein verbessertes Prozessverständnis aufgebaut und die Effizienz der Fertigungstechnologien erhöht werden. Gleichzeitig ist es für digitalisierte Unternehmen einfacher, Automatisierung zu forcieren und umzusetzen. Durch Digitalisierung können Latenzzeiten reduziert und Kosten stark gesenkt werden. Dadurch steigt jedoch die Erwartungshaltung des Kunden an die geforderte Reaktionsschnelligkeit und den Preis. Der reduzierte Preis beeinflusst die Sourcingstrategie des Kun-

[748] Vgl. Klocke (Fertigungsverfahren), 2015, S. 127-135.

[749] Vgl. Heinrich et al. (Automatisierung), 2015, S. 5-8.

[750] Vgl. Boos et al. (Digitale Transformation im Werkzeugbau), 2019, S. 2-5.

den. Dieser kann vermehrt Werkzeuge in Deutschland beschaffen. Durch die erhöhte Digitalisierung und der damit möglichen Etablierung digitaler Geschäftsmodelle wird der Kunde zukünftige veränderte Anforderungen an das Geschäftsmodell stellen. So können Werkzeugbaubetriebe durch die Sammlung und Analyse von Daten datenbasierte Dienstleistungen wie Predictive Maintenance anbieten. Schlussendlich werden für diese Leistungsveränderungen Mitarbeitende mit entsprechender Vorbildung benötigt, wodurch die Mitarbeitendenverfügbarkeit, auch aufgrund steigender Mitarbeitendenanforderungen, sinkt.

Die Veränderung der durchschnittlichen *Wertschöpfungstiefe* der Branche korreliert in erster Linie negativ mit der Mitarbeitendenverfügbarkeit. Die Wertschöpfungstiefe bedingt die Komplexität der Fertigung wodurch ein Unternehmen mit hoher Wertschöpfungstiefe Mitarbeitende benötigt, die vielfältig einsetzbar sind. Außerdem korreliert die Wertschöpfungstiefe positiv mit der Leistungsfähigkeit der Unternehmen der Branche.

Trendthemen wie beispielsweise aktuelle Nachhaltigkeitsbestrebungen weisen insgesamt eine hohe Einflussstärke auf Betriebe der Branche Werkzeugbau auf.[751] Um den Nachhaltigkeitsanforderungen gerecht zu werden, ist davon auszugehen, dass insbesondere die Substitutbildung, der Digitalisierungsgrad, die Sourcingstrategie des Kunden sowie die Anforderungen an die gefertigten Werkzeuge in hohem Maße Veränderung erfahren.[752]

Durch die vermehrte Nutzung von Digitalisierungs- und Automatisierungslösungen ist es Unternehmen möglich, Einflüsse *sozialer Themen* zu beantworten. Gesteigerte Automatisierung sowie digitale Anwendungen können die soziale Nachhaltigkeit eines Unternehmens stark erhöhen und Unternehmen zum besseren Umgang mit Kunden, Zulieferern und Mitarbeitenden befähigen.[753]

Allgemeine Themen wie beispielsweise die staatliche Regulierung des Steuergeschehens oder das Pflegen internationaler Beziehungen hat für die Branche Werkzeugbau insbesondere Einfluss auf die Sourcingstrategie des Kunden. Sollte sich beispielsweise durch Strafzölle o. ä. die Verfügbarkeit von Zukaufteilen in Niedriglohnländern reduzieren, wird sich die Beschaffung vorzugsweise auf im Inland agierende Betriebe verlagern.

Besitzverhältnisse sind in der deutschen Branche Werkzeugbau eine relevante Größe. Interne Werkzeugbaubetriebe sind, unabhängig davon ob sie als Abteilung, Cost- oder Profitcenter geführt werden, zumeist im Besitz des Mutterunternehmens. Dabei dienen diese Werkzeugbaubetriebe dem Mutterkonzern insbesondere zur Realisierung einer hohen Reaktionsschnelligkeit bei Reparaturen und Neuwerkzeugprojekten. Besitzverhältnisse korrelieren dadurch in hohem Maße mit der geforderten Reaktionsschnelligkeit des Kunden. Zudem ist davon auszugehen, dass die Anzahl interner Werkzeugbaubetriebe mit zunehmenden Geschäftsmodellanforderungen des Kunden steigt, da beispielsweise zur Realisierung datenbasierter Dienstleistungen die Datenhoheit bzw. der Datenschutz eine entscheidende Rolle einnehmen wird.

[751] Vgl. Boos et al. (Wettbewerbsfaktor Nachhaltigkeit), 2020, S. 3-5.
[752] Vgl. Boos (Die Produktionswende), 2021, S. 9-10.
[753] Vgl. Boos (Die Produktionswende), 2021, S. 12-14.

Die *geforderte Reaktionsschnelligkeit* des Kunden korreliert in hohem Maße positiv mit dem Automatisierungs- und Digitalisierungsgrad. Durch Automatisierung und Digitalisierung können beispielsweise Maschinenlaufzeiten und Maschinenproduktivitätskennzahlen signifikant erhöht und Durchlaufzeiten reduziert werden.

Die Veränderung von *Werkzeuganforderungen* beispielsweise durch die steigende Notwendigkeit der Integration von Sensorik und Aktorik beeinflusst die Substitutbildung sowie den Digitalisierungsgrad, der notwendigerweise erhöht werden muss.[754] Zudem werden durch steigende Anforderungen deutscher Werkzeugbaubetriebe Werkzeuge in höherem Maße zukaufen. Die steigenden Werkzeuganforderungen wirken sich negativ auf die Verfügbarkeit von Mitarbeitenden aus, da die Anforderungen an diese signifikant steigen.

Dies gilt auch für die Veränderung der *Geschäftsmodellanforderungen*. Durch etwaige Betreiber- oder Subskriptionsmodelle garantieren Werkzeugbaubetriebe ihren Kunden Verfügbarkeit, die beispielsweise durch prädiktive und intelligente Wartungszyklen erreicht werden kann. Dadurch verändert sich jedoch das Qualifikationsprofil der Mitarbeitenden zunehmend. Geschäftsmodelle dieser Art erfordern einen hohen Digitalisierungsgrad, um die Werkzeuge im Betrieb echtzeitnah überwachen zu können.[755] Geschäftsmodellanforderungen werden zudem langfristig das Verständnis des Kunden hinsichtlich der Reaktionsschnelligkeit verändern und die Anforderungen an das Werkzeug signifikant erhöhen.

Die *strategische Zielsetzung* des Kunden hat einen hohen Einfluss auf den Automatisierungsgrad. Bei zunehmender Kostensensibilität wird dieser innerhalb der Branche steigen, bei steigenden Flexibilitätsanforderungen sinken. Ebenso verhält es sich mit den Besitzverhältnissen. Sollte zukünftig die Flexibilität im Vordergrund der Industrie stehen, wird sich die Anzahl interner Werkzeugbaubetriebe erhöhen. Bei rein kostengetriebenen strategischen Entscheidungen werden Leistungsumfänge bevorzugt auf externe Werkzeugbaubetriebe, vornehmlich aus Niedriglohnländern, übertragen.

Die *Mitarbeitendenverfügbarkeit* determiniert den Automatisierungsgrad der deutschen Werkzeugbaubetriebe, die bei reduzierter Verfügbarkeit von Mitarbeitenden auf technische Lösungen angewiesen sind. Steigende *Mitarbeitendenanforderungen* sind zukünftig durch Digitalisierungslösungen zu beantworten, wodurch eine positive Korrelation vorliegt. Die beschriebenen Korrelationen sind in Abbildung 86 dargestellt.

[754] Vgl. Boos et al. (Wettbewerbsfaktor Resilienz), 2021, S. 1-7.

[755] Vgl. Boos et al. (Datenbasierte Dienstleistungen im Werkzeugbau), 2021, S. 6-12.

Hat Einfluss auf ↗

		Konkurrenz				Lieferanten					Staat			€	Kunde					MA		
		Marktbedarf	Absatzmarkt	Substitute	Leistungsfähigkeit Konkurrenz	Leistungsfähigkeit Technologien	Neue Fertigungstechnologien	Automatisierungsgrad	Digitalisierungsgrad	Wertschöpfungstiefe	Trendthemen	Soziale Themen	Allgemeine Themen	Besitzverhältnisse	Sourcingstrategie	Geford. Reaktionsschnelligkeit	Werkzeuganforderungen	Geschäftsmodellanforderungen	Strategische Zielsetzung	Mitarbeitendenverfügbarkeit	Mitarbeitendenanforderungen	Kumulierte Einflussstärke
Konkurrenz	Marktbedarf			1	1			2	2										2	2		10
	Absatzmarkt	1							1	1						1						4
	Substitute	2			2											1	1		1			7
	Leistungsfähigkeit Konkurrenz							2	2	1				2	1	1		1	1			11
Lieferanten	Leistungsfähigkeit Technologien			2	1			1		2							1				1	8
	Neue Fertigungstechnologien	2														1	1		1			5
	Automatisierungsgrad			1					1	2					1					1	1	7
	Digitalisierungsgrad		1			2		1							1	1		2	1	1	1	11
	Wertschöpfungstiefe				1															2		3
Staat	Trendthemen	1	1	2	1				2						2		2	1				12
	Soziale Themen							2	2	1					2						1	8
	Allgemeine Themen				1					1					2							4
€	Besitzverhältnisse									1						2	1	2		1		7
Kunde	Sourcingstrategie		1	2						1									2			6
	Geford. Reaktionsschnelligkeit			1				1	2	2				2	2			1	1			12
	Werkzeuganforderungen			1					1	1						2		1		2		8
	Geschäftsmodellanforderungen			2					2	1					2	2	2		1	2		14
	Strategische Zielsetzung			1				2	2	1				2	2	1		2				13
MA	Mitarbeitendenverfügbarkeit		1					2	1	1											1	6
	Mitarbeitendenanforderungen							1	2													3
	Beeinflussbarkeit	6	4	13	5	2	0	15	20	16	0	0	0	6	15	12	8	10	10	11	5	

Abbildung 86: Darstellung der Wirkzusammenhänge zwischen den Einflussfaktoren[756]

Nachdem die Korrelationen der Einflussfaktoren untereinander aufgezeigt wurden, werden im Folgenden die Einflussfaktoren klassifiziert. Diese Klassifizierung wird in Form einer Einflussmatrix in Abbildung 87 dargestellt. Aktive Einflussfaktoren, die sich im rechten unteren Quadranten befinden haben einen starken Einfluss auf andere Größen, lassen sich selbst aber nur unzureichend verändern. Die im linken oberen Quadranten angesiedelten Einflussfaktoren verhalten sich passiv, besitzen nur eine geringe Einflussstärke, lassen sich aber selbst leicht beeinflussen. Vornehmlich kritische Einflussfaktoren befinden sich im rechten oberen Quadranten. Diese sind die am stärksten vernetzten Einflussfaktoren und wirken sowohl aktiv als auch passiv und beeinflussen damit maßgeblich das Systemverhalten. Gleichzeitig unterliegen diese Einflussfaktoren selbst auch starker Veränderlichkeit. Ihnen muss daher bei der strategischen Planung im Unternehmen aufgrund ihrer Bedeutung besondere Aufmerksamkeit

[756] Eigene Darstellung

zukommen. Die trägen Einflussfaktoren im linken untere Quadrant weisen insgesamt eine schwache Vernetzung auf, wodurch die dort eingeordneten Einflussfaktoren weder aktiv noch passiv nennenswerte Auswirkungen auf das Systemverhalten haben.[757]

Entsprechend der vorliegenden Analyse ist festzustellen, dass die beschriebenen Einflüsse unterschiedliche untereinander starke Wechselwirkungen aufweisen. In Abbildung 87 ist das Verhalten der Einflüsse zusammenfassend dargestellt. Die Einflüsse können in passiv, träge, kritisch-aktive sowie aktiv unterteilt werden.

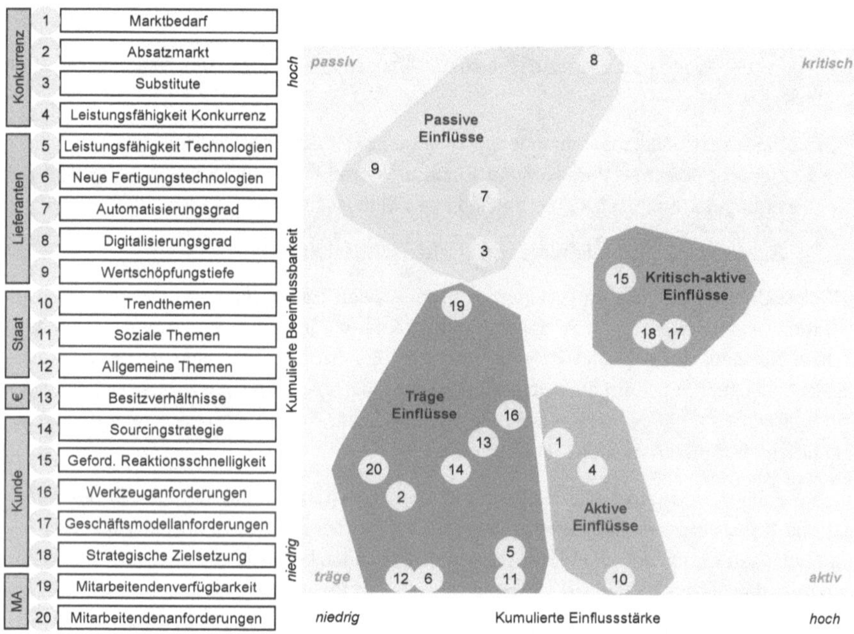

Abbildung 87: Übersicht über das Verhalten der Einflüsse im Gesamtkontext[758,759]

Die passiven Einflüsse zeichnen sich durch eine hohe Beeinflussbarkeit aus, beeinflussen die anderen Einflüsse jedoch nur in geringem Maße. Den Einflüssen kommt in der Erstellung von Zukunftsszenarien eine untergeordnete Rolle zu. Passiv zu bewerten sind Substitute, der Automatisierungs- sowie Digitalisierungsgrad und die Wertschöpfungstiefe. Ebenfalls eine untergeordnete Rolle kommt den trägen Einflüssen zu. Diese weisen eine schwache Vernetzung auf, wodurch die Einflussfaktoren weder aktiv noch passiv signifikante Auswirkungen auf das Systemverhalten haben. Die trägen Einflüsse sind der Absatzmarkt, die Leistungsfähigkeit der am Markt verfügbaren Technologien, neue Fertigungstechnologien, allgemeine Themen, Be-

[757] Vgl. Vester (Vernetztes Denken), 2015, S. 234-235.

[758] Eigene Darstellung

[759] Die Einflüsse wurden in normierter Form relativ zueinander aufgetragen.

sitzverhältnisse, die Sourcingstrategie des Kunden, Werkzeuganforderungen des Kunden sowie die Mitarbeitendenanforderungen zuzuordnen. Kritisch-aktive Einflüsse stellen die am stärksten vernetzten Einflussfaktoren dar. Diese wirken maßgeblich auf das Systemverhalten ein, wodurch sie auch selbst starken Veränderlichkeit unterliegen. Diesen Einflussfaktoren kommt daher bei der Szenarioerstellung eine entscheidende Rolle zu. Kritisch-aktive Einflüsse sind die geforderte Reaktionsschnelligkeit des Kunden, Geschäftsmodellanforderungen des Kunden sowie die strategische Zielsetzung des Kunden. Die relevanten Einflussfaktoren dienen im Folgenden der Formulierung von Umfeldszenarien, welche Kombinationen der Einflussfaktoren in einen formalen Kontext überführen.

Dem Anwender liegen nach dem Abschluss der *Analyse relevanter Einflussfaktoren* folgende Ergebnisse vor:

- Aufgedeckte Wirkzusammenhänge zwischen den identifizierten Einflussfaktoren.
- Übersicht über das Verhalten der Einflussfaktoren im Gesamtkontext sowie eine Bewertung der Einflussfaktoren anhand ihres Einflusses.

5.1.1.4 Schritt A-III: Formulierung von Umfeldszenarien

Im Folgenden werden die analysierten und bewerteten Einflussfaktoren genutzt, um Umfeldszenarien zu erstellen. Diese stellen im Verlauf der vorgestellten Methodik die Grundlage für eine Resilienzsteigerung in Unternehmen dar. Ein Szenario ist keine Vorhersage einer möglichen Zukunft, sondern die Aufzeichnung einer möglichen episodischen Abfolge von Ereignissen innerhalb eines definierten Systems. Der Zweck eines Szenarios liegt darin, eine Zukunft in relevanten Aspekten zu beschreiben.[760]

Zu den wichtigen Indikatoren für die Güte von Szenarien gehören die Stabilität, Repräsentativität und Konsistenz der Szenarien sowie der Umfang der analysierten Einflussfaktoren. Je mehr Einflüsse jedoch bei der Konstruktion eines Szenarios berücksichtigt werden, desto komplexer werden Vernetzungen und Dependenzen.[761] Im Folgenden werden die Entwicklungsmöglichkeiten der kritisch-aktiven, sowie aktiven Einflussfaktoren bestimmt und zur Ableitung von Szenarien genutzt. In der Beschreibung dieser Szenarien werden dann die passiven und trägen Einflussfaktoren ebenfalls berücksichtigt.[762]

Bei den Ausprägungen der abgeleiteten Einflussfaktoren handelt es sich um alternative Zukunftsannahmen, welche unternehmensspezifische in unterschiedlicher Häufigkeit und Detailtiefe vorliegen. Anwender der in dieser Dissertation vorgestellten Methodik müssen die Ausprägungen entsprechend ihrer Unternehmensrandbedingungen individuell nennen und auswählen. Es folgt eine Verallgemeinerung für die Einordnung in die Methodik.

---

[760] Vgl. Gabler Wirtschaftslexikon (Szenariotechnik), 2022.

[761] Vgl. Dönitz (Effiziente Szenariotechnik durch Konsistenzmatrizen), 2009, S. 1.

[762] Vgl. Romeike; Hager (Risiko-Management 4.0), 2020, S. 311.

Der *Marktbedarf* skaliert sich über die Nachfrageveränderung in unterschiedlichen Ausprägungen. Mögliche Ausprägungen für den Einflussfaktor Marktbedarf sind:[763]

- *Stark sinkende Nachfrage*: Die industrielle Produktion benötigt signifikant weniger Werkzeuge zur Fertigung ihrer Güter.
- *Leicht sinkende Nachfrage*: Die industrielle Produktion benötigt weniger Werkzeuge zur Fertigung ihrer Güter.
- *Gleichbleibende Nachfrage*: Die aktuell vorherrschende Nachfrage kann als stetig angenommen werden.
- *Leicht steigende Nachfrage*: Die industrielle Produktion benötigt leicht steigende Werkzeugumfänge zur Fertigung ihrer Güter.
- *Stark steigende Nachfrage*: Die industrielle Produktion benötigt signifikant steigende Werkzeugumfänge zur Fertigung ihrer Güter.

Marktbedarf	Stark sinkende Nachfrage	Leicht sinkende Nachfrage	Gleichbleibende Nachfrage	Leicht steigende Nachfrage	Stark steigende Nachfrage

Abbildung 88: Ausprägung des Einflussfaktors Marktbedarf[764]

Die *Leistungsfähigkeit der Konkurrenz* kann stagnieren, ansteigen oder sinken. Ein Anstieg ist in der Leistungsfähigkeit der Wertschöpfungsprozesse, der Leistungsfähigkeit der angebotenen Leistung oder in Kombination realistisch. Mögliche Ausprägungen für den Einflussfaktor Leistungsfähigkeit Konkurrenz sind:[765]

- *Stagnation der Leistungsfähigkeit*: Die Konkurrenz erreicht keinen signifikanten Anstieg der Leistungsfähigkeit.
- *Steigende Leistungsfähigkeit in der Wertschöpfung*: Die Konkurrenz erreicht einen signifikanten Anstieg der Leistungsfähigkeit in ihren Wertschöpfungsprozessen.
- *Steigende Leistungsfähigkeit des Leistungsangebots*: Die Konkurrenz erreicht einen signifikanten Anstieg der Leistungsfähigkeit in ihrem Leistungsangebot.

Leistungsfähigkeit Konkurrenz	Stagnation der Leistungsfähigkeit	Steigende Leistungsfähigkeit in der Wertschöpfung	Steigende Leistungsfähigkeit des Leistungsangebots

Abbildung 89: Ausprägung des Einflussfaktors Leistungsfähigkeit Konkurrenz[766]

Trendthemen wie beispielsweise das Thema Nachhaltigkeit existieren branchenübergreifend, branchenspezifisch und betriebsspezifisch. Mögliche Ausprägungen für den Einflussfaktor Trendthemen sind:[767]

---

[763] Vgl. Abbildung 88.
[764] Eigene Darstellung
[765] Vgl. Abbildung 89.
[766] Eigene Darstellung
[767] Vgl. Abbildung 90.

- *Trendthemen mit keinem Bezug zur Branche und Betrieb*: Ein übergreifendes Trendthema weist keinen Bezug zur Branche Werkzeugbau auf.
- *Trendthemen mit indirektem Bezug zur Branche und Betrieb*: Ein übergreifendes Trendthema betrifft eine andere Branche und weist einen indirekten Bezug auf die Branche Werkzeugbau und ihre Betriebe auf.
- *Trendthemen mit direktem Bezug zur Branche*: Ein übergreifendes Trendthema weist einen direkten Bezug zur Branche Werkzeugbau auf.
- *Trendthemen mit direktem Bezug zum Betrieb*: Ein Trendthema aus dem direktem Umfeld des Betriebs weist direkten Bezug zu diesem auf.

Trendthemen	Trendthemen mit keinem Bezug zu Branche & Betrieb	Trendthemen mit indirektem Bezug zu Branche & Betrieb	Trendthemen mit direktem Bezug zur Branche	Trendthemen mit direktem Bezug zum Betrieb

Abbildung 90: Ausprägung des Einflussfaktors Trendthemen[768]

Die *geforderte Reaktionsschnelligkeit des Kunden* skaliert in hohem Maße mit der Produktentwicklungszeit des Kunden. Außerdem bedingt die gewünschte Flexibilität des Kunden die Flexibilität der Zulieferer und die geforderte Reaktionsschnelligkeit der Werkzeugbaubetriebe. Mögliche Ausprägungen für den Einflussfaktor geforderte Reaktionsschnelligkeit sind:[769]

- *Sinkende geforderte Reaktionsschnelligkeit*: Der Kunde hat geringere Anforderungen an die Reaktionsschnelligkeit des Werkzeugbaubetriebs.
- *Gleichbleibende geforderte Reaktionsschnelligkeit*: Der Kunde hat gleichbleibende Anforderungen an die Reaktionsschnelligkeit des Werkzeugbaubetriebs.
- *Steigende geforderte Reaktionsschnelligkeit*: Der Kunde hat steigende Anforderungen an die Reaktionsschnelligkeit des Werkzeugbaubetriebs.

Geforderte Reaktionsschnelligkeit	Sinkende geforderte Reaktionsschnelligkeit	Gleichbleibende geforderte Reaktionsschnelligkeit	Steigende geforderte Reaktionsschnelligkeit

Abbildung 91: Ausprägung des Einflussfaktors geforderte Reaktionsschnelligkeit[770]

Geschäftsmodellanforderungen des Kunden können unterschiedlicher Natur sein. Im Werkzeugbau ist die häufigste Anforderung die Befähigung der Produktion durch Dienstleistungen, Produktionsbefähigung, Produktivitätsbefähigung oder Kleinserienfertigungen.[771] Mögliche Ausprägungen für den Einflussfaktor Geschäftsmodellanforderungen sind:[772]

- *Reiner Werkzeugverkauf*: Der Kunde fordert die Erbringung der Leistung ausschließlich in Form eines physischen Werkzeugs.
- *Verkauf von Leistungsbündeln*: Der Kunde fordert die Erbringung der Leistung in Form eines physischen Werkzeugs und zugehörigen vor- und nachgelagerten Dienstleistungen.

[768] Eigene Darstellung

[769] Vgl. Abbildung 91.

[770] Eigene Darstellung

[771] Vgl. WZL/IPT (Datenbank Werkzeugbau).

[772] Vgl. Abbildung 92.

- *Produktionsbefähigung*: Der Kunde fordert die Sicherstellung der Produktion durch eigenständige Wartungs-, Instandhaltungs- und Reparaturumfänge zusätzlich zum Werkzeug.
- *Produktivitätsbefähigung*: Der Kunde fordert eine Erhöhung der Produktivität durch die erbrachten Leistungsbündel und beispielsweise datenbasierte Dienstleistungen.
- *Artikelverkauf*: Der Kunde fordert produzierte Artikel in Klein- und Mittelserien.

Geschäftsmodell-anforderungen	Reiner Werkzeugverkauf	Verkauf von Leistungsbündeln	Produktions-befähigung	Produktivitäts-befähigung	Artikelverkauf

Abbildung 92: Ausprägung des Einflussfaktors Geschäftsmodellanforderungen[773]

Die ***strategische Zielsetzung des Kunden*** hat maßgeblichen Einfluss auf die Geschäftstätigkeiten und die Leistungserbringung der Werkzeugbaubetriebe. Mögliche Ausprägungen für den Einflussfaktor strategische Zielsetzung des Kunden sind:[774]

- *Kostenfokus Einkaufspreis*: Die Strategie des Kunden beinhaltet den Kauf von Werkzeugen mit dem geringsten Einkaufspreis.
- *Kostenfokus TCO*: Die Strategie des Kunden beinhaltet den Kauf von Werkzeugen mit den geringsten Total Cost of Ownership.[775]
- *Qualitätsfokus*: Die Strategie des Kunden beinhaltet den Kauf von Werkzeugen mit höchster Qualität und Produktivität.
- *Zeitfokus*: Die Strategie des Kunden beinhaltet den Kauf von Werkzeugen mit der geringsten Lieferzeit.

Strategische Ziel-stellungen des Kunden	Kostenfokus – Zielgröße geringer Einkaufspreis	Kostenfokus – Zielgröße geringe TCO	Qualitätsfokus – Zielgröße Produktivität	Zeitfokus – Zielgröße Auslieferungstermin

Abbildung 93: Ausprägung des Einflussfaktors strategische Zielstellung des Kunden[776]

[773] Eigene Darstellung

[774] vgl. Abbildung 88.

[775] Total Cost of Ownership (TCO) ist eine ganzheitliche Kostenbetrachtung von Werkzeugen, die nicht nur die Anschaffungskosten, sondern auch laufende direkte und indirekt Kosten über den kompletten Lebenszyklus hinweg berücksichtigt.

[776] Eigene Darstellung

Zusammenfassend ist auf der Basis der Ausprägungen der kritisch-aktiven und aktiven Einflussfaktoren in Abbildung 94 ein morphologischer Kasten dargestellt. Dieser bildet alle Möglichkeiten von Kombinationen in Form von Annahmebündeln ab.

Marktbedarf	Stark sinkende Nachfrage	Leicht sinkende Nachfrage	Gleichbleibende Nachfrage	Leicht steigende Nachfrage	Stark steigende Nachfrage
Leistungsfähigkeit Konkurrenz	Stagnation der Leistungsfähigkeit	Steigende Leistungsfähigkeit in der Wertschöpfung	Steigende Leistungsfähigkeit des Leistungsangebots		
Trendthemen	Trendthemen mit keinem Bezug zu Branche & Betrieb	Trendthemen mit indirektem Bezug zu Branche & Betrieb	Trendthemen mit direktem Bezug zur Branche	Trendthemen mit direktem Bezug zum Betrieb	
Geforderte Reaktionsschnelligkeit	Sinkende geforderte Reaktionsschnelligkeit	Gleichbleibende geforderte Reaktionsschnelligkeit	Steigende geforderte Reaktionsschnelligkeit		
Geschäftsmodell-anforderungen	Reiner Werkzeugverkauf	Verkauf von Leistungsbündeln	Produktions-befähigung	Produktivitäts-befähigung	Artikelverkauf
Strategische Ziel-stellungen des Kunden	Kostenfokus – Zielgröße geringer Einkaufspreis	Kostenfokus – Zielgröße geringe TCO	Qualitätsfokus – Zielgröße Produktivität	Zeitfokus – Zielgröße Auslieferungstermin	

Abbildung 94: Ausprägungen der kritisch-aktiven und aktiven Einflussfaktoren[777]

Die Erstellung der Szenarien erfordert widerspruchsfreie Annahmebündel.[778] Zur Sicherstellung der Konsistenz und der Widerspruchsfreiheit wird im Folgenden eine detaillierte Analyse der Einflussgrößen unter Zuhilfenahme einer Konsistenzmatrix durchgeführt. Diese Konsistenzanalyse befähigt die Vermeidung von Konflikten und die Offenlegung von Synergien zwischen den Zukunftsannahmen, wodurch die Qualität der Szenarien erhöht werden kann.[779] Zwischen den Einflussfaktoren wird ein logischer Zusammenhang hergestellt, der durch einen Konsistenzwert dargestellt wird. Dieser Konsistenzwert stellt das Ausmaß dar, in welchem sich die zwei Einflussgrößen gegenseitig ausschließen oder befähigen. Die Skala des Konsistenzwertes verläuft ganzzahlig zwischen 1 für starke Inkonsistenz und 5 für starke Konsistenz. Den paarweisen Kombinationen mit einer neutralen Wechselbeziehung zwischen den betrachteten Einflüssen wird ein Konsistenzwert von 3 zugeordnet. In Abbildung 95 werden die Konsistenzwerte aller Kombinationen der beispielhaften Einflussgrößen in einer Konsistenzmatrix zusammengestellt.

[777] Eigene Darstellung

[778] Vgl. Ponn; Lindemann (Konzeptentwicklung technischer Produkte), 2008, S. 46.

[779] Vgl. Dönitz (Effiziente Szenariotechnik durch Konsistenzmatrizen), 2009, S. 16.

Bewertungsmaßstab

1 = totale Inkonsistenz
2 = partielle Inkonsistenz
3 = neutral
4 = partielle Konsistenz
5 = hohe Konsistenz

Einfluss	Ausprägung	Stark sinkend	Leicht sinkend	Gleichbleibend	Leicht steigend	Stark steigend	Stagnation	Steigend Wertschöpfung	Steigend Leistung	Kein Bezug	Indirekter Bezug	Direkter Bezug Branche	Direkter Bezug Betrieb	Sinkend	Gleichbleibend	Steigend	Werkzeugverkauf	Verkauf Leistungsbündel	Produktionsbefähigung	Produktivitätsbefähigung	Artikelverkauf	Kostenfokus Einkaufspreis	Kostenfokus TCO	Qualitätsfokus	Zeitfokus
Marktbedarf	Stark sinkend																								
	Leicht sinkend																								
	Gleichbleibend																								
	Leicht steigend																								
	Stark steigend																								
Leistungsfähigkeit Konkurrenz	Stagnation	3	3	3	3	3																			
	Steigend Wertschöpfung	3	3	3	3	3																			
	Steigend Leistung	3	3	3	3	3																			
Trendthemen	Kein Bezug	3	3	3	3	3	3	3	3																
	Indirekter Bezug	3	3	3	3	3	3	3	3																
	Direkter Bezug Branche	3	3	3	3	3	3	3	3																
	Direkter Bezug Betrieb	3	3	3	3	3	3	3	3																
Geforderte Reaktionsschnelligkeit	Sinkend	4	4	3	2	2	3	2	3	3	3	3													
	Gleichbleibend	3	3	3	3	3	3	2	3	3	3	3	3												
	Steigend	2	2	3	4	4	3	5	3	3	3	3	3												
Geschäftsmodellanforderungen	Werkzeugverkauf	2	3	3	4	5	3	3	3	3	3	3	3	3	3	3									
	Verkauf Leistungsbündel	3	3	3	4	5	3	3	3	3	3	3	3	3	3	3									
	Produktionsbefähigung	3	3	3	3	3	3	3	3	3	3	3	3	2	3	4									
	Produktivitätsbefähigung	3	3	3	3	3	3	3	3	3	3	3	3	2	3	5									
	Artikelverkauf	3	3	3	3	3	3	3	3	3	3	3	3	4	3	2									
Strategische Zielstellung Kunde	Kostenfokus Einkaufspreis	3	3	3	3	3	3	3	3	3	3	3	3	3	3	3	4	4	3	2	3				
	Kostenfokus TCO	3	3	3	3	3	3	3	3	3	3	3	3	3	3	3	4	4	3	2	1				
	Qualitätsfokus	5	4	3	2	2	3	3	3	3	3	3	3	3	3	3	3	3	3	5	3				
	Zeitfokus	5	4	3	2	2	3	3		3	3	3	3	1	3	5	3	3	3	3	3				

Beispiele: 5 Die *Produktionsbefähigung* beinhaltet eine gesteigerte *geforderte Reaktionsschnelligkeit* und ist daher konsistent. 1 *Zeitfokus des Kunden* ist mit sinkender *geforderter Reaktionsschnelligkeit* inkonsistent.

Abbildung 95: Konsistenzmatrix zur Sicherstellung der Widerspruchsfreiheit[780]

Aus dieser Konsistenzmatrix können entsprechend der unternehmenseigenen äußeren Einflüsse verschiedene Annahmebündel abgeleitet werden. Diese Annahmebündel sollten eine hohe Stimmigkeit, Konsistenz und Widerspruchsfreiheit aufweisen. Dies wird durch die Nutzung einer Konsistenzmatrix sichergestellt. Eine weitere Anforderung an die Annahmebündel ist deren Stabilität. Dadurch wird sichergestellt, dass die Validität der Annahmebündel und späteren Szenarien auch bei geringfügigen Veränderungen der relevanten Einflussfaktoren beständig ist. Zudem ist es notwendig, dass die formulierten Annahmebündel untereinander eine hohe Unterschiedlichkeit aufweisen.[781] In Abbildung 96 sind beispielhaft vier unabhängige Annahmebündel in den morphologischen Kasten eingetragen, die die genannten Anforderungen nach Konsistenz, Widerspruchsfreiheit sowie Stabilität und Unterschiedlichkeit aufweisen. Innerhalb der kritisch-aktiven, aktiven, passiven und trägen Einflussfaktoren auf Betriebe der Branche Werkzeugbau existieren viele Möglichkeiten der Bündelung von Annahmen und Formulierung von Szenarien. Daher dienen die hier ausformulierten Annahmebündel lediglich der

[780] Eigene Darstellung

[781] Vgl. Reibnitz (Szenario-Technik), 2013, S. 28.

Visualisierung realistischer Möglichkeiten. Dennoch ist die Notwendigkeit der Ableitung unternehmensspezifischer Annahmebündel gegeben.

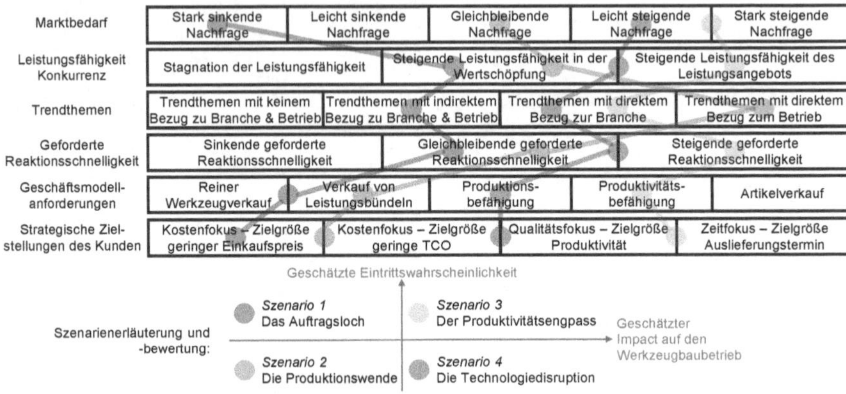

Abbildung 96: Annahmebündel für die beispielhafte Analyse[782]

Die erstellten, zur weiteren Analyse ausgewählten Annahmebündel werden im Folgenden in Textform beschrieben. Außerdem werden Beschreibungen für alle herausgearbeiteten Einflussfaktoren erstellt. Dadurch entstehen konkrete Szenarien. Die Beschreibung der Szenarien dient dazu, die Einflussfaktoren zu veranschaulichen und für alle Beteiligten verständlich darzustellen.[783] Im Folgenden werden die Szenarien der anhand ihrer Einflussfaktoren beschrieben. Außerdem werden für die Szenarien qualitative Einschätzungen der Eintrittswahrscheinlichkeit sowie des Einflusses auf den Werkzeugbaubetrieb vorgenommen. Diese Einschätzungen werden im Methodikschitt B-I sowie C-I und C-II validiert oder falsifiziert.[784]

Das *Szenario 1 – Das Auftragsloch* beschreibt ein Szenario des wirtschaftlichen Abschwungs:

- Infolge der wirtschaftlich angespannten Situation sinkt der Marktbedarf an Werkzeugen stark und wirkt sich erschwerend auf die Wettbewerbssituation aus. Die geringe Nachfrage wirkt sich zudem befähigend auf den vorherrschenden Preisverfall aus.
- Der erhöhte Preisdruck bewirkt im Wettbewerb eine erhöhte Leistungsfähigkeit in der Wertschöpfung. Die Betriebe der Branche fertigen effizienter und günstiger, wodurch der Wertschöpfungsdruck sich auf den analysierenden Betrieb auswirkt.
- Gleichzeitig herrschen Trendthemen mit indirektem Bezug zur Branche vor. Politische Entscheidungen bewirken Veränderungen in anderen Marktsegmenten und Branchen und beeinflussen die Branche Werkzeugbau sowie den analysierenden Betrieb nur geringfügig.
- Die Kunden fordern eine gleichbleibende Reaktionsschnelligkeit bei Entwicklungsleistungen sowie Instandhaltungs- sowie Reparaturumfängen.

782 Eigene Darstellung

783 Vgl. Dönitz (Effiziente Szenariotechnik durch Konsistenzmatrizen), 2009, S. 20.

784 Vgl. Kapitel 5.2

- Die Kunden sind weiterhin ausschließlich an den Werkzeugen sowie vereinzelten vor- und nachgelagerten Dienstleistungen interessiert. Weiterführende Anforderungen an das Geschäftsmodell des analysierenden Betriebs existieren nicht.
- Die strategische Zielstellung des Kunden ist das Angebot von Produkten mittlerer Stückmengen. Die Anforderungen an die dafür notwendigen Werkzeuge sind gering und der Kunde vergibt daher seine Werkzeuge ausschließlich entsprechend des Einkaufspreises.

Die stark sinkende Nachfrage kann durch verschiedene Störgrößen wie die allgemeine Volatilität des Marktes oder zurückgehende Komponentenzahlen durch beispielsweise die Elektromobilität induziert werden, wodurch dem Szenario eine hohe Eintrittswahrscheinlichkeit attestiert wird. Der Einfluss auf den analysierenden Werkzeugbaubetrieb wird langfristig unkritisch eingeschätzt, da es sich beim vorliegenden Szenario voraussichtlich um eine kurzfristige[785] Marktbedarfsschwankung handelt.

Das *Szenario 2 – Die Produktionswende* wird maßgeblich durch das Trendthema Nachhaltigkeit dominiert:

- Die vorherrschende wirtschaftliche Stabilität bedingt eine gleichbleibende Nachfrage.
- Dennoch steigt die wertschöpfungsseitige Leistungsfähigkeit des Wettbewerbs infolge hoher Investitionen in Automatisierungstechnik und allgemeiner Prozessoptimierungen.
- Das vorherrschende Trendthema der Nachhaltigkeit dominiert den Markt und hat direkten Bezug zum analysierenden Werkzeugbaubetrieb. Kunden des analysierenden Werkzeugbaubetriebs müssen wiederum ihren Kunden im B2B- sowie B2C-Bereich Emissionen der Produktion sowie der Beschaffung nachweisen.
- Dies hat keine merklichen Auswirkungen auf die Anforderungen an die geforderte Reaktionsschnelligkeit.
- Aufgrund der zunehmenden Anforderungen an Nachhaltigkeitskennzahlen verändern sich die Anforderungen des Kunden an das Geschäftsmodell des Werkzeugbaus. Die Kunden fordern neben dem Werkzeug selbst ausführliche Dokumentation, digitale Teilmodelle des Werkzeugs sowie Nachhaltigkeitsassesments.
- Außerdem forcieren die Kunden in ihrer Strategie vermehrt die TCO-Betrachtung von Werkzeugen, welche mithin maßgebliches Einkaufskriterium für den Werkzeugeinkauf wird.

Dem Szenario, das durch Trendthemen induziert ist, wird kurzfristig eine mittlere Eintrittswahrscheinlichkeit beigemessen, da der Emissionsanteil der Werkzeuge, gemessen an den in der Produktion anfallenden Emissionen gering ist. Langfristig ist jedoch damit zu rechnen, dass dieses Szenario an Relevanz gewinnen wird. Außerdem stellt das Szenario in dieser Form

[785] Kurzfristig beschreibt im Zuge dieser Arbeit einen Zeitraum von sechs Monaten bis zu einem Jahr, eine mittelfristig Betrachtung beläuft sich auf ein bis drei Jahre und langfristig beschreibt den Zeitraum von größer als drei Jahren.

einen geringen Einfluss auf den Werkzeugbau dar, da die in Deutschland gefertigten Werkzeuge im weltweiten Vergleich bereits TCO-optimiert hergestellt werden. Die Notwendigkeit aufwendiger Dokumentation ist zudem bereits heute gegeben.

Das *Szenario 3 – Der Produktivitätsengpass* wird durch eine stark steigende industrielle Nachfrage sowie die resultierende Notwendigkeit nach steigender Produktivität induziert:

- Die erhöhte Absatzleistung der Kunden des analysierenden Werkzeugbaubetriebs bedingt auch eine proportional erhöhte Nachfrage nach Werkzeugen.
- Die Kundenseitig erhöhte Nachfrage nach Produktivitätsverbesserungen bedingt eine steigenden Leistungsfähigkeit des Angebots des Wettbewerbs.
- In diesem Szenario sind verschiedene direkt einflussnehmende Trends denkbar. Die hohe Nachfrage nach produktivitätsoptimierenden Werkzeugen könnte beispielsweise auch durch steigende Nachhaltigkeitsanforderungen induziert sein.
- In Zuge dessen fordern die Kunden des analysierenden Werkzeugbaubetriebs hohe Reaktionsschnelligkeit insbesondere in der Wartung und Instandhaltung um die Produktivität nicht zu gefährden.
- Die Anforderungen der Kunden an das Geschäftsmodell sind auf die Produktivitätsbefähigung ausgerichtet. Die Kunden erwarten Dienstleistungen wie Predictive Maintenance um Instandhaltungsumfänge prädiktiv zu identifizieren.
- Durch die anspruchsvolle Erwartungshaltung ist das vorherrschende Einkaufskriterium der Kunden die Produktivität der Werkzeuge.

Dem Szenario wird eine hohe Eintrittswahrscheinlichkeit beigemessen, da industrielle Produktion, insbesondere im Rahmen von allgemeinen Nachhaltigkeitsbestrebungen, zukünftig vermehrt Produktivität fordern wird. Dieser Trend hat einen hohen Einfluss auf das Leistungsangebot des analysierenden Betriebs. Die Werkzeuge müssen mit Sensorik und Aktorik versehen werden. Außerdem müssen innerhalb des Werkzeugbaubetriebs Strukturen geschaffen werden, die ein Überwachen und Vorhersagen der Werkzeugparameter im Serienbetrieb gewährleisten.

Das *Szenario 4 – Die Technologiedisruption* ist maßgeblich durch technologische Entwicklungen geprägt:

- Voraussetzung für die tatsächliche Technologiedisruption ist eine stark steigende Nachfrage an Werkzeugen.
- Um dieser Nachfrage nachzukommen muss sowohl die Wertschöpfung, als auch das Leistungsangebot des Werkzeugbaubetriebs signifikant optimiert werden.
- Vorherrschende Trendthemen in der Fertigung, wie beispielsweise die additive Fertigung von Werkzeugen, werden eine Disruption verursachen und den klassischen Werkzeugbau stark verändern.
- Die Möglichkeit der freien Formgebung sowie schnellen Umsetzung von Werkzeugen steigert die Erwartungshaltung des Kunden an die Reaktionsschnelligkeit des Werkzeugbaubetriebs in hohem Maße.

- Die Anforderungen der Kunden an das Geschäftsmodell des Werkzeugbaubetriebs werden sich durch deren hohe Fertigungskompetenz insbesondere in der Produktivitätsbefähigung äußern.
- Die strategischen Zielgrößen des Kunden werden sich ausschließlich auf die eigene Produktivität sowie den Auslieferungstermin beschränken.

Dem Szenario wird eine geringe Eintrittswahrscheinlichkeit beigemessen, da nicht von einer steigenden Nachfrage im beschriebenen Maße auszugehen ist. Zudem herrschen in der additiven Fertigung technologische Barrieren vor, deren Überbrückung in naher Zukunft ungewiss ist. Dennoch ist der Einfluss auf den Werkzeugbau in hohem Maße gegeben, da eine Technologiedisruption dieser Art eine vollständige Transformation der Wertschöpfung bedingen würde.

Die Ausführungen sowie die spezifischen Annahmen der einzelnen Szenarien werden im Folgenden in eine Szenariobeschreibung überführt. Eine mögliche Beschreibung ist in Abbildung 97 dargestellt.

	Einflussfaktor	Annahme
kritisch aktiv	Geforderte Reaktionsschnelligkeit	Steigende geforderte Reaktionsschnelligkeit
	Strategische Zielsetzung des Kunden	Qualitäts- und Zeitfokus – Zielgröße Produktivität
	Geschäftsmodellanforderungen des Kunden	Forderung nach Produktivitätsbefähigung
aktiv	Marktbedarf	Leicht bis stark steigende Nachfrage
	Leistungsfähigkeit der Konkurrenz	Steigende Leistungsfähigkeit des Angebots
	Trendthemen	Trendthemen mit direktem Bezug – Fokus Nachhaltigkeit
passiv	Substitute	Kein Durchbruch disruptiver Substitute
	Automatisierungsgrad	Steigender Automatisierungsgrad
	Digitalisierungsgrad	Steigender Digitalisierungsgrad
	Wertschöpfungstiefe	Steigende Wertschöpfungstiefe
träge	Absatzmarkt	Der Absatzmarkt der Kunden bleibt Deutschland
	Leistungsfähigkeit verfügbarer Technologien	Steigende Leistungsfähigkeit verfügbarer Technologien
	Neue Fertigungstechnologien	Kein Durchbruch disruptiver Fertigungsverfahren
	Soziale Themen	Starker Fokus auf sozialer Nachhaltigkeit
	Allgemeine Themen	Kein Einfluss
	Besitzverhältnisse	Steigender Anteil interner Werkzeugbaubetriebe
	Sourcingstrategie des Kunden	Vermehrtes Sourcing in Deutschland
	Werkzeuganforderungen	Steigende Anforderungen an Werkzeuge
	Mitarbeitendenverfügbarkeit	Sinkende Mitarbeitendenverfügbarkeit
	Mitarbeitendenanforderungen	Steigende Mitarbeitendenanforderungen

Abbildung 97: Beispielhafte Darstellung einer Szenarienbeschreibung[786]

Im folgenden Methodikschritt wird basierend auf den abgeleiteten und formulierten Szenarien eine quantitative Prognose der Eintrittswahrscheinlichkeit sowie eine qualitative Ableitung und Analyse der Schadenspotenziale der Szenarien durchgeführt. Dadurch können die initialen Annahmen der Szenarien validiert bzw. falsifiziert werden.

Dem Anwender liegen nach dem Abschluss der *Formulierung von Umfeldszenarien* folgende Ergebnisse vor:

- Definierte Ausprägungen der vorab definierten Einflussfaktoren

[786] Eigene Darstellung

- Auf Widerspruch geprüfte Annahmen, abgeleitet aus den Einflussfaktoren
- Definiertes methodisches Werkzeug zur Visualisierung und Verknüpfung von Annahmen zu Szenarien
- Konkrete Herangehensweise zur Ableitung von Umfeldszenarien sowie beispielhaft abgeleitete Umfeldszenarien für einen Werkzeugbaubetrieb

5.2 Detaillierung der Prognosephase

Die Prognosephase beinhaltet die Analyse der vorab definierten Umfeldszenarien hinsichtlich Schadenspotenzialen sowie Eintrittswahrscheinlichkeiten. Das Ziel der Prognosephase ist die qualitative und quantitative Ermittlung der Eintrittswahrscheinlichkeit der Szenarien unter Zuhilfenahme von Data Analytics-Methoden sowie die Ableitung der entsprechenden Schadenspotenziale. Im Methodikschritt B wird zunächst die Eintrittswahrscheinlichkeit der Szenarien bewertet. Im Methodikschritt C werden diese dann entsprechend ihres Schadenspotenzials bewertet. Dazu ist die Strukturierung von Risiken im Kontext des Werkzeugbaus notwendig. Der Abgleich der Eintrittswahrscheinlichkeit mit den vorliegenden Schadenspotenzialen lässt nachfolgend eine ganzheitliche Bewertung der Umfeldszenarien zu. Dadurch soll eine entscheidungsunterstützende Grundlage für die resiliente Unternehmensentwicklung in Methodikschritt D geschaffen werden.

5.2.1 Schritt B: Prognose der Wahrscheinlichkeit der Umfeldszenarien

Zur Prognose der Eintrittswahrscheinlichkeit von Umfeldszenarien wird im ersten Schritt eine konkrete Vorgehensweise zur Ermittlung relevanter Voraussetzungen für die Prognose entwickelt. Basierend auf einer Priori-These werden Sub-Thesen abgeleitet und unter Zuhilfenahme von Data Analytics-Methoden einer Beweisführung unterzogen. Dieser Schritt dient vornehmlich der Vorauswahl problemspezifischer Analysemethoden. Daher werden Anforderungen an die Auswahl einer Data Analytics-Methode herausgearbeitet sowie die Zusammenhänge zwischen der Zielstellung und der Analysemethode diskutiert. Abschließend wird dem Anwender ein Prozess zur Validierung der initialen Data Analytics Methode bereitgestellt.

5.2.1.1 Methodische Grundlagen

Data Analytics kann verschiedene Zielstellungen verfolgen. Jede Art von Algorithmus birgt jedoch verschiedene Möglichkeiten der Strukturierung und Analyse von Datensätzen, wodurch der Zieldefinition eine entscheidende Rolle zukommt. Der Anwender muss sich über die Eigenschaften der Daten bewusst sein. Grundsätzlich existieren zwei Zielstellungen. Data Analytics-Methoden können entweder beschreiben, also spezifische Muster eines Datensatzes identifizieren oder prognostizieren, also anhand von Daten etwaige Trends ableiten und diese in die Zukunft projizieren.

Eine Entscheidung über die Nutzung einer spezifischen Methode ist ausschließlich bei bekannter Zielstellung möglich. Beispielhaft werden im Folgenden Zielstellungen einer Datenanalyse unter Zuhilfenahme von Data Analytics Algorithmen beschrieben.[787] Der Zusammenhang der Zielstellungen ist in Abbildung 98 dargestellt.

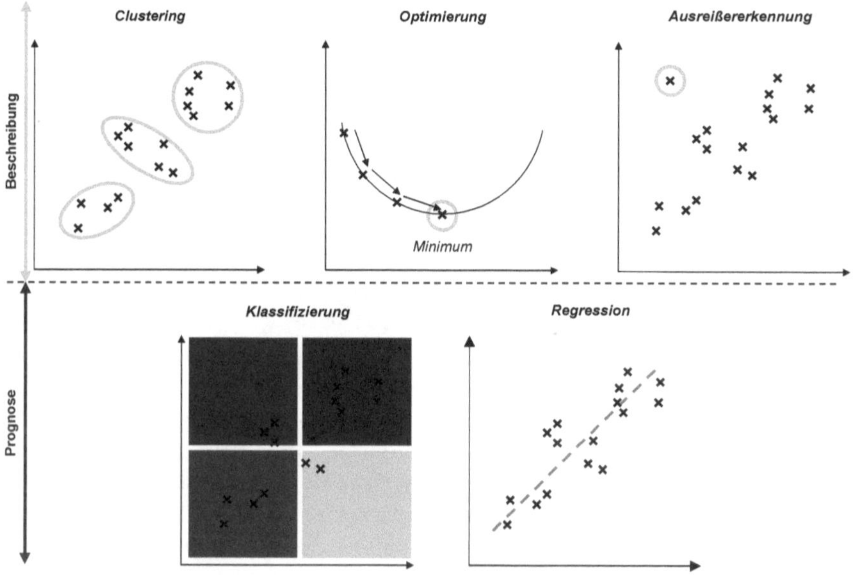

Abbildung 98: Zusammenhang zwischen den Zielstellungen der Algorithmen[788,789]

Clustering

Im Gegensatz zur Klassifikation werden beim Clustering basierend auf den Merkmalsausprägungen von Objekten neue Klassen ermittelt und anschließend festgelegt. Dennoch ist auch beim Clustering das Ergebnis eine Organisation von Daten in Gruppen mit ähnlichen Merkmalen. Im Idealfall sind die Daten innerhalb einer Gruppe eng aufeinander abgestimmt, während die Gruppen selbst unterschiedlich sind. Ziel der Methode ist es, minimale Objektabstände innerhalb der Cluster, aber gleichzeitig maximale Abstände zwischen den Clustern zu erreichen.[790] Der bekannteste Clustering Algorithmus ist der *k-Means-Clustering* Algorithmus. Dieser bildet aus einer Menge von ähnlichen Objekten eine vorher bekannte Anzahl von Gruppen. Dazu teilt er den Datensatz so ein, dass die Summe der quadrierten Abweichungen von den Zentren der Cluster minimal ist. Der Algorithmus ist eine der am häufigsten verwendeten Techniken zur Gruppierung von Objekten, da er effizient die Zentren der Cluster ermittelt. Dabei

[787] Vgl. Weber (Künstliche Intelligenz für Business Analytics), 2020, S. 67.

[788] I. A. a. Fayyad et al. (From Data Mining to Knowledge Discovery in Databases), 1996, S. 42.

[789] I. A. a. Weber (Künstliche Intelligenz für Business Analytics), 2020, S. 59-60.

[790] Vgl. Weber (Künstliche Intelligenz für Business Analytics), 2020, S. 54.

bevorzugt der Algorithmus Gruppen mit geringer Varianz und ähnlicher Größe.[791] Der *Mean-Shift-Clustering* Algorithmus, ordnet Objekte den Clustern iterativ zu, indem er Objekte in Richtung des Modus verschiebt. Der Modus kann als die höchste Dichte von Datenpunkten verstanden werden. Bei einer Reihe von Datenpunkten ordnet der Algorithmus iterativ jeden Datenpunkt dem nächstgelegenen Modus zu. Dabei wird die Richtung zum nächsten Modus dadurch bestimmt, wo sich die meisten nahegelegenen Objekte befinden. Im Gegensatz zum k-Means-Clustering erfordert das Mean-Shift-Clustering keine vorherige Angabe der Anzahl der Cluster. Die Anzahl der Cluster wird mithin von Algorithmus bestimmt. Der Mean-Shift-Clustering-Algorithmus findet daher vielfach im Bereich der Bildverarbeitung Anwendung.[792] Der *Density-Based-Clustering* Algorithmus basiert auf dem Mean-Shift-Clustering. Im Gegensatz zum Mean-Shift-Clustering beginnt das Density-Based-Clustering jedoch mit einem beliebigen Objekt. Die Nachbarschaft dieses Objekts wird unter Zuhilfenahme der Entfernung zu anderen Objekten definiert. Alle Objekte innerhalb einer Entfernung werden daher als nachbarschaftliche Objekte behandelt.[793]

Optimierung

Optimierungen dienen dazu, eine Zielfunktion $E(x)$ zu minimieren oder zu maximieren. Diese Zielfunktion stellt eine mathematische Funktion dar, welche von den internen Parametern des Modells abhängt, die bei der Berechnung der Zielwerte aus dem Satz von Prädiktoren verwendet werden.[794] Die Optimierungsalgorithmen können in die Kategorien *Optimierungsalgorithmen erster Ordnung* und *Optimierungsalgorithmen zweiter Ordnung* unterteilt werden. *Optimierungsalgorithmen erster Ordnung* minimieren oder maximieren eine Zielfunktion $E(x)$. Das Ziel des Optimierungsalgorithmus ist es, solche Parameterwerte zu finden, die dem Minimalwert der Kostenfunktion entsprechen. Dazu werden Ableitungen für jeden der Parameter berechnet und ein stochastischer Gradientenabstieg realisiert. Diese Gradienten geben dann eine numerische Anpassung an jeden Parameter, um die Funktion zu minimieren. Dieser Prozess wird fortgesetzt, bis das lokale oder globale Minimum erreicht wurde. *Optimierungsfunktionen zweiter Ordnung* verwenden die Ableitung zweiter Ordnung, um die Zielfunktion zu minimieren oder zu maximieren. Diese Optimierungsfunktionen finden aufgrund ihrer Komplexität und des Berechnungsaufwands in der Praxis nur selten Anwendung.[795]

Erkennung von Anomalien und Ausreißern

Die Erkennung von Anomalien und Ausreißern ist ein essenzieller Bestandteil der prädiktiven Analyse. Ausreißer können durch Fehler in Daten auftreten. Bei dieser Art fehlerinduzierter Ausreißer ist die Aufgabe dieser Algorithmen die Identifikation und Eliminierung der Extremwerte vor dem Aufbau des Modells, wodurch die Qualität des Modells maßgeblich positiv beeinflusst werden. Ausreißer können jedoch auch korrekt erfasste Datenpunkte darstellen. In

791 Vgl. Ester; Sander (Knowledge Discovery in Databases), 2000, S. 51.
792 Vgl. Weber (Künstliche Intelligenz für Business Analytics), 2020, S. 55-56.
793 Vgl. Weber (Künstliche Intelligenz für Business Analytics), 2020, S. 56.
794 Analog zu den vorherig vorgestellten mathematischen Funktionen.
795 Vgl. Mueller; Massaron (Deep Learning kompakt), 2020, S. 300.

diesen Fällen dienen Ausreißererkennungsalgorithmen dazu, diese Werte zu erfassen und zu isolieren.[796] Klassische Anwendungsbeispiele hierfür sind die Produktionsprozesskontrolle und die Betrugserkennung. Als Beispiel für einen Ausreißererkennungsalgorithmus ist der *Inter-Quartile Range Test* zu nennen. Dieser ist ein robuster Test zur Identifizierung numerischer Ausreißer und konstruiert Box-Plots welche mit Hilfe des Inter-Quartile Range Tests auf die Verteilung der beinhalteten Werte geprüft werden. Dadurch kann angegeben werden, wie verteilt die mittleren Werte sind und welche Werte außerhalb des für sie erwarteten Bereichs liegen.[797]

Klassifizierung

Eine Klassifizierung ordnet Objekte mit ähnlichen Merkmalsausprägungen einer vordefinierten Klasse zu. Die prädiktive Modellierung der Klassifizierung hat die Aufgabe, eine Abbildungsfunktion von Eingangsvariablen auf diskrete Ausgangsvariablen zu approximieren. Die Klassifizierung lässt sich der Kategorie des Supervised Learnings zuweisen. Beispielhafte Anwendungen der Klassifizierung sind u. a. die Kreditvergabe, medizinische Diagnosen, Target-Marketing etc. Zudem existieren viele Algorithmen zur Abbildung einer Klassifizierung.[798] Hierarchische Klassifikationen lassen sich mit *Entscheidungsbäumen* darstellen. Diese bilden Klassifizierungsmodelle in Form einer Baumstruktur ab und verwenden Wenn-dann-Regelsätze, die sich gegenseitig ausschließen und nur für die Klassifizierung vollständig sind. Diese Regeln werden sequenziell anhand von Trainingsdaten nacheinander erlernt. Jedes Mal, wenn eine Regel erlernt wird, werden die von den Regeln abgedeckten Tupel[799] entfernt. Entscheidungsbäume folgen einem rekursiven Top-down-Prinzip, welches in einem Durchlauf immer mit dem Attribut[800] startet, welches den größten Einfluss auf die Klassifizierung hat.[801] Der *naive Bayes-Klassifikator* ist ein probabilistischer Klassifikator, der vom Satz des Bayes inspiriert ist. Dieser besagt, dass relevante Attribute immer bedingt unabhängig sind. Dieser Klassifikator ist ein anwendungsfreundlicher Algorithmus mit dem in den meisten Fällen belastbare Ergebnisse erzielt werden können. Er kann auf größere Datensätze skaliert werden, da er lineare Zeit in Anspruch nimmt, und keine iterative Annäherung vornimmt, wie sie bei vielen anderen Klassifikatoren verwendet wird.[802] *Künstliche neuronale Netze* sind eine Reihe von verbundenen Ein- und Ausgabeeinheiten, bei denen jeder Verbindung ein Gewicht zugeordnet ist. Das Modell soll rechnerische Analoga von Neuronen nachbilden und testen. Während der Lernphase lernt das Netzwerk durch Anpassung der Gewichte, um die korrekte Klassenbezeichnung der Input-Tupel vorhersagen zu können. Neuronale Netze gelten je nach Komplexität des Modells als zeitintensiv. Ein weiterer Nachteil ist die komplizierte Interpretierbarkeit

---

[796] Vgl. Ng; Soo (Data Science Algorithmen), 2018, S. 87.

[797] Vgl. Weber (Künstliche Intelligenz für Business Analytics), 2020, S. 63.

[798] Vgl. Weber (Künstliche Intelligenz für Business Analytics), 2020, S. 47-48.

[799] Ein Tupel ist eine Datenstruktur, die eine bestimmte Anzahl von Elementen speichert. Diese Elemente können ganze Zahlen, Zeichen oder andere Datentypen enthalten.

[800] Im Data Mining ist ein Attribut ein Merkmal bzw. eine Eigenschaft, die für jede Beobachtung bzw. Datensatz gemessen wird und von einer Beobachtung zur anderen variieren kann.

[801] Vgl. Runkler (Data Analytics), 2016, S. 102-103.

[802] Vgl. Dörn (Programmieren für Ingenieure), 2018, S. 150.

des Modells aufgrund der unbekannten symbolischen Bedeutung hinter den erlernten Gewichten. Künstliche neuronale Netze weisen dennoch in den meisten Anwendungen hohe Potenziale auf. Ein neuronales Netz hat eine hohe Toleranz gegenüber verrauschten Daten und kann untrainierte Muster klassifizieren.[803] *k-Nearest-Neighbors (KNN)* ist ein Algorithmus, bei dem eine Klassenzuordnung die nächsten Nachbarn des Objekts berücksichtigt. Die Klassifikation eines Objekts erfolgt im einfachsten Fall durch Mehrheitsentscheidung. Daran beteiligen sich die nächsten bereits klassifizierten Objekte. Durch den Anwender variierbar ist dabei der Abstand zu den nächsten Nachbarn. Ist dieser zu klein gewählt, kann das Rauschen der Daten das Ergebnis verschlechtern. Ist er zu groß gewählt, werden Objekten mit zu großem Abstand klassifiziert und verfälschen ebenso das Ergebnis.[804]

Regression, Prediction oder Vorhersage

Regression, Prediction oder Vorhersage beinhalten die Modellierung von Beziehungen zwischen einer oder mehreren unabhängigen Variablen und einer abhängigen Variablen. Dazu werden mathematische Funktionen an den Datensatz angenähert um ihn möglichst vollständig zu beschreiben. Anwendungsfall kann daher beispielsweise die Vorhersage der Umsatz- und Absatzhöhe auf Grundlage eines festgelegten Preises sein. Ein weiterer exemplarischer Anwendungsfall ist die Abschätzung des Materialbedarfs einer Produktion basierend auf den Absatzmengen vergangener Perioden. Regressionsanalysen sind Werkzeuge, um Modelle für solche Anwendungsfälle zu erstellen und zukünftige Ergebnisse vorauszusagen.[805] Das implizite Ziel der Regression ist es, ein grundlegendes Verständnis für die Aussage und Interpretation der Daten durch Trendlinien, Regressionsmodellen und statistische Fragen und deren Zusammenhänge zu erhalten. Daher ist ein Verständnis sowohl der Mathematik als auch der beschreibenden Eigenschaften verschiedener funktionaler Beziehungen für den Aufbau prädiktiver Analysemodelle notwendig. Oftmals werden vorab Diagramme der Daten erstellt, um die Abhängigkeiten inhaltlich zu verstehen und die geeignete Art der funktionalen Beziehung des analytischen Modells auszuwählen. Für Querschnittsdaten werden gängiger Weise Streudiagramme, für Zeitreihen oder Datenreihen oftmals Liniendiagramme verwendet.[806]

Im Folgenden werden die häufigsten Arten von mathematischen Funktionen vorgestellt, die in prädiktiven analytischen Modellen verwendet werden. Lineare Funktionen[807] zeigen eine stetige Zu- oder Abnahme über den Bereich von x. Diese Funktionen sind in der Lage, kleine Wertbereiche im in ausreichender Güte zu approximieren. Logarithmische Funktion[808] werden verwendet, wenn die Änderungsrate einer Variablen exponentiell steigt oder sinkt, z. B. bei abnehmenden Skalenerträgen. Diese Funktionen finden oftmals in Marketingmodellen Anwendung, bei denen konstante prozentuale Steigerungen der Werbemengen beispielsweise zu konstanten absoluten Umsatzsteigerungen führen. Polynomfunktionen, also quadratische

[803] Vgl. Weber (Künstliche Intelligenz für Business Analytics), 2020, S. 50.

[804] Vgl. Hastie et al. (The elements of statistical learning), 2008, S. 23.

[805] Vgl. Frost (Lineare Regression), 2018, S. 2.

[806] Vgl. Fahrmeir et al. (Regression), 2009, S. 19-20.

[807] Ein Beispiel ist die Funktion $y = a + bx$.

[808] Ein Beispiel ist die Funktion $y = \ln(x)$

Funktionen zweiter Ordnung[809], kubische Funktionen dritter Ordnung[810] usw., werden für komplexere, mehrdimensionale Problemstellungen verwendet. Oftmals werden mit diesen Modellen Absatz- und Umsatzmodelle oder die Preiselastizität dargestellt. Potenzfunktionen[811] definieren Phänomene, welche mit definierter Geschwindigkeit zunehmen.[812]

Die Regressionsanalyse ist ein Werkzeug zum Aufbau mathematischer und statistischer Modelle, die Beziehungen zwischen einer abhängigen Variablen, die eine Verhältnisvariable sein muss und nicht kategorisch ist, und einer oder mehreren unabhängigen oder erklärenden Variablen charakterisieren, die alle numerisch sind. Zwei Kategorien von Regressionsmodellen werden häufig im Geschäftsumfeld verwendet: Regressionsmodelle von Querschnittsdaten und Regressionsmodelle von Zeitreihendaten, bei denen die unabhängige Variable Zeit oder eine Funktion der Zeit ist und der Schwerpunkt auf der Vorhersage der Zukunft liegt. Ein Regressionsmodell, das eine einzelne unabhängige Variable beinhaltet, wird als einfache Regression bezeichnet. Ein Regressionsmodell, das zwei oder mehr unabhängige Variablen beinhaltet, wird als multiple Regression bezeichnet.[813] Ein Beispiel für eine einfache Regression ist die *Regression der kleinsten Quadrate*.[814] Diese hat das Ziel, eine Gerade zwischen den Variablen X und Y zu beschreiben, um deren linearen Zusammenhang zu quantifizieren. Den möglichst besten Zusammenhang beschreibt das Modell, wenn es den vertikalen Abstand von den Datenpunkten zur Regressionslinie minimiert. Die daraus resultierende Funktion kann dann für einen beliebigen Input einen Output berechnen.[815] Vorteilhaft an dieser Regression ist die kontinuierliche Gleichbehandlung aller Datenpunkte, wodurch Graden vereinfacht gefunden werden können. Nachteilig ist jedoch die hohe Sensibilität auf Ausreißer, die dadurch einen unverhältnismäßig hohen Einfluss auf die resultierende Funktion haben.[816] Die *multiple Regressionsanalyse* ist eine komplexere Regressionsanalyse, welche mehr Faktoren nutzt um eine Funktion aufzubauen. Diese kommt insbesondere dann zum Einsatz, wenn höhere Komplexität gegeben ist. Diese Regression bildet eine zweidimensionale Ebene, welche die Daten möglichst gut beschreibt. Analog zur Least-Square-Regression nähert sie diese Ebenen möglichst nah an alle Objekte des Datensatzes an, um eine Funktion zu deren Beschreibung zu schaffen.[817]

5.2.1.2 Schritt B-I: Prognose der Wahrscheinlichkeit der Umfeldszenarien

Im Folgenden wird die methodische Vorgehensweise der zugrundeliegenden Prognostik der beschriebenen Szenarien dargestellt. In Kapitel 2.2.1 wurde bereits der Unterschied zwischen der Bayes Statistik und frequentistischen Ansätzen der Statistik dargelegt. Die Bayes'sche

---

[809] Ein Beispiel ist die Funktion $y = ax^2 + bx + x$

[810] Ein Beispiel ist die Funktion $y = ax^3 + bx^2 + dx + e$

[811] Ein Beispiel ist die Funktion $y = ax * b$

[812] Vgl. Weber (Künstliche Intelligenz für Business Analytics), 2020, S. 57.

[813] Vgl. Weber (Künstliche Intelligenz für Business Analytics), 2020, S. 57.

[814] In der Literatur meist Least-Squares-Regression genannt

[815] Vgl. Frost (Lineare Regression), 2018, S. 9.

[816] Vgl. Weber (Künstliche Intelligenz für Business Analytics), 2020, S. 58.

[817] Vgl. Kaul (Multiple lineare Regression), 2015, S. 58.

Optimierung ist eine sequenzielle Entwurfsstrategie für die globale Optimierung von Black-Box-Funktionen, die keine funktionalen Formen voraussetzt. Sie wird in der Regel zur Optimierung von Funktionen eingesetzt, die einen signifikant hohen Aufwand bedeuten.[818] Das Umfeld der Branche Werkzeugbau sowie Risiken, die in diesem Lösungsraum vorherrschen, sind aufgrund der vielfältigen Einflüsse sowie undurchsichtigen Mechanismen als Black-Box zu bewerten und daher mit einer Bayes'schen Herangehensweise zu analysieren.

Diesem Verständnis folgend ist es notwendig, eine Priori-These zu formulieren und diese in einer Art Feedback-Loop durch die Unterlegung statistischer Beweise weiter an ein Optimum anzunähern. Durch die kontinuierliche Annäherung der Priori-These und den daraus entstehenden Erkenntnissen lässt sich abschließend die definitive Wahrscheinlichkeit der These ableiten.[819] Der Prozess ist in Abbildung 99 dargestellt.

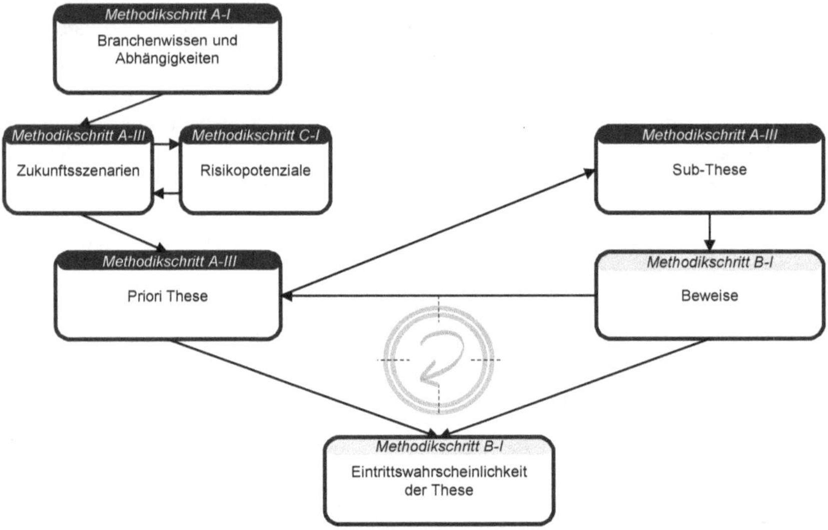

Abbildung 99: Vorgehensweise zur Ermittlung der Eintrittswahrscheinlichkeit[820]

Die Formulierung relevanter Priori-Thesen ergibt sich aus der in Kapitel 5.1.1.4 vorgestellten Beschreibung der Umfeldszenarien und den daraus abgeleiteten Annahmen. Insbesondere die kritisch aktiven, aktiven sowie passiven Einflüssen wurden im Methodikschritt A-III bereits mit Annahmen belegt, welche im Folgenden durch Beweise validiert oder falsifiziert werden sollen[821].

Die Beweisführung erfolgt unter Zuhilfenahme von Data Analytics bzw. spezifischen Data Mining Methoden. Dazu wird im Folgenden eine Herangehensweise für Betriebe der Branche

[818] Vgl. Mockus (Bayesian Approach to Global Optimization), 1989, S. 1.

[819] Vgl. Mockus (Bayesian Approach to Global Optimization), 1989, S. 2.

[820] Eigene Darstellung

[821] Vgl. Abbildung 101.

Werkzeugbau beschrieben, mit deren Hilfe eine zielspezifische Analyse möglich ist. Im ersten Schritt wird zunächst die Vorauswahl spezifischer Analysemethoden für die spezifischen Annahmen bzw. Sub-Thesen je Umfeldszenario vorgenommen. Die grundsätzlichen Analysemethoden wurden bereits in Kapitel 5.2.1.1 beschrieben und abgegrenzt. Durch die iterative Annäherung ist abschließend die Bestimmung relevanter Eintrittswahrscheinlichkeiten möglich. Diese werden in den kommenden Methodikschritten interpretiert und zur resilienten Gestaltung des betreffenden Betriebs genutzt.

In den meisten Fällen existieren für einen Data Analytics Anwendungsfall keine konkreten Zusammenhänge zwischen den zu analysierenden Werten. Daher ist ein Erfolgsfaktor bei der Analyse von heterogenen Daten die Auswahl einer passenden Data Mining Methode. Die initiale Auswahl von Analysemethoden ist ein entscheidendes Erfolgskriterium bei der Analyse eines spezifischen Problems. Um eine konkrete Auswahl der Analysemethoden vornehmen zu können, müssen die Zielstellung, die Genauigkeit, die Trainingsdauer, die Linearität sowie die Anzahl von Kriterien und Prädiktoren berücksichtigt werden.[822] Dazu stehen diese Anforderungen jeweils in einem gleichbleibendem Verhältnis.[823]

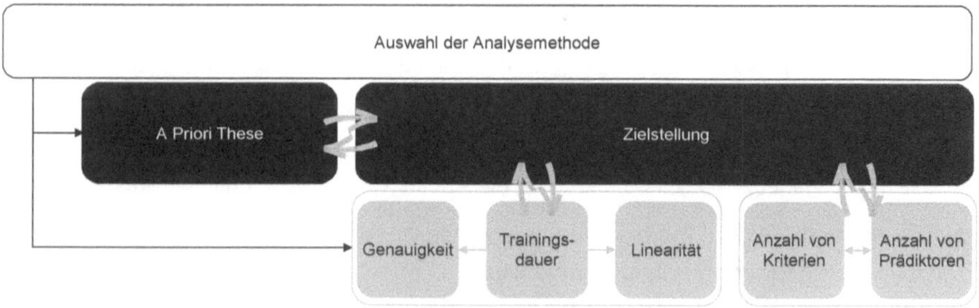

Abbildung 100: Anforderungen an die Auswahl einer Analysemethode[824]

Die Auswahl einer Analysemethode muss entsprechend der *Zielstellung* der Analyse erfolgen. Der Anwender muss daher entlang der vorab definierten Priori-Thesen eine Zielstellung ausschreiben, anhand derer in den folgenden Schritten die Analyse erfolgen kann.[825] Die Zielstellung ist mithin ausschlaggebend für den weiteren Auswahlprozess. Der Anwender muss entsprechend den in Kapitel 5.1.1.4 definierten Annahmen bzw. Sub-Thesen quantifizierbare Zielstellungen ableiten. Abbildung 101 zeigt beispielhaft die Vorabdefinition von Analysemethoden für das definierte Umfeldszenario 3. Für eine ganzheitliche Untersuchung sollten alle Sub-Thesen des Umfeldszenarios mit entsprechenden Zielstellungen und Analysemethoden belegt und überprüft werden. Hier sind alle relevanten Annahmen bzw. Sub-Thesen zu berücksichtigen.

---

[822] I. A. a. Microsoft (Auswählen von Algorithmen für Machine Learning), 2021.

[823] Vgl. Abbildung 100.

[824] Eigene Darstellung i. A. a. Microsoft (Auswählen von Algorithmen für Machine Learning), 2021.

[825] Vgl. Weber (Künstliche Intelligenz für Business Analytics), 2020, S. 63.

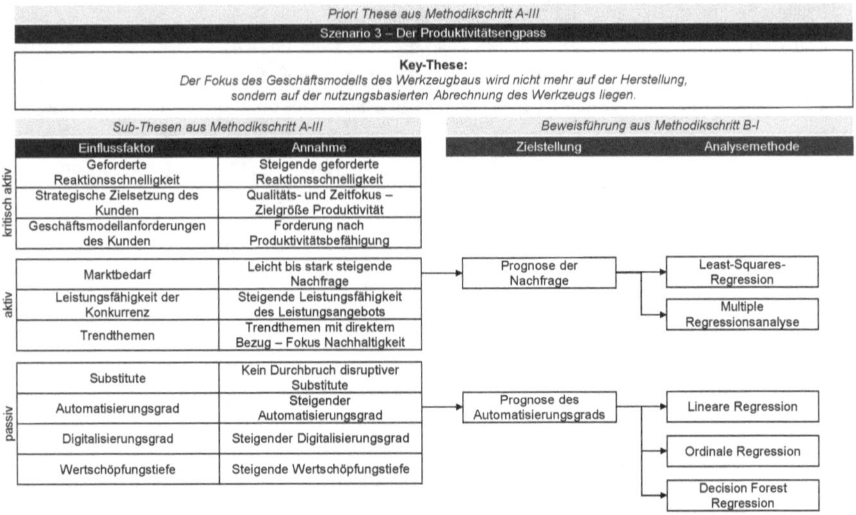

Abbildung 101: Vorauswahl von problemspezifischen Analysemethoden für Szenario 3[826]

Im Folgenden wird beschrieben, wie die spezifischen Analysemethoden je Zielstellung auf ihre Eignung hin überprüft werden können. Gemäß Abbildung 100 erfolgt dies über die Genauigkeit, die Trainingsdauer, die Linearität sowie die Anzahl von Kriterien und Prädiktoren.

Die *Genauigkeit* der Data Analytics Modelle misst die Wirksamkeit eines Modells als Anteil der tatsächlichen Ergebnisse an der Gesamtzahl der Fälle. Die Metrik der Genauigkeit ist in hohem Maße abhängig von der Analysemethode. Im Beispiel der Clusteranalyse gilt es, die Distanzen der Daten zu den jeweiligen Clustermittelpunkten zu bestimmen. Diese können beispielsweise durch den euklidischen Abstand gemessen werden. Hier handelt es sich um einen Abstandsbegriff der euklidischen Geometrie. Die vom Algorithmus benutzte Formel zur Berechnung zwischen einem Punkt A mit den Koordinaten (x_1, y_1) und dem Punkt B mit den Koordinaten (x_2, y_2) lautet:

$$Distance(A-B) = \sqrt{(x_1 - x_{2)}{}^2 + (y_1 - y_2)^2}$$

Nur wenn die Genauigkeit der vorausgewählten Analysemethode dem Anspruch der Fragestellung genügt, ist die ausgewählte Methode bedarfsgerecht.

Die *Trainingsdauer* beschreibt die Zeit, die ein Modell zum ausreichenden Training benötigt. Training bedeutet die Verwendung historischer Daten zur Erstellung eines Analysemodells, das Fehler minimiert. Die Anzahl der Minuten oder Stunden, die zum Trainieren eines Modells notwendig sind, variieren sehr stark von Algorithmus zu Algorithmus. Die Trainingsdauer korreliert oftmals mit der Genauigkeit. Zudem reagieren einige Algorithmen empfindlicher auf die

[826] Eigene Darstellung

Anzahl der Datenpunkte als andere. Entsprechend gilt es bei der Auswahl der initialen Analysemethode eine Methode zu wählen, deren Trainingsdauer anforderungsgerecht zur vorliegenden Problemstellung ist.

Die *Linearität der Daten* ist ein differenzierender Faktor bei der Auswahl von Analysemethoden. Nicht jede Methode kann jede Art von Datensatz angewendet werden. So kann beispielsweise eine lineare Regression nur eingesetzt werden, wenn die zu analysierenden Daten rationale Daten sind und eine hohe Linearität vorherrscht. Da die lineare Regression versucht, eine Funktion zu finden, die alle Datenpunkte gleichermaßen repräsentiert, ist es notwendig, dass der Abstand zwischen den rationalen skalar ist.[827] Ein rationales Beispiel ist der Vergleich von Preis und Komplexität eines Werkzeugs. Bei steigender Werkzeugkomplexität ist davon auszugehen, dass eine Preissteigerung in einer Art Funktion abgebildet werden kann. Für den Vergleich der Farbe einiger Werkzeugkomponenten mit dem Preis des Werkzeugs wäre jedoch eine lineare Regression ungeeignet, da die Farbe kein rationaler Datentyp ist. Es ist unmöglich festzustellen, ob Gold größer als Schwarz ist, obwohl die Art der Beschichtung sich in der Realität auf den Werkzeugpreis auswirken kann. Der Entscheidungsbaum könnte für einen Vergleich von Farbe und Preis verwendet werden. Durch den Einsatz des Entscheidungsbaums wiederum kann jedoch nicht sichergestellt werden, dass die Vorhersage zwischen Preis und Farbe linear ist.

Die in Kapitel 2.2.1.3 beschriebenen *Kriterien*, also die abhängigen Variablen der Prognosen, beeinflussen das Verhalten der Analysemethode. In hohem Maße bedingen sie die Fehlertoleranz oder Anzahl von Iterationen sowie die Optionen zwischen Varianten der Verhaltensweisen der Data Mining Methode. Die Trainingsdauer und die Genauigkeit der Methode reagieren oftmals empfindlich auf Veränderungen der Kriterien. Kriterien und Analysemethoden stehen in einem beidseitigen Abhängigkeitsverhältnis. Das Kriterium beeinflusst die Analysemethode aber gleichermaßen stellt die Analysemethode einen einschränkenden Rahmen für das Kriterium dar. In den meisten Fällen erfordern Algorithmen mit vielen Kriterien die meisten Testversuche, um eine aussagekräftiges Ergebnis zu erzielen.[828] Die abschließende Anzahl definitiver Kriterien ist nicht ohne eine Vorabbewertung potenzieller Kriterien zu bestimmen. Die Faktoren zur Vorabbewertung werden im Folgenden definiert und dann anschließend die Bewertung möglicher Kriterien simuliert.

Für die Auswahl bzw. die zugrundeliegende Bewertung von Kriterien soll die Nutzwertanalyse verwendet werden, da diese eine hohe praktische Relevanz aufweist. Eine Nutzwertanalyse ist insbesondere dann zweckmäßig, wenn Faktoren verschiedener Dimensionen simultan innerhalb einer Bewertung evaluiert werden sollen.[829] Die Nutzwertanalyse erzielt eine integrative Betrachtung quantitativer sowie qualitativer Faktoren. Dabei bildet sie durch die subjektive Einschätzung qualitativer Faktoren, zusammen mit den quantifizierbaren Faktoren, eine Reihe quantifizierter Kriterien, die miteinander vergleichbar sind. Die Bewertung findet anhand der Errechnung des Nutzwerts einer jeden betrachteten Alternative im Rahmen der Analyse statt.

[827] Vgl. Microsoft (Auswählen von Algorithmen für Machine Learning), 2021.
[828] Vgl. Rohrlack (Logistische und Ordinale Regression), 2006, S. 205.
[829] Vgl. Welge et al. (Strategisches Management), 2017, S. 496-497.

Dabei wird der Nutzwert auf Basis von verschiedenen definierten Kriterien und einer Gewichtung dieser ermittelt. Daher muss jede Alternative hinsichtlich aller Kriterien bewertet werden.[830] Zur Bewertung der Alternativen in den einzelnen Kriterien muss eine gesamtheitlich funktionale Skala definiert werden. In der Regel sollte dabei zwischen einer dreistufigen, fünfstufigen oder zehnstufigen Skala gewählt werden. Maßgeblich für die Auswahlentscheidung ist dabei der Detailgrad der vorhandenen Informationen. Während sich bei vager Informationslage eine dreistufige Skala empfiehlt, so ist eine fünfstufige Skala bei genaueren Informationen zu verwenden. Die zehnstufige Skala ist nur in Ausnahmefällen, bei besonders detailliertem Informationsgrad und gleichzeitiger Relevanz dieser kleinschrittigen Abstufung zweckmäßig. Darüber hinaus ist zu beachten, dass der Bewertungsaufwand der einzelnen Alternativen und die Quantität der Abstufungen unmittelbar zusammenhängen.[831] Es sollte demzufolge die Wahl einer zu kleinschrittigen Abstufung vermieden werden, wenn der entsprechend hohe Detailgrad nicht zwangsläufig benötigt wird. Das Schema zur Nutzwertanalyse wird mit sämtlichen benötigten Formeln durch Abbildung 102 verdeutlicht.

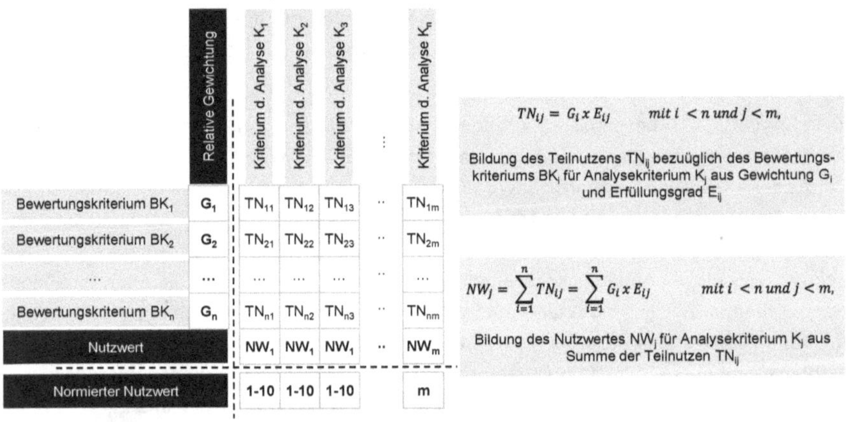

Abbildung 102: Schema der Nutzwertanalyse[832]

Als Bewertungskriterien für potenzielle Kriterien sollen im Folgenden Robustheit, Quantifizierbarkeit, Aussagekraft und zeitliche Invarianz genutzt werden.[833,834] Ein Kriterium ist dann robust, wenn es nur in nicht von Ausreißern beeinflusst wird. Die Quantifizierbarkeit beschreibt

830 Vgl. Kontny (Standortplanung), 1999, 47.

831 Vgl. Kontny (Standortplanung), 1999, 47.

832 I. A. a. Kontny (Standortplanung), 1999, 46-57.

833 I. A. a. Heinrich; Klier (Datenqualitätsmetriken), 2018, S. 52-61.

834 Die Bewertungskriterien lassen sich aus Heinrich; Klier (Datenqualitätsmetriken), 2018, S. 52-54. ableiten. Die Autoren stellen allgemeine Qualität von manifesten Kriterien durch Vollständigkeit, Fehlerfreiheit, Konsistenz und Aktualität fest. Dies soll auch in dieser Dissertation gelten. Im Gegensatz zu Prädiktoren bedürfen insbesondere latente Kriterien jedoch einer übergreifenderen Bewertung, welche durch die genannten Qualitätskriterien erreicht wird.

die Möglichkeit der mengenmäßigen Bewertung. So sind manifeste Kriterien Kennzahlen, die quantitativ beschreibbar sind. Beispielhaft ist der allgemeine Umsatz eines Unternehmens durch einen Geldwert messbar. Latente Kriterien bedürfen einer Operationalisierung und werden in Abstufungen bewertet. Ein Beispiel für ein latentes Kriterium ist der Einfluss von Technologietrends auf die eigene Wertschöpfung. Dieser wird durch eine Operationalisierung auf eine Skala von gering bis hoch abgebildet. Die Aussagekraft eines Kriteriums bewertet den Fit zur definierten Fragestellung. Das Kriterium sollte die zu analysierende Fragestellung in hohem Maße abdecken, um für die Untersuchung einen hohen Nutzen zu generieren. Schlussendlich beschreibt die zeitliche Invarianz die Fähigkeit des Kriteriums, über einen Zeitraum hinweg sein Verhalten unverändert beizubehalten.[835] Die Nutzwertanalyse zur Bestimmung der Gewichtung der genannten Faktoren wird in Abbildung 103 dargestellt.

	Robustheit	Quantifizierbarkeit	Aussagekraft	Zeitliche Invarianz	Summe	Relative Gewichtung
Robustheit	x	1	0	1	**2**	**0,17**
Quantifizierbarkeit	1	x	0	0	**1**	**0,08**
Aussagekraft	2	2	x	2	**6**	**0,5**
Zeitliche Invarianz	1	2	0	x	**3**	**0,25**

Legende: 1 Spalte genauso wichtig wie Zeile
0 Zeile weniger wichtig als Spalte
2 Zeile wichtiger als Spalte

Abbildung 103: Aggregierte Gewichtung des Bewertungsmaßstabs der Kriterien[836]

Das Ergebnis der Nutzwertanalyse zeigt, dass zwei Kriterien das Ergebnis beeinflussen. Die Aussagekraft des Kriteriums beeinflusst den Nutzwert der Kriterien am meisten. Die zeitliche Invarianz und die Robustheit beeinflussen den Nutzwert ebenfalls entscheidend. Lediglich die Quantifizierbarkeit hat keinen Einfluss auf den Nutzwert. Mithin ist auch die Unterscheidung zwischen latenten und manifesten Kriterien nur geringfügig einflussnehmend. Im Folgenden wird die Nutzwertbestimmung exemplarisch für die Zielstellung Prognose des Automatisierungsgrads[837] vorgenommen[838]. Neben dem Nutzwert ist die Verfügbarkeit des Kriteriums von entscheidender Bedeutung.[839] Diese ist in hohem Maße abhängig von der Verfügbarkeit sowie der Aussagekraft der zugrundeliegenden Prädiktoren. Die Auswahl der Prädiktoren wird nachfolgend beschrieben.

835 Vgl. Schüßler (Digitale Signalverarbeitung), 1988, S. 124.

836 Eigene Darstellung

837 Vgl. Abbildung 101.

838 Vgl. Abbildung 104.

839 Vgl. Heinrich; Klier (Datenqualitätsmetriken), 2018, S. 52-61.

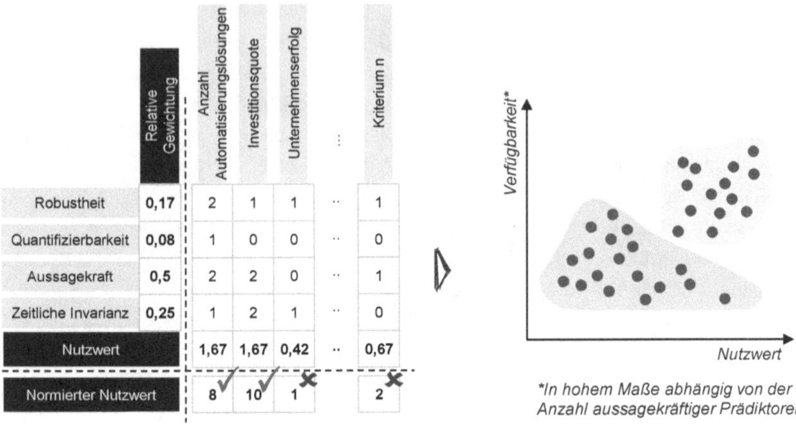

Abbildung 104: Bewertung der Kriterien der Prognose des Automatisierungsgrads[840]

Durch die Bewertung der Kriterien ist der Anwender zudem in der Lage, wenig relevante Kriterien, welche nicht oder nur geringfügig auf die Zielstellung einzahlen, zu identifizieren. Im vorliegenden Beispiel ist der Nutzwert des Kriteriums Unternehmenserfolg nicht ausreichend. Die Anzahl der Automatisierungslösungen sowie die Investitionsquote des Unternehmens werden jedoch maßgeblichen Einfluss auf die Prognose des Automatisierungsgrads haben und sollten, sofern sie verfügbar bzw. bewertbar sind, in der Prognose des Automatisierungsgrades berücksichtigt werden.

Für das in Methodikschritt A-III definierte Umfeldszenario 3 kann beispielhaft für jede Annahme bzw. Sub-These eine Zielstellung definiert und mit Kriterien belegt werden.[841]

Die *Prädiktoren* werden ähnlich wie die Kriterien unter Zuhilfenahme allgemeiner Qualitätmetriken ausgewählt. Insbesondere Vollständigkeit, Fehlerfreiheit, Konsistenz und Aktualität beeinflussen die Qualität der Prädiktoren.[842] Die Prädiktoren beeinflussen in hohem Maße wiederum die Verfügbarkeit der Kriterien[843]. Weitere Voraussetzungen für die Auswahl der Prädiktoren sind durch die verwendete Data Analytics Methode determiniert. So ist beispielsweise die Güte der linearen Regression in hohem Maße davon abhängig, dass die Prädiktoren gänzlich unabhängig voneinader sind. Beispielhaft werden in Abbildung 105 Prädiktoren für die Kriterien genannt.

[840] Eigene Darstellung

[841] Vgl. Abbildung 105.

[842] Vgl. Heinrich; Klier (Datenqualitätsmetriken), 2018, S. 52-54.

[843] Vgl. Abbildung 104.

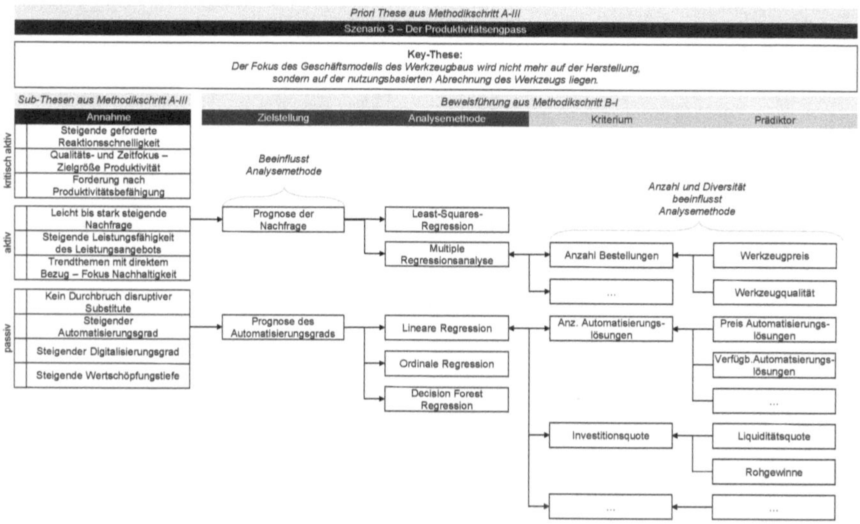

Abbildung 105: Übersicht der Abhängigkeiten zwischen Analysemethode und Kriterium[844,845]

Die initiale Analyse stellt den Benchmark für das weitere Analysevorgehen dar. Nach der Auswahl einer initialen Analysemethode sollte diese unter Zuhilfenahme eines Test-Datensatzes validiert werden. Bei diesem Test-Datensatz ist das Ergebnis aufgrund der Vollständigkeit der Daten bereits vor der Analyse bekannt und die Abweichung der Ergebnisse des Algorithmus von den realen Ergebnissen ist ein Indikator für die mögliche Performance. Durch eine iterative Evaluierung können potenziell einsetzbare Algorithmen ausgelesen werden. Das iterative Explorieren einer Analysemethode ist in Abbildung 106 dargestellt.

[844] Eigene Darstellung

[845] Vgl. Kapitel 5.1.1.4.

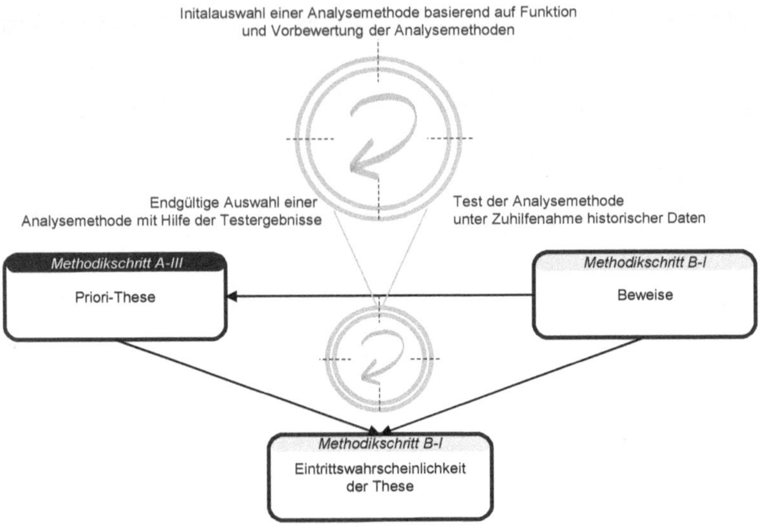

Abbildung 106: Prozess zur Validierung der Auswahl der Analysemethoden[846]

Die erarbeitete Herangehensweise der Vorauswahl von Analysemethoden stellt einen generischen Prozess für anwendungsspezifische Analysen im Werkzeugbau dar. Die tatsächliche Auswahl ist in hohem Maße unternehmensabhängig und wird entlang des Anwendungsfalls unternehmensindividuell ausgestaltet sein. Die angeführten Analysemethoden besitzen spezifische Anwendungsgebiete und Charakteristika und decken ein breites Spektrum von Analyseverfahren ab. Durch die Zusammenstellung eines geeigneten Algorithmus-Portfolios können Betriebe Analysen verfeinern und verbesserte Analyseergebnisse erzielen, um daraufhin Entscheidungen aus den Informationen abzuleiten.

Grundsätzlich kann nach Analyse der einzelnen Annahmen entsprechend der definierten Zielstellungen ein Gesamtergebnis der Prognose aggregiert werden. Dazu werden die Prognoseergebnisse mit den Szenarioannahmen verglichen und eine Szenarioerfüllung berechnet.[847]

[846] Eigene Darstellung, Ausschnitt aus Abbildung 99

[847] Vgl. Abbildung 107.

Priori These aus Methodikschritt A-III

Szenario 3 – Der Produktivitätsengpass

Key-These:
Der Fokus des Geschäftsmodells des Werkzeugbaus wird nicht mehr auf der Herstellung, sondern auf der nutzungsbasierten Abrechnung des Werkzeugs liegen.

	Sub-Thesen aus Methodikschritt A-III		*Prognose Zielgrößen aus Methodikschritt B-I*		
	Einflussfaktor	Annahme	Zielstellung	Prognoseergebnis	
kritisch aktiv	Geforderte Reaktionsschnelligkeit	Steigende geforderte Reaktionsschnelligkeit	Prognose	Steigt	✓
kritisch aktiv	Strategische Zielsetzung des Kunden	Qualitäts- und Zeitfokus – Zielgröße Produktivität	Klassifizierung der Zielstellung des Kunden	Produktivität	✓
kritisch aktiv	Geschäftsmodellanforderungen des Kunden	Forderung nach Produktivitätsbefähigung	Klassifizierung der Anforderungen des Kunden	Produktivitäts-befähigung	✓
aktiv	Marktbedarf	Leicht bis stark steigende Nachfrage	Prognose der Nachfrage	Sinkt	✗
aktiv	Leistungsfähigkeit der Konkurrenz	Steigende Leistungsfähigkeit des Leistungsangebots	Prognose Leistungsfähigkeit	Gleichbleibend	✗
aktiv	Trendthemen	Trendthemen mit direktem Bezug – Fokus Nachhaltigkeit	Prognose Nachhaltigkeit-sanforderungen des Kunden	Steigt	✓
passiv	Substitute	Kein Durchbruch disruptiver Substitute	Prognose Anzahl Substitute	Gleichbleibend	✓
passiv	Automatisierungsgrad	Steigender Automatisierungsgrad	Prognose des Automatisierungsgrads	Steigt	✓
passiv	Digitalisierungsgrad	Steigender Digitalisierungsgrad	Prognose Anzahl Maschinenschnittstellen	Sinkt	✗
passiv	Wertschöpfungstiefe	Steigende Wertschöpfungstiefe	Prognose Wertschöpfungstiefe	Sinkt	✗
				Szenarioerfüllung	*Σ 6/10*

Abbildung 107: Methodische Vorgehensweise zur Auswertung der Szenarioerfüllung[848]

Diese rein qualitative Bewertung der Szenarioerfüllung soll die Eintrittswahrscheinlichkeit darstellen. Je mehr Sub-Thesen in der Prognose als korrekt identifiziert werden, desto höher ist auch die Wahrscheinlichkeit, dass ein Szenario eintritt. Dadurch, dass sowohl in Methodikschritt A-II bei der Analyse der Einflussfaktoren alle Faktoren in einem paarweisen Vergleich gegenübergestellt wurden und in Methodikschritt A-III eine Konsistenzmatrix genutzt wurde, um die Konsistenz eines Szenarios zu prüfen ist davon auszugehen, dass die qualitative Bewertung der Szenarioerfüllung für die in dieser Dissertation vorgestellte Methodik ausreichend ist. Für eine tiefergehende Betrachtung der Eintrittswahrscheinlichkeit ist es notwendig, unternehmensspezifische Abhängigkeiten der einzelnen Analysen und Prognosen zu identifizieren. Die jeweils prognostizierten Werte müssen in die folgenden Prognosen erneut mit einbezogen werden. Diese erweiterte Analyse wird die Eintrittswahrscheinlichkeit eines Szenarios mit höhere Genauigkeit voraussagen können, ist jedoch mit hohen Komplexitäten sowie einem signifikant erhöhtem Aufwand verbunden.

Neben der Eintrittswahrscheinlichkeit der Szenarien ist für eine fundierte Resilienzsteigerung ebenfalls von hohem Interesse, welche Risiken die definierten Szenarien beinhalten. Nur durch die Kombination der Faktoren Eintrittswahrscheinlichkeit und Schadenspotenzial ist die Bewertung der vorab definierten Szenarien möglich.

Dem Anwender liegen nach dem Abschluss der *Prognose der Wahrscheinlichkeit der Umfeldszenarien* folgende Ergebnisse vor:

- Konkrete Vorgehensweise zur Ermittlung der Eintrittswahrscheinlichkeit von Umfeldszenarien.

848 Eigene Darstellung

- Abgeleitete Anforderungen an die Auswahl einer Prognosemethode.
- Vorgehensweise zur Vorauswahl einer Prognosemethode entsprechend der Anforderungen an die Prognose.
- Methode zur Bewertung von Kriterien und Prädiktoren auf ihre Eignung innerhalb der Prognose sowie ein Prozess zur Validierung der Vorauswahl einer Prognosemethode.
- Vorgehensweise zur Auswertung der Szenarioerfüllung.

5.2.2 Schritt C: Prognose des Schadenspotenzials der Umfeldszenarien

Die im vorherigen Methodikschritt auf ihre Eintrittswahrscheinlichkeit untersuchten Szenarien werden in Methodikschritt C auf ihr Schadenspotenzial hin bewertet. Im ersten Schritt werden aus den Umfeldszenarien relevante Risiken abgeleitet und aggregiert. Dazu werden Risikounterteilungen aus der Literatur auf ihre Eignung für den Anwendungsfall Werkzeugbau untersucht. Anschließend wird eine Methodenmatrix abgeleitet, welche gängige Kollektionsmethoden, analytische Methoden und Kreativitätsmethoden den definierten Risikogruppen gegenüberstellt. Im zweiten Schritt erfolgt die Bewertung des Schadenspotenzials der Umfeldszenarien. Das Schadenspotenzial ergibt sich aus einer Schätzung der Eintrittswahrscheinlichkeit, Risikobedeutung sowie der Entdeckungslatenz. Für diese drei Faktoren werden innerhalb des Methodikschritts Skalen und Schätzgleichungen definiert sowie eine Berechnungslogik zur Zusammensetzung der drei Faktoren entwickelt.

5.2.2.1 Methodische Grundlagen

Risikoidentifikation

Zur Identifikation von Risiken existieren sowohl in der Literatur als auch in der Praxis verschiedene methodische Ansätze. In der Literatur wird neben der Unterteilung in kreativ-intuitive und analytisch-strukturierte Methoden häufig eine Unterteilung in sogenannte Kollektionsmethoden und Suchmethoden vorgenommen.[849] Kollektionsmethoden sind dabei vor allem für Risiken geeignet, welche offensichtlich oder bereits bekannt sind. Besonders hervorzuheben sind hier vor allem die Checklisten, Interviews oder SWOT-Analysen.[850] Demgegenüber sind Suchmethoden vor allem für die Identifikation von bisher unbekannten und in der Zukunft liegenden Risiken geeignet. Dabei lassen sich die Suchmethoden in analytische Methoden und Kreativitätsmethoden unterteilen. Während die Kreativitätsmethoden auf kreativen Prozessen beruhen, die durch divergentes Denken charakterisiert sind, verwenden die analytischen Methoden strukturierte Prozesse zur Identifikation der Risiken. Typische analytische Methoden sind u. a. empirische Datenanalysen sowie Fehlerbaumanalysen. Die Kreativitätsmethoden umfassen u. a. das sogenannte Brainstorming, deterministische und stochastische Szenarioanalysen oder die Delphi-Methode.[851,852]

Risikokategorisierung

---

849 Vgl. Romeike; Hager (Risiko-Management 4.0), 2020, S. 89-91.

850 Vgl. Romeike (Risikomanagement), 2018, S. 56-57.

851 Vgl. Hein (Strategisches Risikomanagement im MAB), 2007, S. 125-127.

852 Vgl. Romeike; Hager (Risiko-Management 4.0), 2020, S. 89-90.

Die Kategorisierung der aufgenommenen Risiken kann nach verschiedenen Konzepten erfolgen. Diese sind oftmals spezifisch auf Unternehmen einer Branche ausgerichtet. Nach VOIGT ist die Einteilung der Risiken im industriellen Anlagenbau durch inhaltliche Unterscheidungen möglich. So könnte zwischen Einzel- und Gesamtrisiken sowie reinen und spekulativen Risiken unterschieden werden.[853] Außerdem existieren in der Praxis Risikogliederungen nach relativer Größe gemessen an Vertragswerten. So sind kleine Risiken solche, die beim Eintritt Verluste verursachen, die einen geringen Teil des Vertragswerts ausmachen, während große Risiken Verluste in Höhe des Vertragswerts oder höher darstellen.[854] Weiterhin kann die Risikokategorisierung sachlogisch vollzogen werden. Dabei kann die Strukturierung anhand der Risikoherkunft[855] oder der monetären Größen[856] erfolgen.[857] Bei der verrichtungsorientierten Risikokategorisierung werden die auftretenden Risiken durch eine Einteilung auf funktionale Elemente[858] des Unternehmens strukturiert.[859] Risiken können nach VOIGT im industriellen Anlagenbau zudem verschiedenen Projektphasen zugeordnet werden. Hierzu zählen die Vor-Projektphase, Angebotsphase, Verhandlungsphase die Planungsphase sowie die Betriebsphase. Eine häufig verwendete Risikoklassifizierung im industriellen Anlagenbau ist die Aufteilung der Risiken nach Risikogruppen.[860]

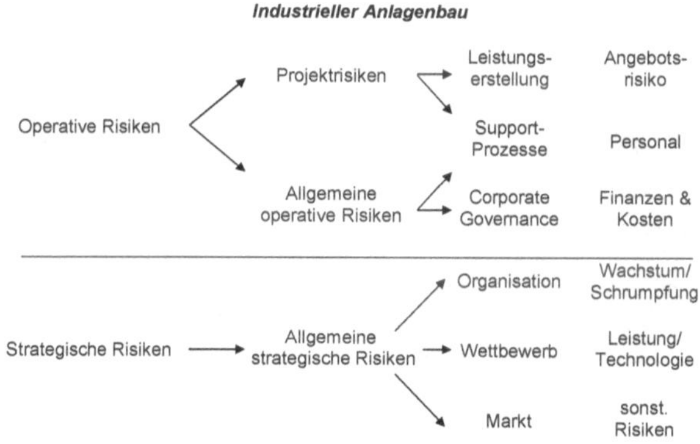

Abbildung 108: Risikogruppen im industriellen Anlagenbau[861]

Hierbei sind Risiken als Soll-Ist-Abweichungen definiert, die einer bestimmten Wahrscheinlichkeitsverteilung unterliegen. Entsprechend stellen alle Abweichungen von den strategischen und operativen Zielen eines Unternehmens, die durch interne und externe Faktoren verursacht

[853] Vgl. Voigt (Risikomanagement im Anlagenbau), 2010, S. 37.
[854] Vgl. Voigt (Risikomanagement im Anlagenbau), 2010, S. 38.
[855] Beispiele sind organisatorische, abwicklungstechnische und vertragliche Risiken
[856] Beispiele sind Kostenunsicherheiten aus Mengen und Effizienz und Erlösunsicherheiten
[857] Vgl. Voigt (Risikomanagement im Anlagenbau), 2010, S. 39-40.
[858] Beispiele sind Konstruktion, Einkauf, Fertigung, Montage und Projektleitung
[859] Vgl. Voigt (Risikomanagement im Anlagenbau), 2010, S. 40-41.
[860] Vgl. Abbildung 108.
[861] I. A. a. Voigt (Risikomanagement im Anlagenbau), 2010, S. 45.

werden, Risiken dar.[862] Insbesondere die Einteilung der Risiken nach Risikogruppen ist abhängig vom Betrachtungsrahmen. So ist die Aufteilung der Risiken nach Risikogruppen durch VOIGT in hohem Maße an den industriellen Anlagenbau angelehnt. Eine entsprechende Übersicht für den Werkzeug- und Formenbau existiert nicht.

Bewertung von Risiken

Auch die Risikobewertung kann durch verschiedene in der Literatur und Praxis gängige Methoden erfolgen. So wird die Failure Mode and Effects Analysis (FMEA) insbesondere in der Entwicklungsphase neuer Produkte und Prozesse zur Auswirkungsanalyse angewandt. FMEA folgt dem Grundgedanken einer vorsorgenden Fehlerverhütung anstelle einer nachsorgenden Fehlererkennung und -korrektur durch eine frühzeitige Identifikation und Bewertung potenzieller Fehlerursachen und stellt somit ein Werkzeug zur Qualitätsplanung dar.[863] Grundlage der FMEA ist die sogenannte Risikoprioritätszahl (RPZ), mit der jedes Risiko bewertet wird. Dazu wird die Eintrittswahrscheinlichkeit A mit der Bedeutung B und der Entdeckungswahrscheinlichkeit E multipliziert:

$$RPZ = A \, x \, B \, x \, E$$

Ziel einer FMEA ist es, mittels der RPZ, die Bedeutung und den Rang eines Fehlers abzuschätzen, um hieraus Prioritäten für die zu ergreifenden Maßnahmen abzuleiten. Eine FMEA kann mittels eines Formblattes in analoger oder digitaler Form durchgeführt werden. Neben der RPZ können Aussagen zu den Fehlerursachen und zu Abstell- bzw. Vermeidungsmaßnahmen hinterlegt werden.[864]

Grundlegende Branchendaten zur Bewertung von Risiken

Im Werkzeugbau bietet sich, wie auch in anderen Branchen, die monetäre Bewertung eines Risikos durch den Vergleich mit dem erzielten EBITDA an. Der durchschnittliche EBITDA von Betrieben der Branche unterscheidet sich entsprechend der Unternehmensgröße sowie des Marktzugangs. Interne Werkzeugbaubetriebe mit weniger als 50 Mitarbeitenden weisen einen durchschnittlichen EBITDA von 137.496 € auf, während große interne Betriebe durchschnittlich 2.256.125 € nachweisen können. Externe Werkzeugbaubetriebe mit mehr als 50 Mitarbeitenden weisen einen durchschnittlichen EBITDA von 1.695.182 € auf. Im Vergleich zu kleinen Werkzeugbaubetrieben mit internem Marktzugang ist der EBITDA von kleinen Betrieben mit externem Marktzugang mit 337.533 € mehr als doppelt so hoch.[865]

Im Folgenden wird methodisch die Ableitung sowie die Bewertung und Aggregation von Risiken für den Werkzeugbau hergeleitet. Dazu werden in einem ersten Schritt Risikogruppen für Betriebe des Werkzeugbaus definiert und in einen Ordnungsrahmen überführt. Weiterhin wird

---

[862] Vgl. Voigt (Risikomanagement im Anlagenbau), 2010, S. 45.

[863] Vgl. Wälder (Methoden zur Risikomodellierung), 2017, S. 5.

[864] Vgl. Wälder (Methoden zur Risikomodellierung), 2017, S. 6-7.

[865] Vgl. Gemeinsame Datenbank des Werkzeugmaschinenlabors WZL der RWTH Aachen und des Fraunhofer-Instituts für Produktionstechnologie IPT, ausgewertete Datensätze der Jahre 2017-2020, Stand Mai 2022

die Ableitung relevanter Risiken anhand der in Kapitel 5.1.1.4 definierten Umfeldszenarien unter Zuhilfenahme der Risikogruppen exemplarisch durchgeführt. Nach der Aufnahme und Einordnung der Risiken wird eine Bemessungsgrundlage zur Bewertung des Schadenspotenzials hergeleitet, mit Hilfe derer die Risiken untersucht werden können. Abschließend erfolgt eine Aggregation der bewerteten Risiken.

EBITDA deutscher Werkzeugbaubetriebe		
	Interner Marktzugang	*Externer Marktzugang*
Werkzeugbau <50 MA	**137.496 €**	**337.533 €**
Werkzeugbau >50 MA	**2.256.125 €**	**1.695.182 €**

Abbildung 109: Durchschnittlicher EBITDA deutscher Werkzeugbaubetriebe

5.2.2.2 Schritt C-I: Ableitung und Aggregation von Risiken

Zur Identifikation, Bewertung und Aggregation von Risiken ist es in einem ersten Schritt notwendig, einen Ordnungsrahmen zur Beschreibung der Risiken zu schaffen. Dazu werden im Folgenden Risikogruppen hergeleitet. Diese sind entsprechend der Ausführungen in Kapitel 5.2.2.1 in hohem Maße unternehmens- und branchenspezifisch. Die Aufteilung der Risiken nach Risikogruppen eignet sich in der vorliegenden Untersuchung aus verschiedenen Gründen in hohem Maße. Zum einen ist es notwendig, Risiken aus allen Unternehmensbereichen zu identifizieren. Sowohl die verrichtungsorientierte Strukturierung der Risiken, als auch eine Strukturierung entlang der Projektphasen eignen sich für eine allgemeingültige Betrachtung nicht.[866] Weiterhin ist es notwendig, dass der geschaffene Rahmen auch solche Risiken beinhaltet, die ausschließlich extern induziert werden. Diese Anforderung schließt beispielsweise die sachlogische Aufteilung der Risiken aus.[867] Zusammenfassend lässt sich festhalten, dass im Kontext dieser Arbeit ausschließlich die Aufteilung der Risiken in Risikogruppen die Anforderungen an eine Risikostruktur erfüllt. Abbildung 110 zeigt die Aufteilung von Risiken in Risikogruppen für den industriellen Werkzeugbau.

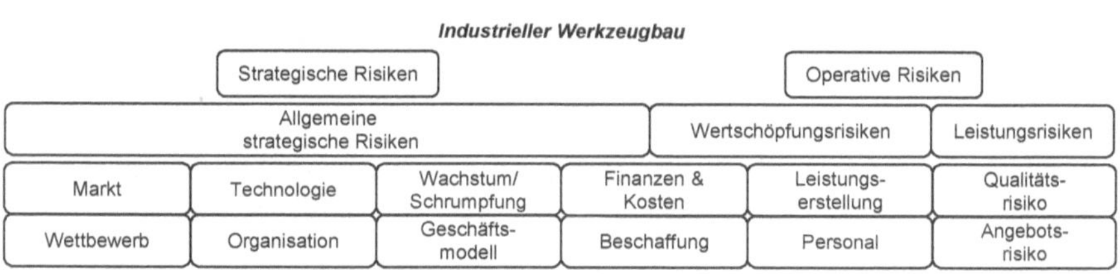

Abbildung 110: Risikogruppen für Werkzeugbaubetriebe[868]

[866] Vgl. Voigt (Risikomanagement im Anlagenbau), 2010, S. 40-41.

[867] Vgl. Voigt (Risikomanagement im Anlagenbau), 2010, S. 39-40.

[868] Eigene Darstellung i. A. a. Voigt (Risikomanagement im Anlagenbau), 2010, S. 45.

Wie auch im industriellen Anlagenbau ist die grundsätzliche Unterscheidung strategischer und operativer Risiken sinnvoll.[869] Dabei ist es im industriellen Werkzeugbau nicht notwendig, die strategischen Risiken in weitere Untergruppen aufzuteilen. Die allgemeinen strategischen Risiken beinhalten acht Risikogruppen, die im Folgenden beschrieben werden.

Marktrisiken beinhalten alle Risiken, welche durch das Nachfrageverhalten beeinflusst werden.[870] Insbesondere im industriellen Werkzeugbau ist die Absatzleistung der Betriebe in hohem Maße davon abhängig, wie sich die Absatzmengen, Variantenvielfalt und die Kundenanforderungen der industriellen Kunden entwickeln. Nachfrage- und Konjunkturschwankungen stellen Risiken für Betriebe der Branche Werkzeugbau dar und werden in dieser Gruppe zusammengefasst.[871]

Wettbewerbsrisiken umfassen alle Risiken, welche durch die Konkurrenz selbst oder durch die fehlerhafte Einschätzung des Wettbewerbs induziert werden. Die fehlerhafte Einschätzung des Wettbewerbs in beide Richtungen kann ausschlaggebend für eine verspätete oder verfrühte strategische Veränderung sein und stellt daher ein Risiko dar.

Technologierisiken beinhalten Risiken, die in direktem Zusammenhang mit der Entwicklung der Fertigungs- und Peripherietechnologie stehen. Technologische Disruption, wie beispielsweise die Additive Fertigung hat das Potenzial die aktuell genutzten Fertigungstechnologien einerseits in ihrer Fertigungsleistung und andererseits in konstruktiven Freiheiten zu übertreffen. Automatisierungstechnik entwickelt sich ebenfalls kontinuierlich weiter. Nicht für alle Fertigungstechnologien verläuft die Entwicklung jedoch gleich schnell. Daher kann auch die Entwicklung der Peripherietechnologie erhebliche Risiken beinhalten. Technologierisiken können jedoch auch falsch gewählten Technologie- und Prozessentscheidungen entstammen, die nicht oder nur mit an die Belastungsgrenzen des Betriebs gehenden Aufwendungen rückgängig gemacht werden können.[872]

Unter Organisationsrisiken ist die Gefahr zu verstehen, dass Mängel in der Aufbau- und Ablauforganisation zu unerwarteten Verlusten führen können. Diese Risiken könn auf Unzulänglichkeiten in der EDV- und anderen Informationssystemen, auf menschlichem Versagen oder ungenügenden innerbetrieblichen Kontrollverfahren basieren.[873] Organisationsrisiken beinhalten zudem menschliche Risikofaktoren wie beispielsweise das mangelnde Verständnis der Geschäftsführung für die Bedürfnisse der Organisation.

Wachstumsrisiken können durch unerwartet hohes oder gar ausbleibendes Wachstum trotz hoher Erwartungshaltung entstehen. In dieser Risikogruppe sind alle nicht-finanziellen Risiken des Geschäftsergebnisses in Verbindung mit der an das Geschäftsergebnis gestellten Erwartungshaltung zusammengeführt. Bei übermäßig starkem aber ungeplantem Wachstum herrscht ein hoher Druck auf die Organisation. Einerseits kann beispielsweise die Umsetzung

869 Vgl. Kapitel 5.2.2.1.

870 Vgl. Gleißner (Wertorientiertes Risiko-Management), 2013, S. 454.

871 Vgl. Gleißner (Wertorientiertes Risiko-Management), 2013, S. 112.

872 Vgl. Thies (Management von IT- und Prozess-Risiken), 2008, S. 18.

873 Vgl. Keil (Betriebsunterbrechungsversicherung), 2018, S. 41.

strategischer Initiativen durch die Überlast vollständig zum Erliegen kommen. Andererseits bedeutet eine Überlast auch, nicht alle Kunden in gleichem Maße zufriedenstellen zu können. Gleichermaßen stellt ausbleibendes Wachstum bei getätigten Investitionen beispielsweise aufgrund der ausbleibenden Auslastung von Maschinen und Personal ein hohes Risiko dar.

Die Risikogruppe Geschäftsmodell beinhaltet alle Risiken, die einen potenziellen Einfluss auf das gewählte Geschäftsmodell haben können. So stellen zum Beispiel niedrigpreisige Werkzeuge aus Niedriglohnländern oder Substitute eine Bedrohung für das klassische Geschäftsmodell des deutschen Werkzeugbaus dar. Außerdem könnte die Anforderung des Kunden an die Werkzeuge einen hohen Einfluss auf das Geschäftsmodell nehmen. So ist zukünftig davon auszugehen, dass Werkzeuge intelligent ausgelegt sein müssen, um Daten aufzunehmen, zu nutzen und bereitzustellen. Ein zugrundeliegendes Geschäftsmodell könnte dahingehend ein Pay-per-Use-Modell darstellen, welches die Abrechnung des Werkzeugs basierend auf dessen Ausbringungsmenge ermöglicht. Diese signifikante Veränderung des Geschäftsmodells stellt Risiken für den industriellen Werkzeugbau dar.[874]

Die Risikogruppen Finanzen und Kosten sowie Beschaffung sind einerseits Teil der allgemeinen strategischen Risiken und andererseits Teil der Wertschöpfungsrisiken. Die Wertschöpfungsrisiken bündeln alle Risiken, die direkt mit der Wertschöpfung des industriellen Werkzeugbaus in Verbindung stehen. Ebenso wie die Leistungsrisiken stellen die Wertschöpfungsrisiken operative Risiken dar, die konkreten Geschäftsprozessen und -leistungen zuzuordnen sind. Finanz- und Kostenrisiken beschreiben alle Risiken, die ihren Ursprung im Finanzbereich eines Betriebs haben und sich unmittelbar auf die Gewinn- und Verlustrechnung auswirken. Beispielhaft ist hierunter das Liquiditätsrisiko zu verstehen, welche das Beschaffungsrisiko von Zahlungsmitteln zum Begleichen fälliger Zahlungen beschreibt. Außerdem beinhaltet diese Risikogruppe das Marktpreisrisiko, bei dem finanzielle Verluste auf Grund eingetretener Änderungen von Marktpreisen wie Zinsen oder Wechselkursen eintreten.[875] Auch das Beschaffungsrisiko besitzt eine strategische sowie operative Komponente. Strategische Beschaffungsrisiken unterliegen der strategischen Ausrichtung der Beschaffung und umfassen beispielsweise Risiken die mit der Veränderung des Anteils zugekaufter Leistungen oder der Globalisierung einhergehen. Operative Beschaffungsrisiken umfassen die steigenden Zeit-, Kosten- und Qualitätsanforderungen an die zu beschaffenden Güter sowie Zulieferausfälle.[876]

Risiken der Leistungserstellung sowie Personalrisiken stellen in diesem entwickelten Ordnungsrahmen direkte Wertschöpfungsrisiken dar. Diese beinhalten alle Risiken, die den wertschöpfenden Prozessschritten der Prozesskette im industriellen Werkzeugbau sowie den indirekten Prozessen zuzuordnen sind. Insbesondere Maschinenausfälle, Prozesskomplikationen beispielsweise bei Fräsprozessen, Messunsicherheiten sowie Versorgungsabbrüche stellen Risiken dieser Gruppe dar. Als Personalrisiken sind Umstände einzustufen, welche die Erfüllung der personalwirtschaftlichen Gesamtaufgabe negativ beeinflussen und dadurch das

[874] Vgl. Boos et al. (Datenbasierte Dienstleistungen im Werkzeugbau), 2021, S. 4.

[875] Vgl. Schiffel (Implizite Ausfallwahrscheinlichkeiten von Unternehmensanleihen), 2009, S. 49-50.

[876] Vgl. Meierbeck (Strategisches Risikomanagement der Beschaffung), 2010, S. 2-3.

Erreichen unternehmerischer Ziele gefährden. Klassische Personalrisiken sind Engpassrisiken, Austrittsrisiken, Anpassungsrisiken oder Motivationsrisiken.[877]

Leistungsrisiken fassen alle Risiken zusammen, welche die Leistung des industriellen Werkzeugbaus betreffen. Hierunter sind die industriellen Sach- und Dienstleistungen, also die Werkzeuge und entsprechende vor- und nachgelagerte Dienstleistungen zu verstehen.[878] Qualitätsrisiken sind mit der Erbringung der Sach- und Dienstleistung verbunden und beschreiben alle Risiken die entstehen, wenn die bereitgestellten Werkzeuge und Dienstleistungen nicht der Nachfrage entsprechen. Dabei sind die Qualität sowie die Funktionalität und die Gewährleistung der Werkzeuge ein entscheidender Faktor. Ein Angebotsrisiko bedeutet mögliche Verluste aufgrund einer nicht ausreichend sichergestellten Werkzeugversorgung. Durch das volatile Auftragsumfeld der Betriebe der Branche Werkzeugbau werden zum Teil Werkzeuge oberhalb der Kapazitätsgrenzen der Fertigung angeboten. Die damit einhergehenden Risiken sind der Gruppe Angebotsrisiken zuzuordnen.[879]

Die identifizierten Risikogruppen sollen als Ordnungsrahmen für konkrete Risiken dienen. Risiken entstammen jeweils aus veränderten Randbedingungen und selten aus einem stationären Zustand heraus. Daher ist es von hoher Bedeutung, die konkrete Identifikation von Risiken anhand simulierter Veränderungen von Einflussfaktoren durchzuführen. In Methodikschritt A werden die wichtigsten Einflussfaktoren für Betriebe der Branche Werkzeugbau identifiziert[880]. In Methodikschritt A-III werden Szenarien gebildet, welche den spezifischen Einflussfaktoren eine potenzielle Entwicklung beimessen[881]. Diese Einflussfaktoren sowie deren Ausprägungen werden im Folgenden verwendet, um die Identifikation von Risiken zu systematisieren. Jedem Szenarioeinflussfaktor sowie dessen Ausprägung werden alle Risikogruppen gegenübergestellt. Die zugrundeliegende Frage, die sich ein Anwender zur Identifikation der Risiken stellen muss ist, welches Risiko durch die Ausprägung des Einflussfaktors entstehen kann. Abbildung 111 zeigt das Vorgehen beispielhaft an dem Einflussfaktor Marktbedarf und der Risikogruppe Markt. Das Ergebnis dieses Vorgehens ist eine Beschreibungskarte, welche das Risiko definiert.

---

[877] Vgl. Klaffke (Management von Personalrisiken), 2010, S. 8.

[878] Vgl. Kapitel 2.4.3.

[879] Vgl. Gutmannsthal-Krizanits (Risikomanagement von Anlagenprojekten), 2013, S. 336.

[880] Vgl. Kapitel 5.1.1.

[881] Vgl. Kapitel 5.1.1.4.

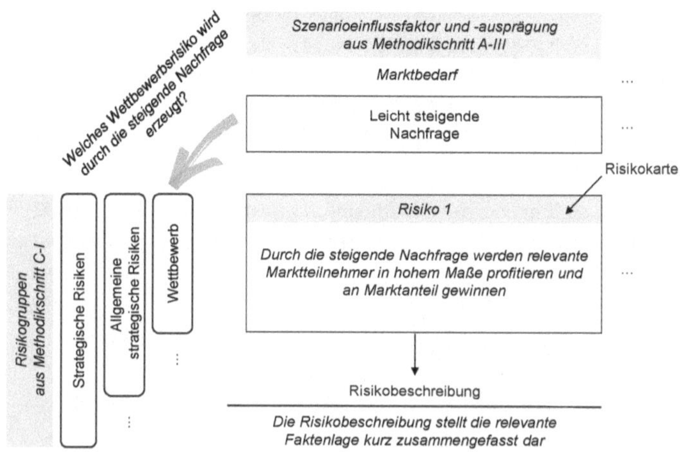

Abbildung 111: Vorgehen zur Identifikation szenariospezifischer Risiken[882]

Die leicht steigende Nachfrage, welche in Szenario 3 vorausgesagt wird, erzeugt ein relevantes Wettbewerbsrisiko für das analysierende Unternehmen. Durch die leicht steigende Nachfrage werden relevante Marktteilnehmer in hohem Maße profitieren und an Marktanteil gewinnen. Diese Herangehensweise stellt ein iteratives Vorgehen dar, welches über die relevanten Einflussfaktoren der Szenarien und über alle Risikogruppen hinweg durchgeführt werden muss.

In der Praxis erfolgt die Identifikation von Risiken häufig mit Kollektionsmethoden, bspw. durch Verwendung von Checklisten. Checklisten dienen in der Regel der Identifikation von Risikoquellen. Der Nachteil einer detaillierten Checkliste liegt in dem großen Aufwand, der bei der Problemanalyse entsteht. Es existiert außerdem keine allgemein anerkannte Systematik bei der Erstellung von Checklisten. Die Qualität hängt in der Regel von der Erfahrung des Checklisten-Erstellers ab. Sie lassen sich jedoch mit geringem Aufwand aus einem bestehenden Risikoinventar extrahieren.[883] Auch die SWOT-Analyse dient im Wesentlichen einer strukturierten Darstellung bzw. Zusammenfassung von Ergebnissen, die mithilfe anderer Methoden erfasst wurden. Auch eine Risiko-Identifikationsmatrix oder ein Self-Assessment unterstützt im Kern die Identifikation offensichtlicher Risiken.[884]

Suchmethoden dagegen lassen sich vor allem für bisher unbekannte Risiken einsetzen. Analytischen Suchverfahren sind darauf fokussiert, zukünftige und bisher unbekannte Risiken zu identifizieren. Einige analytische Suchverfahren wurden ursprünglich für die Risikoanalyse im Qualitätsmanagement entwickelt. Da die Prozessstruktur und Methodik des Risikomanage-

882 Eigene Darstellung

883 Vgl. Romeike (Risikomanagement), 2018, S. 56.

884 Vgl. Romeike (Risikomanagement), 2018, S. 58.

ments einige Parallelen zum Qualitätsmanagement aufweist, liegt es nahe, etablierte Methoden auch auf den Risikoidentifikationsprozess für andere Risikoarten zu übertragen. Kreativitätsbasierte Suchmethoden basieren auf kreativen Prozessen, die durch divergentes Denken charakterisiert sind, um relativ flüssig und flexibel zu neuartigen Einfällen und originellen Lösungen zu gelangen. Kreativitätstechniken ermöglichen so vor allem die Identifikation bisher unbekannter Risiken.[885]

In Abbildung 112 sind nachfolgend Methoden hinsichtlich ihres Einsatzes für die in Kapitel 5.2.2.2 hergeleiteten Risikogruppen klassifiziert. Die Bewertung erfolgt anhand einer fünfstufigen Skala.[886]

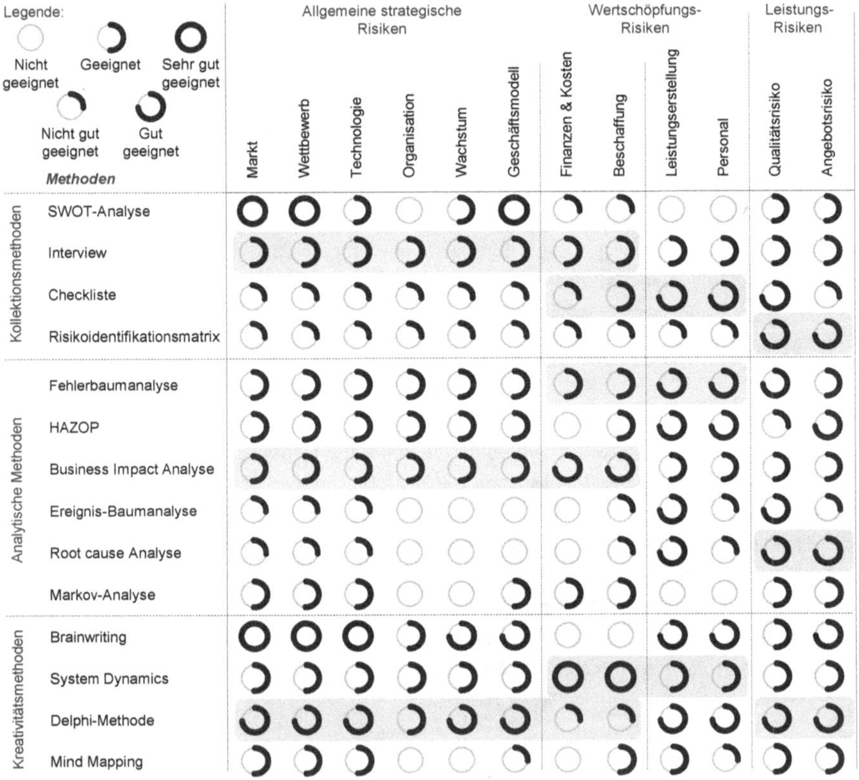

Abbildung 112: Methodenmatrix zur Identifikation von Einzelrisiken[887]

---

[885] Vgl. Romeike (Risikomanagement), 2018, S. 58.

[886] Die Stufen der Skala lauten nicht geeignet, nicht gut geeignet, geeignet, gut geeignet und sehr gut geeignet.

[887] Eigene Darstellung i. A. a. Romeike (Risikomanagement), 2018, S. 58.

Einige der Identifikationsmethoden eignen sich für verschiedene Risikogruppen besser als andere. So eignet sich insbesondere bei bekannten Risiken Interviews zur Identifikation von allgemeinen strategischen Risiken. Bei unbekannten Risiken eignen sich für allgemeine strategische Risiken die Business Impact Analyse sowie die Delphi-Methode. Für die Gruppe Wertschöpfungsrisiken ist insbesondere die Checkliste als Kollektionsmethode effektiv. Für unbekannte Risiken eignen sich die Fehlerbaumanalyse sowie System Dynamics. Für Leistungsrisiken sind die Risikoidentifikationsmatrix, die Root cause Analyse sowie die Delphi-Methode am erfolgversprechendsten.

Unter der Zuhilfenahme der genannten Identifikationsmethoden ergibt sich nach der iterativen Gegenüberstellung von Szenarioeinflussfaktoren bzw. -ausprägungen und Risikogruppen die für das Szenario relevante Risikogesamtheit. Diese ist in Abbildung 113 exemplarisch ausgefüllt und dargestellt.

Szenario 3
Der Produktivitätsengpass

		Marktbedarf	Leistungsfähigkeit Konkurrenz	Trendthemen	Geforderte Reaktionsschnelligkeit	Geschäftsmodell-anforderungen	Strategische Zielstellungen des Kunden
		Leicht steigende Nachfrage	Steigende Leistungsfähigkeit des Leistungsangebots	Trendthemen mit direktem Bezug zur Branche	Steigende geforderte Reaktionsschnelligkeit	Produktivitäts-befähigung	Qualitätsfokus – Zielgröße Produktivität
Allgemeine strategische Risiken	*Markt*		*Die Kunden werden ausschließlich intelligente Werkzeuge fordern*	*Kunden werden ausschließlich CO2-neutrale Werkzeuge fordern*			*Der Kunde fordert datenbasierte Dienstleistungen*
	Wettbewerb	*Marktteilnehmer werden an hohem an Marktanteil gewinnen*	*Marktteilnehmer werden Wettbewerbsfähgier und gewinnen Marktanteil*	*Der Wettbewerb befähigt mit seinen Werkzeugen zur Nachhaltigkeit*	*Der Wettbewerb ist reaktionsschneller und gewinnt Marktanteil*	*Der Wettbewerb bietet datenbasierte Dienstleistungen an*	
	Technologie			*Die Fertigungstechnologien emittieren zu viel CO2*			
	Organisation				*Die Mitarbeitenden werden höher beansprucht und die Zufriedenheit sinkt*		*Keine Organisationseinheit ist in der Lage, örtliche Nahe zum Kunden zu schaffen*
	Wachstum	*Die steigende Nachfrage wird unvorhergesehenes Wachstum verursachen*		*Die Produktivitätswende hindert das geplante Wachstum*		*Neue Geschäftsmodelle erzeugen ungeplantes Wachstum*	
	Geschäfts-modell		*Die Konkurrenz verändert ihr Geschäftsmodell signifikant*				*Das klassische Geschäftsmodell ist nicht länger rentabel*
	Finanzen & Kosten	*Aufgrund von Überlast werden die Kosten in hohem Maße steigen*				*Neue Geschäftsmodelle erfordern eine hohe Kapitaldeckung*	
⋮	...	...	...	...	...	...	...

Abbildung 113: Exemplarische Übersicht über die Risikogesamtheit von Szenario 3[888]

Die vorgeschlagene Darstellung der Risiken hat den Vorteil, dass der Anwender in einer Übersicht und zugeordneter Form die relevanten Risiken eines Umfeldszenarios überblicken kann. Eine Bewertung der Risiken steht noch aus und wird im Folgenden Methodikschritt C-II vorgenommen. Die Bewertung befähigt den Anwender, identifizierte bzw. aggregierte Risiken kritisch zu prüfen. Zudem ist die Bewertung eine Voraussetzung zur Definition des Umgangs mit den Risiken. Nur wenn sowohl die Eintrittswahrscheinlichkeit, als auch die Schadenspotenziale eines Szenarios bekannt sind, können dieses als Grundlage für strategische und operative Entscheidungen dienen.

---

[888] Eigene Darstellung

Dem Anwender liegen nach dem Abschluss der *Ableitung und Aggregation von Risiken* folgende Ergebnisse vor:

- Ordnungsrahmen zur Strukturierung von Risiken für Werkzeugbaubetriebe.
- Methodenmatrix zur Zuordnung verschiedener Risikoidentifikationsmethoden zu den relevanten Risikogruppen.
- Identifizierte Risiken entsprechend der in Methodikschritt A-III definierten Szenarien sowie Risikogruppen.

5.2.2.3 Schritt C-II: Bewertung des Schadenspotenzials der Risiken

Nachdem relevante Szenarien durch die Strukturierung der Risiken in Risikogruppen weiter detailliert wurden, folgt nun die Bewertung der einzelnen Risiken sowie der Risikogesamtheit. Zuerst wird das Schadenspotenzial für die in Methodikschritt C-I identifizierten, szenariospezifischen Einzelrisiken bewertet. In einem zweiten Schritt wird eine Aussage über das Schadenspotenzial der Risikogruppen im Gesamtkontext dargestellt.

Um die Übersichtlichkeit des Einzelrisikos und der Bewertung zu gewährleisten, wird die in Kapitel 5.2.2.2 eingeführte Risikokarte erweitert. Neben der Risikobeschreibung ist es notwendig, das Risiko weitergehend zu beschreiben und zu bewerten. Eine entscheidende beschreibende Eigenschaft ist das Schadenspotenzial, welches neben der Risikoveränderung sowie den Kombinationseffekten zusätzlich auf der Karte vermerkt werden sollte[889].

[889] Vgl. Abbildung 114.

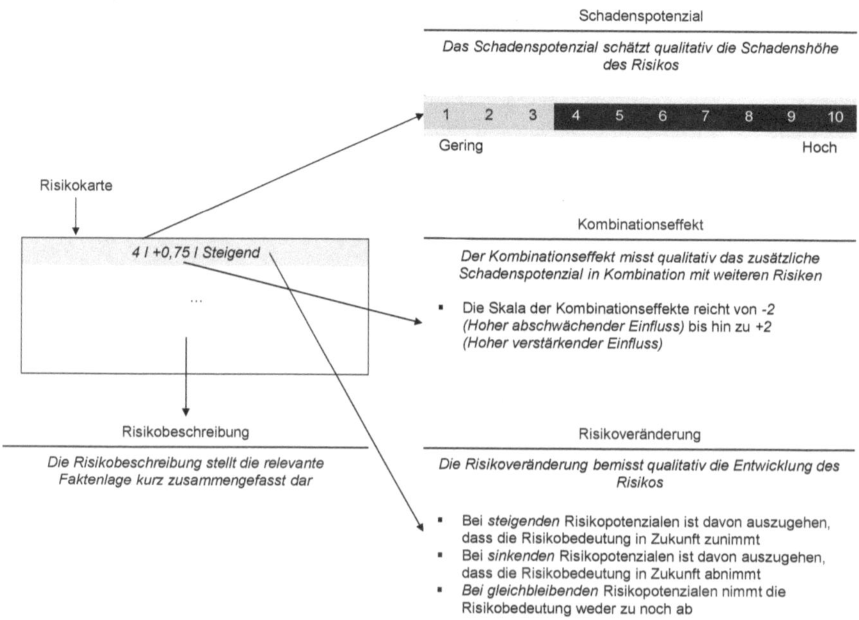

Abbildung 114: Beschreibungskarte eines Risikos[890]

Diese genannten Faktoren Risikoveränderung, Schadenspotenzial je Risiko sowie Kombinationseffekte können zur Bewertung des Schadenspotenzials eines Szenarios aggregiert werden. Eine separate Analyse dieser Faktoren ist daher notwendig. Die Faktoren werden im Folgenden detaillierter beschrieben um die Analyse zu ermöglichen.

Risikoveränderung

Die Risikoveränderung soll die zukünftige Entwicklung des Risikos qualitativ bemessen. Die Risikoveränderung soll bewerten, ob dem Risiko nach Eintritt des Szenarios eine zunehmende oder abnehmende Risikobedeutung zukommen wird. Aufgrund der geringen quantitativen Messbarkeit der Risiken ist die qualitative Einschätzung durch Experten ausreichend. Sollten Indikatoren existieren, die eine genauere Untersuchung ermöglichen, ist eine quantitative Abschätzung der Risikoveränderung ratsam.

Schadenspotenzial je Risiko

Das Schadenspotenzial soll die Schadenshöhe des Risikos qualitativ darstellen. Ein geeignetes Vorgehen zur Bewertung des Schadenspotenzials wird im Folgenden vorgestellt. Entsprechend der Ausführungen in Kapitel 5.2.2.1 wird das Schadenspotenzial in den meisten praxisnahen Risikoanalysen unter Zuhilfenahme drei beschreibender Faktoren bewertet. So nutzt

890 Eigene Darstellung

beispielsweise die FMEA-Analyse die Eintrittswahrscheinlichkeit eines Risikos, die Risikobedeutung sowie die Entdeckungslatenz[891], um daraus fundiert das Schadenspotenzial zu bemessen.[892,893]

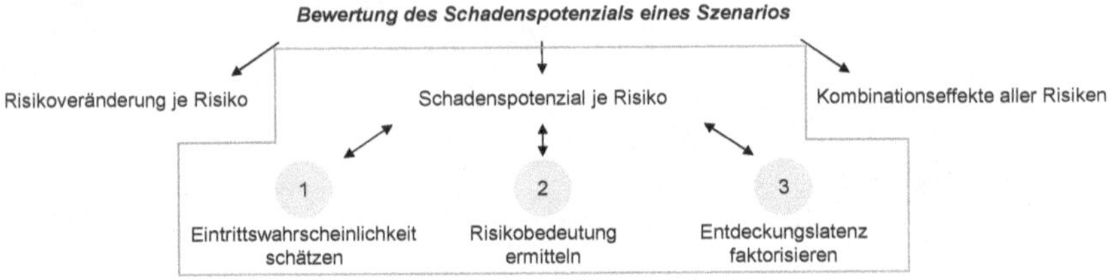

Abbildung 115: Relevante Faktoren auf das Schadenspotenzial eines Risikos[894]

Die Eintrittswahrscheinlichkeit ist der Parameter des Risikos, der Auskunft über die Wahrscheinlichkeit gibt, mit der eine identifizierte Gefährdung bzw. ihre Ursache in der Praxis tatsächlich auftreten könnte. Die Kategorien ihrer Bewertung sind häufig, wahrscheinlich, gelegentlich, entfernt vorstellbar, unwahrscheinlich, unvorstellbar.[895] Für die nachfolgende Betrachtung ist eine Abschätzung in diesen Kategorien ausreichend. Die Eintrittswahrscheinlichkeit kann jedoch analog zu der im Methodikschritt B-I vorgestellten Vorgehensweise unter Zuhilfenahme von Prognosemethoden erfolgen. Dazu empfiehlt sich zuerst die Definition einer A-priori-These und der dazugehörigen Zielstellung der Analyse. In einem weiteren Schritt kann dann unter Einbeziehung der Faktoren Genauigkeit, Trainingsdauer, Linearität, Anzahl von Kriterien sowie Anzahl von Prädiktoren die initiale Prognosemethode ausgewählt werden. Diese sollte im weiteren Verlauf der Analyse bzgl. der Vorhersagegüte, gemessen an den Testdaten, entweder weiter gefestigt oder durch eine effektivere Methode ausgetauscht werden.[896]

Die Risikobedeutung beschreibt welche Unternehmensbereiche in welcher Höhe potenziell direkt messbaren finanziellen sowie nicht direkt messbaren Schadenspotenzialen unterliegen. Zur Messung der Risikobedeutung ist die Identifikation von Schadenspotenzialen notwendig. In Anlehnung an eine Fehlerbaumanalyse wird im Folgenden ein Top-Down-Ansatz zur Be-

891 In der Literatur wird oftmals der Begriff Entdeckungswahrscheinlichkeit genutzt. Der VERBAND DER AUTOMOBILINDUSTRIE E.V. QUALITÄTS MANAGEMENT CENTER (VDA QMC) berücksichtigt seit Einführung des AIAG-VDA-P-FMEA-Standard als weiteres Kriterium für die E-Bewertung den Ort bzw. den Zeitpunkt der Entdeckung ebenfalls, da die Latenz zwischen Eintritt und Identifikation eines Risikos einen signifikanteren Einfluss auf die Kosten aufweist, als die Entdeckungswahrscheinlichkeit.

892 Vgl. Abbildung 115.

893 Vgl. Wälder (Methoden zur Risikomodellierung), 2017, S. 5.

894 Eigene Darstellung i. A. a. Wälder (Methoden zur Risikomodellierung), 2017, S. 5.

895 Vgl. DIN Deutsches Institut für Normung e.V. (ISO 14971:2020-07, Anwendung des Risikomanagements), 2020.

896 Vgl. Kapitel 5.2.1.2.

wertung der Folgen eines Risikoeintritts beschrieben. Die Fehlerbaumanalyse unterstellt einem Hauptereignis Ursachen und ermöglicht unter Zuhilfenahme der in Abbildung 117 dargestellten Operationen einen Überblick über Ursachen sowie Ursachenkombinationen des Hauptereignisses.[897] Der hier vorgestellte Prozess stellt anstatt der Ursachen bzw. Ursachenkombinationen Folgen des Hauptereignisses hierarchisch dar.[898]

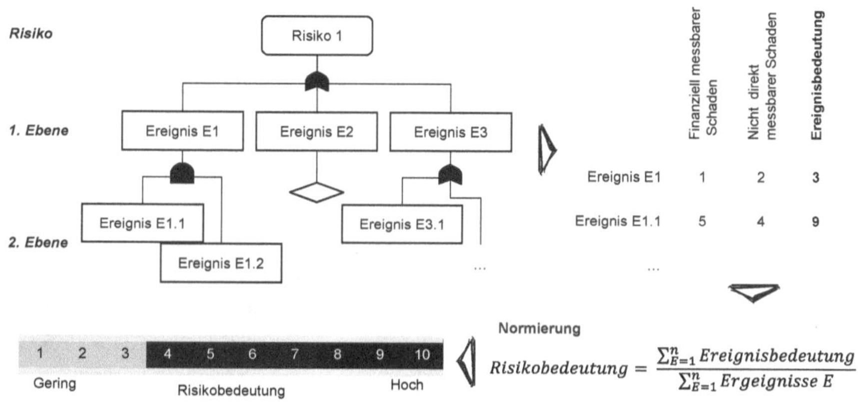

Abbildung 116: Prozess zur Ermittlung des Schadenspotenzials[899]

Einem Risiko werden auf erster Ebene entsprechende Folgeereignisse zugeordnet. Diese besitzen auf der zweiten Ebene wiederum Folgeereignisse. Dabei ist die Anzahl der Ereignisse je Ebene nicht beschränkt. Die Anzahl der Ebenen ist ebenfalls n-stufig. Je nach Unternehmens- und Risikorandbedingungen ist eine hohe Varianz in der Komplexität der Analyse zu erwarten. Durch die Nutzung logischer Operationen der Booleschen Algebra können Und- sowie Oder-Relationen dargestellt werden.[900] Somit ist sichergestellt, dass Kombinationen von Ereignissen abbildbar sind. Die Operationen sowie Elemente der Modellierung sind in Abbildung 117 dargestellt.

Abbildung 117: Operationen und Elemente zur Modellierung des Schadenspotenzials[901]

Das Ende einer Folge wird durch die Operation „Folgenende“ dargestellt. Die Bewertung, ob ein Ereignis kein weiteres Folgeereignis beinhaltet ist in subjektiv. Zur Vereinfachung der Analyse ist es ratsam, ein Folgenende auch dann anzunehmen, wenn zwar Folgeereignisse bestehen, diese aber ein vernachlässigbares Schadenspotenzial aufweisen.

[897] Vgl. Edler (Fehlerbaumanalyse in Theorie und Praxis), 2015, S. 1.

[898] Vgl. Abbildung 116.

[899] Eigene Darstellung

[900] Vgl. Edler (Fehlerbaumanalyse in Theorie und Praxis), 2015, S. 2.

[901] Eigene Darstellung

Jedes Ereignis wird nun entsprechend seiner Risikobedeutung bewertet. Abbildung 118 zeigt die relevanten Unterteilungen der Ereignisbedeutung. Diese folgt in einer fünfstufigen Skala.

Ereignisbedeutung		*Finanziell messbarer Schaden*		*Nicht direkt messbarer Schaden*
unwesentlich	1	Unwesentliche negative Auswirkungen auf Vermögens-, Finanz- und Ertragslage: < 1 % des EBITDA	1	Unwesentliche negative Auswirkungen auf Geschäftstätigkeit und Reputation
geringfügig	2	Einige negative Auswirkungen auf Vermögens-, Finanz- und Ertragslage: ≥ 1 % des EBITDA	2	Einige negative Auswirkungen auf Geschäftstätigkeit und Reputation
spürbar	3	Beträchtliche negative Auswirkungen auf Vermögens-, Finanz- und Ertragslage: ≥ 2 % des EBITDA	3	Beträchtliche negative Auswirkungen auf Geschäftstätigkeit und Reputation
kritisch	4	Kritische negative Auswirkungen auf Vermögens-, Finanz- und Ertragslage: ≥ 5 % des EBITDA	4	Kritische negative Auswirkungen auf Geschäftstätigkeit und Reputation
katastrophal	5	Katastrophale negative Auswirkungen auf Vermögens-, Finanz- und Ertragslage: ≥ 10 % des EBITDA	5	Katastrophale negative Auswirkungen auf Geschäftstätigkeit und Reputation

Abbildung 118: Skala zur qualitativen Bewertung des Schadenspotenzials[902]

Die Ereignisbedeutung wird durch finanziell messbaren sowie nicht direkt messbaren Schaden determiniert. Finanzielle Schäden definieren sich durch negative Auswirkungen auf Vermögens- Finanz- und Ertragslage. Welcher Ausprägung ein Schaden unterliegt, wird maßgeblich durch einen Vergleich der Schadenshöhe mit dem EBITDA festgelegt. Ein solcher Indikator existiert bei lediglich bei direkt messbaren Schäden. Die Einteilung in die Ausprägungen der Ereignisbedeutung erfolgt subjektiv am Anwendungsfall. Unter den nicht direkt messbaren Schäden werden alle Schäden an der Geschäftstätigkeit sowie der Reputation zusammengefasst. Schlussendlich ergibt die Summe der Ereignisbedeutungen die Risikobedeutung. Zur Normierung wird die Summe der Einzelbedeutungen durch die Anzahl der bewerteten Ereignisse geteilt. Dadurch ist die Quantifizierung der Risikobedeutung auf einer Skala von eins bis zehn möglich.

Die Entdeckungslatenz dient der Messung der vergangenen Zeit zwischen Risikoeintritt und Entdeckung der Auswirkungen.[903] Je später ein Fehler entdeckt wird, desto höher sind die Kosten in Bezug auf Nacharbeit oder Ausschuss oder in Bezug auf Finanzen, Widerherstellung und Opportunität. In der vorliegenden Betrachtung ist die Entdeckungslatenz ein zu faktorisierender Einfluss auf die Kosten eines Risikos. In Abbildung 119 sind die relevanten Ausprägungen der Entdeckungslatenz dargestellt.

---

902 Eigene Darstellung

903 Vgl. Verband der Automobilindustrie e.V. Qualitäts Management Center (VDA QMC) (FMEA Handbuch), 2019, S. 130.

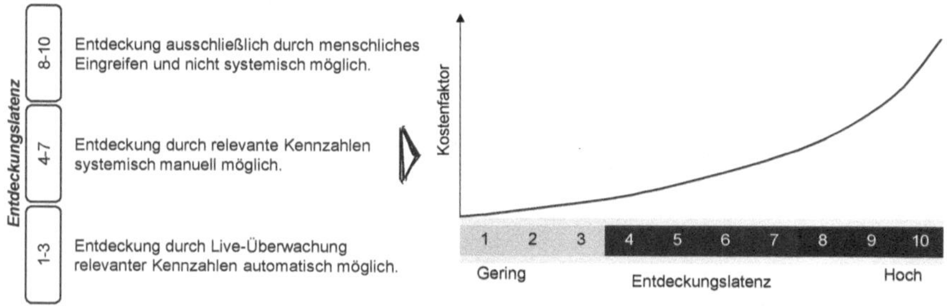

Abbildung 119: Ausprägungen der Entdeckungslatenz[904]

Geringe Entdeckungslatenzen sind dann möglich, wenn relevante Kennzahlen systemisch überwacht werden. Zur Entdeckung eines eintretenden Risikos ist es notwendig, Grenzwerte zu definieren, die die Indikation von Grenzüberschreitungen vereinfachen. Risiken mit geringer Entdeckungslatenz sind klassischerweise wertschöpfungsnahe Risiken.[905] Der Eintritt strategischer bzw. finanzieller Risiken unterliegt in vielen Fällen einer mittleren Entdeckungslatenz.[906] Zur Identifikation dieser Risikoeintritte ist oftmals ein manueller systemischer Eingriff notwendig. Aufgrund der höheren Aufwände als bei automatischen systemischen Indikationen ist die Entdeckungslatenz daher als mittel einzustufen. Der Eintritt finanzieller sowie strategischer Risiken äußert sich zum Teil jedoch auch ausschließlich in jährlichen Geschäftsberichten und weisen daher hohe Entdeckungslatenzen auf. Die Entdeckung ist zudem mit hohen Aufwänden verbunden.[907]

Nachdem die drei Faktoren Eintrittswahrscheinlichkeit, Schadenspotenzial sowie Entdeckungslatenz geschätzt sind, kann das Schadenspotenzial eines Risikos berechnet werden. In der FMEA wird das Schadenspotenzials eines Risikos klassischerweise in Form der Risiko-Prioritäts-Zahl (RPZ) dargestellt. Diese ergibt sich durch Multiplikation der drei Faktoren Eintrittswahrscheinlichkeit, Risikobedeutung und Entdeckungslatenz[908]. Die Nutzung der RPZ ist jedoch für den vorgesehenen Einsatz innerhalb dieser Dissertation aus verschiedenen Gründen nicht empfehlenswert:

- Mathematisch ist eine Multiplikation von asymmetrischen Matrizen bzw. ordinal skalierten Merkmalen methodisch nicht korrekt und nicht zulässig.
- Die RPZ stellt nicht das wirkliche Risiko dar, da die Risikobedeutung, die Eintrittswahrscheinlichkeit sowie die Entdeckungslatenz als gleichwertige Faktoren angesehen werden. Dies trifft im beschriebenen Anwendungsfall des Werkzeugbaus nicht zu.
- Die Faktoren Risikobedeutung, Eintrittswahrscheinlichkeit sowie Entdeckungslatenz beruhen nicht auf absoluten Wahrscheinlichkeiten, sondern basieren vor allem auf subjektiven und relativen Einschätzungen der Teams.

[904] Eigene Darstellung

[905] Vgl. Hering (Fehlermöglichkeits- und Einflussanalyse), 2019, S. 33.

[906] Vgl. Hering (Fehlermöglichkeits- und Einflussanalyse), 2019, S. 36.

[907] Vgl. Hering (Fehlermöglichkeits- und Einflussanalyse), 2019, S. 47.

[908] Vgl. Kapitel 5.2.2.1.

- Abhängigkeiten zwischen Risiken werden nicht berücksichtigt.
- Die Schwellenwerte der RPZ sind frei wählbar und unterliegen demnach einer subjektiven Einschätzung.[909]

Nach dem VERBAND DER AUTOMOBILINDUSTRIE E. V. QUALITÄTS MANAGEMENT CENTER (VDA QMC) ist die Nutzung einer Action Prority Matrix sinnvoll, um die Faktoren Risikobedeutung, Eintrittswahrscheinlichkeit sowie Entdeckungslatenz in getrennter Form zu bewerten. Die Action Priority Matrix beschränkt sich jedoch auf die Priorisierung von Maßnahmen als Reaktion auf bekannte Risikos.[910] Daher empfiehlt sich die Abwandlung der Action Priority Matrix entsprechend des vorliegenden Anwendungsfalles. In Abbildung 120 ist eine abgewandelte Form der Action Priority Matrix dargestellt.

Risikobedeutung	*Eintrittswahrscheinlichkeit*	*Entdeckungslatenz*			
		1	2-4	5-6	7-10
1	1-10	1	1	1	1
2-10	1	1	1	1	1
2-4	2-3	2	2	2	4
	4-5	3	3	5	5
	6-7	6	6	6	6
	8-10	6	7	7	7
5-8	2-3	3	3	6	6
	4-5	6	7	8	8
	6-7	7	7	9	9
	8-10	7	9	9	9
9-10	2-3	4	4	8	8
	4-5	7	7	9	9
	6-10	7	10	10	10

1	2	3	4	5	6	7	8	9	10
Gering				Schadenspotenzial					Hoch

Abbildung 120: Aggregation des Schadenspotenzials[911]

Diese Matrix aggregiert das Schadenspotenzial basierend auf der Risikobedeutung, der Eintrittswahrscheinlichkeit sowie der Entdeckungslatenz des Risikos. Anders als bei der RPZ wird der Risikobedeutung der höchste Einfluss beigemessen. Der Einfluss der Eintrittswahrschein-

909 Vgl. Verband der Automobilindustrie e.V. Qualitäts Management Center (VDA QMC) (FMEA Handbuch), 2019, S. 134.

910 Vgl. Verband der Automobilindustrie e.V. Qualitäts Management Center (VDA QMC) (FMEA Handbuch), 2019, S. 135.

911 Eigene Darstellung, i. A. a. Verband der Automobilindustrie e.V. Qualitäts Management Center (VDA QMC) (FMEA Handbuch), 2019.

lichkeit wird ebenso mit erhöhter Priorität in die Bewertung des Risikos einbezogen. Der Entdeckungslatenz kommt eine untergeordnete Rolle zu. Dennoch ist keiner der Faktoren zu vernachlässigen und für das Ergebnis der Analyse signifikant.

Kombinationsfaktor

Der letzte beschreibende Faktor der Risikokarte ist der Kombinationsfaktor. Dieser soll die Möglichkeit der Einflussnahme von Risiken auf andere Risiken faktorisieren. Der Kombinationsfaktor errechnet sich unter Zuhilfenahme einer Korrelationsmatrix.[912] Jedes Einzelrisiko wird auf vorhandene Einflüsse auf jeweils alle anderen Risiken geprüft. Ein Risiko kann auf ein weiteres Risiko abschwächende und verstärkende Einflüsse haben. Ein Beispiel ist in Abbildung 121 dargestellt.

Bewertungsmaßstab

-2 = Hoher abschwächender Einfluss
-1= Geringer abschwächender Einfluss
0 = neutral
1 = Geringer verstärkender Einfluss
2 = Hoher verstärkender Einfluss

Risikogruppe	Risiken / Hat Einfluss auf	Risiko 1	Risiko 2	Risiko 3	Risiko 4	Risiko 5	Risiko 6	Risiko 7	Risiko 8	Risiko 9	Risiko 10	Risiko 11	Risiko 12	Risiko 13	...	Summe*	Kombinationsfaktor** (Durchschn. Einfluss)
Markt	Risiko 1						-1	1	0	2	1	1	1	0	...	10	+0,50
	Risiko 2						1	1	0	1	0	1	-2	1	...	8	+0,40
	Risiko 3						1	2	0	2	0	0	0	1	...	12	+0,60
	Risiko 4						1	2	1	1	0	1	-2	1	...	-5	-0,25
	Risiko 5						-1	1	0	2	0	0	2	-1	...	0	0
Wettbewerb	Risiko 6									1	0	1	1	-1	...	8	+0,40
	Risiko 7									2	0	0	-2	-1	...	-7	-0.35
	Risiko 8									1	0	1	1	2	...	20	+1,00
Technologie	Risiko 9													1	...	6	+0,30
	Risiko 10													2	...	25	+1,30
	Risiko 11													1	...	12	+0,60
	Risiko 12													2	...	22	+1,10
...	Risiko 13															1	+0,05
	...	...	...	...	...	...	...	...	...	...	...	...	...			...	...

*Exemplarische Werte **Es werden 20 Risiken angenommen

Abbildung 121: Vorgehen zur Bestimmung des Kombinationsfaktors[913]

Die Summe der Einflussstärke wird abschließend als Durchschnitt dargestellt, um eine Normierung der Risiken untereinander zu erreichen. Der Kombinationsfaktor bestimmt, inwiefern das Risiko weitere Risiken beeinflusst. Ein positives Ergebnis bedeutet, dass das Risiko im Gesamtkontext eine höheres Schadenspotenzial aufweist, als zuvor berechnet.

Zur Bestimmung des Schadenspotenzials des gesamten Szenarios werden im Folgenden die Risikokarten entsprechend Abbildung 114 um das Schadenspotenzial der Risiken sowie den

[912] Vgl. Kapitel 5.1.1.1.

[913] Eigene Darstellung

Kombinationsfaktor ergänzt und analog zu Abbildung 113 zu einer bewerteten Risikogesamtheit zusammengeführt.[914] Die Ergänzung des Schadenspotenzials und des Kombinationsfaktors wird durch eine mathematische Addition der Werte vollzogen.

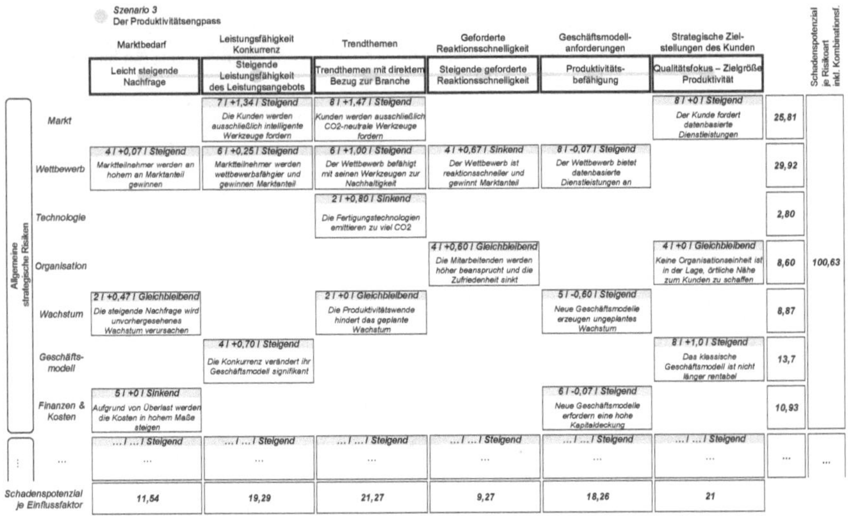

Abbildung 122: Bewertete Übersicht über die Risikogesamtheit eines Szenarios[915]

Durch Addition der Schadenspotenziale der Risiken können nun die Schadenspotenziale der Risikogruppen ermittelt werden. Außerdem ist eine fundierte Aussage darüber möglich, welche Risikoart in ihrem Schadenspotenzial im analysierten Szenario überwiegt. Durch Addition der Schadenspotenziale aller von einem Einflussfaktor ausgehenden Risiken kann zudem das Schadenspotenzial der Ausprägung des konkreten Einflussfaktors abgelesen werden.

Nachdem in diesem Kapitel die Ableitung des Schadenspotenzials von Risiken und Risikogruppen erfolgt ist, werden diese Erkenntnisse im nächsten Methodikschritt mit den Erkenntnissen der vorherig beschriebenen Methodikschritte zusammengeführt, um Möglichkeiten der Adaption der Szenarien zu Entwickeln. Die Kombination der Eintrittswahrscheinlichkeit der Szenarien[916] sowie das Schadenspotenzial jedes Szenarios[917] gewährt Aufschluss über eine gesamtheitliche Bewertung. Dadurch können Managementempfehlungen zum Umgang mit den Szenarien abgeleitet werden.

Dem Anwender liegen nach dem Abschluss der *Bewertung des Schadenspotenzials der Risiken* folgende Ergebnisse vor:

---

914 Vgl. Abbildung 122.

915 Eigene Darstellung

916 Vgl. Methodikschritt B-I.

917 Vgl. Methodikschritt C-II.

- Herangehensweise zur Bestimmung der Eintrittswahrscheinlichkeit, des Schadenspotenzials sowie der Entdeckungslatenz der Einzelrisiken.
- Methodisches Vorgehen zur Aggregation dieser Faktoren zum Schadenspotenzial des Einzelrisikos.
- Methodische Ableitung von Kombinationsfaktoren sowie deren Einfluss auf das Schadenspotenzial der Einzelrisiken.
- Erarbeitete Darstellung zur Visualisierung und Aggregation der Schadenspotenziale aller Risiken.
- Fundierte Aussagen darüber, welche Risikogruppen im analysierten Szenario welchen Stellenwert einnehmen.

5.3 Detaillierung der Adaptionsphase

Die Adaptionsphase stellt den Abschluss der Prognostik zur Resilienzsteigerung im Werkzeugbau dar und umfasst die Umwandlung der Analyseergebnisse aus Methodikschritt B und C in konkrete Umsetzungsmaßnahmen. Diese vermitteln dem Anwender, wie das Unternehmen resilient weiterentwickelt werden kann. Das Ziel der Adaptionsphase ist die Nutzbarmachung der Analyseergebnisse aus Methodikschritt B und C. In Methodikschritt D-I werden methodische Möglichkeiten aufgezeigt, um szenariobasiert die Eintrittswahrscheinlichkeit der Umfeldszenarien aus Methodikschritt B und das Schadenspotenzial als Methodikschritt C in ein Verhältnis zu bringen. Außerdem werden szenarioübergreifend relevante Risikogruppen extrahiert und mit der Verwundbarkeit des Unternehmens abgeglichen. Daraus werden in Methodikschritt D-II verschiedene Arten strategischer Initiativen ableiten, die zur Steigerung der Resilienz im Unternehmen dienen.

5.3.1 Schritt D: Krisenadaption und resiliente Unternehmensentwicklung

Eine erfolgreiche Krisenadaption und entsprechende resiliente Weiterentwicklung eines Unternehmens ist in hohem Maße davon abhängig, wie gut das Verständnis für die Problemstellung, Störung oder Krise ist. Mithin liegt der Fokus des Methodikschritts D auf der Interpretation der Ergebnisse der vorherigen Methodikschritte. Die übergeordneten Szenarien werden anhand ihrer Eintrittswahrscheinlichkeit sowie ihres Schadenspotenzial in einem Modell dargestellt, welches mit Normstrategien ausgestattet ist. Weiterhin wird ein iterativ-inkrementelles Vorgehen vorgeschlagen, um projektbasiert die Resilienz des anwendenden Unternehmens zu erhöhen. Szenarioübergreifend werden außerdem Risiken mit den Verwundbarkeiten des anwendenden Unternehmens abgeglichen, um eine allgemeine Resilienzsteigerung entsprechend der Verwundbarkeit des Unternehmens sicherzustellen.

5.3.1.1 Methodische Grundlagen

Risikointerpretation

In vorherigen Methodikschritten wurden Risiken bereits separat entsprechend ihrer Eintrittswahrscheinlichkeit sowie ihrem Schadenspotenzial bewertet. Zur Interpretation dieser Bewertungen ist nun die Zusammenführung der Ergebnisse aus den Methodikschritten C-I und C-II notwendig. In der Literatur und Praxis existiert dazu die Methode der Risikomatrix. Diese dient der einfachen grafischen Darstellung der Eintrittswahrscheinlichkeit eines Risikos und dessen

Schadensausmaß. Abbildung 123 zeigt die vereinfachte Darstellung einer Risikomatrix. Diese stellt die Eintrittswahrscheinlichkeit und das Schadensausmaß eines Risikos gegenüber. Das Schadensausmaß potenziert sich wenn sowohl die Eintrittswahrscheinlichkeit sowie Schadenspotenzial gleichzeitig erhöhen. Dies ist durch die Zahlenwerte in Abbildung 123 dargestellt. Die Risikomatrix hat den Vorteil, dass alle Risiken in einer Darstellung erfasst werden können.[918]

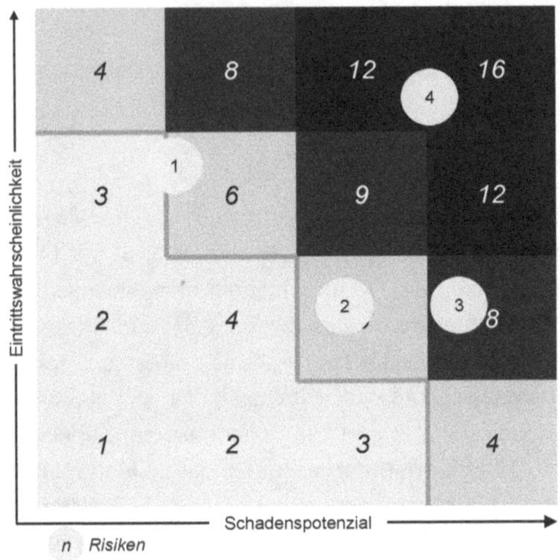

Abbildung 123: Beispiel für eine Risikomatrix[919]

In üblichen Modellen werden Risiken entsprechend quantitativer Abschätzung der Eintrittswahrscheinlichkeiten und Schadenspotenziale aufgetragen. Eine detailliertere und spezifischere Betrachtung unter Einbindung von vordefinierten Regelprozessen bezüglich erkannter und bewerteter Risiken findet in erweiterten Risikomatrizen statt. Diese findet insbesondere in größeren Unternehmen Anwendung, welche mehr personelle Ressourcen bereitstellen können und höheren gesetzlichen Auflagen unterliegen.[920,921]

918 Vgl. Secorvo Security Consulting GmbH (Informationssicherheit und Datenschutz), 2019, S. 26.

919 I. A. a. Wälder (Methoden zur Risikomodellierung), 2017, S. 7-8.

920 Vgl. Abbildung 124.

921 Vgl. Brauweiler (Risikomanagement in Unternehmen), 2019, S. 9.

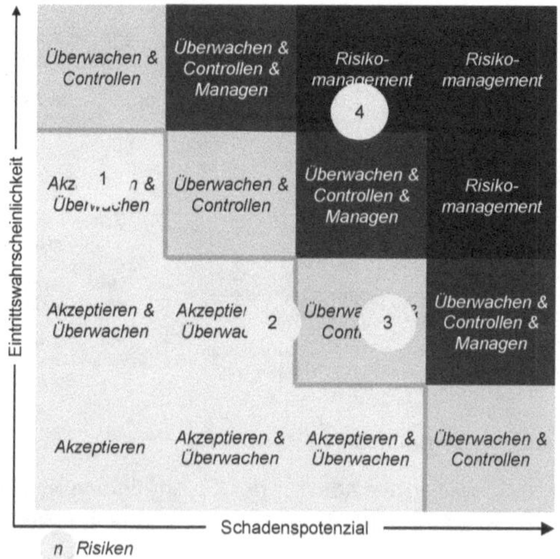

Abbildung 124: Normstrategien einer Risikomatrix[922]

Die Risiken können dann in Form von Handlungsempfehlungen interpretiert werden.[923] Wird das Risiko als gering bewertet, so kann es akzeptiert werden. Bei einer kritischen Risikobewertung kann das Risiko nicht akzeptiert werden und es sind Gegenmaßnahmen erforderlich. Bei mittlere Bewertungen, kann nach dem ALARP-Ansatz[924] vorgegangen werden. Risiken sollten auf das Maß reduziert werden, welches den höchsten Grad an Sicherheit garantiert bzw. praktikabel ist. Auch die Risikomatrix mit Verwendung von Normstrategien gehört zu den einfachen Methoden der Risikobewertung. Üblicherweise wird eine Risikomatrix im Rahmen der ersten Schritte einer Risikoanalyse oder zur Risikodarstellung verwendet.[925]

Resilienzindikatoren und Erfolgsfaktoren von Resilienz

In Kapitel 2.3.1.2 wird Resilienz als Funktion des Situationsbewusstseins, dem Management der Schlüsselschwachstellen und der Adaptionsfähigkeit einer Organisation beschrieben.[926] Diese Funktionsbausteine werden aus der Literatur abgeleitet und als Erfolgsfaktoren festgehalten. Jeder Erfolgsfaktor besitzt spezifische Resilienzindikatoren, welche den internen Reifegrad dieses Faktors beschreiben und bewerten. Diese sind in Abbildung 125 dargestellt.

---

922 I. A. a. Brauweiler (Risikomanagement in Unternehmen), 2019, S. 10.

923 Vgl. Wälder (Methoden zur Risikomodellierung), 2017, S. 7.

924 As low as reasonably practicable-Ansatz

925 Vgl. Wälder (Methoden zur Risikomodellierung), 2017, S. 8.

926 Vgl. McManus et al. (Resilience Management), 2007, S. 20.

Resilienzindikatoren

	Situationsbewusstsein		Management der Schlüsselschwachstellen		Adaptionsfähigkeit
1	Rollen und Verantwortlichkeiten	1	Risikostrategie	1	Mentalität
2	Verständnis für Gefährdung und Folgen	2	Notfallsimulation	2	Kommunikation und Beziehungen
3	Konnektivitäts-bewusstsein	3	Fähigkeit und Kapazität der internen Ressourcen	3	Strategische Vision und Ergebniserwartung
4	Versicherungs-bewusstsein	4	Fähigkeit und Kapazität der externen Ressourcen	4	Informationsgüte und Wissen der Organisation
5	Wiederherstellungs-prioritäten	5	Organisations-konnektivität	5	Führung, Management und Governance-Strukturen

Abbildung 125: Resilienzindikatoren nach McManus et al.[927]

Im Folgenden dienen die Resilienzindikatoren der Strukturierung von Handlungsfeldern zur Steigerung der Resilienz des Unternehmens. Dabei soll jedoch nicht das Unternehmen als Ganzes ausgestaltet werden, sondern entsprechend der in Kapitel 5.2.2.2 vorgestellten Risikogruppen. Durch die relative Bewertung der Risikogruppen ist eine gezielte Adressierung der korrespondierenden Bereiche des Unternehmens möglich. Dazu werden die Resilienzindikatoren in Form von strategischen Initiativen ausformuliert.

Formulierung und Umsetzung strategischer Initiativen

Unter der Umsetzung von Strategien versteht man die Operationalisierung und Aufteilungen der übergeordneten Teileziele und einzelne Handlungsmaßnahmen. Die Operationalisierung einer Strategie umfasst die konkrete Vorgehensweise anhand der detaillierten Ausgestaltung von Teilstrategien sowie die Ableitung von mittel- bis kurzfristigen Maßnahmen.[928]

Oft werden in der Praxis strategische Initiativen formuliert, um die Operationalisierung effizient und außerhalb von Planungs- und Berichtsroutinen durchzuführen. Dadurch ist die Steuerung des strategischen Wandels auch außerhalb des Tagesgeschäfts möglich.[929]

In der Praxis kommen vermehrt sogenannte Project-Canvas zum Einsatz. Diese ziehen ihren Ursprung aus Modellen wie dem Business-Model-Canvas oder dem Program-Canvas.[930] Ein Project-Canvas unterstützt Projektbeteiligte in der Umsetzung sowie der Strukturierung des Projekts. Außerdem ist es ein visuelles Hilfsmittel bei der Ordnung und Präsentation der Ergebnisse.[931] Eine ideale Vorgehensweise zur Erstellung eines bedarfsgerechten Project-Canvas existiert nicht. Oftmals sind jedoch in der Praxis der Hintergrund des Projekts, die Problemstellung, Ziele und Ergebnisse Bestandteil eines Project-Canvas. In Abbildung 126 ist ein generischer Project-Canvas dargestellt.

927 Vgl. McManus et al. (Resilience Management), 2007, S. 20.
928 Vgl. Pesch et al. (Agile Strategieentwicklung), 2020, S. 667.
929 Vgl. Müller-Stewens (Die neuen Strategen), 2019, S. 227.
930 Vgl. Kor et al. (Project Canvas), 2020, S. 11.
931 Vgl. Kor et al. (Project Canvas), 2020, S. 10.

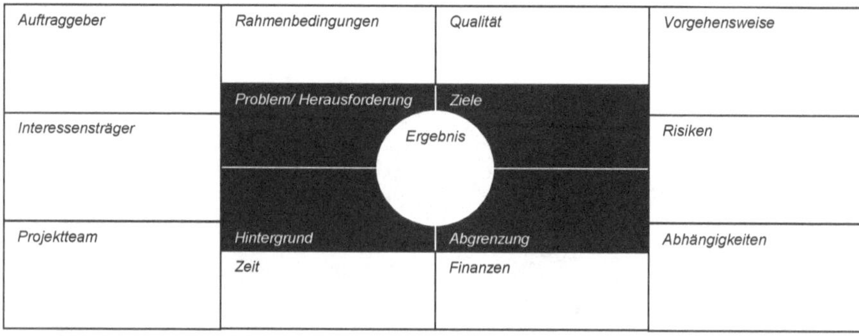

Abbildung 126: Beispielhafte Umsetzung eines Project-Canvas[932]

In der Umsetzung eines Project-Canvas ist der Anwender frei. Das Project-Canvas sollte so gestaltet sein, dass es die Gegebenheiten der Problemstellung und die Ziele des Projekts adäquat repräsentiert.

Ein Erfolgsfaktor der Umsetzung strategischer Initiativen ist eine Erfolgskontrolle basierend auf einer Soll-Ist-Analyse.[933] Die Erfolgskontrolle findet mittels einer Überprüfung von Zwischenzielen statt, um so Abweichungen zu erkennen. Sie geben somit Auskunft, ob die ursprünglich gesetzten Ziele erreicht werden. Das Ergebnis kann sich dabei anhand verschiedener Kennzahlen ausdrücken. Die Forderung nach Agilität bedingt hierbei, dass immer kürzere Strategiephasen gepaart mit einer inkrementellen Vorgehensweise ablaufen müssen.[934]

5.3.1.2 Schritt D-I: Interpretation der Prognose

Nachdem in Methodikschritt C-II das Schadenspotenzial je Risikogruppe und das Risikopotenzial je Einflussfaktor der einzelnen Szenarien abgeleitet wurde, ist das Ziel der Interpretation der Prognose die Zusammenfassung der Erkenntnisse über die Gesamtheit der Szenarien. Die Interpretation kann in diesem Zusammenhang in zwei Sichtweisen aufgeteilt werden. Einerseits ist es für anwendende Unternehmen erforderlich, die Szenarien, deren Eintrittswahrscheinlichkeiten sowie Schadenspotenziale separat zu analysieren und Schlüsse für den Umgang mit, den durch die Szenarien, indizierten Risiken zu ziehen. Andererseits ist eine szenarioübergreifende Sichtweise auf die Ergebnisse der Evaluations- sowie Prognosephase zur nachhaltigen Steigerung der eigenen Resilienz notwendig. Die szenarioübergreifende Betrachtung der definierten Risikogruppen lässt Schlüsse auf die interne Verwundbarkeit des Unternehmens ableiten, die dann szenariounabhängig ebenfalls adressiert werden. Im Folgenden werden methodische Hilfsmittel entwickelt, um sowohl die separate Interpretation Szenarien sowie die szenarioübergreifende Interpretation der Risikogruppen vorzunehmen, um in

932 I. A. a. Kor et al. (Project Canvas), 2020, S. 9.

933 Vgl. Müller-Stewens (Die neuen Strategen), 2019, S. 226.

934 Vgl. Pesch et al. (Agile Strategieentwicklung), 2020, S. 671.

Methodikschritt D-II zusammengefasste Handlungsleitlinien zu entwickeln, die eine Resilienzsteigerung zulassen. Die beschriebenen Sichtweisen der Interpretation der Ergebnisse sind in Abbildung 127 dargestellt.

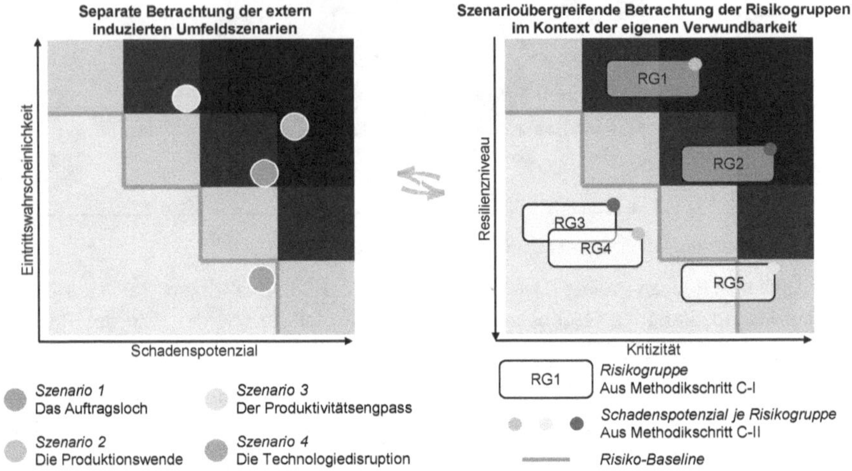

Abbildung 127: Sichtweisen der Interpretation der Ergebnisse[935]

Separate Betrachtung der extern induzierten Umfeldszenarien

Die *separate Betrachtung der Umfeldszenarien* erfordert die Zuhilfenahme einer Risikomatrix, welche die Szenarien relativ zueinander hinsichtlich ihrer Eintrittswahrscheinlichkeit sowie ihres Schadenspotenzials bewertet. Dazu ist es notwendig, die Szenarien in einer Matrix gegenüberzustellen und zusammenfassend das Gesamtschadenspotenzial sowie die Eintrittswahrscheinlichkeit des jeweiligen Szenarios abzubilden. Eine schematische Übersicht ist in Abbildung 128 dargestellt.

[935] Eigene Darstellung

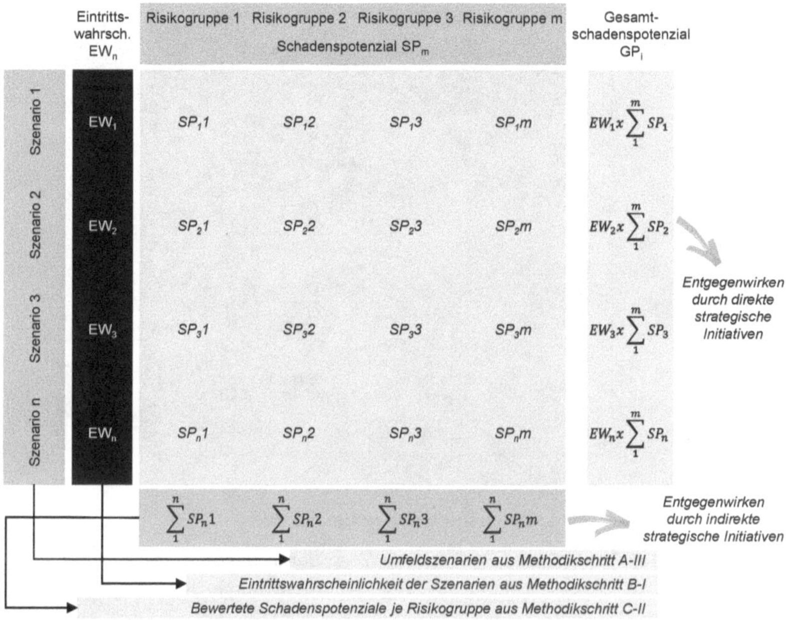

Abbildung 128: Übersicht der Szenarien und ihrer Risikobewertung[936]

Das Ziel der Gegenüberstellung der Szenarien ist die Ermittlung des relativen Gesamtschadenspotenzials je Szenario. Dadurch, dass die Szenarien inhaltliche Schnittmengen aufweisen, ist es notwendig, die Gesamtpotenziale in der Gegenüberstellung im Detail zu vergleichen. Die Gegenüberstellung befähigt nachfolgend die Fokussierung auf Szenarien, welche hohe Gesamtschadenspotenziale sowie hohe Eintrittswahrscheinlichkeiten aufweisen. In Abbildung 129 ist eine Risikomatrix dargestellt, die die betrachteten Szenarien bewertet. Außerdem zeigt die Risikomatrix eine Risiko-Baseline, welche die Akzeptanzgrenze der Szenarien und dazugehörigen Risiken beschreibt. Aufgetragen in der Risikomatrix sind vier unterschiedliche Risikostrategien. Im Folgenden werden die Ableitung der Risiko-Baseline sowie der Risikostrategien beschrieben.

936 Eigene Darstellung

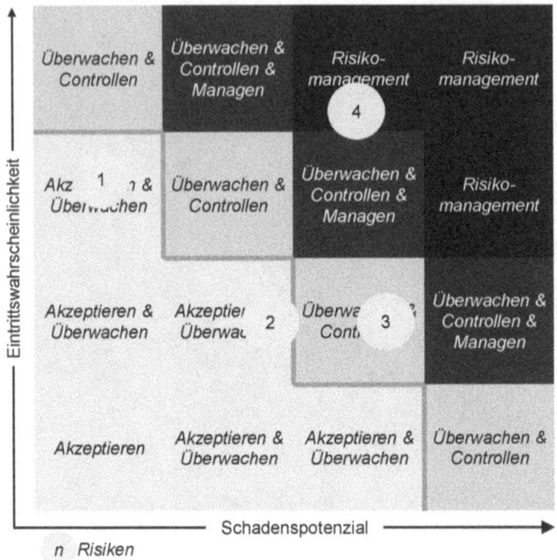

Abbildung 129: Übersicht über die Szenarienbewertung[937]

Die Festlegung der *Risiko-Baseline* wird hinsichtlich der in Methodikschritt C-II entwickelten Skala zur qualitativen Bewertung des Schadenspotenzials durchgeführt. Unwesentliche und geringfügige Risiken, welche negative Auswirkungen auf Vermögens-, Finanz- und Ertragslage in Höhe von rund 1,0 % des EBITDA aufweisen, sollten unabhängig ihrer Eintrittswahrscheinlichkeit zu jedem Zeitpunkt unterhalb der Risiko-Baseline verortet werden. Alle weiteren Risiken sind signifikant und sollten oberhalb der eigenen Risiko-Baseline liegen. Spürbare sowie kritische Risiken mit einem Schadenspotenzial von 2,0 % - 10,0 % des EBITDA sollten entsprechend ihrer in Methodikschritt B definierten Wahrscheinlichkeit in einer Einzelfallentscheidung abgewogen werden. Katastrophale Risiken mit einem Schadenspotenzial von über 10,0 % des EBITDA sollten in allen Fällen oberhalb der Risiko-Baseline bewertet werden.[938]

Je nach Einordnung der Umfeldszenarien in die Risikomatrix ist die Entwicklung von Risikostrategien für die Szenarien im notwendig. Szenarien, bei denen abzusehen ist, dass die Kosten der Risikominderung zu hoch sind, um sie angesichts der geringen Wahrscheinlichkeiten einer Gefahr oder gering geschätzter Auswirkungen zu rechtfertigen, werden *Akzeptiert bzw. Akzeptiert und Überwacht.* Risiken zu akzeptieren ist eine in der Literatur anerkannte Strategie, die die Möglichkeit kleiner oder seltener Risiken anerkennt, ohne Maßnahmen zur Absicherung, Versicherung oder Vermeidung dieser Risiken zu ergreifen.[939]

937 Eigene Darstellung

938 Vgl. Gemeinsame Datenbank des Werkzeugmaschinenlabors WZL der RWTH Aachen und des Fraunhofer-Instituts für Produktionstechnologie IPT, ausgewertete Datensätze der Jahre 2017-2020, Stand Mai 2022.

939 Vgl. Romeike (Risikomanagement), 2018, S. 46.

Überwachen und Controllen ist eine Risikostrategie, die bei solchen Szenarien zum Einsatz kommt, welche direkt oberhalb der unternehmensspezifischen Risiko-Baseline in der Risikomatrix aufgetragen sind. Diese Szenarien zeichnen sich durch eine mittlere Eintrittswahrscheinlichkeit sowie ein mittleres Schadenspotenzial aus. Meist werden Szenarien in dieser Gruppe verortet, die zwar relevant, aber erst in weiter Zukunft ein Risiko für das Unternehmen darstellen. Aus diesem Grund sollten diese Szenarien durchgängig mit den in Methodikschritt B erarbeiteten Prognosemethoden überwacht werden. Im Falle einer steigenden Eintrittswahrscheinlichkeit sowie eines steigenden Schadenspotenzials muss dann die Bewertung dieser Szenarien erneut erfolgen. Auch kann die Bewertung dieser Szenarien sich basierend auf unternehmensinternen strategischen Entscheidungen verändern.

Überwachen, Controllen und Managen ist die Risikostrategie, welche für Szenarien eingesetzt wird, die mittelfristig ein hohes Schadenspotenzial bzw. eine hohe Eintrittswahrscheinlichkeit aufweisen. Die Überwachung und das Controlling der Szenarien erfolgt entsprechend der vorherigen Ausführungen der Risikostrategie Überwachen & Controllen. Diese Szenarien erfordern aufgrund ihrer Mittelfristigkeit jedoch zusätzlich ein aktives Risikomanagement.

Szenarioübergreifende Betrachtung der Risikogruppen im Kontext der Verwundbarkeit

Die szenarioübergreifende Betrachtung der Risikogruppen entstammt ebenfalls aus der globalen Szenarienübersicht in Abbildung 128. Im Gegensatz zur separaten Betrachtung der Szenarien wird im Folgenden das übergreifende Schadenspotenzial je Risikogruppe extrahiert und mit der eigenen Verwundbarkeit abgeglichen.[940] Die Verwundbarkeit kennzeichnet die Empfindlichkeit eines Unternehmens gegenüber ungünstigen Einflussfaktoren.[941] Durch die übergreifende Betrachtung der Szenarien verliert die in Methodikschritt B prognostizierte Eintrittswahrscheinlichkeit je Szenario an Aussagekraft. Das Ergebnis des Abgleichs der Schadenspotenziale mit der unternehmenseigenen Verwundbarkeit ist die Identifizierung von Unternehmensbereichen, deren Resilienz kurz-, mittel- und langfristig gesteigert werden muss.

Eine fokussierte Erhöhung der Resilienz ist in solchen Bereichen sinnvoll, die verwundbar bzw. störungsanfällig sind. Eine Bewertung der Verwundbarkeit ist zudem für das Resilienzmanagement wichtig, da sie zu einem erhöhten Situationsbewusstsein beiträgt, die Entwicklung von Anpassungsfähigkeit fördert und der Organisation konkrete Ziele gibt, auf die sie hinarbeiten kann.[942] Die Ergebnisse des Abgleichs des Schadenspotenzials und der Verwundbarkeit stellen Indizien für die Ableitung strategischer Initiativen dar, welche die Operationalisierung einer grundsätzlichen Resilienzsteigerung befähigen. Das Vorgehen wird im Folgenden beschrieben.

940 Vgl. Abbildung 130.

941 Vgl. Borgert (Resilienz im Projektmanagement), 2013, S. 11.

942 Vgl. McManus et al. (Resilience Management), 2007, S. 10.

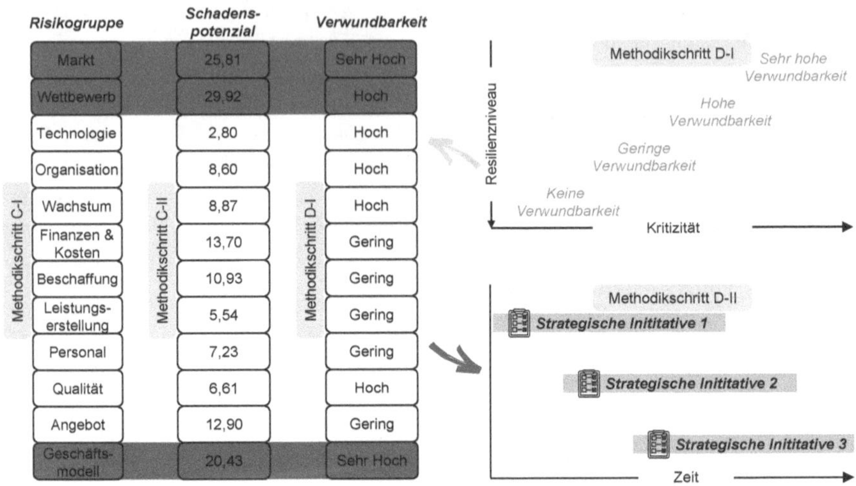

Abbildung 130: Übergreifendes Vorgehen in Methodikschritt D[943]

Zur Analyse der unternehmenseigenen Verwundbarkeit in Bezug auf eine spezifische Risikogruppe muss das anwendende Unternehmen zwei Faktoren berücksichtigen:[944]

- Die Kritizität der Risikogruppe: Diese beschreibt, inwiefern Risiken dieser Gruppe das Unternehmen erfolgskritisch beeinflusst;
- Das aktuelle Resilienzniveau je Risikogruppe: Dieses beschreibt, gegen welches Risiko das Unternehmen bereits eine hohe Resilienz aufweist.

Die *Kritizität der Risikogruppen* wird unabhängig der in Methodikschritt C-I evaluierten Eintrittswahrscheinlichkeit der Umfeldszenarien und der damit einhergehenden Schadenspotenziale bestimmt. Der Abgleich mit den prognostizierten Bezugsgrößen erfolgt in der abschließenden Zusammenfassung des Methodikschritts D-I. Die Kritizität einer Risikogruppe stellt den Bezug der unternehmerischen Erfolgsaussichten den Risiken einer Gruppe gegenüber. Diese Gegenüberstellung ist für Betriebe der Branche Werkzeugbau in hohem Maße davon abhängig, welche Zielstellungen dem Erfolg des Unternehmens zugrunde liegen. Interne, als Abteilung oder Cost-Center integrierte Werkzeugbaubetriebe werden als Serienbefähiger oftmals an ihrer Flexbilität und Reaktionsschnelligkeit gemessen. Externe Werkzeugbaubetriebe weisen oftmals Umsatz und EBITDA-bezogene Zielstellungen auf, bei denen Flexibilität den Jahreszielen entgegenwirkt.

943 Eigene Darstellung

944 Vgl. McManus et al. (Resilience Management), 2007, S. 11-12.

Zur Bestimmung der Kritizität der Risikogruppen werden diese im Folgenden in einem paarweisen Vergleich gegenübergestellt. Dieser hat das Ziel, die Risikogruppen in eine Reihenfolge zu bringen, die die Risikogruppen nach ihrer Kritizität bewertet. Die mit der Bewertung der Risikogruppen zu beantwortende Frage ist die Folgende:[945]

In welchem Maß bedingt die Risikogruppe die Fähigkeit der Organisation, auf Krisen zu reagieren bzw. sich davon zu erholen?

Durch die Reihenfolgebildung wird somit herausgestellt, welcher der Faktoren die höchste Kritizität aufweist.

0 = In geringerem Maße
1 = in gleichem Maße
2 = in höherem Maße

Bedingt die Fähigkeit der Organisation, auf Krisen zu reagieren bzw. sich davon zu erholen..

	Markt	Wettbewerb	Technologie	Organisation	Wachstum	Finanzen & Kosten	Beschaffung	Leistungserstellung	Personal	Qualität	Angebot	Geschäftsmodell	Kritizitäts-faktor		Kritizitäts-rangfolge
Markt		1	2	2	2	2	2	2	2	2	2	2	21	15,7 %	1
Wettbewerb	1		2	2	2	2	2	2	2	2	2	2	21	15,7 %	1
Technologie	0	0		1	0	1	1	0	2	2	2	0	9	6,8 %	6
Organisation	0	0	1		0	1	1	0	2	2	2	0	9	6,8 %	6
Wachstum	0	0	2	2		2	2	1	2	2	2	0	15	11,2 %	4
Finanzen & Kosten	0	0	1	1	0		1	0	2	2	2	0	9	6,8 %	6
Beschaffung	0	0	1	1	0	1		0	2	2	2	0	9	6,8 %	6
Leistungserstellung	0	0	2	2	1	2	2		2	2	2	0	15	11,2 %	4
Personal	0	0	0	0	0	0	0	0		1	1	0	2	1,5 %	10
Qualität	0	0	0	0	0	0	0	0	1		1	0	2	1,5 %	10
Angebot	0	0	0	0	0	0	0	0	1	1		0	2	1,5 %	10
Geschäftsmodell	0	1	2	2	2	2	2	2	2	2	2		19	14,3 %	3
													∑ 133		

Abbildung 131: Beispielhafte Bewertung der Kritizität der Risikogruppen[946]

Die Bestimmung des eigenen *Resilienzniveaus* ist notwendig, um ein Verständnis für die Anfälligkeit gewisser Teilbereiche des Unternehmens zu schaffen. Dazu werden Erfolgsfaktoren resilienter Unternehmen den definierten Risikogruppen gegenübergestellt, um ein unternehmensspezfisches Resilienzniveau für jede der Risikogruppen zu definieren. Dadurch kann das anwendende Unternehmen dedizierte Handlungsleitlinien ableiten, welche zielgerichtet einen kurz- und mittelfristigen Erfolg versprechen. Die mit der Bestimmung des Resilienzniveaus zu beantworteden Frage ist die Folgende:[947]

Welches Maß an Resilienz ist je Risikogruppe vorhanden?

[945] Vgl. McManus et al. (Resilience Management), 2007, S. 11.

[946] Eigene Darstellung

[947] Vgl. McManus et al. (Resilience Management), 2007, S. 11.

Zu Beantwortung dieser Frage und somit zur Ermittlung des Resilienzniveaus werden im Folgenden die in Kapitel 2.3.1.2 dargestellten Erfolgsfaktoren resilienter Unternehmen den in Kapitel 5.2.2.2 abgeleiteten Risikogruppen gegenübergestellt und dadurch abgefragt, wie viele der Erfolgsfaktoren von Resilienz im anwendenden Unternehmen bereits umgesetzt sind.

- *1/5:* Es ist lediglich ein Erfolgsfaktor von Resilienz in einem Maß umgesetzt, welcher eine wirksame Reaktion und Wiederherstellung der von Risiken dieser Gruppe erzeugten Schaden gewährleistet.
- *2/5*: Es sind zwei Erfolgsfaktoren von Resilienz in einem Maß umgesetzt, welche eine wirksame Reaktion und Wiederherstellung der von Risiken dieser Gruppe erzeugten Schaden gewährleisten.
- *3/5:* Es sind drei Erfolgsfaktoren von Resilienz in einem Maß umgesetzt, welche eine wirksame Reaktion und Wiederherstellung der von Risiken dieser Gruppe erzeugten Schaden gewährleisten.
- *4/5:* Es sind vier Erfolgsfaktoren von Resilienz in einem Maß umgesetzt, welche eine wirksame Reaktion und Wiederherstellung der von Risiken dieser Gruppe erzeugten Schaden gewährleisten.
- *5/5:* Es sind alle Erfolgsfaktoren von Resilienz in einem Maß umgesetzt, welche eine wirksame Reaktion und Wiederherstellung der von Risiken dieser Gruppe erzeugten Schaden gewährleisten.

Das Ergebnis ist ein qualitativ bestimmtes Resilienzniveau je Risikogruppe. Eine beispielhafte Definition des Resilienzniveaus je Risikogruppe ist in Abbildung 132 dargestellt.

Resilienzindikatoren

Situationsbewusstsein	*Management der Schlüsselschwachstellen*	*Adaptionsfähigkeit*
Rollen und Verantwortlichkeiten	Risikostrategie	Mentalität
Verständnis für Gefährdung und Folgen	Notfallsimulation	Kommunikation und Beziehungen
Konnektivitätsbewusstsein	Fähigkeit und Kapazität der internen Ressourcen	Strategische Vision und Ergebniserwartung
Versicherungsbewusstsein	Fähigkeit und Kapazität der externen Ressourcen	Informationsgüte und Wissen der Organisation
Wiederherstellungsprioritäten	Organisationskonnektivität	Führung, Management und Governance-Strukturen

Risikogruppe	Situationsbewusstsein	Management der Schlüsselschwachstellen	Adaptionsfähigkeit	***Resilienzniveau***
Markt	4/5	0/5	1/5	5/15
Wettbewerb	3/5	3/5	4/5	10/15
Technologie	4/5	4/5	4/5	12/15
Organisation	5/5	4/5	4/5	13/15
Wachstum	5/5	3/5	4/5	12/15
Finanzen & Kosten	2/5	1/5	2/5	5/15
Beschaffung	1/5	0/5	1/5	2/15
Leistungserstellung	4/5	0/5	1/5	5/15
Personal	5/5	1/5	3/5	9/15
Qualität	2/5	2/5	2/5	6/15
Angebot	2/5	0/5	2/5	4/15
Geschäftsmodell	4/5	4/5	5/5	13/15

Abbildung 132: Beispielhafte Definition des Resilienzniveaus je Risikogruppe[948]

Sobald die Definition der Kritizität sowie des Resilienzniveaus je Risikogruppe erfolgt ist, werden die Ergebnisse in einer Risikomatrix aufgetragen, um die Verwundbarkeit zu bestimmen und mit dem Schadenspotenzial je Risikogruppe gegenüberzustellen. Eine hohe Verwundbarkeit gegenüber einer Risikogrupp liegt vor, wenn eine hohe Kritizität sowie ein geringes Resilienzniveau gegeben ist. Dieser Zusammenhang ist in Abbildung 133 dargestellt.

948 Eigene Darstellung

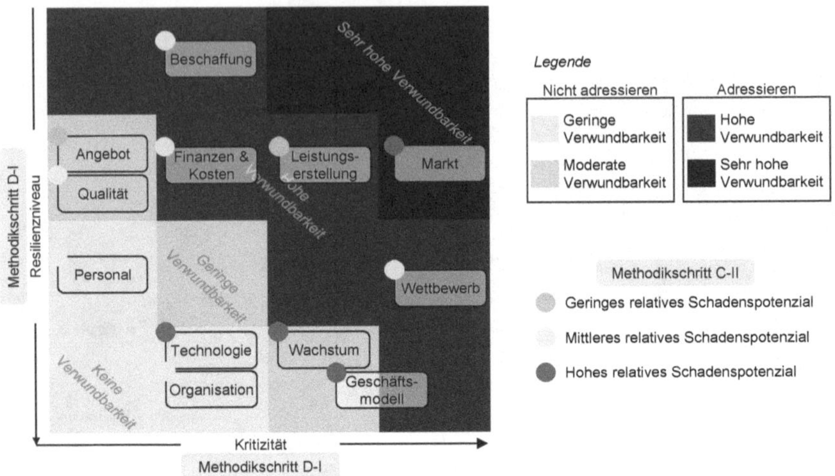

Abbildung 133: Abgleich der Verwundbarkeit des Unternehmens mit Risikogruppen[949]

Neben der grundsätzlichen Verwundbarkeit gegenüber Risiken bzw. Risikogruppen ist außerdem das szenarioübergreifende Schadenspotenzial der Risikogruppen aufgetragen. Insbesondere notwendig zur szenariounabhängigen Resilienzsteigerung ist eine fokussierte Adressierung der Risikogruppen. Dabei sollten solche Risikogruppen adressiert werden, gegen die eine Verwundbarkeit vorliegt und die gleichzeitig ein hohes Schadenspotenzial aufweisen.

Nachdem im Methodikschritt D-I eine Entscheidung darüber getroffen wurde, welche Szenarien aufgrund ihrer Eintrittswahrscheinlichkeit sowie ihres Schadenspotenzials potenziell Unternehmenskrisen hervorrufen können, erfolgt im nachfolgenden Methodikschritt D-II die resiliente Unternehmensauslegung zur Begegnung und Prävention dieser Szenarien.

Dem Anwender liegen nach dem Abschluss der *Interpretation der Prognose* folgende Ergebnisse vor:

- Ordnungsrahmen zur separaten Bewertung der definierten Umfeldszenarien für Werkzeugbaubetriebe.
- Übersicht über Ausprägungen der Erfolgsfaktoren von Resilienz.
- Methoden zur Bestimmung einer szenarioübergreifenden Bewertung von Risikogruppen im Kontext der unternehmenseigenen Verwundbarkeit.

5.3.1.3 Schritt D-II: Resiliente Unternehmensentwicklung

Die resiliente Unternehmensentwicklung beinhaltet die Umsetzung von strategischen Initiativen zur Steigerung der Resilienz des Unternehmens basierend auf den abgeleiteten Ergebnissen der Evaluations- sowie Prognosephase. Die strategischen Initiativen unterscheiden sich entsprechend der in Methodikschritt D-I definierten Sichtweisen der Interpretation der

[949] Eigene Darstellung

Evaluation- und Prognoseergebnisse. Der separaten Betrachtung der Umfeldszenarien sowie deren Eintrittswahrscheinlichkeiten und Schadenspotenziale folgt die Konzeption direkt strategischer Initiativen, welche dem Umfeldszenario effizient entgegenwirken sollen. Aus der szenarioübergreifenden Betrachtung der Risikogruppen im Kontext der eigenen Verwundbarkeit werden indirekte strategische Initiativen abgeleitet, welche zum Ziel haben, das allgemeine Resilienzniveau des anwendenden Betriebs zu erhöhen und die allgemeine Verwundbarkeit gegenüber Unternehmenskrisen und Risiken zu senken. Der Zusammenhang zwischen der vorab getätigten Interpretation der Prognose sowie der resilienten Unternehmensentwicklung ist in Abbildung 134 dargestellt. Die resiliente Unternehmensentwicklung durch direkte sowie indirekte strategische Initiativen wird im Folgenden erläutert.

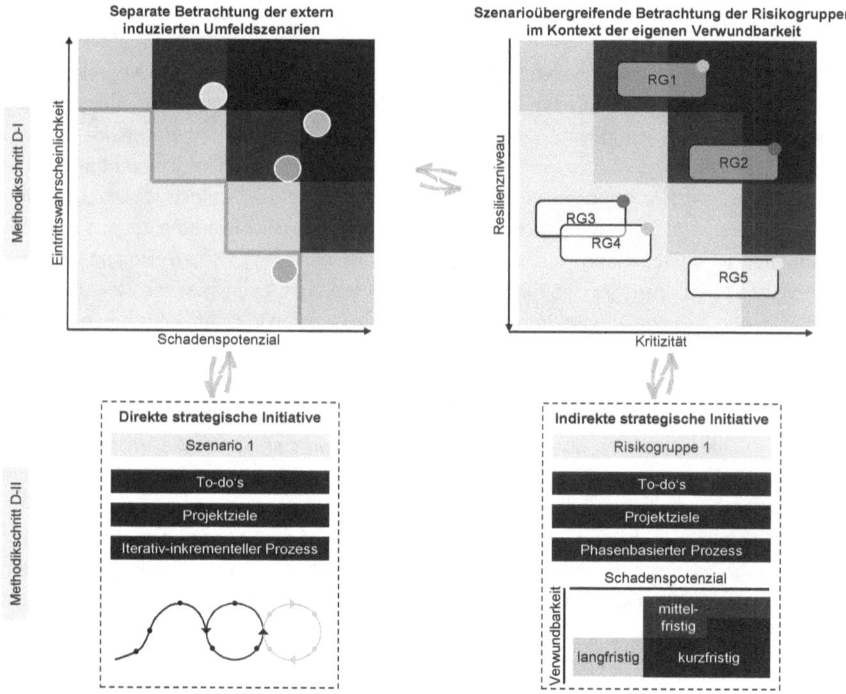

Abbildung 134: Herleitung direkter und indirekter strategischer Initiativen[950]

Direkte strategische Initiativen

Nachdem das anwendende Unternehmen eine Anzahl an relevanten Szenarien identifiziert hat, die oberhalb der Risiko-Baseline liegen und eine hohe Eintrittswahrscheinlichkeit sowie ein hohes Schadenspotenzial aufweisen, ist es notwendig, direkte strategische Initiativen ein-

[950] Eigene Darstellung

zuleiten, bei der sich Mitarbeitende strategisch mit den eintretenden Szenarien auseinandersetzen. Eine direkte strategische Initiative ist dabei nicht im Sinne eines klassischen langfristigen und phasenorientierten Projekts zu verstehen. Direkte strategische Initiativen im Kontext dieser Dissertation sollen als iterativ-inkrementelles Vorgehen mit Wiederholungsschleifen verstanden werden, um einen nachhaltigen Nutzen zu erzeugen. Dadurch kann der Ambidextrie zwischen dem notwendigen Tagesgeschäft und der Umsetzung unabhängiger und neuer Themenstellungen effizient begegnet werden.[951] Außerdem beeinflussen strategische Entscheidungen die Planung und Implementierung der strategischen Initiativen, wie auch die Ausprägungen und Prognosewerte der abgeleiteten Szenarien. Daher ist das Durchlaufen einer einmaligen Planungs- und Umsetzungssequenz ineffizient. Durch einen iterativen Ansatz ist eine Rückkopplung der Planung und Umsetzung mit sich ändernden Randbedingungen vermeidbar.[952]

Zur Durchführung der Initiativen bietet sich ein iteratives Vorgehen an, das aus Kernelementen moderner Design Thinking Prozesse, Lean Startup Modellen sowie agiler Umsetzungsprojekte besteht. Dabei ist in erster Instanz die *Zusammenstellung des Teams* von entscheidender Bedeutung. Die Heterogenität des Projektteams zur Bearbeitung der strategischen Initiative ist ein maßgeblicher Erfolgsfaktor für die erfolgreiche Umsetzung des Projekts.[953] Die *Zieldefinition* der direkten strategischen Initiative bedarf einer konkreten Beantwortung der aus den Umfeldszenarien entstammenden Krisenbeschreibung. Ziel muss es in einem Projekt sein, die dem Szenario zugrundeliegenden Einflüsse zu analysieren und Lösungen zur Steigerung der Resilienz gegenüber den Szenarien zu generieren. Dazu werden in einem ersten Schritt *Ideen gesammelt*, die abstrakt und disruptiv sein können. Die Anforderungen an die Kreativität der Mitarbeitenden sind in einem disruptiv strategischen Projekt vielseitiger als in operativen Projekten.[954] Im Bereich der Lösungsfindung gilt es, die gesammelten Ideen zur Beantwortung der Szenarien in eine *Lösung* zu überführen und diese zu *validieren*. Sollte die Validierung, beispielsweise durch Einsatz von historischen Daten oder Hochrechnungen scheitern, wird die Lösungsfindungsphase erneut durchlaufen. Bevor jedoch erneut eine Lösung validiert wird, wird eine *Lernphase* eingebaut, welche den beteiligten Akteure Kapazitäten zum Aufbau und zur Verfeinerung des spezifischen Domänenwissens freigibt. Sollte die Validierung erfolgreich sein, ist sichergestellt, dass das entwickelte Lösungskonzept prototypisch das Eintreten des jeweiligen Szenarios und den damit verbundenen Krisenzuständen unterbindet. Das Konzept wird nun in einem agilen Entwicklungsprozess umgesetzt. Ein Ziel der Umsetzung ist die Sicherstellung der nachhaltigen Effektivität des Konzepts. Der Prozess ist in Abbildung 135 dargestellt.

[951] Vgl. Pesch et al. (Agile Strategieentwicklung), 2020, S. 669.

[952] Vgl. Pesch et al. (Agile Strategieentwicklung), 2020, S. 670.

[953] Vgl. Küster et al. (Handbuch Projektmanagement), 2019, S. 36.

[954] Vgl. Küster et al. (Handbuch Projektmanagement), 2019, S. 46.

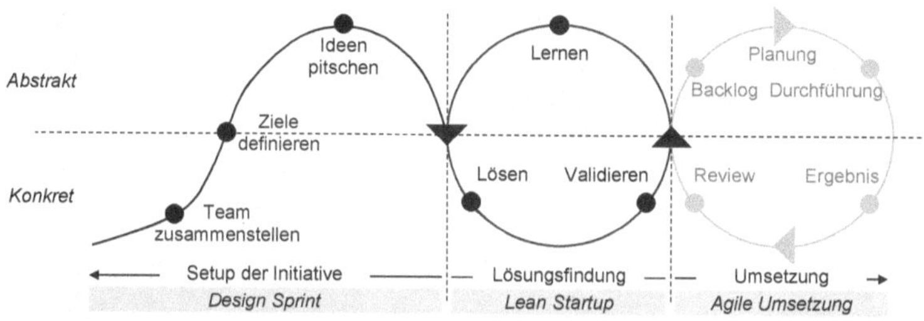

Abbildung 135: Iterativ-inkrementeller Ansatz der direkten strategisches Initiativen[955]

In der Praxis ist es durchaus denkbar, ein Szenario durch mehrere direkte strategische Initiativen oder mehrere Szenarien mit einer Initiative zu bearbeiten. Der determinierende Faktor für die Anzahl und Dringlichkeit der Szenarien ist der zugrundeliegende Auslöser der Szenarien.[956]

Indirekte strategische Initiativen

Im Gegensatz zu den direkt strategischen Initiativen bilden die indirekten strategischen Initiativen klassische, phasenorientierten Projekte ab und dienen der Operationalisierung der Resilienzsteigerung unabhängig der abgeleiteten Umfeldszenarien. Ziel der indirekt strategischen Initiativen ist eine, durch die Ableitung der organisatorischen Verwundbarkeit befähigte, Fokussierung der Resilienzsteigerung auf bestimmte Risikogruppen. Dazu werden Projekte mit Hilfe eines Project-Canvas aufgesetzt und einer Dringlichkeit versehen. Das Project-Canvas bietet Unterstützung bei der Beurteilung, ob ein Projekt nötig, nützlich und Umsetzbar ist. Es soll als Entscheidungs- und Controllingelement eingesetzt werden und arbeitet die dem Projekt zugehörigen Inhalte aus.[957]

Im Folgenden wird für die indirekten strategischen Initiativen die Dringlichkeit bzw. Fristigkeit sowie ein Project-Canvas zum Aufbau allgemeiner Resilienz im Unternehmen vorgeschlagen. Die Fristigkeit der indirekten strategischen Initiativen ermittelt sich aus der Verwundbarkeit gegenüber den Risikogruppen sowie dem Schadenspotenzial der Risikogruppen. *Kurzfristig* werden alle Risikogruppen adressiert, welche ein mittleres sowie hohes Schadenspotenzial aufweisen und gegen die das Unternehmen in einem hohen Maße verwundbar ist. *Mittelfristig* werden solche Risikogruppen adressiert, welche zwar ein mittleres oder hohes Schadenspotenzial aufweisen, bei denen jedoch beim anwendenden Unternehmen eine moderate bzw. geringe Verwundbarkeit vorherrscht. Eine *langfristige* Adressierung ist in solchen Fällen ausreichend, in denen Risiken mit geringem Schadenspotenzial einen Bereich des Unternehmens betreffen, der eine hohe Verwundbarkeit aufweist. *Nicht* adressiert werden sollten solche Risikogruppen, gegenüber denen das Unternehmen keine Verwundbarkeit aufweist und denen im

955 Eigene Abbildung i.A.a. Gartner Research (Digital Innovation), 2016, S. 1.

956 Vgl. Kapitel 5.1.1.4.

957 Vgl. Kor et al. (Project Canvas), 2020, S. 12.

Zuge der Schadenspotenzial-Bewertungen lediglich ein geringes Schadenspotenzial beigemessen wird. Der Zusammenhang der Fristigkeit als Funktion der Verwundbarkeit und des Schadenspotenzials ist in Abbildung 136 dargestellt.

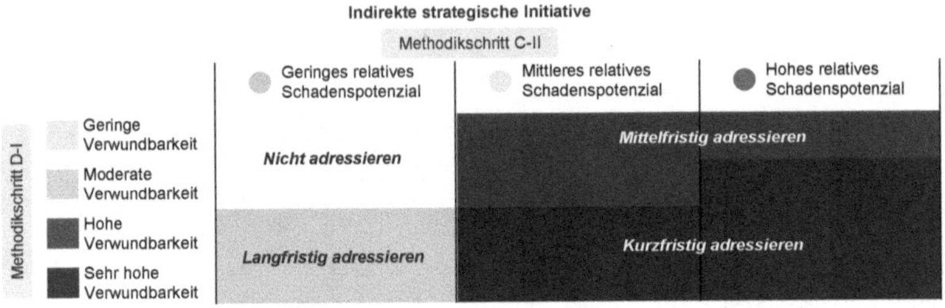

Abbildung 136: Zeitliche Priorisierung der indirekten strategischen Initiativen[958]

Die kurzfristig zu adressierenden Risikogruppen werden zuerst bearbeitet. Diese werden auf dem Abbildung 137 vorgestellten Project-Canvas aufgetragen. Zudem wird ein Hauptverantwortlicher zur Koordination des Projekts bestimmt. Eine personenorientierte Koordination kann durch persönliche Weisung oder Selbstabstimmung erfolgen und hat eine hohe Flexibilität zur Folge, die in den indirekten strategischen Initiativen erforderlich ist. Außerdem ist die Führung eines Projekts durch einen Hauptverantwortlichen durch eine hohe Gestaltbarkeit und Einflussnahme im Sinne des Gesamtprojekts geprägt.[959] In einem initialen Workshop werden die Teamzusammenstellung, grundsätzliche Bedenken, die Timeline sowie zugehörige Meilensteine definiert und ebenfalls auf dem Project-Canvas eingetragen. Dadurch ist sichergestellt, dass die im Projekt beteiligten Mitarbeitenden die übergeordneten Rahmenbedingungen kennen. Abschließend wird das Project-Canvas in Form einer To-do-Liste mit den Erfolgsfaktoren von unternehmerischer Resilienz belegt. In den Kategorien Schaffung Situationsbewusstsein, Management der Schlüsselschwachstellen und Steigerung Adaptionsfähigkeit werden die Erfolgsfaktoren als Teilziele zur Erhöhung der Resilienz im Unternehmen definiert. Zur erfolgreichen Umsetzung dieser Erfolgsfaktoren ist es notwendig, dass die Teilziele weiter detailliert werden. Je Risikogruppe ist eine Detaillierung vorgesehen, die beschreibt, inwiefern das generische To-do umgesetzt werden soll. Außerdem werden das Vorgehen und der Ablauf sowie der Verantwortliche für das To-do bestimmt. Der Ablauf beinhaltet zudem die Feststellung einer Sub-Timeline, die entsprechend der Projekt-Timeline sowie der zugehörigen Meilensteine aufgesetzt wird. Durch die Darstellung des Projekts im vorgeschlagenen Project-Canvas wird die Struktur und der Umfang des Gesamtprojekts übersichtlich dargestellt. Zudem unterstützt das Project-Canvas den Hauptverantwortlichen während der Projektsteuerung durch die Möglichkeit der kontinuierlichen Statuserfassung sowie Berichterstattung.[960] Das Project-Canvas ist in Abbildung 137 dargestellt.

---

[958] Eigene Darstellung

[959] Vgl. Bergmann (Organisation und Projektmanagement), 2016, S. 37-38.

[960] Vgl. Timinger (Modernes Projektmanagement), 2017, S. 183-188.

Risikogruppe		*Hauptverantwortlicher*	
Team	*Risiken & Bedenken*	*Timeline*	*Meilensteine*
To-do's			
Schafftung Situationsbewusstsein	*Details je Risikogruppe*	*Vorgehensweise und Ablauf*	*Verantwortlicher*
☐ Rollen und Verantwortlichkeiten festlegen			
☐ Verständnis für Gefährdung und Folgen schaffen			
☐ Konnektivitätsbewusstsein fördern			
☐ Versicherungsbewusstsein stärken			
☐ Rollen und Verantwortlichkeiten festlegen			
Management der Schlüsselschwachstellen			
☐ Risikostrategie entwickeln			
☐ Notfallsimulation konzeptionieren & durchführen			
☐ Fähigkeiten und Kapazitäten der internen Ressourcen prüfen			
☐ Fähigkeiten und Kapazitäten der internen Ressourcen prüfen			
☐ Organisationskonnektivität sicherstellen			
Steigerung Adaptionsfähigkeit			
☐ Mentalität für Risikogruppe sicherstellen			
☐ Kommunikation und Beziehungen verbessern			
☐ Strategische Vision und Ergebniserwartung kommunizieren			
☐ Informationsgüte und Wissen verbessern			
☐ Führung, Management und Governance challengen			
Ergebnisse			

Abbildung 137: Project-Canvas für spezifische Risikogruppe[961]

[961] Eigene Darstellung

Dem Anwender liegen nach dem Abschluss der *resilienten Unternehmensentwicklung* folgende Ergebnisse vor:

- Iterativ-inkrementeller Ansatz zur Durchführung von direkten strategischen Initiativen zur Steigerung der Resilienz gegenüber szenarioinduzierten Risiken.
- Methode zur Bestimmung der Fristigkeit von indirekten strategischen Initiativen zur allgemeinen Steigerung der Resilienz in Bezug zur eigenen Verwundbarkeit.
- Mit Erfolgsfaktoren der Resilienz aufgefülltes Project-Canvas zur Planung, Steuerung sowie Dokumentation indirekter strategischer Initiativen.

5.4 Integration der Methodikschritte

Innerhalb der vorherigen Kapitel 4 und 5 werden die einzelnen Schritte der Prognostik zur Resilienzsteigerung im Werkzeugbau zunächst hergeleitet und anschließend detailliert. Dabei werden sowohl bei der Herleitung als auch bei der Detaillierung der Methodik stets die Zusammenhänge und Schnittstellen zwischen den einzelnen Methodikschritten fokussiert. Durch den übergreifenden Ansatz stellt die vorgestellte Methodik eine geschlossene und zielgerichtete Anwendung im Werkzeugbau sicher. Im Folgenden werden zur Verdeutlichung die zentralen Zusammenhänge und Schnittstellen der Methodik zusammengefasst.

Im Rahmen der Evaluationsphase werden im Methodikschritt A Umfeldszenarien entwickelt, die Werkzeugbaubetriebe dabei unterstützen, die Einflüsse ihres Umfelds zu bewerten und in die Zukunft zu projizieren. Dabei wird zuerst eine Umfeldanalyse durchgeführt und hergeleitet, welche Einflussfaktoren auf den Werkzeugbaubetrieb existieren. Diese Einflüsse werden im Verlauf der Methodik erneut verwendet. Die darauffolgende Analyse der Wirkzusammenhänge der Einflussfaktoren erlaubt eine Priorisierung der Einflussfaktoren, die dann zur Formulierung von Umfeldszenarien genutzt werden.

Diese Umfeldszenarien bilden außerdem die Basis für die Prognosephase, welche durch die Methodikschritte B und C repräsentiert wird. Diese beinhalten sowohl die Prognose der Wahrscheinlichkeit als auch die Prognose des Schadenspotenzials der Umfeldszenarien. Im Kontext der Resilienz sind dies die maßgeblichen Faktoren zur Bewertung der vorab formulierten Umfeldszenarien. In Schritt B wird ein Vorgehen erläutert, um thesenbasiert Kriterien und Prädiktoren zur Prognose der Eintrittswahrscheinlichkeit der Umfeldszenarien festzulegen. Es wird beschrieben, inwiefern die Thesen unter Zuhilfenahme von Data Analytics-Methoden einer Beweisführung unterzogen werden müssen. Zur Identifikation der dafür notwendigen Kriterien und Prädiktoren wird erneut auf die im Methodikschritt A definierten Einflüsse zurückgegriffen und deren Einfluss für die Prognose genutzt. Hierdurch existiert ein direkter Zusammenhang zwischen den ersten beiden Methodikschritten. Darauf aufbauend wird präsentiert, wie neben der Prognose der Eintrittswahrscheinlichkeit der Szenarien auch das Schadenspotenzial prognostiziert werden kann. Dazu werden Risikogruppen für Werkzeugbaubetriebe abgeleitet und beschrieben, wie szenariospezifische Risiken abgeleitet werden können. Diese Risiken werden weitergehend bewertet. Dazu werden das Schadenspotenzial, die Risikoveränderung sowie die Kombinationseffekte ermittelt. Die in Risikogruppen zusammengefassten und bewerteten Risiken dienen anschließend als Grundlage zur Interpretation der Prognoseergebnisse.

Die Adaptionsphase stellt übergreifend sicher, dass das anwendende Unternehmen, unabhängig des zeitlichen Verlaufs der Risiken, die Krisensituation adaptiert und sich resilient weiterentwickelt. Dazu werden im ersten Teilschritt die in Methodikschritt A definierten Umfeldszenarien in einer Gesamtbewertung dargestellt. Dadurch kann ermittelt werden, welche Szenarien die größte Bedrohung für das Unternehmen darstellen. Außerdem werden die in Methodikschritt C definierten Risikogruppen mit entsprechendem Schadenspotenzialen in Bezug zur eigenen Verwundbarkeit gesetzt. Somit kann sichergestellt werden, dass die Risiken, die neben einem hohen Schadenspotenzial einen verwundbaren Teil der Organisation adressieren als erstes reduziert werden. Sowohl die szenarioabhängigen als auch die szenariounabhängigen Erkenntnisse dieser Analyse werden abschließend in direkte sowie indirekte strategische Initiativen überführt. Somit kann sichergestellt werden, dass die resiliente Unternehmensauslegung die Erkenntnisse aller Methodikschritte in einem Operationalisierungsvorgehen zusammenbringt.

Die Zusammenhänge zwischen den einzelnen Phasen und Schritten verdeutlichen, dass eine Prognostik zur Resilienzsteigerung nur durch die Anwendung aller Schritte und ihrer jeweiligen Aufgaben zuverlässig erreicht werden kann. Im Zuge dessen ist zu betonen, dass die einzelnen Aufgaben durch den Methodikanwender auf die jeweilige Unternehmenssituation übertragen und unternehmensspezifisch ausgestaltet werden müssen. Die in der vorliegenden Arbeit entwickelte und präsentierte Methodik stellt in Summe ein geschlossenes Hilfsmittel für den Werkzeugbau dar, um szenariobasiert Risiken der Zukunft zu ermitteln und diese zur Resilienzsteigerung im Werkzeugbau zu nutzen und dadurch Anwender langfristig strategisch resilienter aufzustellen.

6 Fallbeispiele und kritische Reflexion

In Kapitel 5 wurde die entwickelte Methodik mit den drei Phasen Evaluationsphase, Prognosephase und Adaptionsphase detailliert. In diesem Kapitel erfolgt die Verifizierung der Methodik anhand von Fallbeispielen. Die Anwendung geschieht bei zwei in Bezug auf den Betrachtungsbereich repräsentativen Unternehmen. Die Verifizierung adressiert die letzten beiden Phasen der angewandten Forschung nach ULRICH[962] und schließt dementsprechend den Forschungsprozess ab.

Die vorgestellten Fallbeispiele basieren auf der empirischen Methode der Fallstudie. Mit der Fallstudienmethode ein aktuell relevanter bzw. zeitgenössischer Sachverhalt untersucht. Damit lässt sich die Fallstudie von Methoden abgrenzen, die sich mit in der Vergangenheit liegenden Fällen auseinandersetzen. Außerdem kann es als charakteristisches Merkmal einer Case Study verstanden werden, dass die Grenze zwischen dem beobachtbaren Sachverhalt und dem Kontext nicht trennscharf gezogen werden kann.[963] Die im Folgenden dargestellten Beispiele untersuchen die vorgestellte Methodik auf ihre Anwendbarkeit anhand von konkreten Unternehmensfällen.

Die Fallbeispiele umfassen die FESTOOL GMBH sowie die WBA AACHENER WERKZEUGBAU AKADEMIE GMBH. Anhand dieser zwei Fallbeispiele wurde die Methodik in Bezug auf eine konkrete Ausgangssituation und Problemstellung angewendet. Durch die Eingrenzung des Betrachtungsbereichs konnte die Komplexität der Modellanwendung reduziert und damit die Detailtiefe bei der Ausgestaltung der einzelnen Gestaltungselemente erhöht werden.

Im Rahmen der Methodikanwendung im Werkzeugbau der FESTOOL GMBH wurde der Fokus auf *alle Methodikschritte* gelegt. Das zweite Fallbeispiel der AACHENER WERKZEUGBAU AKADEMIE GMBH als externer Werkzeugbaubetrieb appliziert die Methodikschritte *Ableitung unternehmensspezifischer Umfeldszenarien*, *Prognose der Wahrscheinlichkeiten der Szenarien* sowie *Interpretation der Prognosen*. Die Sicherstellung der Anwendbarkeit in unterschiedlich aufgestellten Werkzeugbaubetrieben kann durch die Verschiedenheit der betrachteten Betriebe sichergestellt werden. Konkret unterscheiden sich beide Betriebe in der Art ihrer Erzeugnisse, am Marktzugang, Stakeholder-Strukturen sowie organisatorischen Rahmenbedingungen.

Die Vollständigkeit der Validierung wird dadurch sichergestellt, dass alle Methodikschritte mindestens einmal umgesetzt wurden. Durch die heterogenen Rahmenbedingungen der Betriebe kann eine Übertragbarkeit der Ergebnisse in einen breiten Anwendungskontext sichergestellt werden. In Abhängigkeit von der jeweils spezifischen Ausgangssituation sowie individueller Vorarbeiten wurden die in Kapitel 5 detaillierten Methodikschritte im Rahmen der Validierung vollständig oder in verkürzter Form angewendet.

[962] Vgl. Kapitel 1.5

[963] Vgl. Gabler Wirtschaftslexikon (Fallstudie), 2022.

6.1 Fallbeispiel: Festool GmbH

Die FESTOOL GMBH[964] ist ein mittelständisches Unternehmen mit Sitz in Wendlingen am Neckar, das auf die Herstellung von Elektro- und Druckluftwerkzeugen spezialisiert ist. Das Produktportolio von FESTOOL setzt sich aus Akkubohrschraubern, Handkreissägen, Stichsägen, Zug- und Kappsägen, Fräsen, Hobeln, Schleifern, Polierern und Spezialsaugern zusammen. Kundengruppen von FESTOOL sind unter anderem Holzhandwerker, Maler und Kfz-Lakierer. Das Unternehmen wurde 1992 aus der Muttergesellschaft Festo SE & CO. KG als Tooltechnic GmbH & Co. ausgegliedert, zum 1. Januar 2000 aus dem Konzern herausgelöst und in die FESTOOL überführt. Der Produktionsstandort befindet sich seit 1952 in Neidlingen und wurde 2022 um ein neu errichtetes Werk in Weilheim an der Teck erweitert. An den verschiedenen Standorten des Unternehmens arbeiten über 3.000 Mitarbeitende.

FESTOOL setzt am Standort Neidlingen einen internen Werkzeug- und Formenbau[965] ein, um die Produktion mit Spritzgießwerkzeugen zu versorgen. Dabei werden Spritzgießwerkzeuge zur Verarbeitung von Thermoplasten sowie Druckgusswerkzeuge hergestellt, um die Produktion der Außenhaut der Elektro- und Druckluftwerkzeuge zu befähigen. Außerdem werden Spritzgießwerkzeuge zur Verarbeitung von Duroplasten eingesetzt, um Motorteile für die Antriebe der Maschinen zu produzieren. Im Werkzeugbau sind 21 Mitarbeitende beschäftigt. Der Werkzeugbau beliefert zudem externe Kunden in den Bereichen Medizin, Verpackung, Automotive und Maschinenbau. Der Anteil der externen Kunden beträgt rund 25 % des Umsatzes.

Das im Folgenden dargestellte Fallbeispiel untersucht die vorgestellte Methodik auf ihre Anwendbarkeit anhand eines Projekts des FESTOOL WERKZEUGBAUS. Übergeordnetes Ziel des Vorhabens ist die Ausarbeitung einer abgestimmten strategischen Ausrichtung des Werkzeugbaus am Standort Neidlingen. Neben der Ausarbeitung der allgemeinen Strategie zur Steigerung der Wettbewerbsfähigkeit umfasste dies die Erarbeitung von potenziellen Entwicklungsszenarien basierend auf den Einflüssen interner und externer Stakeholder. Eine Teilzielstellung des Vorhabens ist die Reduzierung von internen und externen Stakeholder-Abhängigkeiten und somit die Steigerung der Resilienz beispielsweise durch Diversifizierung des zukünftigen Leistungsportfolios. Die Rahmenbedingungen des Fallbeispiels lassen eine Validierung der in dieser Arbeit konzeptionierten Methodik zu.

6.1.1 Ausgangssituation

Der Werkzeugbau konnte sich in den vergangenen Jahren sukzessive weiterentwickeln. Erfolgsfaktoren dafür sind hohe Investitionen in Automatisierungslösungen, die stringente Nutzung von innovativen Softwarelösungen sowie eine stringente Personalentwicklung in den know-how-intensiven Bereichen des Werkzeugbaus. Die interne Kundengruppe des FESTOOL WERKZEUGBAUS sind externe Spritzgießbetriebe, welche Auftragsfertigung für die FESTOOL Serienproduktion betreiben. Dadurch wird der FESTOOL WERKZEUGBAU trotz des Status des internen Werkzeugbaus intensiv von Entwicklungen externer Stakeholder beeinflusst und

[964] Nachfolgend als Festool bezeichnet.

[965] Nachfolgend nur als Festool bezeichnet

steht in intensivem Nominierungswettbewerb mit deutschen, europäischen und asiatischen Wettbewerbern. Durch den steigenden Kostendruck und unvorhersehbaren Nominierungen der Kunden ist die Profitabilität des Werkzeugbaus volatil. Daher muss der FESTOOL WERKZEUGBAU seinen Auftrags- und Kundenmix optimieren. Den dargestellten Herausforderungen im Themenfeld der Resilienz wird durch eine zyklische Optimierung der Strategie begegnet.

6.1.2 Anwendung der Methodik

Der Fokus der Anwendung liegt auf allen dargestellten Methodikschritten des Dissertationsvorhabens. Der FESTOOL WERKZEUGBAU leitet in seinen Strategie-Reviews unternehmensspezifische Umfeldszenarien ab, prognostiziert deren Eintrittswahrscheinlichkeit sowie das Schadensausmaß und legt daraufhin die Strategie mit der Zielstellung Profitabilität sowie Resilienz aus.

Die *Ableitung unternehmensspezifischer Umfeldszenarien* erfolgt in einem ersten Schritt durch die Identifikation der relevanten Stakeholder. Die Stakeholder wirken jedoch unterschiedlich stark auf den FESTOOL WERKZEUGBAU ein. Kundenseitig nehmen sowohl die eigene Serienproduktion, die externen, für FESTOOL produzierende Spritzgießbetriebe als auch unabhängig von FESTOOL agierende Kunden direkten und indirekten Einfluss auf den Werkzeugbau. Dadurch, dass der FESTOOL WERKZEUGBAU bei seinen Kunden in einem Nominierungswettbewerb steht, sind zudem die Wettbewerber eine maßgebliche Einflussgröße auf die Strategie des Werkzeugbaus. Die teilweise geringe Wertschöpfungstiefe bedingt Abhängigkeiten zu Zulieferern, wodurch die Entwicklungen der Zulieferer und das Zulieferangebot ebenfalls Einfluss auf den FESTOOL WERKZEUGBAU nehmen. Zusätzlich wirken die Mitarbeitenden auf die Strategie des Unternehmens ein.

In regelmäßigen Abständen werden die Stakeholdereinflüsse mit den Stakeholderinteressen abgeglichen und bewertet. Maßgeblicher Betrachtungsfokus der Strategieauslegung im Fall des FESTOOL WERKZEUGBAU sind die Einflüsse der Kunden und des Wettbewerbs. Daher nimmt die Analyse dieser Einflüsse eine vordergründige Rolle in der Erstellung von Entwicklungsszenarien ein. Die Entwicklung strategischer Szenarien ist durch die Nachfrage und Art der Werkzeuge sowie die Komplexität der Werkzeuge geprägt. So ist denkbar, dass aufgrund Veränderungen der Serien-Produktionsplanung interner und externer Kunden die Nachfrage nach Werkzeugen sinkt. Gleichermaßen kann die Produktionsplanung bei gleichbleibender Nachfrage auch die Komplexität und daher die Profitabilität des Werkzeugbaus gefährden. Auch wird in der Strategieauslegung des FESTOOL WERKZEUGBAUS ein Szenario berücksichtigt, das ein Ungleichgewicht zwischen internen und externen Nachfragemengen beschreibt, wodurch insbesondere die Resilienz gefährdet ist.

Zur *Prognose der Wahrscheinlichkeit dieser Umfeldszenarien* werden regelmäßig Marktdaten erhoben. Zur Abschätzung der internen Nachfrage stehen dem FESTOOL WERKZEUGBAU Vergabelisten zur Verfügung, wodurch sich Mengen, Komplexitäten sowie Werkzeugpreise abschätzen lassen. Außerdem fokussiert der FESTOOL WERKZEUGBAU einen engen Kundenkontakt und führt sowohl bei internen als auch bei externen Kunden regelmäßig Befragungen hinsichtlich internen Veränderungen und Veränderungen der Nachfrage durch. Die Verantwortlichen des FESTOOL WERKZEUGBAU etablieren zudem methoden, um die Bedürfnisse des internen Kunden zu verstehen und zu quantifizieren. Dazu werden regelmäßige Besprechungen zu strategischen und operativen Entwicklungen der Serie durchgeführt. Hier werden insbesondere Absatzprognosen der Elektro- und Druckluftwerkzeuge genutzt, um Rückschlüsse auf die notwendigen Werkzeugmengen und -komplexitäten zu erhalten. Insbesondere die Produktentwicklung dient dem FESTOOL WERKZEUGBAUS als erfolgsträchtige Informationsquelle. Durch diesen intensiven Austausch mit den Stakeholdern, welche den höchsten Einfluss auf die Resilienz des FESTOOL WERKZEUGBAU aufweisen, kann adäquat abgeschätzt werden, welches der erarbeiteten strategischen Szenarien als realistisch anzunehmen ist.

Die *Prognose des Schadenspotenzials* der erarbeiteten Szenarien erfolgt durch eine Risikobewertung. Die für die Risikobewertung notwendige Strukturierung erfolgt anhand vorgegebener Risikogruppen. Operative Risiken werden aus internen Prozessreviews im Zuge der ISO 9001 Zertifizierungen abgeleitet. So kategorisiert der FESTOOL WERKZEUGBAU seine Risiken der Norm entsprechend nach wirtschaftlichen und technischen Risiken, Umweltrisiken, IT-Risiken und personellen Risiken. Technische Risiken umfassen dabei insbesondere die Produktsicherheit, Arbeitssicherheit, Versorgung sowie Entsorgung. Strategische Risikogruppen werden durch ein allgemeines Werksreporting des Mutterkonzerns vorgegeben und beinhalten eine Vielzahl von Risikotypen. Zur Identifizierung und Quantifizierung der Risiken zur Bereitstellung in den Prozessreviews sowie dem Werksreporting erfolgt im FESTOOL WERKZEUGBAU ein enges Kennzahlentracking. Bestehende ERP- und PPS-Software ermöglichen die Erhebung von finanziellen sowie prozessseitigen Kennzahlen. Diese sind jederzeit abrufbar und werden in regelmäßigen Abständen durch Errechnung eines Kennzahlentrends mit der strategischen Planung abgeglichen. Dadurch lassen sich Risiken frühzeitig erkennen. Die bestehenden finanziellen und operativen Kennzahlen lassen zudem eine Vorabbewertung der Schadenspotenziale der definierten Szenarien zu. Hierzu werden paarweise Vergleiche eingesetzt, um einerseits Wechselwirkungen zwischen den Kennzahlen zu identifizieren und diese den definierten Risiken gegenüberzustellen. Im Szenario der ausbleibenden internen Nachfrage bzw. der Reduktion der Komplexität der nachgefragten Werkzeuge ist es dem FESTOOL WERKZEUGBAU daher möglich, die in der Folge ausbleibenden Umsätze bzw. die sinkende Profitabilität vorherzusehen.

Basierend auf der abgeschätzten Eintrittswahrscheinlichkeit sowie der quantifizierten finanziellen und operativen Auswirkung der Szenarien erfolgt im FESTOOL WERKZEUGBAU die *Krisenadaption und resiliente Unternehmensentwicklung* durch Ableitung von strategischen Zielen. In Expertenworkshops werden die Szenarien inkl. der Eintrittswahrscheinlichkeit sowie des Schadensausmaßes diskutiert und interpretiert. Zielstellung dieser Workshops ist die Ableitung geeigneter Maßnahmen zur Begegnung der antizipierten Entwicklung. Dazu wird neben den potenziellen Entwicklungsszenarien der aktuelle Status quo der Kennzahlenlandschaft sowie bestehende Strategiepapiere herangezogen und Bereiche identifiziert, die mit Handlungsfeldern belegt werden. Im Falle der ausbleibenden internen Nachfrage sowie Profitabilität betreffen die Handlungsfelder beispielsweise die Steigerung des Anteils externer Kundenaufträge. Dieser wird vom FESTOOL WERKZEUGBAU in regelmäßigen Abständen überprüft und entsprechend der internen Nachfrage angepasst. Zur Erhöhung des Anteils externer Aufträge wurden in der Vergangenheit Akquisestrategien ausgearbeitet sowie Pilotprojekte mit neuen

Kunden durchgeführt. Vorbereitend dazu wurden Kundeninterviews durchgeführt, um die Bedarfe und Anforderungen der Kunden zu verstehen. Aktuell wird die bestehende Systemlandschaft um Customer-Relationship-Management-Module erweitert, um die Systematisierung des Kundenkontakts voranzutreiben. Auch die Einführung einer Software für Wissensmanagement ist ein strategisches Handlungsfeld des FESTOOL WERKZEUGBAUS zur Adressierung neuer und bestehender externer Kunden.

Der Durchlauf dieses Prozesses erfolgt in einer iterativen Weise in regelmäßigen Abständen zur Sicherstellung einer nachhaltigen Wettbewerbsfähigkeit. Dazu ist der FESTOOL WERKZEUGBAU stets bemüht, die Verfügbarkeit notwendiger Kennzahlen und ausreichender Marktintelligenz sicherzustellen.

6.1.3 Fazit

Am Beispiel des FESTOOL WERKZEUGBAUS kann die erfolgreiche Anwendung der vorgestellten Methodik sowie der darin verorteten Methodikschritte aufgezeigt werden. Der Fokus der Anwendung liegt im FESTOOL WERKZEUGBAU auf der Ableitung unternehmensspezifischer Umfeldszenarien, der Prognose der Wahrscheinlichkeit der Umfeldszenarien, der Prognose des Schadenspotenzials der Szenarien sowie der resilienten Unternehmensentwicklung.

Die *Ableitung unternehmensspezifischer Umfeldszenarien* befähigt den FESTOOL WERKZEUGBAU dazu, die größten Einflussfaktoren auf Wertschöpfung, Leistung, Organisation sowie Strategie zu identifizieren und zu Quantifizieren. Dadurch könnten die relevantesten Einflüsse aufgezeigt und in Szenarien aufgebaut und durchgespielt werden. Die *Prognose der Wahrscheinlichkeit der Umfeldszenarien* durch die Hinzunahme relevanter Datenquellen indiziert dem FESTOOL WERKZEUGBAU, inwiefern die von ihm aufgestellten Szenarien realistisch sind und mit welcher Wahrscheinlichkeit sie eintreten. Die *Prognose des Schadenspotenzials der Umfeldszenarien* unter Zuhilfenahme von definierten und strukturierten Risikogruppen befähigt den FESTOOL WERKZEUGBAU Risiken effizient durch Kennzahlen zu beschreiben und diese mit Hilfe von Softwarelösungen zu überwachen und zu quantifizieren. Durch die iterative *Krisenadaption und resiliente Unternehmensauslegung* ist der FESTOOL WERKZEUGBAU entsprechend der definierten Szenarien in der Lage, relevante Handlungsfelder zur Steigerung der Resilienz strategisch und operativ umzusetzen.

Das Fallbeispiel belegt, dass alle Schritte der Methodik ein praxisrelevantes Vorgehen beinhalten, in sich abgeschlossen sind sowie inhaltlich schlüssig aufeinander aufbauen. Außerdem konnte bewiesen werden, dass einzelne Schritte der Methodik an die spezifischen Rahmenbedingungen eines Unternehmens angepasst werden können, um konkrete Ergebnisse zu erzielen.

6.2 Fallbeispiel: WBA Aachener Werkzeugbau GmbH

Die WBA Aachener Werkzeugbau Akademie GmbH[966] ist als Kompetenz-Center im Cluster Produktionstechnik auf dem RWTH Aachen Campus Teil eines der größten Forschungslabore

---

[966] Nachfolgend als WBA bezeichnet

Europas im Bereich der Produktionstechnik. Durch die enge Zusammenarbeit mit führenden Hochschuleinrichtungen und mehr als 80 Mitgliedsunternehmen im eigenen Partnernetzwerk stellen hat sich die WBA zur Aufgabe gemacht, eine Verbindung zwischen Industrie, Wissenschaft und Forschung herzustellen.

Dazu erarbeitet die WBA gemeinsam mit einem Netzwerk Werkzeugbaubetrieben branchenspezifische Lösungen für die nachhaltige Wettbewerbsfähigkeit der Branche Werkzeugbau. Im Fokus der Aktivitäten stehen die Schwerpunkte Industrieberatung, Weiterbildung, Forschung und Entwicklung sowie Softwareentwicklung. Zusätzlich ist die WBA durch den eigenen Werkzeugbau innovativer Lösungsanbieter und Lohnfertiger.

Das im Folgenden dargestellte Fallbeispiel untersucht die vorgestellte Methodik auf ihre Anwendbarkeit anhand eines Projekts der WBA. Übergeordnetes Ziel des Vorhabens ist die Ausarbeitung einer Trendroadmap bis zum Jahr 2030. Neben der Analyse branchenspezifischer Trends beinhaltet dies die Ableitung potenzieller Entwicklungsszenarien der Branche basierend auf den Einflüssen interner und externer Anspruchsgruppen. In diesem Fallbeispiel ist das langfristige Ziel des Projekts die Steigerung der Resilienz des WBA-Werkzeugbaus und die Ableitung möglicher Handlungsoptionen basierend auf den Branchenszenarien. Die Rahmenbedingungen des Fallbeispiels lassen eine Validierung der in dieser Arbeit konzeptionierten Methodik zu.

6.2.1 Ausgangssituation

Der Werkzeugbau der WBA konnte sich seit Gründung des Unternehmens im Jahr 2010 stetig weiterentwickeln. Dem wachsenden Partnernetzwerk sind über die Jahre Kooperationspartner beigetreten, die Maschinen und Ausrüstung zur Verfügung stellen. Zudem ist der Einsatz leistungsfähiger CAD- und CAM-Systeme sowie PPS-Systeme Erfolgsfaktor für die sukzessive Weiterentwicklung des Werkzeugbaus. Die Kundengruppe des WBA Werkzeugbaus sind ausschließlich externe Kunden. Ein Teil der Kunden sind Partner des Partnernetzwerks, grundsätzlich bietet der Werkzeugbau jedoch frei auf dem Markt an. Das stetige Wachstum an Neuaufträgen wurde im Jahr 2019 durch die Corona-Krise abrupt unterbunden. Die eingebrochenen Umsätze in diesem Geschäftsfeld verursachten einen stark erhöhten Liquiditätsbedarf und eine starke Abhängigkeit des Werkzeugbaus von den anderen Geschäftsfeldern der WBA. Um einer erneuten Krisensituation vorzubeugen muss der WBA Werkzeugbau sich resilienter aufstellen. Den dargestellten Herausforderungen im Themenfeld der Resilienz wird durch ein iteratives Vorgehen zur Überprüfung der eigenen Strategie begegnet.

6.2.2 Anwendung der Methodik

Der Fokus der Anwendung liegt auf der *Ableitung unternehmensspezifischer Umfeldszenarien*[967], der *Prognose der Wahrscheinlichkeiten der Szenarien*[968] sowie der *Krisenadaption und*

[967] Vgl. Methodikschritt A.

[968] Vgl. Methodikschritt B.

resilienten Unternehmensentwicklung[969] der vorgestellten Dissertation. Der WBA Werkzeugbau leitet Umfeldszenarien ab und prognostiziert deren Wahrscheinlichkeit, um die eigene Strategie regelmäßig auf ihre Validität zu überprüfen und unter Umständen anzupassen. Die Umfeldszenarien haben dabei einen branchenübergreifenden Charakter. Ziel des WBA Werkzeugbaus ist mithin die Vorhersage der Entwicklung der Branche Werkzeugbau, um die Validität der eigenen Strategie zu überprüfen.

Die *Ableitung unternehmensspezifischer Umfeldszenarien* erfolgt in einem ersten Schritt durch die Identifikation der relevanten Stakeholder. Diese werden, wie im Dissertationsvorgehen vorgeschlagen, durch das neue St. Galler Management-Modell nach RÜEGG-STÜRM hergeleitet. Relevante externe Einflüsse des WBA Werkzeugbaus sind Lieferanten, Mitarbeitende, Kunden, Markt bzw. Konkurrenz sowie Staat bzw. Öffentlichkeit. Da die Einflüsse jedoch unterschiedlich stark auf den WBA Werkzeugbau einwirken, werden diese seitens der WBA gegeneinander abgewogen und entsprechend der Einflussstärke bewertet. Durch Nutzung der in Methodikschritt A-II vorgestellten paarweisen Vergleiche können die Haupteinflüsse identifiziert werden. Den hauptsächlichen Einfluss auf Unternehmen der Branche haben die Kunden, der Wettbewerb, der Staat bzw. die Öffentlichkeit sowie die Mitarbeitenden.

Die Kunden stellen den größten Einflussfaktor für die Betriebe der Branche dar. Die kundenseitigen Anforderungen an die Werkzeugkosten, das Geschäftsmodell sowie die Reaktionsschnelligkeit des Werkzeugbaus stellen sich als die Einflüsse mit der höchsten Einflussstärke heraus. Neben dem Kunden weist auch der Wettbewerb einen vergleichbar hohen Einfluss auf den Werkzeugbau auf. Der Digitalisierungsgrad des Wettbewerbs ist ein entscheidender Wettbewerbsvorteil, da stärker digitalisierte Unternehmen eine höhere Entwicklungsgeschwindigkeit aufweisen.[970] Weitere wettbewerbsbezogene Einflüsse sind die wertschöpfungs- sowie angebotsbezogene Leistungsfähigkeit der Betriebe der Branche. Die Einflüsse der Mitarbeitenden lassen sich in Mitarbeitendenverfügbarkeit sowie Mitarbeitendenanforderungen unterteilen. Die Mitarbeitendenverfügbarkeit wird wiederum durch den demografischen Wandel sowie die Verfügbarkeit digitaler und werkzeugbaubezogener Kompetenzen beeinflusst. Mitarbeitendenanforderungen setzen sich aus Veränderungen der Anforderungen an Work-Life-Balance, Arbeitszeitmodelle sowie Selbsterfüllung und sozialer Nachhaltigkeit zusammen.

Durch Kombination möglicher Ausprägungen der bewerteten Einflussfaktoren können vier Umfeldszenarien für Betriebe der Branche Werkzeugbau abgeleitet werden. Diese beschreiben jeweils einen möglichen Zustand, in den sich die Branche Werkzeugbau hinein entwickeln kann. Das Szenario *der reine Instandhalter* beschreibt, dass es im Jahr 2030 keinen Neuwerkzeugbau mehr in Deutschland geben wird. Dem weiterhin zunehmenden Kostendruck können ausschließlich Werkzeugbaubetriebe in Niedriglohnländern nachkommen. Außerdem entwickelt der deutsche Werkzeugbau keine neuen Merkmale zur langfristigen Differenzierung auf dem internationalen Werkzeugbaumarkt. Das Szenario *der Engineer und Reifmacher* beschreibt, dass deutsche Werkzeugbaubetriebe im Jahr 2030 ausschließlich die know-how-intensive Tätigkeiten wie das Engineering und das Reifmachen von Werkzeugen übernimmt.

---

969 Vgl. Methodikschritt D.

970 Vgl. Schuh et al. (Value Capture), 2021, S. 39.

Auch in diesem Szenario ist die Herstellung von Werkzeugen in Deutschland aufgrund des Kostendrucks nicht realistisch. Durch eine starke Differenzierung der Betriebe im Bereich Engineering sowie Reifmachung können diese Leistungen in Deutschland erbracht werden. Die Durchführung der mechanischen Fertigung und Montage wird dann in Ländern mit geringeren Faktorkosten getätigt. Das Szenario *der hochautomatisierte Werkzeughersteller* beschreibt, dass auch in 2030 weiterhin alle wertschöpfenden Tätigkeiten, vom Engineering über die Fertigung bis zur Reifmachung in Deutschland durchgeführt werden. Dazu ist es notwendig, die interne Effizienz durch Automatisierung sowie Digitalisierung voranzutreiben und innovative Fertigungstechnologien zur Herstellung nachhaltiger, hochkomplexer Werkzeuge zu verwenden. Das Szenario *der Produktivitätsbefähiger* beschreibt, dass der Fokus des Geschäftsmodells des Werkzeugbaus im Jahr 2030 nichtmehr auf der Herstellung des Werkzeugs liegt, sondern in der nutzenbasierten Abrechnung des Werkzeugs. In diesem Szenario bietet der deutsche Werkzeugbau datenbasierte Dienstleistungen zur Steigerung der Produktivität der Serienprozesse an. Wo die Herstellung der Werkzeuge erfolgt, ist nebensächlich. Dennoch ist der Werkzeugbau als Generalunternehmer für die Beschaffung bzw. Fertigung sowie die Reifmachung der Werkzeuge zuständig.

Die *Prognose der Wahrscheinlichkeit der Szenarien* erfolgt durch die Aggregation und Bewertung von branchenbezogenen Daten. Dazu nutzt die WBA die gemeinsame Datenbank des Werkzeugmaschinenlabors WZL der RWTH Aachen und des Fraunhofer-Instituts für Produktionstechnologie IPT, Daten der Internation Special Tooling and Machining Association (ISTMA), Das statistische Amt der Europäischen Union (Eurostat), die UN Comtrade Datenbanken und weitere nicht öffentlich zugängliche Datensätze. Diese Daten enthalten leistungsbezogene, wertschöpfungsbezogene sowie finanzbezogene Informationen zur Entwicklung der Branche sowie der weltweiten Warenströme. Der WBA Werkzeugbau korreliert die branchenbezogenen Daten mit allgemeinen Konjunkturindikatoren wie beispielsweise dem Geschäftsklimaindex des Leibniz-Institut für Wirtschaftsforschung an der Universität München e. V., um die vorab definierten Thesen der abgeleiteten Szenarien zu validieren oder zu falsifizieren. Durch den Erfüllungsgrad der Thesen kann die Wahrscheinlichkeit der Szenarien abgeleitet werden.

Zur *Krisenadaption und resilienten Unternehmensentwicklung* erfolgt ein Abgleich der aktuell gewählten Strategie für den Werkzeugbau mit den als realistisch eingeschätzten Szenarien. Sollte die gewählte Strategie abweichen, werden strategische Anpassungen vorgenommen. Dazu werden Strategiemeetings abgehalten und in einem iterativen Strategieprozess eine neue Strategie abgeleitet. Entsprechend der strategischen Erfolgsfaktoren der Szenarien werden strategische Ziele abgeleitet, in Initiativen überführt und in einer Roadmap operationalisiert.

Die Aufstellung der Szenarien, die Bewertung der Eintrittswahrscheinlichkeit sowie der Abgleich der eigenen Strategie erfolgt im Werkzeugbau der WBA iterativ in den selben Zyklen, in denen auch die zur Verfügung stehenden Daten aktualisiert werden. Dadurch kann in regelmäßigen Abständen überprüft werden, ob die gewählte Strategie für den Werkzeugbau sinnvoll ist. Je nach Ergebnis werden dann regelmäßige Anpassungen vorgenommen.

6.2.3 Fazit

Am Beispiel des Werkzeugbaus der WBA kann die erfolgreiche Anwendung der vorgestellten Methodik sowie der darin verorteten Methodikschritte aufgezeigt werden. Der Fokus der Anwendung liegt auf der Ableitung unternehmensspezifischer Umfeldszenarien, der Prognose der Wahrscheinlichkeit der Umfeldszenarien sowie der Interpretation der Szenarien.

Die *Ableitung unternehmensspezifischer Umfeldszenarien* befähigt den WBA Werkzeugbau dazu, eine Abschätzung über die Veränderung der Branche Werkzeugbau zu treffen. Die *Prognose der Wahrscheinlichkeit der Umfeldszenarien* durch die Hinzunahme relevanter Datenquellen indiziert dem WBA Werkzeugbau, welche Entwicklungen zu erwarten sind. Durch die iterative *Krisenadaption und resilienten Krisenadaption* ist der WBA Werkzeugbau in der Lage, seine gewählte Strategie zu validieren bzw. zu falsifizieren und entsprechend anzupassen. Dadurch kann eine Steigerung der Resilienz erzielt werden.

Das Fallbeispiel belegt ebenfalls, dass alle Schritte der Methodik ein praxisrelevantes Vorgehen beinhalten, in sich abgeschlossen sind sowie inhaltlich schlüssig aufeinander aufbauen. Außerdem konnte bewiesen werden, dass einzelne Schritte der Methodik an die spezifischen Rahmenbedingungen eines Unternehmens angepasst werden können, um konkrete Ergebnisse zu erzielen.

6.3 Kritische Reflexion

Die zuvor präsentierten Fallbeispiele der FESTOOL WERKZEUG- UND FORMENBAU GMBH sowie der WBA AACHENER WERKZEUGBAU AKADEMIE GMBH belegen die praktische sowie werkzeugbauspezifische Anwendbarkeit der entwickelten Prognostik zur Resilienzsteigerung im Werkzeugbau. Während der Durchführung beider Fallbeispiele konnte insbesondere auch der identifizierte Handlungsbedarf aus der Praxis[971] belegt werden. Der Aufbau eines stringenten Resilienzmanagements und insbesondere der vorlagerten Prognostik wird von beiden Werkzeugbaubetrieben als ein zentrales Handlungsfeld zur Sicherstellung der Wettbewerbsfähigkeit angesehen.

Neben dem Handlungsbedarf aus der Praxis konnten zudem alle wissenschaftlich theoretisch hergeleiteten Anforderungen[972] an eine Prognostik zur Resilienzsteigerung durch die Validierung bewiesen werden. Die Erfüllung der allgemeinen, kontextspezifischen und problemspezifischen Anforderungen wurde durch die Methodikanwendung beider Praxisunternehmen bestätigt.

Die allgemeinen Anforderungen sind die *Bezugnahme zur Realität* und die *Sicherstellung der Anwendbarkeit*. Die Methodik beinhaltet die Definition und Bewertung von Einflüssen, welche für die validierenden Betriebe ebenfalls relevant sind. Dadurch konnte die Bezugnahme zur Realität bewiesen werden. Die Sicherstellung der Anwendbarkeit wurde dadurch bestätigt,

---

[971] Vgl. Kapitel 2.5.

[972] Vgl. Kapitel 3.2

dass Aufwand in der Evaluationsphase einen hohen Nutzen in der Prognose- sowie Adaptionsphase hervorruft und damit rechtfertigt. Weiterhin wurde der Methodik attestiert, einen logischen Aufbau zu verfolgen, der in aufeinander aufbauende Teilschritte untergliedert ist, welche jeweils einen konkreten Ablauf aufzeigen.

Die Erfüllung der kontextspezifischen Anforderungen *Erkenntnistransfer auf den Werkzeugbau*, *Sicherstellung der KMU-Tauglichkeit* und *Berücksichtigung der Unternehmensrandbedingungen* konnte ebenso nachgewiesen werden. Die definierten Umfeldszenarien basieren auf den Einflüssen externer Stakeholder auf den Werkzeugbau und sprechen daher insbesondere Werkzeugbaubetriebe an. Der Erkenntnistransfer auf den Werkzeugbau konnte damit bestätigt werden. Die KMU-Tauglichkeit setzt bedarfsgerechte Methoden und Hilfsmittel voraus. Beide Betrieben attestierten, dass die eingesetzten Methoden und Hilfsmittel den Bedingungen und Möglichkeiten deutscher Werkzeugbaubetriebe entsprechen. Die Unternehmensrandbedingungen werden schließlich durch die Berücksichtigung des Unikatcharakters sowie der Auftragsfertigung von Werkzeugbaubetrieben und die Definition branchenspezifischer Merkmale berücksichtigt. Bei beiden Betrieben handelt es sich um Werkzeugbaubetriebe mit Unikat-Erzeugnissen, wodurch die Berücksichtigung der Unternehmensrandbedingungen sichergestellt werden konnte.

Die problemspezifischen Anforderungen sind die *Definition und Erhebung von Krisenindikatoren*, die *prognosegestützte Früherkennung der Krise* und die *Interpretation und Bewertung der Krise*. Beide Betriebe weisen eine hohe Anzahl von Krisenindikatoren vor, die nahezu deckungsgleich mit den vorgestellten Indikatoren der Methodik sind. Außerdem konnte die Ableitung der Krisenindikatoren entsprechend des vorgestellten Vorgehens bei beiden Betrieben erfolgreich durchgeführt werden. Die prognosegestützte Früherkennung von Unternehmenskrisen wird bereits vom Festool Werkzeug- und Formenbau basierend auf Kundendaten und Vergabelisten durchgeführt. Im Werkzeugbau der WBA werden Daten nach Verfügbarkeit abgerufen, weshalb datenbasierte Prognosen bisher nicht zum Einsatz kommen. Die WBA wird jedoch bei der zunehmenden Verfügbarkeit von Daten in naher Zukunft einen datenbasierten Ansatz zur Prognose von Unternehmenskrisen wählen. Die Interpretation und Bewertung der Krise erfolgt bei beiden Betrieben durch einen Abgleich der Prognosen mit der eigenen Strategie. Daraus leiten beide Betriebe entsprechend der vorgestellten Vorgehensweise strategische Initiativen ab, welche zur Beantwortung der Prognosen dienen. Die Erfüllung dieser Anforderung kann daher ebenfalls in vollem Umfang bewiesen werden.

Die im Rahmen von Kapitel 6 beschriebenen Fallbeispiele, inklusive der durchgeführten Reflexion, verifizieren die entwickelte Methodik als ganzheitlichen Lösungsansatz für die Branche Werkzeugbau. Resultierend hieraus kann die Erfüllung der übergeordneten Zielsetzung der vorliegenden Arbeit konstatiert werden.

7 Zusammenfassung und Ausblick

Der Werkzeugbau ist durch seine besondere Position innerhalb des Produktentstehungsprozesses zwischen Produktentwicklung und Serienproduktion der zentrale Befähiger einer leistungsstarken produzierenden Industrie und trägt signifikant zur wirtschaftlichen Leistungsfähigkeit Deutschlands bei. Aufgrund sich weltweit angleichender Qualitätsstandards von Werkzeugen sowie einer zunehmenden Kompetenz ausländischer Wettbewerber hat sich der Werkzeugbau am Hochlohnstandort in den letzten Jahren auf die Steigerung der Effizienz in der Wertschöpfung konzentriert.[973] Diese Effizienzsteigerung ist maßgeblich auf eine starke Fokussierung auf wenige Ressourcen und Prozesse zurückzuführen. Auch die häufig starke Spezialisierung der Produkte ist ein maßgeblicher Treiber der Effizienzsteigerungen.

Die Fokussierung stellt einen direkten Konflikt mit der Resilienz und Flexibilität der Betriebe dar. Die Krisenjahre 2020 - 2022 zeigen, dass die jahrelange Fokussierung in Krisensituationen signifikante Nachteile aufweist. Die starke Spezialisierung der Produkte und die dadurch sehr starre Position in globalen Wertschöpfungsketten macht Betriebe der Branche besonders anfällig für sowohl Angebots- als auch Nachfrageschwankungen. Betriebe der Branche werden durch ihre Position in der industriellen Wertschöpfungskette unmittelbar von substanziellen Veränderungen ihrer Stakeholder beeinflusst. Dadurch ist die Steigerung der Resilienz für ein nachhaltiges Wirtschaften langfristig entscheidend. Unternehmen der Branche fehlt jedoch ein Verständnis über die Abhängigkeiten von ihren Anspruchsgruppen. Mithin weisen Werkzeugbaubetriebe eine geringe Resilienz auf.

Zur Steigerung der Resilienz wird im Zuge dieser Arbeit ein Lösungsansatz entwickelt, mithilfe dessen Werkzeugbaubetriebe die Einflüsse ihrer Anspruchsgruppen detaillieren bzw. quantifizieren sowie in Szenarien überführen können. Die vorgestellte Methodik versetzt Werkzeugbaubetriebe zudem in die Lage, diese Szenarien auf ihre Eintrittswahrscheinlichkeit sowie ihr Schadenspotenzial zu bewerten und daraus strategische Initiativen zur Beantwortung der Entwicklung abzuleiten. Somit beantwortet die Methodik die leitende Forschungsfrage „Wie muss eine Prognostik zur Resilienzsteigerung im Werkzeugbau gestaltet sein?".

Der Aufbau der Methodik orientiert sich am hergeleiteten Ordnungsrahmen mit den drei generischen Phasen Evaluationsphase, Prognosephase und Adaptionsphase. Nach einer detaillierten Analyse der Anspruchsgruppen der Werkzeugbaubetriebe und der Erstellung von Umfeldszenarien werden in der Prognosephase die Eintrittswahrscheinlichkeit sowie das Schadenspotenzial der Szenarien bewertet. Auf Basis dieser Bewertung werden in der Adaptionsphase verschiedene Arten von strategischen Initiativen zur Beantwortung der Krisen sowie der resilienten Unternehmensentwicklung abgeleitet.

Der erste Teil der Methodik, die Evaluationsphase, beinhaltet die Ableitung unternehmensspezifischer Umfeldszenarien und untergliedert sich in die Umfeldanalyse von Werkzeugbaube-

[973] Vgl. Boos et al. (Tooling in Germany 2020), 2020, S. 4.

trieben, die Analyse der Wirkzusammenhänge relevanter Einflussfaktoren und die Formulierung von Umfeldszenarien. Zur Ableitung unternehmensspezifischer Umfeldszenarien werden zunächst alle Einflüsse unter Zuhilfenahme des neuen St. Galler Management-Modells nach RÜEGG-STÜRM identifiziert. Die Szenarien werden unter Zuhilfenahme einer Einflussmatrix und eines paarweisen Vergleichs auf ihre Einflussstärke hin untersucht. Diese Methoden stellen sicher, dass der Einfluss der Einflussfaktoren korrekt dargestellt werden. Abschließend werden Annahmebündel formuliert, aus denen wiederum Szenarien erstellt werden, die einen zukünftigen Zustand der Einflussfaktoren in der Zukunft darstellen. Unter Zuhilfenahme einer Konsistenzmatrix wird zudem überprüft, ob die definierten Annahmebündel eine konsistente Wiedergabe von möglichen Szenarien darstellen können.

Der zweite Teil der Methodik, die Prognosephase, beinhaltet sowohl die Prognose der Wahrscheinlichkeit als auch die Prognose des Schadenspotenzials der Umfeldszenarien. Im Kontext der Resilienz sind dies die maßgeblichen Faktoren zur Bewertung der vorab formulierten Umfeldszenarien. Zur Prognose der Wahrscheinlichkeit der Umfeldszenarien wird beschrieben, wie basierend auf einer Priori-These differenzierte Sub-Thesen abgeleitet und unter Zuhilfenahme von Data Analytics-Methoden einer Beweisführung unterzogen werden müssen. Dieser Schritt dient vornehmlich der Vorauswahl problemspezifischer Analysemethoden. Daher werden Anforderungen an die Auswahl einer Data Analytics Methode herausgearbeitet, die Zusammenhänge zwischen der Zielstellung und der Analysemethode diskutiert sowie ein iteratives Vorgehen zur Definition relevanter Kriterien und Prädiktoren entwickelt. Zur Prognose des Schadenspotenzials der Umfeldszenarien werden zuerst Risikogruppen für Werkzeugbaubetriebe abgeleitet. Anschließend wird ein Vorgehen entwickelt, mit dessen Hilfe die Anwender szenariospezifische Risiken ableiten können. Die einzelnen Risiken der Risikogesamtheit werden entsprechend ihres Schadenspotenzials bewertet. Dazu werden das Schadenspotenzial, die Risikoveränderung sowie die Kombinationseffekte aller Risiken ermittelt. Das Schadenspotenzial ergibt sich dabei aus einer Schätzung der Eintrittswahrscheinlichkeit, Risikobedeutung sowie der Entdeckungslatenz.

Der abschließende Teil der Methodik, die Adaptionsphase, beinhaltet die Krisenadaption und die resiliente Unternehmensentwicklung. Die abgeleiteten Umfeldszenarien werden in einer Risikomatrix entsprechend ihrer Eintrittswahrscheinlichkeit sowie ihres Schadenspotenzials aufgetragen. Dadurch kann eine Bewertung vorgenommen werden, welches Szenario in direkten strategischen Initiativen adressiert werden soll. Weiterhin wird beschrieben, wie direkte strategische Initiativen in einem iterativ-inkrementellen Ansatz bei sich ändernden Rahmenbedingungen durchgeführt werden können. Eine weitere Zielstellung der Adaptionsphase ist die Ermittlung der Verwundbarkeit des anwendenden Unternehmens. Diese wird abschließend mit den szenarioübergreifenden Risiken kombiniert, um in dieser Schnittmenge indirekte strategische Initiativen zur allgemeinen Resilienzsteigerung des anwendenden Unternehmens zu realisieren.

Im Rahmen der Validierung der Prognostik zur Resilienzsteigerung im Werkzeugbau können zwei Fallbeispiele dargestellt werden. Validiert wird der Ansatz bei der Festool Werkzeug- und Formenbau GmbH sowie bei der WBA Aachener Werkzeugakademie GmbH. Es wird gezeigt, dass die Methodik sowohl die allgemeinen und kontextspezifischen als auch die problemspezifischen Anforderungen erfüllt und für die Anwendung in der Praxis eignet. Außerdem wird im Zuge der Validierung das vermutete, hohe Potenzial von Resilienzmanagement im Unternehmerischen Kontext bestätigt.

Durch die Entwicklung der Methodik steht Werkzeugbaubetrieben einen Lösungsansatz zur Verfügung, der es ihnen ermöglicht, ihre Unternehmensumwelt zu strukturieren, relevante Anspruchsgruppen und deren Einflüsse zu quantifizieren und in Szenarien umzusetzen. Diese Szenarien können Betriebe der Branche dann auf ihre Eintrittswahrscheinlichkeit sowie ihr Schadenspotenzial hin untersuchen, um entsprechend der Ergebnisse direkte und indirekte strategische Initiativen zur Beantwortung der Szenarien abzuleiten. Dadurch haben Werkzeugbaubetriebe erstmalig die Möglichkeit, die starke konjunkturelle Abhängigkeit von ihren Anspruchsgruppen durch einen proaktiven Umgang mit Risiken zu umgehen und der vorherrschenden Informationslatenz effizient zu begegnen.

Der wissenschaftliche Beitrag der vorliegenden Arbeit liegt in der Entwicklung der Prognostik zur Resilienzsteigerung, wodurch eine Verankerung des Resilienzgedankens in Betrieben der Branche Werkzeugbau erfolgt. Hierbei steht die szenariobasierte Prognose von Entwicklungen bzw. Störungen und Krisen im Vordergrund. In weitergehenden wissenschaftlichen Untersuchungen sollte insbesondere die Nutzung der Ergebnisse der Prognostik verfolgt werden. Die in dieser Arbeit definierten strategischen Initiativen sind vielfältig detaillierbar und wirken Krisen in unterschiedlichen Maße entgegen. Daher gilt es, eine konkrete Zuordnung von auftretenden Krisen zu definitiven Maßnahmen vorzunehmen, um Werkzeugbaubetriebe bei der aktiven Gestaltung der Krisenbekämpfung zu unterstützen.

V Literaturverzeichnis

Adam, D. (Planung und Entscheidung):
Planung und Entscheidung. Modelle - Ziele - Methoden. Wiesbaden: Gabler Verlag, 2014.

Adenauer, S. (Demografischer Wandel):
Demografischer Wandel und Auswirkungen auf Unternehmen. In: Institut für angewandte Arbeitswissenschaft e.V. (Hrsg.) Leistungsfähigkeit im Betrieb. Berlin, Heidelberg: Springer Berlin Heidelberg, 2015, S. 9-25.

Altenähr, V.; Nguyen, T.; Romeike, F. (Risikomanagement kompakt):
Risikomanagement kompakt. (Reihe: Veröffentlichungen an den Berufsakademien in Baden-Württemberg Studiengang Versicherung, Bd. 5). Karlsruhe: Versicherungswirtschaft, 2009.

Amann, K.; Petzold, J.; Westerkamp, M. (Management und Controlling):
Management und Controlling. Instrumente – Organisation – Ziele – Digitalisierung. 3. Aufl. Wiesbaden: Springer, 2020.

Appelt, D. (Sensemaking und Sensegiving in der Sanierung):
Sensemaking und Sensegiving in der Sanierung. Dissertation. Wiesbaden: Springer, 2015.

Axelsson, L. (Management of Weak and Diffuse Signals):
Structure for Management of Weak and Diffuse Signals. In: Woods, D. D.; Leveson, N.; Hollnagel, E. (Hrsg.) Resilience Engineering. Concepts and Precepts. 1. Aufl. Boca Raton: CRC Press, 2017, S. 151-154.

Bachmann, R.; Kemper, G.; Gerzer, T. (Big Data):
Big Data - Fluch oder Segen? (Reihe: mitp Professional). Heidelberg: Hüthig Jehle Rehm, 2014.

Bea, F.; Friedl, B.; Schweitzer, M. (Allgemeine Betriebswirtschaftslehre):
Allgemeine Betriebswirtschaftslehre. (Reihe: utb Betriebswirtschaftslehre, Bd. 2). 10 Aufl. Stuttgart: UTB Stuttgart, 2011.

Bea, F. X.; Scheurer, S.; Hesselmann, S. (Projektmanagement):
Projektmanagement. (Reihe: Unternehmensführung). 3. Aufl. München: UVK, 2020.

Bengel, J.; Lyssenko, L. (Resilienz und psychologische Schutzfaktoren):
Resilienz und psychologische Schutzfaktoren im Erwachsenenalter. Stand der Forschung zu psychologischen Schutzfaktoren von Gesundheit im Erwachsenenalter. (Reihe: Forschung und Praxis der Gesundheitsförderung, Bd. 43). 1. Aufl. Köln: BZgA, 2012.

Bergmann, R. (Organisation und Projektmanagement):
Organisation und Projektmanagement. (Reihe: BA KOMPAKT). 2. Aufl. 2016. Heidelberg: Springer, 2016.

Bernstein, P. (Middleware):
Middleware: A Model for Distributed System Services. In: Communications of the ACM. 39. Jg, 1996, Nr. 2, S. 86-98.

Bickhoff, N.; Blatz, M.; Eilenberger, G.; Haghani, S.; Kraus, K.-J. (Die Unternehmenskrise als Chance):
Die Unternehmenskrise als Chance. Innovative Ansätze zur Sanierung und Restrukturierung. Berlin: Springer, 2004.

Bilsing, A. (Bewertung technologischer Leistungsfähigkeit):
Kennzahlengestützte Bewertung der technologischen Leistungsfähigkeit der Fertigung im Werkzeug- und Formenbau. Dissertation der RWTH Aachen University. (Reihe: Berichte aus der Produktionstechnik, Bd. 11). Aachen: Shaker, 2007.

Binder, V. A.; Kantowsky, J. (Technologiepotenziale):
Technologiepotenziale. Neuausrichtung der Geschäftsfelder des strategischen Technologiemanagements. Wiesbaden: Deutscher Universitätsverlag, 1996.

Blum, A. (Früherkennung von Unternehmenskrisen):
Instrumente zur Früherkennung von Unternehmenskrisen. In: Knecht, T. C.; Hommel, U.; Wohlenberg, H. (Hrsg.) Handbuch Unternehmensrestrukturierung. Grundlagen - Konzepte - Maßnahmen. (Reihe: Springer Reference Wirtschaft). 2. überarb. Aufl. Wiesbaden: Springer Gabler, 2018, S. 163-197.

BMWi (Industriestrategie 2030):
Industriestrategie 2030. Leitlinien für eine deutsche und europäische Industriepolitik. Eigenpubikation des Bundesministeriums für Wirtschaft und Energie, 2019.

Böckenförde, B. (Unternehmenssanierung):
Unternehmenssanierung. (Reihe: Kompaktes Wissen für Führungskräfte). 2. Aufl. Stuttgart: Schäffer-Poeschel, 1996.

Boos, W. (Die Produktionswende):
Die Produktionswende. Turning Data into Sustainability. Aachen: Werkzeugmaschinenlabor WZL der RWTH Aachen, 2021.

Boos, W.; Kelzenberg, C.; Boshof, J.; Ochel, T.; Trisjono, J. (Datenbasierte Dienstleistungen im Werkzeugbau):
Datenbasierte Dienstleistungen im Werkzeugbau. Aachen: Werkzeugmaschinenlabor WZL der RWTH Aachen, 2021.

Boos, W.; Kelzenberg, C.; Helbig, J.; Busch, M.; Graberg, T.; Schweins, J. (Wettbewerbsfaktor Nachhaltigkeit):
Wettbewerbsfaktor Nachhaltigkeit. Ein Differenzierungsmerkmal für den Werkzeugbau. Aachen: Werkzeugmaschinenlabor WZL der RWTH Aachen, 2020.

Boos, W.; Kelzenberg, C.; Helbig, J.; Graberg, T. (Auftragsabwicklung 4.0):
Auftragsabwicklung 4.0. Strategien im Werkzeug und Formenbau. In: FORM+Werkzeug. 30. Jg, 2020, Nr. 2, S. 32-33.

Boos, W.; Kelzenberg, C.; Prümmer, M.; Goertz, D.; Boshof, J.; Horstkotte, R.; Ochel, T.; Lürken, C. (Tooling in Germany 2020):
Tooling in Germany. Aachen: Werkzeugmaschinenlabor WZL der RWTH Aachen, 2020.

Boos, W.; Kelzenberg, C.; Wiese, J.; Boshof, J.; Kessler, N.; Haase, B. (IT Infrastruktur zur digitalen Vernetzung im Werkzeugbau):
IT-Infrastruktur zur digitalen Vernetzung im Werkzeugbau. Aachen: Werkzeugmaschinenlabor WZL der RWTH Aachen, 2021.

Boos, W.; Kelzenberg, C.; Wiese, J.; Goertz, D.; Boshof, J.; Busch, M.; Kessler, N. (Digitale Transformation im Werkzeugbau):
Digitale Transformation im Werkzeugbau. Aachen: Werkzeugmaschinenlabor WZL der RWTH Aachen, 2019.

Boos, W.; Kuhlmann, K.; Salmen, M.; Kenk, U.; Kelzenberg, C.; Lange, J. d.; Wiese, J. (Erfolgreich Restrukturieren im Werkzeugbau):
Erfolgreich Restrukturieren im Werkzeugbau. Aachen: Werkzeugmaschinenlabor WZL der RWTH Aachen, 2017.

Boos, W.; Lukas, G.; Kessler, N.; Schweins, J.; Haase, B.; Kenfenheuer, J. (World of Tooling 2022):
World of Tooling 2022. Aachen: Werkzeugmaschinenlabor WZL der RWTH Aachen, 2022.

Boos, W.; Trauth, D.; Arntz, K.; Prümmer, M.; Niemietz, P.; Wilms, M.; Lürken, C.; Mayer, J. (Wettbewerbsfaktor Resilienz):
Wettbewerbsfaktor Resilienz. Handlungsfelder für den krisensicheren Werkzeugbau. Aachen: Fraunhofer Institut für Produktionstechnologie IPT, 2021.

Borgert, S. (Resilienz im Projektmanagement):
Resilienz im Projektmanagement. Bitte anschnallen, Turbulenzen! Erfolgskonzepte adaptiver Projekte. (Reihe: Springer eBook Collection). Wiesbaden: Springer Gabler, 2013.

Brachman, R. J.; Anand, T. (The process of knowledge discovery in databases):
The process of knowledge discovery in databases. In: Fayyad, U. M.; Piatetsky-Shapiro, G. (Hrsg.) Advances in knowledge discovery and data mining. Towards a unifying framework. (Reihe: KDD -96 Proceedings, Bd. 3). Menlo Park, California: AAAI Press, 1996, S. 37-57.

Brambring, F. (Steigerung der Datenintegrität):
Steigerung der Datenintegrität in der Produktionssteuerung. Dissertation der RWTH Aachen University. (Reihe: Ergebnisse aus der Produktionstechnik Produktionssystematik, Bd. 25). 1. Auflage. Aachen: Institut für Industriekommunikation und Fachmedien GmbH, 2017.

Brandenburg, F. (Planung technologischer Produktinnovationen):
Methodik zur Planung technologischer Produktinnovationen. Dissertation der RWTH Aachen University. (Reihe: Berichte aus der Produktionstechnik). Aachen: Shaker, 2002.

Brauweiler, H.-C. (Risikomanagement in Unternehmen):
Risikomanagement in Unternehmen. Ein grundlegender Überblick für die Management-Praxis. (Reihe: Essentials). 2. erw. und erg. Aufl. Wiesbaden: Springer Gabler, 2019.

Brokmann, T.; Weinrich, G. (Krisenfrühaufklärung):
Frühwarnindikatoren und Krisenfrühaufklärung. Ansätze und Praxisanforderungen. In: Jacobs, J.; Riegler, J.; Schulte-Mattler, H.; Weinrich, G. (Hrsg.) Frühwarnindikatoren und Krisenfrühaufklärung. Konzepte zum präventiven Risikomanagement. 1. Aufl. Wiesbaden: Gabler, 2012, S. 15-41.

Brunhuber, E. (Praxis der Druckgußfertigung):
Praxis der Druckgußfertigung. Mit 17 Tafeln. 4. Aufl. Berlin: Schiele und Schön, 1991.

Bruns, M. (Systemtechnik):
Systemtechnik. Ingenieurwissenschaftliche Methodik zur interdisziplinären Systementwicklung. (Reihe: Strukturentwicklungen zur Systemtechnik für Ingenieure). Berlin: Springer, 1991.

Büchter, A.; Henn, H.-W. (Elementare Stochastik):
Elementare Stochastik. Eine Einführung in die Mathematik der Daten und des Zufalls. (Reihe: Mathematik für das Lehramt). 2., überarb. u. erw. Aufl. Berlin,: Springer Berlin, 2007.

Cezanne, M. (Krisenmanagement und Komplexität):
Krisenmanagement und Komplexität. Wiesbaden: Deutscher Universitätsverlag, 1999.

Chapman, P.; Clinton, J.; Kerber, R.; Khabaza, T.; Reinartz, T.; Shearer, C.; Wirth, R. (CRISP-DM 1.0):
CRISP-DM 1.0. Step-by-step data mining guide. Chicago: SPSS Inc., 2000.

Crandall, W. R.; Parnell, J. A.; Spillan, J. E. (Crisis Management):
Crisis management in the new strategy landscape. Los Angeles: SAGE, 2010.

Crozier Michel (La société bloquée):
La société bloquée. In: Revue francaise de sociologie. 13. Jg, 1972, Nr. 2, S. 282-283.

Dawes, J. (Number of Scale Points):
Do data characteristics change according to the number of scale points used? An experiment using 5-point, 7-point and 10-point scales. In: International journal of market research. 50. Jg, 2008, Nr. 1, S. 61-77.

Deloitte (Global Resilience Report):
2021 Deloitte Global Resilience Report. Coping with the unexpected challenges. London: Deloitte Insights, 2021.

Di Bella, J. (Protektive Faktoren):
Protektive Faktoren für unternehmerischen Erfolg in risikoreichen Kontexten. Unternehmerische Resilienz. Mannheim: MADOC UB Mannheim, 2014.

Diedrich, K.; Klingbeil, K. (Smart Risk Analytics Design):
Smart Risk Analytics Design for Proacitve Early Warning. In: Kersten, W.; Blecker, T.; Ringle, C. M. (Hrsg.) Artificial intelligence and digital transformation in supply chain management. Innovative approaches for supply chains. (Reihe: Proceedings of the Hamburg International Conference of Logistics, Bd. 27). 1. Aufl. Berlin: epubli GmbH, 2019, S. 558-585.

DIN Deutsches Institut für Normung e.V. (ISO 22316:2017, Resilienz):
ISO 22316:2017. Sicherheit und Resilienz - Resilienz von Organisationen. Berlin: Beuth, 2017.

DIN Deutsches Institut für Normung e.V. (ISO 31000:2018, Risikomanagement):
ISO 31000:2018. Risikomanagement. Berlin: Beuth, 2018.

DIN Deutsches Institut für Normung e.V. (ISO 14971:2020-07, Anwendung des Risikomanagements):
ISO 14971:2020. Anwendung des Risikomanagements auf Medizinprodukte. Berlin: Beuth, 2020.

Doege, E.; Behrens, B.-A. (Handbuch Umformtechnik):
Handbuch Umformtechnik. Grundlagen, Technologien, Maschinen. (Reihe: VDI-Buch). 2. Aufl. Berlin: Springer, 2010.

Dönitz, E. (Effiziente Szenariotechnik durch Konsistenzmatrizen):
Effizientere Szenariotechnik durch teilautomatische Generierung von Konsistenzmatrizen. (Reihe: Forschungs- / Entwicklungs-/Innovations-Management). 1. Aufl. Wiesbaden: Gabler, 2009.

Dörn, S. (Programmieren für Ingenieure):
Programmieren für Ingenieure und Naturwissenschaftler. Intelligente Algorithmen und digitale Technologien. (Reihe: eXamen.press). Berlin: Springer Vieweg, 2018.

Dreger, C. (Ökonometrie):
Ökonometrie. Grundlagen – Methoden – Beispiele. (Reihe: Springer eBook Collection). 5., überarb. u. akt. Aufl. 2014. Wiesbaden: Gabler, 2014.

Drews, G.; Hillebrand, N. (Projektmanagement-Methoden):
Lexikon der Projektmanagement-Methoden. Die besten Methoden für jede Situation; Werkzeugkasten für effizientes Projektmanagement. (Reihe: Haufe-Praxisratgeber). 2. Aufl. Freiburg: Haufe, 2010.

DWDS (Prognostik):
Prognostik. Bundesministerium für Bildung und Forschung, 2022. https://www.dwds.de/wb/Prognostik#d-1-1, Stand: 01.05.2022

Edler, F. (Fehlerbaumanalyse in Theorie und Praxis):
Fehlerbaumanalyse in Theorie und Praxis. Grundlagen und Anwendung der Methode. Berlin: Springer, 2015.

Elder, John, F.; Pregibon, D. (Knowledge discovery in databases):
A statistical perspective on knowledge discovery in databases. In: Fayyad, U. M.; Piatetsky-Shapiro, G. (Hrsg.) Advances in knowledge discovery and data mining. Towards a unifying framework. (Reihe: KDD -96 Proceedings, Bd. 3). Menlo Park, California: AAAI Press, 1996, S. 83-113.

Ester, M.; Sander, J. (Knowledge Discovery in Databases):
Knowledge Discovery in Databases. Techniken und Anwendungen. Berlin: Springer, 2000.

Eversheim, W. (Organisation in der Produktionstechnik):
Organisation in der Produktionstechnik. Band 1. (Reihe: Studium und Praxis). 3., neu bearb. und erw. Aufl. Heidelberg: Springer, 1996.

Eversheim, W.; Klocke, F. (Werkzeugbau mit Zukunft):
Werkzeugbau mit Zukunft. Strategie und Technologie. (Reihe: VDI-Buch). Heidelberg: Springer, 1998.

Fahrmeir, L.; Kneib, T.; Lang, S. (Regression):
Regression. Modelle, Methoden und Anwendungen. (Reihe: Statistik und ihre Anwendungen). 2. Aufl. Berlin, Heidelberg: Springer, 2009.

Fayyad, U.; Piatetsky-Shapiro, G.; Smyth, P. (From Data Mining to Knowledge Discovery in Databases):
From Data Mining to Knowledge Discovery in Databases. In: AI Magazine. 17. Jg, 1996, Nr. 3, S. 37-54.

Frick, L. (Erfolgreiche Geschäftsmodelle für den Werkzeugbau):
Erfolgreiche Geschäftsmodelle im Werkzeugbau. Dissertation des WZL der RWTH Aachen University. (Reihe: Berichte aus der Produktionstechnik). Aachen: Shaker, 2006.

Frost, I. (Lineare Regression):
Einfache lineare Regression. Die Grundlage für komplexe Regressionsmodelle verstehen. (Reihe: Essentials). Wiesbaden: Springer, 2018.

Gabler Wirtschaftslexikon (Daten):
Daten. Gabler Wirtschaftslexikon, 2022. https://wirtschaftslexikon.gabler.de/definition/daten-30636, Stand: 01.05.2022

Gabler Wirtschaftslexikon (Fallstudie):
Fallstudie. Gabler Wirtschaftslexikon, 2022. https://wirtschaftslexikon.gabler.de/definition/fallstudie-34369, Stand: 29.08.2022

Gabler Wirtschaftslexikon (Szenario-Technik):
Szenario-Technik. Gabler Wirtschaftslexikon, 2022. https://wirtschaftslexikon.gabler.de/definition/szenario-technik-50281, Stand: 01.05.2022

Gadatsch, A.; Landrock, H. (Big Data für Entscheider):
Big Data für Entscheider. Entwicklung und Umsetzung datengetriebener Geschäftsmodelle. (Reihe: Essentials). Wiesbaden: Springer Vieweg, 2017.

Genschel, U.; Becker, C. (Schließende Statistik):
Schließende Statistik. Grundlegende Methoden. Berlin: Springer, 2005.

Geschka, H.; Reibnitz, U. (Die Szenariotechnik):
Die Szenariotechnik. Ein Instrument der Zukunftsanalyse und der strategischen Planung. In: Töpfer, A.; Afheldt, H. (Hrsg.) Praxis der strategischen Unternehmensplanung. (Reihe: Management und Marketing, Bd. 5). Frankfurt am Main: Metzner, 1983, S. 125-170.

Giehler, F. (Planungsproduktivität):
Erhöhung der Planungsproduktivität am Beispiel der Auftragsabwicklung im Werkzeugbau. Dissertation des WZL der RWTH Aachen. (Reihe: Ergebnisse aus der Produktionstechnik). Aachen: Apprimus, 2010.

Gissler, J. W. (Restrukturierungsmanagement):
Bedeutung des Unternehmenswerts für das Restrukturierungsmanagement. In: Klein, J. (Hrsg.) Anforderungen an Sanierungskonzepte. Analyse bestehender Anforderungen und Leitfaden zur zukünftige Ausgestaltung von Sanierungskonzepten. (Reihe: Schriften zum europäischen Management). 1. Aufl. Wiesbaden: Gabler, 2008, S. 115-143.

Gleißner, W. (Wertorientiertes Risiko-Management):
Wertorientiertes Risiko-Management Für Industrie und Handel. Methoden, Fallbeispiele, Checklisten. Wiesbaden: Springer, 2013.

Guba, E. G.; Lincoln, Y. S. (Qualitative Research):
Competing Paradigms in Qualitative Research. In: Denzin, N. K.; Lincon, Y. S. (Hrsg.) Handbook of Qualitative Research. Thousand Oaks: Sage Publications, 1994, S. 105-117.

Gutenberg, E. (Grundlagen der Betriebswirtschaftslehre):
Grundlagen der Betriebswirtschaftslehre. Die Produktion. (Reihe: Abteilung Staatswissenschaft). 17. Aufl. Berlin: Springer, 1970.

Gutmannsthal-Krizanits, H. (Risikomanagement von Anlagenprojekten):
Risikomanagement von Anlagenprojekten. Analyse, Gestaltung und Controlling aus Contractor-Sicht. (Reihe: Springer eBook Collection Humanities, Social Science). Wiesbaden: Deutscher Universitätsverlag, 2013.

Haberfellner, R.; Weck, O. L. de; Fricke, E.; Vössner, S. (Systems Engineering):
Systems engineering. Fundamentals and applications. Cham: Springer International Publishing, 2019.

Hackl, P. (Einführung in die Ökonometrie):
Einführung in die Ökonometrie. (Reihe: wi - Wirtschaft). München: Pearson Education, 2008.

Hamel, G.; Välikangas, L. (The Quest for Resilience):
The Quest for Resilience. In: Harvard Business Review. 81. Jg, 2003.

Hastie, T.; Tibshirani, R.; Friedman, J. (The elements of statistical learning):
The elements of statistical learning. Data mining, inference, and prediction. (Reihe: Springer series in statistics). 10. Aufl. New York, NY: Springer, 2008.

Heil, J. (Einführung in die Ökonometrie):
Einführung in die Ökonometrie. 6. Aufl. Berlin: Oldenbourg Wissenschaftsverlag, 2000.

Hein, D. (Strategisches Risikomanagement im MAB):
Strategisches Risikomanagement im Maschinen- und Anlagenbau. Dissertation des WZL der RWTH Aachen University. (Reihe: Erkenntnisse aus der Produktionstechnik). Aachen: Apprimus Verlag, 2007.

Heinrich, B.; Klier, M. (Datenqualitätsmetriken):
Datenqualitätsmetriken für ein ökonomisch orientiertes Qualitätsmanagement. In: Hildebrand, K.; Gebauer, M.; Hinrichs, H.; Mielke, M. (Hrsg.) Daten- und Informationsqualität. Auf dem Weg zur Information Excellence. 4., überarb. und erw. Aufl. Wiesbaden: Springer Vieweg, 2018, S. 47-67.

Heinrich, B.; Linke, P.; Glöckler, M. (Automatisierung):
Grundlagen Automatisierung. Sensorik, Regelung, Steuerung. Wiesbaden: Springer Vieweg, 2015.

Heller, J. (Resilienz für die VUCA-Welt):
Resilienz für die VUCA-Welt. Individuelle und organisationale Resilienz entwickeln. Wiesbaden: Springer, 2019.

Hensen, T. (Strategische Auslegung industrieller Werkzeugbaubetriebe):
Strategische Auslegung industrieller Werkzeugbaubetriebe. Dissertation des WZL der RWTH Aachen University. Aachen: Apprimus, 2017.

Hering, E. (Fehlermöglichkeits- und Einflussanalyse):
Fehlermöglichkeits- und Einflussanalyse. Methode Zur Vorbeugenden, Systematischen Qualitätsplanung unter Risikogesichtspunkten. (Reihe: Essentials). Wiesbaden: Springer Vieweg, 2019.

Hoffmann, G. P. (Organisationale Resilienz):
Organisationale Resilienz. Grundlagen und Handlungsempfehlungen für Entscheidungsträger und Führungskräfte. (Reihe: Essentials). Wiesbaden: Springer, 2016.

Hoffmann, G. P. (Organisationale Resilienz):
Organisationale Resilienz. Kernressource moderner Organisationen. Berlin: Springer, 2017.

Hoffmann, P. (Krisenprävention):
Krisenprävention. Gefahren erkennen und Chancen ergreifen. In: Möhrle, H. (Hrsg.) Krisen-PR. Krisen erkennen, meistern und vorbeugen - ein Handbuch von Profis für Profis. 2. Aufl. Frankfurt am Main: FAZ-Institut, 2007, S. 164-184.

Hohberger, S.; Damlachi, H. (Praxishandbuch Sanierung im Mittelstand):
Praxishandbuch Sanierung im Mittelstand. In: Hohberger, S.; Damlachi, H. (Hrsg.). 4. Aufl. 2019. Wiesbaden: Springer, 2019.

Hollnagel, E. (Resilience engineering):
Resilience engineering. Concepts and precepts. In: Hollnagel, E. (Hrsg.). transferred to digital printing. Farnham: Ashgate, 2010.

Holmes, J.; Rutherford, T.; Fitzgibbon, S. (Innovation in the Automotive Tool, Die and Mould Industry):
Innovation in the Automotive Tool, Die and Mould Industry. A Case Study of the Windsor-Essex Region. In: Holmes, J.; Rutherford, T.; Fitzgibbon, S. (Hrsg.). (Reihe: Annual National Conference of the Inovation System Research Network, Bd. 6). Vancouver, 2004.

Hunziker, S.; Meissner, J. O. (Risikomanagement in 10 Schritten):
Risikomanagement in 10 Schritten. (Reihe: Essentials). Wiesbaden: Gabler, 2017.

Jannaschk, K. (Data Mining Design Framework):
Infrastruktur für ein Data Mining Design Framework. (Reihe: Research). Wiesbaden: Springer, 2018.

Jekat, C. (Digitales Krisenmanagement):
Digitales Krisenmanagement. Wiesbaden: Springer, 2019.

Kagermann, H.; Wolfgang, W.; Helbig, J. (Umsetzungsempfehlungen Industrie 4.0):
Umsetzungsempfehlungen für das Zukunftsprojekt Industrie 4.0. Abschlussbericht des Arbeitskreises Industrie 4.0. Deutschlands Zukunft als Produktionsstandort sichern. Eine Studie der acatech - Deutsche Akademie der Technikwissenschaften e. V., 2013.

Kampker, A. (Geschäftsausweitung von produzierenden Unternehmen):
Kompetenzbasierte Geschäftsausweitung von produzierenden Unternehmen. Dissertation des WZL der RWTH Aachen University. (Reihe: Berichte aus der Produktionstechnik). Aachen: Shaker, 2004.

Kaul, T. (Multiple lineare Regression):
Multiple lineare Regression & High Performance Computing. Methodik und Software - Implementation komplexer Analysemodelle. Norderstedt: Books on Demand, 2015.

Keil, R. (Betriebsunterbrechungsversicherung):
Die Betriebsunterbrechungsversicherung. Ursachen, Wirkungen und Lösungen. 1. Aufl. Karlsruhe: VVW GmbH, 2018.

Kelzenberg, C. (Datenstrukturmodell der Auftragsabwicklung im WZB):
Datenstrukturmodell für den digitalen Schatten der Auftragsabwicklung von Werkzeugbaubetrieben. Dissertation des WZL der RWTH Aachen Unviersity. (Reihe: Erkenntnisse aus der Produktionstechnik). Aachen: Apprimus, 2020.

Kienbaum, F.; Gunnesch, M.; Pacher, S. (Vergütung im Zeitalter der Digitalisierung):
Geld und Vergütung im Zeitalter der Digitalisierung: Wie sieht das Performance Management von morgen aus? In: Fortmann, H. R.; Kolocek, B. (Hrsg.) Arbeitswelt der Zukunft. Trends - Arbeitsraum - Menschen - Kompetenzen. 1. Aufl. Wiesbaden: Springer, 2019, S. 27-49.

Kim, J.; Lee, J.; Lee, J.; Choi, I. (Integrated Process-Related Risk Management):
An Integrated Process-Related Risk Management Approach to Proactive Threat and Opportunity Handling. A Framework and Rule Language. In: Know. Process Mgmt. 24. Jg, 2017, Nr. 1, S. 23-37.

Klaffke, M. (Management von Personalrisiken):
Strategisches Management von Personalrisiken. Wiesbaden: Springer, 2010.

Klein, J. (Sanierungskonzepte):
Sanierungskonzepte. In: Klein, J. (Hrsg.) Anforderungen an Sanierungskonzepte. Analyse bestehender Anforderungen und Leitfaden zur zukünftige Ausgestaltung von Sanierungskonzepten. (Reihe: Schriften zum europäischen Management). 1. Aufl. Wiesbaden: Gabler, 2008, S. 9-78.

Klein, R.; Scholl, A. (Planung und Entscheidung):
Planung und Entscheidung. Konzepte, Modelle und Methoden einer modernen betriebswirtschaftlichen Entscheidungsanalyse. (Reihe: Vahlens Handbücher der Wirtschafts- und Sozialwissenschaften). 2. Aufl. München: Franz Vahlen, 2012.

Kleinaltenkamp, M. (Markt- und Produktmanagement):
Markt- und Produktmanagement. Die Instrumente des Business-to-Business-Marketing. 2., überarb. und erw. Aufl. Wiesbaden: GWV Fachverlage, 2006.

Klewes, J.; Popp, D. (Strukturen und Prozesse der Krisenkommunikation):
Strukturen und Prozesse der Krisenkommunikation. Wie die Zusammenarbeit mit Agenturen und Dienstleistern funktioniert. In: Thießen, A. (Hrsg.) Handbuch Krisenmanagement. 2. Aufl. Wiesbaden: Springer, 2014, S. 381-396.

Klocke, F. (Fertigungsverfahren):
Fertigungsverfahren 5. Gießen, Pulvermetallurgie, Additive Manufacturing. (Reihe: VDI-Buch). 4. Aufl. Berlin: Springer Vieweg, 2015.

Klocke, F.; Arntz, K. (Technologien für den Werkzeug- und Formenbau):
Technologien für den Werkzeug- und Formenbau von morgen. Beitrag im Rahmen des 4. Internationalen Kolloquiums "Werkzeugbau mit Zukunft". Aachen, 2004.

Klotzbach, C. (Industrieller Werkzeugbau):
Gestaltungsmodell für den industriellen Werkzeugbau. Dissertation des WZL der RWTH Aachen University. (Reihe: Berichte aus der Produktionstechnik). Aachen: Shaker, 2007.

Koltzenburg, S.; Maskos, M.; Nuyken, O. (Polymere):
Polymere. Synthese, Eigenschaften und Anwendungen. (Reihe: Lehrbuch). Berlin: Springer Spektrum, 2014.

Kolz, D. (Datenbasierte Dienstleistungen):
Komponenten industrieller, datenbasierter Dienstleistungen. Dissertation des FIR an der RWTH Aachen University. Aachen: Apprimus, 2020.

Komorek, N. J. (Kollaborative Wertschöpfung im industriellen Werkzeugbau):
Gestaltungsmodell für kollaborative Wertschöpfung im industriellen Werkzeugbau. Dissertation des WZL der RWTH Aachen University. (Reihe: Produktionssystematik, Bd. 2014,31). Aachen: Apprimus, 2014.

Konstantinos, V. (Big Data Analytics):
Big Data Analytics. Applications, Prospects and Challenges. In: Skourletopoulos, G.; Mastorakis, G.; Mavromoustakis, C. X.; Dobre, C.; Pallis, E. (Hrsg.) Mobile Big Data. A Roadmap from Models to Technologies. (Reihe: Lecture Notes on Data Engineering and Communications Technologies, Bd. 10). Cham: Springer International Publishing, 2018, S. 3-20.

Kontny, H. (Standortplanung):
Standortplanung. In: Eversheim, W.; Schuh, G. (Hrsg.) Produktion und Management 3. Gestaltung von Produktionssystemen. (Reihe: Springer eBook Collection Computer Science and Engineering). Berlin: Springer, 1999, 36-59.

Kor, R.; Bos, J.; Tak, T. (Project Canvas):
Project Canvas. Innovative Methoden für professionelles Projektmanagement. 1. Aufl. Stuttgart: Schäffer-Poeschel, 2020.

Kreutzer, R. T.; Sirrenberg, M. (Künstliche Intelligenz):
Künstliche Intelligenz verstehen. Grundlagen, Use-Cases, unternehmenseigene KI-Journey. Wiesbaden: Springer, 2019.

Krips, D. (Stakeholdermanagement):
Stakeholdermanagement. Kurzanleitung Heft 5. (Reihe: DVP Projektmanagement). 2. Aufl. Heidelberg: Springer, 2017.

Krüger, W. (Konfliktsteuerung):
Konfliktsteuerung als Führungsaufgabe. (Reihe: MI-Taschenbücher Betriebswirtschaft, Bd. 312). München: Moderne Industrie, 1979.

Krystek, U. (Krisenbewältigungs-Management):
Krisenbewältigungs-Management und Unternehmungsplanung. (Reihe: nbf Neue Betriebswirtschaftliche Forschung, Bd. 17). Wiesbaden: Gabler, 1981.

Krystek, U. (Unternehmungskrisen):
Unternehmungskrisen. Beschreibung, Vermeidung und Bewältigung überlebenskritischer Prozesse in Unternehmungen. Wiesbaden: Gabler, 1987.

Krystek, U. (Risiko- und Kontinuitätsmanagement versus Resilienz- und Antifragilitäts-„Management"):
Risiko- und Kontinuitätsmanagement versus Resilienz- und Antifragilitäts-„Management". Krisenvorsorge zwischen Kontinuität und Neubeginn. In: Evertz, D.; Krystek, U. (Hrsg.) Unternehmen erfolgreich restrukturieren und sanieren. Herausforderungen und Lösungsansätze für den Turnaround. Stuttgart: Schäffer-Poeschel, 2014, S. 369-403.

Krystek, U. (Denkanstöße für eine integrierte Krisenvorsorge):
Denkanstöße für eine integrierte Krisenvorsorge. In: Controlling & Managment Review. 22. Jg, 2020, Nr. 6, S. 26-35.

Krystek, U.; Moldenhauer, R. (Krisen- und Restrukturierungsmanagement):
Handbuch Krisen- und Restrukturierungsmanagement. Generelle Konzepte, Spezialprobleme, Praxisberichte. 1. Aufl. Stuttgart: Kohlhammer, 2007.

Kubicek, H. (Heuristische Bezugsrahmen):
Heuristische Bezugsrahmen und heuristisch angelegte Forschungsdesign als Elemente einer Konstruktionsstrategie empirischer Forschung. (Reihe: Arbeitspapier, Bd. Nr. 16). Berlin: Inst. für Unternehmungsführung im Fachbereich Wirtschaftswiss. d. Freien Univ, 1976.

Kuhlmann, K. K. (Geschäftsprozesse im Werkzeugbau):
Methodik zur Gestaltung von Geschäftsprozessen im industriellen Werkzeugbau. Dissertation des WZL der RWTH Aachen University. 1. Aufl. Aachen: Apprimus, 2011.

Kuhlmann, T. B. (Corporate Tooling):
Corporate Tooling. Modularer Werkzeugbau als Befähiger internationaler Produktionsnetzwerke. Dissertation des WZL der RWTH Aachen University. (Reihe: Ergebnisse aus der Produktionstechnik). 1. Aufl. Aachen: Apprimus, 2016.

Kühn, T. A. (Leistungssysteme im Werkzeugbau):
Lebenszyklusorientierte Leistungssysteme im Werkzeugbau. Dissertation des WZL der RWTH Aachen University. (Reihe: Ergebnisse aus der Produktionstechnik). 1. Aufl. Aachen: Apprimus, 2016.

Küster, J.; Bachmann, C.; Huber, E.; Hubmann, M.; Lippmann, R.; Schneider, E.; Schneider, P.; Witschi, U.; Wüst, R. (Handbuch Projektmanagement):
Handbuch Projektmanagement. Agil - klassisch - hybrid. 4., vollst. überarb. und erw. Aufl. Berlin: Springer, 2019.

Lange, J. (Iterativer Produktentwicklungsprozess):
Prozessmodell für den Werkzeugbau im iterativen Produktenwicklungsprozess. Dissertation des WZL der RWTH Aachen University. Aachen: Apprimus, 2020.

Laux, H.; Gillenkirch, R. M.; Schenk-Mathes, H. Y. (Entscheidungstheorie):
Entscheidungstheorie. (Reihe: Springer-Lehrbuch). 9., vollst. überarb. Aufl. Berlin: Springer Gabler, 2014.

Lehner, F.; Wildner, S.; Scholz, M. (Wirtschaftsinformatik):
Wirtschaftsinformatik. Eine Einführung. 2. Aufl. München: Hanser, 2008.

Lengnick-Hall, C. A.; Beck, T. E.; Lengnick-Hall, M. L. (Developing a capacity for organizational resilience):
Developing a capacity for organizational resilience through strategic human resource management. In: Human Resource Management Review. 21. Jg, 2011, Nr. 3, S. 243-255.

Likert, R. (Measurement of Attitudes):
A technique for the measurement of attitudes. New York: Archives of Psychology, 1932.

Maertins, A. (Management der Erfolgreichen Strategischen Frühaufklärung):
Das Management der erfolgreichen strategischen Frühaufklärung als organisationale Fähigkeit. Wiesbaden: Springer, 2019.

Mahnke, A.; Rohlfs, T. (Betriebliches Risikomanagement und Industrieversicherung):
Betriebliches Risikomanagement und Industrieversicherung. Erfolgreiche Unternehmenssteuerung durch ein effektives Risiko- und Versicherungsmanagement. Wiesbaden: Gabler, 2020.

Marchau, V.; Popper, S. W.; Walker, W. E. (Decision making under deep uncertainty):
Decision making under deep uncertainty. From theory to practice. Basel: Springer, 2019.

Mariscal, G.; Marbán, Ó.; Fernández, C. (Data mining and knowledge discovery process models):
A survey of data mining and knowledge discovery process models and methodologies. In: The Knowledge Engineering Review. 25. Jg, 2010, Nr. 2, S. 137-166.

McManus, S.; Seville, E.; Brunsdon, D.; Vargo, J. (Resilience Management):
Resilience Management. A Framework for Assessing and Improving the Resilience of Organisations. Canterbury: Resilient Organisations Research Report, 2007.

Meierbeck, R. (Strategisches Risikomanagement der Beschaffung):
Strategisches Risikomanagement der Beschaffung. Entwicklung eines ganzheitlichen Modells am Beispiel der Automobilindustrie. Dissertation der Universität Beyreuth. (Reihe: Produktionswirtschaft und Industriebetriebslehre). 1. Aufl. Lohmar: Eul, 2010.

Meissner, J. O. (Risikomanagement und Organisationale Resilienz):
Risikomanagement und Organisationale Resilienz. In: Hunziker, S.; Meissner, J. O. (Hrsg.) Ganzheitliches Chancen- und Risikomanagement. Interdisziplinäre und praxisnahe Konzepte. Wiesbaden: Gabler, 2018, S. 29-61.

Meissner, J. O.; Hunziker, S. (Organisationales Resilienzmanagement):
Organisationales Resilienzmanagement. Grundlagen und Anwendung der Funktionalen Resonanzanalyse. In: Controlling. 29. Jg, 2017, Nr. 3, S. 14-21.

Menges, G.; Michaeli, W.; Mohren, P. (Spritzgießwerkzeuge):
Spritzgießwerkzeuge. Auslegung, Bau, Anwendung. 6. Aufl. München: Hanser, 2007.

Microsoft (Auswählen von Algorithmen für Azure Machine Learning):
Auswählen von Algorithmen für Azure Machine Learning. Welche Algorithmen verwenden? Microsoft, 2021. https://docs.microsoft.com/de-de/azure/machine-learning/studio/algorithm-cheat-sheet, Stand: 12.08.2018

Mißler-Behr, M. (Bewertungsprinzipien für Zukunftsbilder):
Bewertungsprinzipien für Zukunftsbilder. Ein Überblick. In: Gaul, W.; Schader, M. (Hrsg.) Mathematische Methoden der Wirtschaftswissenschaften. Festschrift für OTTO OPITZ. Heidelberg: Physica-Verlag HD, 1999, S. 318-327.

Mockus, J. (Bayesian Approach to Global Optimization):
Bayesian Approach to Global Optimization. Theory and Applications. (Reihe: Mathematics and Its Applications Ser, Bd. 37). Dordrecht: Springer Netherlands, 1989.

Moreira, J.; Carvalho, A. C. P. d. L. F.; Horváth, T. (Introduction to data analytics):
A general introduction to data analytics. Hoboken, NJ: John Wiley & Sons, 2019.

Motet, G.; Bieder, C. (The illusion of risk control):
The illusion of risk control. What does it take to live with uncertainty? (Reihe: SpringerLink Bücher). Cham, Switzerland: Springer, 2017.

Mueller, J. P.; Massaron, L. (Deep Learning kompakt):
Deep Learning kompakt für Dummies. (Reihe: Für Dummies). 1. Aufl. Weinheim: Wiley, 2020.

Müller, R. (Krisenmanagement in der Unternehmung):
Krisenmanagement in der Unternehmung. Ein Beitrag zur organisatorischen Gestaltung des Prozesses der Krisenbewältigung. Dissertation der Universität Köln. (Reihe: Kölner Schriften zur Betriebswirtschaft und Organisation). Frankfurt a. M.: Lang, 1982.

Müller-Stewens, G. (Die neuen Strategen):
Die neuen Strategen. Gestalter der Unternehmenszukunft. 1. Aufl. Stuttgart: Schäffer-Poeschel, 2019.

Müller-Stewens, G.; Lechner, C. (Strategisches Management):
Strategisches Management. Wie strategische Initiativen zum Wandel führen: der Strategie Management Navigator. 5., überarb. Aufl. Stuttgart: Schäffer-Poeschel, 2016.

Nagel, M.; Mieke, C.; Teuber, S. (Metodenhandbuch der Betriebswirtschaft):
Methodenhandbuch der Betriebswirtschaft. (Reihe: utb Betriebswirtschaftslehre). 2., vollst. überarb. und erw. Aufl. Konstanz: UVK, 2020.

Neuhausen, J. (Gestaltung moduarer Produktionssysteme):
Methodik zur Gestaltung modularer Produktionssysteme für Unternehmen der Serienproduktion. Dissertation des WZL der RWTH Aachen University. (Reihe: Erkenntnisse aus der Produktionstechnik). Aachen: Apprimus, 2001.

Ng, A.; Soo, K. (Data Science Algorithmen):
Data Science - was ist das eigentlich?! Algorithmen des maschinellen Lernens verständlich erklärt. Berlin: Springer, 2018.

Niebler, P.; Lindner, D. (Datenbasiert entscheiden):
Datenbasiert entscheiden. Ein Leitfaden für Unternehmer und Entscheider. (Reihe: Essentials). Wiesbaden: Springer, 2019.

Nisbet, R.; Miner, G.; Yale, K.; Elder, J. F.; Peterson, A. (Statistical analysis and data mining applications):
Handbook of statistical analysis and data mining applications. 2. Aufl. London: Academic Press, 2018.

Nitzsch, R. von (Entscheidungslehre):
Entscheidungslehre. Wie Menschen entscheiden und wie sie entscheiden sollten. 4. Aufl. Aachen: Mainz, 2007.

o. V. (Innovativ sein für den Kunden):
Benchmark - Innovativ sein für den Kunden. In: Werkzeug&Formenbau. 14. Jg, 2011, S. 1-3.

o. V. (Demografischer Wandel):
Demografischer Wandel. In: FORM+Werkzeug. 10. Jg, 2014, S. 1-2.

Offe, C. (Staatskapazität):
Staatskapazität und europäische Integration. (Reihe: Ausgewählte Schriften von Claus Offe). Wiesbaden: Springer, 2019.

Ojha, A. C.; Pani, S. K. (Data Science and Big Data Analytics):
Data Science and Big Data Analytics. In: Satpathy, S.; Mohanty, S. N. (Hrsg.) Big data analytics and computing for digital forensic investigations. 1. Aufl. Boca Raton, FL: CRC Press, 2020, S. 129-151.

Ozgulbas, N.; Koyuncugil, A. S. (Risk Classification Of SMEs):
Risk Classification Of SMEs By Early Warning Model Based On Data Mining. In: International Journal of Economics and Management Engineering. 6. Jg, 2012, Nr. 10, S. 2649-2660.

Pabinger, D.; Mayr, S. (Business Intelligence & Analytics):
Controlling und Business Intelligence & Analytics. In: Feldbauer-Durstmüller, B.; Mayr, S. (Hrsg.) Controlling - aktuelle Entwicklungen und Herausforderungen. Digitalisierung, Nachhaltigkeit und Spezialaspekte. (Reihe: Research). Wiesbaden: Gabler, 2019, S. 83-105.

Palzkill-Vorbeck, A. (Business Model Resilience):
Business model resilience in the context of corporate sustainability transformation. In: Klemeš, J. J.; Villas Bôas de Almeida, Cecília Maria; Wang, Y. (Hrsg.) Journal of Cleaner Production. (Bd. 27): Elsevier, 2012, S. 22-34.

Patzak, G. (Systemtechnik):
Systemtechnik - Planung komplexer innovativer Systeme. Grundlagen, Methoden, Techniken. Heidelberg: Springer, 1982.

Pesch, A.; Garrel, A. von; **Jost, B.; Terhorst, O. (Agile Strategieentwicklung):**
Agile Strategieentwicklung in der Unternehmenspraxis. In: Wohlschlägl-Aschberger, D. (Hrsg.) Strategie und strategisches Management. Herausforderungen in der Unternehmenspraxis. 1. Auflage. Frankfurt am Main: Frankfurt School Verlag, 2020, S. 633-689.

Pitsch, M. (Kompetenzfeldbasierte Vernetzung von Werkzeugbaustandorten):
Kompetenzfeldbasierte Vernetzung von Werkzeugbaustandorten. Dissertation des WZL der RWTH Aachen University. (Reihe: Edition Wissenschaft). 1. Aufl. Aachen: Apprimus, 2014.

Ponn, J.; Lindemann, U. (Konzeptentwicklung technischer Produkte):
Konzeptentwicklung und Gestaltung technischer Produkte. Optimierte Produkte - systematisch von Anforderungen zu Konzepten. (Reihe: VDI-Buch). Berlin: Springer, 2008.

Popper, K. R. (Die Logik der Sozialwissenschaften):
Die Logik der Sozialwissenschaften. In: Adomo, T. W.; Dahrendorf, R.; Pilot, H.; Albert, H.; Habermas, J.; Popper, K. R. (Hrsg.) Der Positivumsstreit in der deutschen Soziologie. 4. Aufl. Darmstadt: Luchterhand, 1975, S. 103-123.

Porter, M. E. (Wettbewerbsvorteile):
Wettbewerbsvorteile. Spitzenleistungen erreichen und behaupten. 8. Aufl. Frankfurt am Main: Campus, 2014.

Proksch, S. (Konfliktmanagement im Unternehmen):
Konfliktmanagement im Unternehmen. Mediation als Instrument für Konflikt- und Kooperationsmanagement am Arbeitsplatz. Berlin: Springer, 2010.

Pusala, M. K. (Massive Data Analytics):
Massive Data Analytics. Tasks, Tools, Applications and Challenges. In: Pyne, S.; Rao, B.L.S. P.; Rao, S. B. (Hrsg.) Big Data Analytics. Methods and Applications. New Delhi: Springer, 2016, S. 11-40.

Reibnitz, U. (Szenario-Technik):
Szenario-Technik. Instrumente für die unternehmerische und persönliche Erfolgsplanung. 2. Aufl. Wiesbaden: Gabler, 2013.

Reinhardt, K. (Digitale Transformation):
Digitale Transformation der Organisation. Grundlagen, Praktiken und Praxisbeispiele der digitalen Unternehmensentwicklung. Wiesbaden: Gabler, 2020.

Rittstieg, F. (Ambidextre Organisationsarchitektur):
Methodik zur Gestaltung einer ambidextren Organisationsarchitektur im industriellen Werkzeugbau. Dissertation des WZL der RWTH Aachen University. 1. Aufl. Aachen: Apprimus, 2020.

Rocquigny, E. (Modelling Under Risk and Uncertainty):
Modelling Under Risk and Uncertainty. An Introduction to Statistical, Phenomenological and Computational Methods. (Reihe: Wiley Series in Probability and Statistics). 2. Aufl. Hoboken: John Wiley & Sons, 2012.

Rohrlack, C. (Logistische und Ordinale Regression):
Logistische und Ordinale Regression. In: Albers, S.; Klapper, D.; Konradt, U.; Walter, A.; Wolf, J. (Hrsg.) Methodik der empirischen Forschung. (Reihe: Gabler Edition Wissenschaft). 1. Aufl. Wiesbaden: Dt. Univ.-Verl., 2006, S. 205-223.

Roiger, R. J. (Data mining fundamentals):
Data mining fundamentals. A tutorial based primer. (Reihe: CRC Data mining and knowledge discovery series). 2. Aufl. Boca Raton: CRC Press, 2017.

Romeike, F. (Risikomanagement):
Risikomanagement. (Reihe: Studienwissen kompakt). Wiesbaden: Gabler, 2018.

Romeike, F.; Hager, P. (Risiko-Management 4.0):
Erfolgsfaktor Risiko-Management 4.0. Methoden, Beispiele, Checklisten : Praxishandbuch für Industrie und Handel. 4. Aufl. Wiesbaden: Gabler, 2020.

Rüegg-Stürm, J.; Grand, S. (St. Galler Management Modell):
Das St. Galler Management-Modell. 3., überarb. u. weiterentw. Aufl. Bern: Haupt, 2017.

Runkler, T. A. (Data Analytics):
Data Analytics. Models and Algorithms for Intelligent Data Analysis. 2. Aufl. Wiesbaden: Springer, 2016.

Salmen, M. (Digital vernetzter Shopfloor im Werkzeugbau):
Gestaltungsmodell für den digital vernetzten Shopfloor im Werkzeugbau. Dissertation des WZL der RWTH Aachen University. (Reihe: Ergebnisse aus der Produktionstechnik). 1. Aufl. Aachen: Apprimus, 2016.

Sartor, F. J.; Bourauel, C. (Risikomanagement Kompakt):
Risikomanagement kompakt. München: Oldenbourg, 2013.

Schanz, G. (Wissenschaftstheoretische Grundfragen):
Wissenschaftstheoretische Grundfragen der Führungsforschung. In: Kieser, A.; Reger, G.; Wunderer, R. (Hrsg.) Handwörterbuch der Führung. (Reihe: Enzyklodpädie der Betriebswirtschaftslehre, Bd. 10). Stuttgart: Poeschel, 1987, S. 2039-2047.

Schiffel, S. (Implizite Ausfallwahrscheinlichkeiten von Unternehmensanleihen):
Implizite Ausfallwahrscheinlichkeiten von Unternehmensanleihen. Eine empirische Analyse in unterschiedlichen Währungen auf Basis von Zinsstrukturkurven. (Reihe: SpringerLink Bücher). Wiesbaden: Gabler, 2009.

Schmölders, G. (Konjunkturen und Krisen):
Konjunkturen und Krisen. 1. Aufl. Hamburg: Rowohlt, 1950.

Schuh, G. (Resilient Strategy in Volatile Environments):
Resilient Technology Strategy in Volatile Environments. Derivation of requirements to enable long-term strategic positioning in times of uncertainty. In: Proceedings of PICMET: Management in the World of Intelligent Systems, 2019, S. 25-40.

Schuh, G.; Breit, S.; Echterfeld, J.; Graberg, T.; Kreutzer, R.; Manz, S., Michaelis, M.; Patzwald, M.; Pieper, T.; Schön, N.; Volm, V. (Value Capture):
Value Capture. Datengetriebene Geschäftsmodelle erfolgreich in produzierenden Unternehmen implementieren. In: Bergs, T.; Brecher, C.; Schmitt, R.; Schuh, G. (Hrsg.) Internet of Production - Turning Data into Value. Tagungsband des 30. Aachener Werkzeugmaschinenkolloquiums: Fraunhofer-Gesellschaft, 2021, S. 36-56.

Schuler GmbH (Handbuch der Umformtechnik):
Handbuch der Umformtechnik. Berlin,: Springer, 1996.

Schüßler, H. W. (Digitale Signalverarbeitung):
Digitale Signalverarbeitung. Band I Analyse diskreter Signale und Systeme. Berlin: Springer, 1988.

Secorvo Security Consulting GmbH (Informationssicherheit und Datenschutz):
Informationssicherheit und Datenschutz. Handbuch für Praktiker und Begleitbuch zum T.I.S.P. 3., aktual. und erw. Aufl. Heidelberg: dpunkt.verlag, 2019.

Selcuk, S. (Predictive Maintenance):
Predictive maintenance, its implementation and latest trends. In: Proceedings of the Institution of Mechanical Engineers, Part B: Journal of Engineering Manufacture. 231. Jg, 2017, Nr. 9, S. 1670-1679.

Shi-Nash, A.; Hardoon, D. (Data Analytics and Predictive Analytics):
Data Analytics and Predictive Anayltics in the Era of Big Data. In: Geng, H. (Hrsg.) The internet of things and data analytics handbook. Hoboken, New Jersey: John Wiley & Sons, 2017, S. 329-347.

Soucek, R.; Ziegler, M.; Schlett, C.; Pauls, N. (Resilienz im Arbeitsleben):
Resilienz im Arbeitsleben. Eine inhaltliche Differenzierung von Resilienz auf den Ebenen von Individuen, Teams und Organisationen. In: Gr Interakt Org. 47. Jg, 2016, Nr. 2, S. 131-137.

Spennemann, F. (Gestaltung von Organisationsstrukturen im Werkzeugbau):
Gestaltung von Organisationsstrukturen im Werkzeugbau. Dissertation des WZL der RWTH Aachen University. (Reihe: Berichte aus der Produktionstechnik). Aachen: Shaker, 2001.

Stachowiak, H. (Allgemeine Modelltheorie):
Allgemeine Modelltheorie. Wien: Springer, 1973.

Statistisches Amt der Europäischen Union (Eurostat 2022):
Eurostat Datenbank, 2022.

Statistisches Bundesamt (Volkswirtschaftliche Gesamtrechnung):
Volkswirtschaftliche Gesamtrechnung. Inlandsproduktberechnung, detaillierte Jahresergebnisse. Fachserie 18 Reihe 1.4, 2020.

Statistisches Bundesamt (Außenhandel):
Außenhandel. Import- und Exportberechnung, detaillierte Jahresergebnisse, 2022.

Steinmüller, A.; Steinmüller, K. (Ungezähmte Zukunft):
Ungezähmte Zukunft. Wild Cards und die Grenzen der Berechenbarkeit. München: Gerling, 2003.

Strelnik, M. (Corporate Restructuring):
Corporate Restructuring as a Risk Treatment Method. In: Business: Theory and Practice. 17. Jg, 2016, Nr. 3, S. 225-233.

Tessun, F. (Einsatz von Szenarien in der Unternehmensplanung):
Einsatz von Szenarien in der Unternehmensplanung zur besseren Gestaltung der Zukunft. In: planung & analyse. 15. Jg, 1998, Nr. 3, S. 40-45.

Thies, K. H. W. (Management von IT- und Prozess-Risiken):
Management operationaler IT- und Prozess-Risiken. Methoden für eine Risikobewältigungsstrategie. (Reihe: Xpert.press). Berlin: Springer, 2008.

Thießen, A. (Handbuch Krisenmanagement):
Handbuch Krisenmanagement. In: Thießen, A. (Hrsg.). 2. Aufl. Wiesbaden: Springer, 2014.

Timinger, H. (Modernes Projektmanagement):
Modernes Projektmanagement. Mit Traditionellem, Agilem und Hybridem Vorgehen Zum Erfolg. Newark: John Wiley & Sons Incorporated, 2017.

Tomczak, T. (Forschungsmethoden):
Forschungsmethoden in der Marketingwissenschaft. Ein Plädoyer für den qualitativen Forschungsansatz. In: Marketing - Zeitschrift für Forschung und Praxis. 14. Jg, 1992, Nr. 2, S. 77-87.

Tröger, P. (Unsicherheit):
Unsicherheit und Uneindeutigkeit in Verlässlichkeitsmodellen. Wiesbaden: Springer, 2018.

Tschirk, W. (Statistik: Klassisch oder Bayes):
Statistik: Klassisch oder Bayes. Zwei Wege im Vergleich. (Reihe: Springer-Lehrbuch). Berlin: Springer, 2014.

Ulrich, H.; Dyllick, T.; Probst, G. J. B. (Management):
Management. In: Ulrich, H.; Dyllick, T.; Probst, G. J. B. (Hrsg.). (Reihe: Schriftenreihe Unternehmung und Unternehmungsführung, Bd. 13). Bern: Haupt, 1984.

Ulrich, P.; Hill, W. (Wissenschaftstheorie):
Wissenschaftstheorische Grundlagen der Betriebswirtschaftslehre (Teil I). In: WiST Zeitschrift für Ausbildung und Hochschulkontakt. 5. Jg, 1976, Nr. 7, S. 304-309.

Ulrich, S. (Umgang mit Störungen im Produktionsanlauf):
Umgang mit Störungen im Produktionsanlauf. Adaption ausgewählter Methoden von Einsatzorganisationen auf den Produktionsanlauf. Dissertation. (Reihe: Wissens-, Qualitäts- und Prozessmanagement, Bd. Band 4). 1. Auflage: Josef Eul, 2016.

United Nations (UN Comtrade Database):
Comtrade Database, 2022.

VDMA (VDMA Präzisionswerkzeuge):
Präzisionswerkzeuge. Statement zur Jahrespressekonferenz des Fachverbandes Präzisionswerkzeuge des VDMA, 2022.

Verband der Automobilindustrie e.V. Qualitäts Management Center (FMEA Handbuch):
Failure mode and effects analysis - FMEA handbook. Design FMEA, process FMEA, supplemental FMEA for monitoring & system response. 1. Aufl. Southfild, Michigan: Automotive Industry Action Group, 2019.

Vester, F. (Vernetztes Denken):
Die Kunst vernetzt zu denken. Ideen und Werkzeuge für einen neuen Umgang mit Komplexität. (Reihe: dtv Wissen, Bd. 33077). 10. Aufl. München: Dt. Taschenbuch-Verl., 2015.

Viertl, W. (Einführung in die Stochastik):
Einführung in die Stochastik. Mit Elementen der Bayes-Statistik und der Analyse unscharfer Information. (Reihe: Springers Lehrbücher der Informatik). 3., überarb. und erw. Aufl. Wien: Springer, 2003.

Voigt, K.-I. (Risikomanagement im Anlagenbau):
Risikomanagement im Anlagenbau. Konzepte und Fallstudien aus der Praxis. Berlin: Erich Schmidt Verlag, 2010.

Wälder, K. (Methoden zur Risikomodellierung):
Methoden zur Risikomodellierung und des Risikomanagements. (Reihe: SpringerLink Bücher). Wiesbaden: Springer, 2017.

Walker, W. E.; Harremoës, P.; Rotmans, J.; van der Sluijs, J. P.; van Asselt, M.B.A.; Janssen, P.; Krayer von Krauss, M. P. (Defining Uncertainty):

Defining Uncertainty. A Conceptual Basis for Uncertainty Management in Model-Based Decision Support. In: Integrated Assessment. 4. Jg, 2003, Nr. 1, S. 5-17.

Weber, F. (Künstliche Intelligenz für Business Analytics):
Künstliche Intelligenz für Business Analytics. Algorithmen, Plattformen und Anwendungsszenarien. 1. Aufl. Wiesbaden: Springer, 2020.

Weber, P. (Krisenmanagement):
Krisenmanagement. Dissertation der Universität Zürich. (Reihe: Europäische Hochschulschriften. Reihe 5. Volks- und Betriebswirtschaft, Bd. 261). Bern: Lang, 1980.

Weck, O.; Eckert, C.; Clarkson, J. (A Classification of Uncertainty):
A Classification of Uncertainty for Early Product and System Design. In: Bocquet. J. (Hrsg.) International Conference on Engineering Design (ICED'07). Proceedings of ICED 2007, 2007, S. 159-171.

Welge, M. K.; Al-Laham, A.; Eulerich, M. (Strategisches Management):
Strategisches Management. Grundlagen - Prozess - Implementierung. 7., überarb. und aktual. Aufl. Wiesbaden: Gabler, 2017.

Westekemper, M. (Angebotspreisbildung am Beispiel des Werkzeug- und Formenbaus):
Methodik zur Angebotspreisbildung am Beispiel des Werkzeug- und Formenbaus. Dissertation. Aachen

Witten, I. H.; Pal, C. J.; Frank, E.; Hall, M. A. (Data Mining):
Data mining. Practical machine learning tools and techniques. 4. Aufl. Cambridge, MA: Morgan Kaufmann, 2017.

WZL/IPT (Datenbank Werkzeugbau):
Datenbank Werkzeugbau. Gemeinsame Datenbank des Werkzeugmaschinenlabors WZL der RWTH Aachen und des Fraunhofer-Instituts für Produktionstechnik IPT. Ausgewertete Datensätze der Jahre 2017-2020, Stand Mai 2022

Zurek, M. B.; Henrichs, T. (Scenarios):
Linking scenarios across geographical scales in international environmental assessments. In: Technological Forecasting and Social Change. 74. Jg, 2007, Nr. 8, S. 1282-1295.

In der Reihe **Ergebnisse aus der Produktionstechnik** zuletzt erschienen:

Ochel, Tim:
Prognostik zur Resilienzsteigerung im Werkzeugbau
ISBN: 978-3-98555-161-3
Erscheinungsdatum: 22.05.2023

Greipel, Jonathan:
Grouping of Inspection Characteristics to Reduce Costs of Adaptive Inspection Planning in Variant Production
ISBN: 978-3-98555-157-6
Erscheinungsdatum: 03.05.2023

Troß, Nico:
Mehrskalenmodellierung der thermo-mechanischen Werkzeugbelastung beim Trockenwälzfräsen
ISBN: 978-3-98555-158-3
Erscheinungsdatum: 19.04.2023

Nicksch, Christoph:
Konfiguration verteilter Large-Scale Metrology Systeme in rekonfigurierbaren Montageumgebungen
ISBN: 978-3-98555-152-1
Erscheinungsdatum: 20.03.2023

Ahmad, Mubarik:
Anregungsgerechte Auslegung und Tolerierung schnelllaufender Getriebe unter Berücksichtigung kurz- und langwelliger Verzahnungsabweichungen
ISBN: 978-3-98555-130-9
Erscheinungsdatum: 06.03.2023

Schneidermann, Dennis:
Orchestration von Vertrauen in interorganisationalen Wissensnetzwerken der Fabrikplanung
ISBN: 978-3-98555-153-8
Erscheinungsdatum: 15.05.2023

Welsing, Martin:
Bewertung der ökologischen Nachhaltigkeit von Produktions-netzwerkkonfigurationen
ISBN: 978-3-98555-155-2
Erscheinungsdatum: 19.04.2023

Beckers, Alexander:
Auslegung wirtschaftlich-technologisch optimierter Fertigungsprozessfolgen mittels prozessübergreifender Modellierung
ISBN: 978-3-98555-154-5
Erscheinungsdatum: 18.04.2023

Gipperich, Marius:
Untersuchung eines Zweistrahlprozesses als Ansatz zur Prozessstabilitätserhöhung des drahtbasierten Laserauftragschweißens
ISBN: 978-3-98555-151-4
Erscheinungsdatum: 15.03.2023

Motschke, Tobias:
Analyse und Modellierung der Dämpfungseigenschaften von Spindellagern
ISBN: 978-3-98555-148-4
Erscheinungsdatum: 06.03.2023

Edition Wissenschaft
Apprimus

Priwisch, Martin:
Kontaktfreie Bahnlaufregelung zur Herstellung funktionaler Mehrlagensysteme in einem kontinuierlichen Laminierprozess
ISBN: 978-3-98555-139-2
Erscheinungsdatum: 27.02.2023

Cremer, Sven:
Controlling der Migration in Produktionsnetzwerken
ISBN: 978-3-98555-145-3
Erscheinungsdatum: 09.02.2023

Ohlert, Marius:
Contact between Abrasive Media and Workpiece in Robot-guided Centrifugal Finishing
ISBN: 978-3-98555- 144-6
Erscheinungsdatum: 07.02.2023

Graberg, Tim:
Operationalisierung von digitalen Schatten im Werkzeugbau
ISBN: 978-3-98555-141-5
Erscheinungsdatum: 06.02.2023

Müller, Tobias:
Modellbildung mittels Symbolischer Regression zur Messunsicherheits-bestimmung komplexer Messprozesse
ISBN: 978-3-98555-146-0
Erscheinungsdatum: 30.01.2023

Behrens, Jan:
Selbstkalibrierung von 5-Achs-Bearbeitungszentren mit Dreh-/Schwenktisch
ISBN: 978-3-98555-124-8
Erscheinungsdatum: 24.01.2023

Frye, Maik:
Recommending Data Preprocessing Pipelines for Machine Learning Applications in Production
ISBN: 978-3-98555-147-7
Erscheinungsdatum: 15.02.2023

Schmidhuber, Matthias:
Sozio-technische Problemlösungsfähigkeit von PPS-Systemen
ISBN: 978-3-98555- 143-9
Erscheinungsdatum: 07.02.2023

Schwarberg, Thomas:
Bestimmung der Logik von Innovationsideen für technische Systeme
ISBN: 978-3-98555- 142-2
Erscheinungsdatum: 07.02.2023

Nienheysen, Philipp:
Werkstattgerechte Schadensanalyse in CFK-Strukturbauteilen mit optisch georteter Ultraschallmesstechnik
ISBN: 978-3-98555-136-1
Erscheinungsdatum: 30.01.2023

Kreß, Julian Maximilian:
Erbringung hybrider Leistungsangebote in Wertschöpfungsnetzwerken
ISBN: 978-3-98555-128-6
Erscheinungsdatum: 24.01.2023

Bickendorf, Philipp:
Tribologische und geometrische Auslegung von additiv hergestellten Werkzeug-einsätzen zur Feinblech-umformung
ISBN: 978-3-98555-133-0
Erscheinungsdatum: 24.01.2023

Edition Wissenschaft
Apprimus

FSC
www.fsc.org
MIX
Papier | Fördert gute Waldnutzung
FSC® C083411

Zeitfracht Medien GmbH
Ferdinand-Jühlke-Straße 7
99095 Erfurt, Deutschland
produktsicherheit@kolibri360.de